C H V

Jurij Orlow
Ein russisches Leben

Aus dem Amerikanischen von
Bettina Kirberger, Jeremy Gaines und
Klaus Binder

Mit einem Vorwort
zur deutschen Ausgabe

Carl Hanser Verlag

Titel der Originalausgabe:
Dangerous Thoughts. Memoirs of a Russian Life
William Morrow, New York 1991

ISBN 3-446-17035-9

Satz: Fotosatz Amann, Aichstetten
Druck und Bindung: Spiegel Buch GmbH, Ulm
Printed in Germany

Inhalt

Anatolij Martschenko zum Gedenken
Geboren am 23. Januar 1938 in Barabinsk, Sibirien
Gestorben am 8. Dezember 1986 im Gefängnis von Tschistopol

Vorwort zur deutschen Ausgabe

Dieses Buch wurde abgeschlossen und seinem amerikanischen Verleger Mitte Januar 1991 übergeben, kurz nach dem Massaker in Wilnius, Litauen. Dieser »entscheidende blutige Schritt in ein leeres Nichts«, wie ich ihn in dem Buch beschrieben habe – ein Schritt, den die Mannschaft um Gorbatschow, Jasow, Krjutschkow (der jetzt inhaftiert ist) und Pugo (der gestorben ist) getan hat –, erschien mir als eine neue Phase in »einem schleichenden stalinistischen Staatsstreich, der von Gorbatschow selbst angezettelt worden war«. Einige Freunde aus dem Westen zweifelten an meinem Verstand; ich hingegen fragte mich, ob Gorbatschow nicht den seinen verloren hätte. Denn es wäre ja möglich gewesen, andere, gewaltfreie und demokratische Wege zu wählen, und das hätte ihm sicherlich geholfen, seine Position als Führer des Landes zu erhalten. Aber dazu fehlte es ihm leider an Einfallsreichtum. Als hofiertes Mitglied der Weltgemeinschaft der Regierungschefs fühlte sich Gorbatschow im Ausland zu Hause, die Lage in seinem eigenen Land jedoch kannte er nicht wirklich. Und er hatte auch kein Gespür dafür. Die einfachen Leute nahmen ihn nicht ernst, und der Parteiapparat, Leute wie sein Stellvertreter, der (inzwischen inhaftierte) Trunkenbold Janajew, brauchten ihn weit dringender, als er sie brauchte. Die großen Tragödien der Geschichte – und die Geschichte Rußlands ist wohl eine der ganz großen – überrollen zuweilen ihre Akteure. Gorbatschow, der Präsident eines leeren Nichts.

Wenngleich er die Situation offenbar bis heute nicht vollständig zu begreifen scheint, ist er nun einem Verständnis näher als gegen Ende des verhängnisvollen Januar 1991, als ich mit meiner Frau in die Sowjetunion flog, um in Moskau an einem Seminar über Menschenrechte der Helsinki Watch Group teilzunehmen. Zu diesem Zeitpunkt wurden auf Befehl des Nobelpreisträgers Michail Gorbatschow 50000 Soldaten ins demokratisch gesinnte Moskau gebracht. In diesem Moment hätten, technisch gesehen, die Truppen des KGB unter Krjutschkow, die Armee unter Jasow und die Miliz unter Pugo die demokratischen Kräfte zeitweilig erdrücken können. Noch immer waren diese

Truppen ihren Kommandeuren mehr oder weniger gehorsam, und die Demokraten waren sich ihrer eigenen Stärke bis dahin noch nicht bewußt. Als ich Sergej Stankewitsch, den stellvertretenden Bürgermeister von Moskau, fragte, ob die Moskauer bereit wären, auf die Barrikaden zu gehen, antwortete er mit einem Nein. (Aber der junge Sohn eines hochrangigen Wissenschaftlers betonte mir gegenüber, daß die Studenten bereit wären zu kämpfen, sollten die Truppen den demokratischen Rat anzugreifen drohen.) Als ich Ruslan Chasbulatow, den Stellvertreter Jelzins, fragte, ob die Demokraten bereit wären, in die Militärkasernen einzudringen, war er sich nicht sicher. Dennoch war er aufs Ganze gesehen recht optimistisch und stellte einige wichtige Details heraus: Die sowjetischen Truppen hatten keinen definitiven Befehl erhalten, das verbarrikadierte Parlament in Wilnius anzugreifen, und in Moskau waren sie relativ inaktiv. Er schloß daraus, daß die Hardliner-Gruppe um Gorbatschow psychologisch gesehen nicht bereit war, die Macht wirklich diktatorisch an sich zu reißen.

Da der gefährliche Schachzug, Truppen nach Moskau zu schicken, zu dieser Zeit in seinen Folgen noch nicht abzusehen war, entstand ein neues, instabiles Gleichgewicht zwischen den radikalen Demokraten und den reaktionären Hardlinern – aber mit weniger Spielraum für die Demokraten als jemals zuvor. Das war offensichtlich das Ziel von Präsident Gorbatschow gewesen. Er selbst pendelte, wie gewöhnlich, zwischen der rechten Mitte und der reaktionärsten kommunistischen Ecke. Dann, gegen Ende Mai, als er Jelzin und die Führer der anderen Republiken zu geheimen Verhandlungen über den Unionsvertrag einlud, schien es, als bewegte er sich erneut ein wenig auf die linken Demokraten zu. Kurze Zeit später in Moskau, anläßlich des Ersten Internationalen Sacharow-Kongresses über Menschenrechte, entschloß ich mich, ihm und seinen besten Freunden, Jasow und Krjutschkow, mit meiner Eröffnungsrede beim Kongreß eine direkte Warnung zukommen zu lassen. In Anwesenheit der beiden Präsidenten Gorbatschow und Jelzin sagte ich: »Sie, der Parteiapparat und die Bosse des KGB müssen begreifen, daß man die Geschichte nicht umschreiben kann; die Millionen von Toten entlang des Wegs in die heutige Sackgasse können nicht wiedererweckt, und die Erinnerung an sie kann nicht getilgt werden; und es ist zu spät, den Haß zu löschen, der die ganze Nation nach mehreren Jahren Glasnost ergriffen hat. Im Laufe von siebzig Jahren ist etwas Irreparables geschehen. Selbst eine moderate Anwendung von Gewalt würde heute, wenn sie von der Zentrale angeordnet wäre, tausendfach verstärkt durch die Erinnerung an diese Millionen. Sie mögen überzeugte Kommunisten sein, Ihr Zug ist abgefahren. Es ist Zeit für Sie, ehrenhaft und in Frieden abzutreten. Versuchen Sie, eine Opposition zu formieren.«*

Aber sie wollten nicht in Frieden abtreten und in die Opposition gehen. Die Januar-Aktion in Wilnius war nur ein Vorspiel gewesen, so wie ich es im selben Monat in einem offenen Brief an meine Landsleute vorhergesagt hatte.** Am 18. August 1991 begannen sie ihren außerordentlich gefährlichen Staatsstreich, nun formell gegen Gorbatschow gerichtet. Dessen Ziel war es, die Demokratie in ihrem Zentrum zu treffen: in Moskau; und was noch wichtiger war, das sowjetische Imperium sollte gerettet werden, die letzte Liebe dieser Männer und die Quelle ihrer Lebenskraft. Diese Liebe der Hardliner, es ist auch die von Gorbatschow selbst, wäre bloß lächerlich gewesen, steckte in ihr nicht auch das Potential staatlicher Gewaltausübung. So argumentierte ich in meiner Rede auf dem Sacharow-Kongreß im Mai, daß »Moskau nicht entscheiden darf, was die Union ist und was die Zentralgewalt. Wenn sich einige Republiken unter dieser Zentralgewalt wie Kolonien fühlen, dann werden Panzer ihre Gefühle nicht verändern. Wenn sie sich so fühlen, dann sind sie tatsächlich Kolonien; es fehlt uns an objektiven Kriterien zur Verteidigung solcher Konzepte...« Aber diese Sicht der Dinge war zu anspruchsvoll für die Hardliner.

Doch ihr Zug hatte wirklich schon den Bahnhof verlassen. Der Staatsstreich mißlang. Die demokratische Revolution, die Neue Russische Revolution – die vierte in diesem Jahrhundert – hatte schließlich dieses große, unglückliche Land auf die Bahn einer normalen, zivilisierten Entwicklung gebracht.

Warum führten die Hardliner ihren Angriff auf die Demokratie im Januar 1991 nicht zu Ende, warum operierten sie im August so fehlerhaft, so nachlässig? Warum sanken die geballten

* *In Memory of Andrej Sacharow*, in: *Argumenti y Facti*, Mai 1991, Nr. 20.

** *Offener Brief an meine Landsleute*, veröffentlicht von der Tageszeitung *Stolitsa*, im Januar 1991.

Fäuste, die ausgeholt hatten zu einem Schlag, kraftlos herab? Während ich dies schreibe, werden die überlebenden Putschisten weiterhin im Gefängnis verhört. Man hofft, in den Prozessen klären zu können, ob der Staatsstreich an Inkompetenz scheiterte oder aber an Unentschiedenheit, die mangelnden Konsens aufgrund von Willensschwäche bei einigen Akteuren widerspiegelt. Und da Unentschiedenheit und mangelnde Willenskraft das Kennzeichen von Gorbatschows Führungsstil gewesen sind, hofft man weiterhin zu erfahren, welche Rolle er, wenn er denn beteiligt war, dabei gespielt hat.

Wie auch immer, eine Erklärung des Verhaltens während der Probe im Januar und während der Durchführung im August hängt nicht allein an der Lösung solcher Rätsel. Drei Dinge scheinen die Hauptakteure vornehmlich beeinflußt zu haben. Einmal war da die Angst vor dem russischen Volk, dessen Zorn und Revolte hätten schrecklich sein können. Unbewaffnete Zivilisten mit Schaufeln zu verprügeln (wie in Tiflis) oder sie mit Panzern zu überfahren (wie in Wilnius) war eine Sache, aber es ist eine andere, sich auf einen militärischen Kampf mit Zivilisten einzulassen. Und es hätte nichts anderes als einen solchen Kampf bedeutet, die Barrikaden rund um das Parlamentsgebäude in Wilnius zu stürmen oder die Barrikaden im Herzen von Moskau, die besetzt waren von Zivilisten, die sich in quasimilitärischen Einheiten organisiert hatten, mit Molotow-Cocktails und verschiedenen anderen Waffen bewaffnet, und die bereit waren, bei der Verteidigung ihres Weißes Hauses und des dort amtierenden, demokratisch gewählten Präsidenten zu sterben. Niemand wollte die Verantwortung übernehmen für einen großen Bürgerkrieg: Russen gegen Russen auf russischem Boden. Ein Krieg, in dem alle Seiten verloren hätten. Daß ein Bürgerkrieg als Antwort auf die Reformen äußerst wahrscheinlich sei, hatten KGB und Gorbatschow seit langem vorhergesagt. Das zeigte eine wirkliche Angst, selbst wenn solche apokalyptischen Szenarien ihren politischen Interessen sehr wohl dienen mochten. Es zeigte sich darin aber auch ihr mentaler Widerstand gegen einen Übergang zu einer freien Gesellschaft westlichen Typs. Tatsächlich hätte allein die Verzögerung dieses Übergangs, in Verbindung mit gewalttätigen militärischen Initiativen der kommunistischen Spitze, ausgereicht, einen Bürgerkrieg auszulösen – einander gegenübergestanden hätten sich kommunistische Bürokraten und Kommunistenhasser. In jedem Fall wirkte die Angst davor, einen Bürgerkrieg auszulösen, als Hemmnis für die Hardliner.

Man kann diese Angst nicht deutlich genug betonen. Sie wurde von russischen und von westlichen Intellektuellen geteilt, und auch von russischen Demokraten im allgemeinen. Es war die Angst, einen Bürgerkrieg durch eine massenhafte Blutrache (eine nicht unrealistische Perspektive nach dem Staatsstreich) auszulösen, welche die siegreichen Demokraten davon abhielt, nach dem Streich eine »Ent-Kommunistifizierung« zu beginnen, vergleichbar mit der Entnazifizierung in Deutschland nach dem Zweiten Weltkrieg. Die Aktivitäten der kommunistischen Partei waren tatsächlich unterbunden. Das muß als ein großer Erfolg gewertet werden, wenn man bedenkt, daß die Partei so wie die NSDAP in Deutschland keine Partei im gewöhnlichen Sinne, sondern eigentlich eine geheime Staatsorganisation war, halb militärisch, halb illegal organisiert und historisch verantwortlich für Dinge wie Massenmord, Massendeportation und räuberische Ausbeutung des nationalen Reichtums. Aber zieht man die Wahrscheinlichkeit eines Bürgerkriegs in Betracht und die großen Ungewißheiten über die gegenwärtigen Machtverhältnisse – über Nacht war wie durch ein Wunder fast jeder Kommunist Sozialdemokrat oder demokratischer Sozialist geworden, oder, im besten Fall, zu einem Demokraten –, dann war es wirklich gefährlich, den Stall in der gleichen Weise auszumisten, wie es die Sieger in Deutschland nach dem Zweiten Weltkrieg getan hatten. Die Folge davon ist, daß Millionen von früheren kommunistischen Funktionären, KGB-Mitarbeiter und Informanten – einige von ihnen sind durchaus in Ordnung, einige von ihnen sind gute Menschen geworden, aber viele sind ihrer alten Gesinnung treu geblieben, mit einer Tendenz zur Selbstrechtfertigung und zuweilen hemmungsloser Selbstsucht – das Land weiterhin führen, in Provinzen, die weit entfernt von den demokratisch gefestigten, großen Städten liegen, und natürlich unter neuen Fahnen und mit neuen Wahlsprüchen. Sie durchtränken die russische Gesellschaft noch immer mit ihrem Leichengift. Genauso, wie die Angst vor einer katastrophalen Konfrontation zwischen den nuklearen Supermächten den direkten Konflikt verhindert hat und zugleich eine Vielzahl von tragischen, lokal begrenzten Auseinandersetzungen erlaubte, so hinderte die Angst vor einem Bürgerkrieg Rußland daran, sich selbst in den Kopf zu schießen, aber sie erlaubte dem Land, allmählich zu sterben.

Der zweite Faktor, der das Verhalten der Anführer des Staatsstreiches beeinflußte, war die Tatsache, daß die Führungsspitze der sowjetischen Kommunisten, Gorbatschow eingeschlossen, schon vor der Perestrojka ihren maßgeblichen ideologischen Kompaß verloren hatte: den unerschütterlichen Glauben an den wissenschaftlichen Sozialismus. Das war ein ungeheuerlicher theoretischer Zusammenbruch, der von den Intellektuellen noch immer unterschätzt wird. Die Grundidee des wissenschaftlichen Sozialismus scheint für viele im Westen noch immer vernünftig zu sein und wissenschaftlichen Kriterien zu genügen. Was sollte dagegen sprechen? Man muß nur ausreichende Informationen über die Bedürfnisse der Menschen sammeln, sie nach wissenschaftlichen Kriterien bewerten, sie in die Kalkulationen eines Produktionsplanes übertragen, und schon produziert und verteilt man, was gebraucht wird. Wenn diese so evidente und einfache Idee nicht funktioniert, dann liegt das einfach daran, daß die praktische Realisierung fehlerhaft war.

Aber nach siebzig Jahren harter, konkreter, tagtäglicher Arbeit im Rahmen eines solchen Systems begannen einige führende sowjetische Bürokraten zu begreifen, daß etwas an dem System grundlegend falsch sein muß: Ihre Leistung war professionell, sie arbeiteten gegen keinen ernsthaften antisozialistischen Widerstand im Innern an, die sowjetischen Fachleute und das sowjetische Volk waren immer besser ausgebildet worden – und dennoch begann das System nach einem Maximum an Effizienz in den sechziger und siebziger Jahren nun immer schlechter und schlechter zu arbeiten! Ein schrittweiser Niedergang des gesamten Landes, weitgehend unsichtbar von außen, doch von innen für die aufgewecktesten unter den sowjetischen Bürokraten genau zu erkennen. Die Anzeichen einer drohenden Katastrophe verunsicherten die besten unter ihnen – wie Schewardnadse und Gorbatschow. Aus irgendeinem Grund starb ihr wissenschaftliches System! Sie kamen zu der Überzeugung, daß die westliche Idee eines Sozialismus mit menschlichem Antlitz – Freiheit der Meinungsäußerung in Politik und wissenschaftlicher Sozialismus in der Wirtschaft – besser funktionieren müßte. Das war aber allem Anschein nach nicht der Fall. Glasnost zerstörte nur die ökonomischen Strukturen des Sozialismus.

In diesem Buch habe ich die Frage berührt, warum die angeblich wissenschaftlich begründete, zentrale Planung auf Dauer nicht funktionieren kann. Ein Grund dafür ist rein psychologischer Natur: Eine solche Planung hindert nach ihrer eigenen Logik den Willen von Millionen Einzelner an eigenständiger, unabhängiger und freier Entscheidung. Wenn dieser Zustand über Generationen hinweg anhält, kommt es zu einer Art Degeneration des Willens. Diese Politik produziert eine Haltung, die sich durch Passivität auszeichnet – in mancher Hinsicht ein Leben, das nicht das von lebendigen Wesen ist. Die Verkümmerung der Willenskraft in Rußland war bis zur Zeit Gorbatschows sehr weit vorangetrieben worden, und seine Reformen waren zu spärlich und sie kamen zu spät, um diesen Prozeß noch anzuhalten. (Obwohl ich glaube, daß das Ergebnis reversibel ist, wenn mehrere Generationen unter nicht-paternalistischen Bedingungen leben.) Die Theorie des wissenschaftlichen Sozialismus war nicht wissenschaftlich, da sie diesen psychologischen Effekt nicht in Betracht zog. Ja, unsere Erfahrung legt sogar die Vermutung nahe, daß auch einfachere Theorien der Gesellschaft – tatsächlich alle Theorien der Gesellschaft – zweifelhaft werden, da ihre langfristigen massenpsychologischen Effekte nicht wirklich untersucht worden sind. Nachdem wir unser großartiges selbstmörderisches Experiment an unseren eigenen Leben durchgeführt haben, empfinden wir Russen einen solchen Zweifel viel schärfer als andere Völker. Ich denke, daß diese ideologische Konfusion mit Sicherheit eine psychologische Ursache der tiefen Unsicherheit war, die Gorbatschow als Präsident der Sowjetunion zeigte, eine Unsicherheit, die sich auch bei führenden sowjetischen Hardlinern zeigte (die sich selbst niemals für den Kommunismus und gegen Perestrojka ausgesprochen haben).

Der Zusammenbruch einer der gewaltigsten Sozialphilosophien der Welt hat die Intellektuellen auf der ganzen Erde vor ein Problem gestellt. Wenn der Sozialismus nicht mehr als ein Ideal der Menschlichkeit dienen kann und wenn als einzige Alternative eine Art des allgemeinen, marktwirtschaftlichen, kapitalistischen Wettbewerbs, verbunden mit einer bekannten ethischen Haltung und Menschenrechten, zur Verfügung steht, dann wird unsere Zukunft sich wohl darstellen als eine endlose Geschichte der Auseinandersetzung zwischen Linken und Rechten. Keiner von uns hat endgültig recht. Die Suche nach einer idealen Gesellschaft ist eine intellektuelle Sackgasse. Ich sehe keinen anderen Ausweg nach dem Erwachen aus diesem großen humanistischen Traum. Mir scheint, die menschliche Natur, mit ihren inneren Widersprüchen, benötigt periodische Wechsel der Sozialstrukturen, eine Art Oszillation zwischen individualistischen und kollektiven Strukturen. Ich kann nur hoffen, daß solche Pendelschläge gedämpft und gewaltfrei ablaufen. Auf jeden Fall bin ich sicher, daß die menschliche Vernunft, die zur Selbstbeobachtung und Selbstkritik fähig ist, die fähig ist, alle Möglichkeiten ohne Einschränkung zu durchdenken, sich niemals vorhersehbar verhalten wird. Daraus folgt, daß der Kampf um Menschenrechte immer notwendig bleiben wird, da die Möglichkeit niemals auszuschließen ist, daß die Vernunft neue Gesellschaftsmodelle konstruieren wird, die so schrecklich sein werden, daß die sowjetische Version des wissenschaftlichen Sozialismus mit seinen 65 Millionen Opfern daneben wie eine zarte Blumenwiese erscheinen wird.

Diese Opfer leben nun in der Erinnerung aller ehemaligen Sowjetbürger, so wie der Holocaust in der Erinnerung der Juden lebt. Und hier komme ich zu dem dritten und vielleicht wichtigsten Faktor, der die Politik der Hardliner beeinflußt hat. Die Anführer des Staatsstreiches lebten auf einem anderen Stern, sie verrechneten sich völlig im Maß ihrer Geringschätzung durch das Volk. Es ist richtig, daß das seelisch erschöpfte, deprimierte und verwirrte Volk als Ganzes im August 1991 keinen Widerstand organisierte, der in seiner Breite vergleichbar gewesen wäre mit der Entwicklung der Massendemonstrationen, die dem Januar-Massaker von Wilnius folgten. Auf den Barrikaden waren nur einige tausend Menschen. Aber die Reaktion auf den Staatsstreich war in gewisser Hinsicht noch negativer, als es eine Massendemonstration gewesen wäre. Die Nation starb einfach in den Händen der Staatsverbrecher hinweg. Fast niemand folgte ihren Befehlen: Die Soldaten, die zur Verhaftung Jelzins in seiner Datscha abgestellt waren, warteten dort, aßen und tranken, bis er das Haus verlassen hatte; die Alphatruppen, die Eliteeinheiten des KGB, beschlossen, Jelzins

Weißes Haus nicht anzugreifen; die Luftwaffe weigerte sich aus irgendeinem Grund, es zu bombardieren, die Landtruppen verharrten bewegungslos. Die Miliz – die Moskauer Polizei – verhielt sich den Männern und Frauen gegenüber, die auf den Straßen mit ihren Körpern die Panzer umringten und auf verlegene Panzerfahrer einschimpften, völlig neutral. Der Staatsstreich versank ganz einfach in einem Sumpf. Unter diesen Umständen war der rasche und unverwandte Mut, den Boris Jelzin ebenso zeigte wie einige erfahrene, hochrangige Offiziere des Militärs, einige Panzerfahrer, einige hundert ehemalige Afghanistan-Kämpfer und KGB-Soldaten, viele tausend, meist unbewaffnete Männer und Frauen auf den Barrikaden und zahlreiche völlig unbewaffnete Bürger auf den Straßen, die zum Weißen Haus führen, ausreichend für den Sieg.

Ich hätte sehr gerne gesagt, daß der Staatsstreich mißlang, weil die westlichen Führer ihn ohne Verzug und mit Nachdruck verurteilten. Leider kann ich das nicht. Von einigen bemerkenswerten Ausnahmen wie Major und Genscher abgesehen, verhielten sich die westlichen Führer und die Regierungen vorsichtig – und ihre Vorsicht war wirklich ein Verrat an Gorbatschow, dem sie jahrelang unerschütterliche Loyalität beteuert hatten. Der Staatsstreich ereignete sich kurz vor den Moskauer Verhandlungen über Menschenrechte der Konferenz für Sicherheit und Zusammenarbeit in Europa (die Kontroverse, von der ich in diesem Buch erzählt habe). Helsinki Watch in New York appellierte an alle westlichen Regierungen, die Konferenz sofort abzusagen. Die einzige Antwort, die sie erhielten, war die Stornierung aller Visa für die Delegierten von Helsinki Watch zur Konferenz durch die sowjetischen Behörden. (Dann, nach dem Staatsstreich, brachte die Sowjetische Botschaft in Washington mehrere Tage damit zu, die Anweisung aus Moskau, die Visa doch auszustellen, zu ignorieren!)

Die sofortige und entschiedene Verurteilung aus dem Westen hätte die Putschisten nicht sonderlich beeindruckt, denke ich. Sie sind von der alten Schule und kehren in hoffnungslosen Situationen der Welt um sich herum den Rücken zu. Aber die Haltung der meisten westlichen Regierungen Gorbatschow gegenüber entmutigte sie kaum, den Plan eines Staatsstreichs zu verfolgen. Sie hatten jahrelang gesehen, wie westliche Sowjetolologen (von denen sich die meisten sicher sind, Rußland besser zu verstehen als die Russen) und westliche Führer Gorbatschow unterstützt haben, mit wenig oder gar keiner Kritik an seiner undemokratischen Führung: Die (allein im Jahr 1991) reichte von der Ersetzung von Reformern durch Ganoven und der Nicht-Verurteilung des Massakers in Wilnius zu einem Versuch, die Redefreiheit außer Kraft zu setzen, und schließlich bis zur Entsendung von 50 000 Soldaten nach Moskau. Die Hardliner konnten auch beobachten, daß der Westen Gorbatschow und seine Ideen als eine Hoffnung für die geopolitische Stabilität betrachteten. Selbst als das Zentrum auseinanderfiel und die baltischen Republiken, Rußland und die Ukraine entschlossen einen unabhängigen Kurs anstrebten, wurde die Unterstützung der westlichen Regierungen noch immer zum größten Teil vom Magneten Gorbatschow und dem Zentrum angezogen. Gerade im Interesse der geopolitischen Stabilität aber hätte der Westen die Republiken unterstützen müssen: um ihre Wirtschaft vor dem Zusammenbruch zu bewahren, um ihre demokratische Entwicklung zu befördern und um sie so rasch wie möglich in das System der Weltsicherheit einzubinden. Der Westen konnte es noch nicht glauben, daß, wie ich es am Ende meines Buches herausgestellt habe, das sowjetische Imperium ebenso am Ende ist wie die Partei, was auch immer geschehen wird.

An dieser Stelle deckten sich die Wünsche der westlichen Regierungen mit denen von Gorbatschows Hardlinern: Ironischerweise gaben sie alle der Erhaltung der Union, der Zentralgewalt, die Priorität. Gorbatschow und seine Riege wollten es ohne Hochmut und mit einem Sinn für die historische Aufgabe; der Westen identifizierte die Union mit Stabilität und Frieden. Sie alle akzeptierten im Grundsatz, daß die Union durch ein Bündnis von Stärke, politischem Geschick und Unterstützung durch den Westen gerettet werden könnte. Doch wie sehr auch die westlichen Regierungschefs in Gorbatschow vernarrt sein mögen, Stabilität und Frieden müssen vor persönlicher Loyalität rangieren. Und in ihrer erstaunlich verzerrten geopolitischen Perspektive hatte sich mit dem Staatsstreich der Retter der Union in Hinsicht auf Stabilität und Weltfrieden nicht sonderlich viel geändert. Am klügsten schien es zu sein, abzuwarten und die Entwicklung zu beobachten. Dann, angesichts des Schocks und der Empörung unter Politikern und Bürgern überall im Westen einerseits und des Widerstands der Moskauer Demokraten andererseits, erschien diese Vorsicht nicht länger klug. So verurteilten schließlich verschiedene Regierungschefs von Unterzeichnerstaaten der Verträge von Helsinki, die den internationalen Frieden und Sicherheit an demokratische Freiheiten binden, den Putsch.

Es tut mir leid, sagen zu müssen, daß die blinde Verliebtheit des Westens in Gorbatschow und das westliche Interesse am Erhalt der Union Gorbatschow selbst und den Völkern der ehemaligen Sowjetunion geschadet hat. Wie ich auf diesen Seiten erklärt habe, wird die Geschichte an Gorbatschow gebührend erinnern wegen seiner Akzeptanz des regimekritischen Konzepts von Glasnost und seinem Nicht-Eingreifen in den Zerfall des kommunistischen Lagers in Osteuropa. Dennoch war es von Beginn an sein Hauptziel gewesen, den Zerfall eines zerfallenden Systems aufzuhalten, und er wich von diesem Ziel nur ab, um zwischen sich und den Demokraten eine neue stabile Grenze festzulegen. Dieses Ziel wurde im Westen weitgehend mißverstanden, ebenso wie zuerst auch von vielen nicht-regimekritischen Intellektuellen in der Sowjetunion, die, um es so auszudrücken, in dieses System eingebunden waren. Die bedingungslose Unterstützung von Gorbatschow, die Unfähigkeit, ihn kraftvoll in die Nähe zu alten und neuen radikalen Reformern, die sich um Andrej Sacharow sammelten (eingeschlossen, am Ende, auch Jelzin), zu drängen, halfen nur, Gorbatschow in seinem unrealistischen aussichtslosen Kurs zu bestärken und das Land im Zustand des permanenten Verfalls, nicht der Rekonstruktion, zu halten. Ich zweifle nicht daran, daß Gorbatschow, der westlichen Unterstützung sicher, mehrfach mit seinen guten Freunden Krjutschkow und Jasow darüber diskutierte, als einen weiteren Versuch, die Union zu erhalten und die radikalen Demokraten zu unterdrücken, auf eine irgendwie legale Weise den Ausnahmezustand zu verhängen. Und nun ist Gorbatschow, wie ich bereits sagte, Präsident eines leeren Nichts.

Noch nach dem Staatsstreich verhielten sich die westlichen Regierungschefs weiterhin so, als gäbe es ein Zentrum, sie fuhren, lange nachdem die Republiken eine andere Richtung einschlagen wollten, damit fort, diese, im besonderen die russische Republik, unter Druck zu setzen, wirtschaftlich und politisch innerhalb der Union zu verbleiben und entsprechend zu agieren.

Zum Schluß wurde Jelzin in eine seltsame Gorbatschow-Rolle gedrängt, und Rußland verlor entscheidend wichtige Zeit – die ersten Monate nach dem Staatsstreich –, um seine eigenen Reformen schnell, noch auf den Wogen des Sieges, durchzuführen, als die Aufmerksamkeit und die Hoffnungen des Volkes noch sehr hochgespannt waren. Rußland ist nun eine neue Weltmacht, und Jelzin wurde, mit einigem Widerwillen, in die Gemeinschaft der Regierungschefs aufgenommen, doch er und sein Land haben einen ziemlich hohen Preis bezahlt, um den älteren Mitgliedern ihre Reverenz zu erweisen.

Als ob es Sinn machte, gegen das Unausweichliche zu kämpfen, werden von westlicher Seite noch immer Einwände gegen den Zerfall der Sowjetunion erhoben. Zwei der häufigsten sind unsinnig. Als erstes die Frage: Warum zerfällt dieses Gebilde, während Europa sich vereint? Die Antwort muß selbstverständlich sein: Die Geschichte Europas ist nicht die Geschichte der ganzen Welt. Die Sowjetunion »vereinte sich« mit Osteuropa, zum Beispiel, gerade als Westeuropa sich von seinen Kolonien »trennte«. Davon abgesehen werden alle europäischen Teile der früheren Sowjetunion zweifellos froh darüber sein, in die Europäische Gemeinschaft integriert zu werden. Zweitens: Wenn die Ukraine und Rußland selbständige Staaten werden, wird das nicht eine »Balkanisierung« zur Folge haben? Die Befürchtung ist unsinnig, bedenkt man die Stärke der demokratischen Kräfte in beiden Staaten und bedenkt man weiterhin den Umstand, daß die Russen als Nation ihre imperialistische Mentalität verloren haben.

Der dritte, häufig angeführte Einwand gegen den Zerfall der Sowjetunion ist aber sehr ernst zu nehmen. Er betrifft die Atomwaffen auf den Territorien der Republiken. In diesem Punkt hege ich keine Befürchtungen, was die Ukraine angeht, die mit aller Kraft Teil der westlichen Welt werden will. Der ukrainische Präsident Krawtschuk wird ohne Zweifel einige politische Spiele spielen, möglicherweise besondere finanzielle Hilfe im Gegenzug zu atomarer Abrüstung der Ukraine verlangen und vielleicht die gleiche Abrüstung für das europäische Rußland fordern. Aber keiner dieser Schachzüge, dessen bin ich mir sicher, wird zu einer gefährlichen Entwicklung führen. Unsicher allerdings bin ich mir über Kasachstan, wo zweitausend atomare Sprengköpfe lagern, wo die Anlagen für unterirdische

Atomtests stehen und die wichtigsten Stationen der Raumfahrt. Dies ist ein Land, das sich möglicherweise nicht völlig ruhig verhalten wird, wenn es völlige Unabhängigkeit gewinnt. Ein Bürgerkrieg zwischen dem türkischen Kasachstan und den russischen Kosaken ist wahrscheinlich. Es wäre deshalb klug, ein Maximum an westlichem Interesse auf diese Region zu konzentrieren und Jelzin zu helfen, im voraus die nuklearen und anderen Probleme mit dieser Republik zu klären.

Für die Republik Rußland hat Boris Jelzin unmißverständlich und öffentlich deutlich gemacht, daß er sich der Gefahren der Nuklearwaffen vollständig bewußt ist, insbesondere auch derjenigen, die überall in der ehemaligen Sowjetunion gelagert sind. Auch privat machte er dies deutlich, als ich ihn während meiner Reise zum Moskauer KSZE-Treffen im September nach dem Staatsstreich in seinem Büro traf und ihm einen Brief der *Union of Concerned Scientists* zur nuklearen Abrüstung übergab. Während unseres kurzen Gesprächs (sein vorheriger Besucher, Außenminister Genscher, hatte einen Teil der mir zugedachten Zeit verbraucht) teilte ich ihm meine Ansicht mit, daß fünf Prozent der vorhandenen strategischen Atomwaffen absolut ausreichend wären, damit Rußland sich in einer gewandelten Welt, in der niemand das Land angreifen will, verteidigen kann. Ich habe während meines ganzen Lebens als Dissident die Ansicht vertreten, daß die Beziehungen Rußlands zur Welt um so friedlicher und sicherer sein werden, je mehr Rußland selbst friedlich und stabil wird – ein unmittelbar plausibler Gedanke, der aber unerklärlicherweise den meisten westlichen Intellektuellen nur schwer einleuchten wollte. In der Tat ist das wichtigste Ergebnis der vierten Russischen Revolution die Befreiung der Welt von der Furcht vor einer nuklearen Konfrontation zwischen den beiden verschiedenen Gesellschaftssystemen. Ich glaube, daß nun nach dem Staatsstreich das demokratische Rußland eine entsprechende Übereinkunft mit den USA über Atomwaffen treffen wird. Jelzin wird diesen äußerst wichtigen Schritt nicht versäumen, ungeachtet der enormen inneren Probleme seines Landes.

Eines der schwerwiegendsten dieser Probleme ist, daß die Privatisierung nicht so schnell voranschreitet, wie es sein müßte: Die alte Mentalität und die alten Strukturen stehen dem im

Wege. Allem Anschein nach wird das Land im kommenden Frühling noch nicht vollständig privatisiert worden sein, was für den folgenden Winter sehr schlecht sein wird. Kein Zweifel, daß Jelzin ein Demokrat ist, kein Zweifel, daß er nicht so wankelmütig ist wie Gorbatschow, aber er schleppt noch einige Angewohnheiten des alten Apparats, dem er angehörte, mit sich. In den Wochen, die dem Staatsstreich unmittelbar folgten, unternahm er einige undemokratische Schritte; so untersagte er das Erscheinen der *Prawda* (was natürlich schnell die blindgläubige Kritik der Gorbatschow-Loyalen im Westen erntete). Viele von den Leuten, die er zu seinen Mitarbeitern berief, sind keine radikalen Demokraten, sondern ehemalige Kommunisten, neue Demokraten – »autokratische Demokraten« sollte man sie nennen –, und sie üben einen wahrnehmbaren Einfluß auf Jelzins Politik aus. Radikale Demokraten wie Jurij Afanasjew oder mein Freund Lew Ponomarew, Führer des Blocks »Demokratisches Rußland« (dessen Positionen ich teile), die Jelzin in der Vergangenheit unterstützten, folgen ihm jetzt nur noch unter Vorbehalten. In Rußland entwickelt sich tatsächlich ein demokratisch gestütztes System, und Jelzin war in starkem Maße dafür verantwortlich, wie er durch die Wiederzulassung der *Prawda* oder durch die Aufhebung des Ausnahmezustands in der autonomen Republik der Tschetschenen und Inguschen bewies. Doch Jelzin muß sich noch mehr auf das Massenpotential der Demokraten stützen, die die friedliche demokratische Revolution in den russischen Provinzen fortführen können, in denen der Einfluß der alten Apparatschiks noch immer stark ist. Wenn Jelzin wie bisher weitermacht, dann wird das »Demokratische Rußland« in einigen Jahren seinen eigenen Kandidaten für die russische Präsidentschaft aufstellen – mit guten Gewinnchancen.

Die zukünftige Struktur Rußlands ist jedoch nicht klar. Auf der einen Seite würden unbeschränkt demokratische Wahlen nicht zu einer Flut von Abspaltungen führen. Einige autonome Republiken, wie die der Tschetschenen und Inguschen, die in der Mehrzahl von Nicht-Russen bewohnt sind, werden sich unweigerlich von der Russischen Föderation ablösen – und es wäre klug, eine solche Tendenz nicht zu bekämpfen. Es gibt gar nicht so viele Gebiete innerhalb von Rußland, in denen die Russen eine Minorität darstellen. Auf der anderen Seite gibt es ein Potential für extremistische Bewegungen, beispielsweise bei den mehreren Millionen Tataren in Rußland, die auch in ihrer autonomen Republik nicht die Majorität besitzen. Extremisten lassen einen gefährlichen Terrorismus für die Zukunft befürchten (ein Beispiel einer solchen Drohung boten neulich leider die Tschetschenen). Ich würde es daher vorziehen, den Tataren, wenn sie es fordern, ein vernünftig bemessenes Territorium für ihren eigenen, unabhängigen Staat zu überlassen, dessen Existenz schon dazu beitragen würde, die Gefahr des Terrorismus in Rußland zu mindern. Dennoch bin ich mir nicht sicher, ob Jelzins Leute zu einer solch radikalen Lösung bereit sind – westliche Politiker wären es in ihren eigenen Ländern auch nicht.

Am entscheidendsten für Rußland ist jedoch heute das Maß, in dem der Geschäftsgeist der Durchschnittsbürger sich entwikkelt, unabhängig davon, was die Regierung tut. Eine immer größere Anzahl von Bürgern, wenn auch noch ein kleiner Prozentsatz der Gesamtbevölkerung, ignoriert die alten, nun diskreditierten ideologischen Prinzipien hinsichtlich Profit, Besitz und ähnlichem und versucht, ein Geschäft zu gründen oder einfach nur Geld zu verdienen. Es wird weniger als früher von den neuen Mafiosi geredet, weniger von dem alten gleichmacherischen Wunsch, die ökonomischen Unterschiede einzuebnen, indem man die Wohlhabenderen unterdrückt. Junge Leute und Großväter arbeiten Seite an Seite im Straßenbau. Das alles bedeutet, daß Rußland nicht völlig abgestorben ist. Überall in Rußland hört man Klagen über das vollständig herrschende Chaos, niemand wolle mehr gehorchen. Aber all dies schadet nichts, solange unabhängig von allen staatlichen Verordnungen und Gegenverordnungen sich Schritt für Schritt eine wirkliche Infrastruktur von gegenseitigen Dienstleistungen und Unternehmen entwickelt. Ein Prozeß der Selbstorganisation der Menschen ist zu beobachten, denn die Menschen sind verzweifelt und, wichtiger noch, sie befürchten, ungeachtet ihrer Skepsis gegenüber allen ökonomischen Doktrinen, die von oben erlassen werden, im Grunde keine Rückkehr zum »wissenschaftlichen Sozialismus« mehr. Ich selbst tendiere auch zur Skepsis, nicht zuletzt wegen der detaillierten Pläne zum ökonomischen Wiederaufbau. Der massive psychologische Umbruch im Volk und die strukturellen Veränderungen in der ehemaligen Sowjetunion machen sogar die nahe Zukunft unvorhersagbar. Wie ich Gawril Popow, dem Bürgermeister von Moskau, vorgeschlagen habe, sollte man jetzt den Bürgern alle ökonomischen und andere Freiheiten geben; zuerst muß umfassende Freiheit herrschen, später kann man Korrekturen anbringen. Popow, dem ein starkes, aber durchaus demokratisches Zentrum vorschwebt, widersprach dieser Idee heftig. Dennoch sehe ich im Augenblick keine bessere Lösung.

Angesichts der ökonomischen Rezession in Nordamerika und der vorrangigen Beschäftigung mit der Europäischen Gemeinschaft und den Asylproblemen ist die Frage: »Was kann der Westen tun, um Rußland zu helfen?« immer weniger zu hören, aber niemals war sie dringlicher. Große ausländische Kredite scheinen mir nicht wünschenswert, wie ich zu Jelzin während unseres Treffens im September sagte: Die wirtschaftliche Situation in Rußland ist wirklich katastrophal, und es ist offensichtlich, daß die Situation in diesem Winter und noch mehr im nächsten Winter entscheidend sein wird für den zukünftigen Frieden in Europa. Der europäische Friede wäre nachhaltig bedroht durch eine Machtübernahme kommunistischer Hardliner in Rußland. Alle linientreuen Kommunisten, zur Zeit meistens noch versteckt, haben ihre ganzen Hoffnungen auf das ökonomische Scheitern Jelzins gesetzt, und sie befördern dieses, wo sie nur können. Deshalb ist es so wichtig, daß westliche Regierungen, private Unternehmen und Einzelpersonen kostenlose und umfangreiche humanitäre Winterhilfe in Form von Nahrung und Kleidung für die Ärmsten schicken, für die Arbeitslosen, die Kinder, die Rentner. Jedoch muß der Westen die Verteilung der Hilfe mit organisieren: Es gibt in Rußland keine funktionierenden Verteilungsmechanismen, und das Postwesen ist seit Jahren notorisch korrupt. Westliche Regierungen und private Hilfsorganisationen können Jelzin und seine Regierung dazu drängen, das Postwesen von der Korruption zu reinigen, und sie könnten zur Etablierung von Verteilernetzen die Hilfestellung von erfahrenen Organisationen in Rußland, wie der demokratischen »Memorial«-Organisation, gewinnen. Auch Spender von weitgefächerten Hilfsprogrammen müssen sich um die Verteilung ihrer Hilfe kümmern. »Schickt deutsche Laster«: Diesen Ratschlag gab Jelzin Bundeskanzler Kohl nicht von ungefähr, als sie die Frage der Hilfe diskutierten. Nicht nur verschwanden Milliarden von Dollar zur Unterstützung von

Gorbatschow und seinen Anstrengungen in den sowjetischen Sümpfen – das sind Dollar, die ja einmal vom sowjetischen Volk zurückgezahlt werden müssen, und Anstrengungen, die nur die Agonie des Landes verlängerten. Genauso verschwanden riesige Mengen humanitären Hilfsmaterials einfach in den Mägen des KGB und der Partei. Die großen Spender sollten daher tatsächlich »Lastwagen schicken«, mit eigenen Fahrern und Personal, um die Verteilung der Fracht zu gewährleisten. Schließlich könnten die Regierungen die nützliche Idee der »Städtepartnerschaften« verbreiten und mit bescheidenen finanziellen Mitteln fördern. Auch wenn es, zum Beispiel, nur eine kleine deutsche Stadt wäre, die einer kleinen Stadt in Rußland die Partnerschaft anböte, es könnte dies bereits der alles entscheidende Beitrag sein, der es Menschen in dieser russischen Stadt ermöglichte, den Winter zu überleben.

Es gibt natürlich einen dringenden Bedarf an Geld (leider auch keine geringe Menge), um der großen Anzahl von Menschen ein Netz sozialer Sicherheit zur Verfügung zu stellen, die ihren Arbeitsplatz verlieren werden; es müssen sofort Wohnungen gebaut werden; es muß für ein Sicherheitssystem gesorgt werden, und die vielen demobilisierten Offiziere der mittleren Dienstgrade müssen umgeschult werden, die zuvor in Ostdeutschland stationiert waren und die nun heimatlos in Rußland herumziehen, arbeitslos – und wahrscheinlich bewaffnet. Diese potentiell gefährliche Situation muß so schnell wie möglich entschärft werden. Rußland kann das nicht alleine. Deutschland kann möglicherweise ein besondere Rolle bei der Lösung dieses Problems spielen.

Neues Wirtschaftsleben entwickelt sich in Rußland zunächst im Bereich des Handels, nicht in der Produktion, wo es viel notwendiger wäre, ganz einfach aus dem Grund, weil ein Unternehmer zuerst das nötige Startkapital akkumulieren muß. Währenddessen wirkt das Vermächtnis der Kollektivierung fort – Land verfällt, Ernten verfaulen, und anständiges Arbeitsgerät verrostet oder existiert nicht. Es gibt immer noch Menschen, die auf dem Lande arbeiten wollen, aber sie können es nicht bearbeiten. Rußlands dringender Bedarf an Nahrungsmitteln wäre leichter zu decken und der allgemeine Wiederaufbau in Gang zu bringen durch eine massive Lieferung – kostenfrei oder auf Kredit – von landwirtschaftlichen Geräten direkt an Bauern, so zum Beispiel kleine Traktoren, die in der früheren Sowjetunion niemals wirklich produziert worden sind.

Das schwierigste Problem in der Produktion, zu dessen Lösung nur der Westen die Mittel hat, liegt in der Umwandlung des militärisch-industriellen Komplexes, in dem die alte Sowjetunion mehr als die Hälfte ihrer gesamten nationalen industriellen Produktion konzentrierte. Rußlands beste Ingenieure und Arbeiter sind in diesem Komplex zu finden, und sie wären froh darüber, auf hohem technologischen Niveau in einer zivil ausgerichteten Produktion kleinerer oder größerer Firmen beschäftigt zu werden. Aber sie müssen umgeschult – und in der Zwischenzeit bezahlt werden. Die besten ausländischen Expertisen werden gebraucht, um die technischen Bedingungen für eine Umwandlung bestimmter Fabriken und die Umschulung ihrer besonders ausgebildeten Mitarbeiter für die zivile Produktion beurteilen zu können. Verzögerungen auf diesem Gebiet sind politisch gesehen außerordentlich gefährlich, da die Köpfe der Führungsschicht des militärisch-industriellen Komplexes – viele von ihnen vor allem linientreue Kommunisten – nun, mit der Aussicht auf Umstrukturierung, lautstark ihre Ressentiments gegen die Regierung Jelzin äußern.

Mit Hilfe des Westens wird Rußland in zwanzig Jahren nicht nur ein großes, sondern auch ein normales, blühendes demokratisches Land sein. Diesem Land auf allen oder nur auf einigen der Wege zu helfen, die ich angedeutet habe, wird für einige westliche Führungen problematisch sein, bedenkt man die schwierigen Probleme, die sie im eigenen Land zu lösen haben. Doch hängt die gegenwärtige demokratische Entwicklung in Rußland in hohem Maße tatsächlich von dieser Hilfe ab, und der Friede und die Sicherheit des Westens wiederum sind in ebensolcher Weise abhängig von der Freiheit und der Demokratie in Rußland. Ein vereintes Deutschland kann vielleicht als einziges Land die globale Bedeutung einschätzen genauso wie die finanziellen Folgen dieser Abhängigkeit. In Anbetracht der Dringlichkeit der russischen Situation heute bedeutete es jedoch eine große Gefahr, auf die Hilfe derer zu warten, deren Bürde leichter, deren Verständnis aber gering ist. Hierfür ist einfach keine Zeit mehr.

Ich habe dieses Buch dem Andenken Anatolij Martschenkos gewidmet. Für die deutsche Ausgabe sollte ich diese Widmung ergänzen und zwei Freunde unter den vielen Menschen erwähnen, die in Deutschland für mich gekämpft haben: einen Kollegen aus der Wissenschaft, Volker Soergel, den Leiter der DESY-Laboratorien in Hamburg, und die Kämpferin für die Menschenrechte, Cornelia Gerstenmaier, die Herausgeberin der Zeitschrift *Kontinent*.

Jurij Orlow
Ithaca, New York, am 9. Dezember 1991

Vorwort

Langweilig ist mein Leben leider nicht gewesen. Von Natur aus bin ich ein beschaulicher Mensch: Ich liebe es, im Sessel vor mich hin zu sinnen, Berechnungen an einer Tafel anzustellen, mit Distanz zu betrachten, was ich geschrieben habe. Statt dessen habe ich die Hälfte meines Lebens an lauten und manchmal bösen Orten verbracht. Nach einer glücklichen Kindheit, die ich unter Bauern verlebte, arbeitete ich als Hilfsarbeiter in der Fertigung von T-34-Panzern, wurde nacheinander Offizier der Armee, aktives Mitglied der kommunistischen Partei, Professor, Dissident, Gefangener und Verbannter. Auf meinem Weg bin ich durch nahezu alle Schichten der sowjetischen Gesellschaft gekommen.

Es ist schwierig, über ein solches Leben zu schreiben. Viele werden den Autor zwar für einen anständigen, aber mit Vorurteilen beladenen Mann halten: Was er berichte, klinge absurd und unwahrscheinlich. Und der Rest der Leser wird murren, der Autor sei sicher ein anständiger Mann, aber doch sehr langweilig, nichts als Gemeinplätze und Altbekanntes habe er zu erzählen. Nun ist aber das Absurde in der Sowjetunion das Alltägliche. So und nicht anders sind die Verhältnisse dort, und meine Erfahrung muß dies wiedergeben. Ich war wohl das einzige Mitglied meiner Familie, das jemals verhaftet wurde, und ich hatte so viel Glück, daß ich aus Sibirien befreit wurde, aber davon abgesehen verlief mein Leben nicht wirklich außergewöhnlich. Ich wäre froh, wenn die Leser in diesem Buch das Bild von Millionen und Abermillionen anderer Lebensschicksale erkennten und eine Vorstellung bekämen von der russischen Tragödie im 20. Jahrhundert – wahrlich die größte Tragödie in der Geschichte des menschlichen Denkens.

Heute hat die bestechende und klar umrissene Idee einer gerechten und vernünftigen Gesellschaft – die Idee des Sozialismus – eine erniedrigende Niederlage erlitten. Einer der zentralen Gründe für dies Scheitern lag darin, daß die Intellektuellen, die diese Idee hervorgebracht haben, die Natur des Verstandes selbst nicht in Betracht gezogen haben. Der Verstand empfindet keine Liebe. Er fühlt keinen körperlichen Schmerz. Er fühlt sich hingezogen zu Ordnung und endgültigen Lösungen. Daher ist der Verstand fähig, jede gewalttätige Idee hervorzubringen, auch den Gedanken der Selbstzerstörung und der Vernichtung aller Lebewesen. Die »gerechte« und »vernünftig« eingerichtete sowjetische Gesellschaft stürzte sich selbst in ein Meer von Blut und brauchte anschließend drei Jahrzehnte, um wieder an die Oberfläche zu gelangen. Fünfundsechzig Millionen Tote. *Fünfundsechzig* Millionen. Dies Ziel wird jede künftige Gesellschaft erreichen, die auf eine einseitige Vorstellung von Gerechtigkeit und Vernunft gegründet wird und darauf beharrt, soziale Probleme endgültig lösen zu können.

Als russischer Dissident war ich beteiligt an der Bewegung, die der sowjetischen Gesellschaft wieder an die Oberfläche helfen wollte. Heute, im Exil, sehe ich mit Zuversicht, wie diese Gesellschaft ans Ufer zu schwimmen beginnt. Ich bin sicher, daß dieses Kind der Geschichte im 21. Jahrhundert eine gesunde, normale Nation sein wird. Vielleicht werden andere Nationen aus ihrem Unglück lernen. Doch das größte Problem, das des gewalttätigen Verstandes, wird unlösbar bleiben.

Dank

Dank möchte ich Joseph Brodsky und Alexander Solschenizyn aussprechen für ihre hilfreichen Kommentare zum Stil einer frühen Fassung einiger Kapitel. Dank schulde ich auch Ludmilla Alexejewa, Alexander Ginsburg und Valentin Turtschin, die mir geholfen haben, Daten unserer gemeinsamen Erfahrungen zu sichern. Gabriel Superfin vom Samisdat-Archiv in München schickte mir Kopien meiner im Untergrund veröffentlichten Aufrufe und Essays; ich hatte die Hoffnung aufgegeben, einige davon je wiedererlangen zu können. Slawa Papperno von der Cornell University weihte mich ein in die Geheimnisse der russischen Textverarbeitungsprogramme; Robert Cailliau vom CERN half durch kritische Hilfestellung aus der Ferne. Edward Kline war durch seine geduldige und taktvolle Freundschaft eine große Unterstützung.

Besonders dankbar bin ich Thomas Whitney, der ein wunderbar flinker und einfühlsamer Übersetzer ist, und Patrick Filley, meinem Verleger, für seine Geduld, seine Ermunterung und seinen kritischen Blick.

Es gibt keine angemessene Form, meiner Frau zu danken für ihre Hilfe bei der Sichtung, Anordnung und Bearbeitung des Materials.

Genausowenig kann ich den vielen Tausend Menschen überall in der Welt angemessen dafür danken, daß sie für mich gekämpft haben. Für sie hätte ich dieses Buch auch auf Zigarettenpapier geschrieben und aus einem Lager geschmuggelt – aber das wäre ein ganz anderes Buch geworden.

1
Pelageja

Meine erste Erinnerung sind die Wölfe.

Eines Tages spannte meine Großmutter unser Pferd an, lud Säcke voll mit Kartoffeln auf den Schlitten und machte es mir obendrauf bequem, eingewickelt in einen riesigen Fellmantel. Als sie soweit war, konnte sie nicht anders als sagen: »Jeder weiß, daß es zwischen Moskau und Smolensk keine besseren Kartoffeln gibt als die von Pelageja«, also sagte sie es. Und damit stieg sie auf, straffte die Zügel, schnalzte mit den Lippen – »Auf, Tschornij, los mit dir, Liebling!« –, und wir zogen los, um am Bahnhof Drownino Geschäfte zu machen.

Großmutter verkaufte die Kartoffeln vom Schlitten herunter, ohne das kleine schwarze Pferd auszuschirren. Tschornij konnte sein Maul in den Hafersack stecken und mit den Ohren zucken, wenn der Qualm der Lokomotiven über ihn hinwegzog. Ich saß auf dem Schlitten, eingepackt in den Schafsfellmantel, und beobachtete das Treiben um mich herum.

»Pelageja! Mütterchen!« schrien die Passagiere. »Wo steckt sie nur, diese Pelageja? Komm her! Gib uns die besten!« Sie kippte die Kartoffeln direkt aus dem Eimer in die schäbigen Ranzen, strich das Geld ein, und die Passagiere eilten in ihre Abteile zurück. Manchmal hatten sie keine Zeit zum Bezahlen, manchmal keine zum Kartoffelkaufen. Dann flogen Rubel aus den sich langsam in Bewegung setzenden Zugtüren, oder Großmutter rannte mit einem vollen Eimer hinter ausgestreckten Händen her, und von allen Seiten tönten die Rufe: »Mehr Schwung, Mütterchen! Beeil dich, so wirst du Großvater niemals einholen!«

»Niemals einholen!« äffte sie die Rufe nach, während sie ihre Eimer für den nächsten Zug füllte. »Was heißt schon niemals einholen! Einmal werden wir alle dort sein. Gott schütze seine Seele. Ist dir nicht kalt, Jegoruschka?«

Getauft war ich auf den Namen Jegor. »Jurij sagen sie in der Familie deiner Mutter«, betonte Großmutter immer, »aber dein richtiger Name ist Jegor.«

Meinen Großvater habe ich nie gesehen. Er starb irgendwo in

Moskau, noch bevor ich geboren wurde. Am Tag der Wölfe war ich noch nicht ganz vier Jahre alt.

Wir fuhren heim, nachdem wir in einem lauten, nach Tabak und Schafsfell stinkenden Gasthaus heißen Tee getrunken hatten. Es war schon dunkel. Auf der Straße durch den Wald gab es niemanden außer uns. Auf dem Rücken liegend, schaute ich in die Spitzen der Fichten und hinauf zu den verschwommenen Sternen. Der Schwarze trottete vor sich hin. Das Glöckchen am Deichselarm tönte, wurde zu einer Bahnhofsglocke, ich war ein Lokomotivführer, das rußgeschwärzte Gesicht des Heizers grinste mich an...

Ich erwachte. Irgend etwas stimmte nicht. Die Hufe trommelten, der Schlitten schwankte. Großmutter schrie laut, sie schrie und betete: »Heilige Maria, Mutter Gottes! Erbarme Dich unser und rette uns! Erbarme Dich unser! Rette uns!«

Ich hob den Kopf. Tschornij bäumte sich auf und hob drohend die Hufe. Pelageja lenkte den Schlitten im Stehen, eine Axt in der linken Hand, die Zügel in der rechten. Sie stand wie zum Sprung gebückt. Ich drehte mich um. In Sprungweite hinter dem Schlitten, auf der linken Seite, rannte ein Wolf. Er achtete nicht auf mich, sondern starrte auf die Axt, die Großmutter zum Schlag bereit in der Hand hielt. Die Axt glänzte. Großmutters Gesicht funkelte. Ich schaute hinauf zum Mond. Auch er raste dahin, aber er stürzte nicht hinter uns herab. Warum stürzt der Mond niemals hinter einem herunter?

»Verkriech dich!« schrie Großmutter. »Verkriech dich im Mantel! Im Mantel! Mutter Gottes, rette das Kind! Der arme Kleine!«

Und als ich mich unter dem Mantel verkroch, sah ich die anderen Wölfe, wie sie mit kraftvollen Sätzen versuchten, dem Pferd den Weg über das verschneite Feld abzuschneiden.

»Rette das Kind!«, rief Pelageja. »Das Kind! Jegoruschka...«

Hufschläge trommelten. Schafshaar geriet in meine Nase und kitzelte mich; ich mußte niesen, aber verkniff es mir. Wumm! wurde ich auf die Seite geworfen: Tschornij hatte den Schlitten gegen das Dorftor geschlagen, so war er um die Kurve nach rechts gesaust. Nun galoppierte er hangabwärts, die Hufe dröhnten auf der Brücke. Dann ging es steil den gegenüberliegenden Hang wieder hinauf. Nach links. Nach rechts. Und wir waren zu Hause! Das kleine schwarze Pferd wieherte. Großmutter riß mich hoch und rannte auf die Veranda.

Wenig später saß ich am Tisch und aß Hirsebrei mit Milch, der den ganzen Tag in einem dieser riesigen russischen Öfen warm gehalten worden war. Großmutter kniete vor dem Bildnis der Jungfrau in der Ecke nieder und flüsterte ihre Gebete. Sie schlug ein Kreuz, senkte ihren Kopf bis auf den Boden und betete. Das Lämpchen vor der Ikone brannte. Dann brachte sie, wie immer um diese Zeit, die Holzbütte voll warmem Wasser herein, das mit Kräuteressenzen versetzt war, fügte irgendein Salz hinzu, steckte meine Beine hinein und begann sie zu massieren, während sie vor sich hin murmelte. Seit fast zwei Jahren konnte ich nun meine Beine nicht mehr bewegen – warum, weiß ich nicht.

Schließlich kletterte die Großmutter die kurze Leiter auf den Ofen hinauf, glättete die Schafsfelldecken und trug mich nach oben. Wir lagen in den weichen Fellen. Der Ofen verströmte den angenehmen Geruch nach dem warmen trockenen Mörtel zwischen den Steinen. Ich saß hoch oben in der Ofenecke, streckte meine Arme aus, streckte die Beine, streckte meinen ganzen Körper in wohligem Behagen, flog hoch zu einem Fenster, kehrte um, stieß mich von der Wand ab und flog zurück zum Ofen. Wölfe liefen wieder, Dampfmaschinen, Abteilwagen... ein Pferd trommelt mit seinen Hufen...

Am nächsten Tag kamen meine beiden Onkel, Mitja und Petja, mit Feuerholz aus dem Wald zurück.

»Was hören wir da, Mutter, über Wölfe, die euch gejagt haben?« fragte Mitja.

»Das ist die Wahrheit. Das Pferd ging durch, ich drehte mich um nachzuschauen, und, Gnade Gott! Sie waren überall auf dem Feld, genau wie eure Kavallerie.«

»Die Zähne gebleckt!« lachte Mitja. »Was wir tun sollten, Petja, ist, eine Wache aufzustellen.«

»Geh den Wind fangen im Feld«, sagte Petja.

»Ich schnappte mir die Axt im richtigen Augenblick«, fuhr Großmutter fort, »einer holte uns ein, dieser Teufel, er fletschte die Zähne und starrte unentwegt auf Jegoruschka.«

»Auf die Axt«, sagte ich, »er starrte auf die Axt.«

»Manchmal treiben sie sich hier herum«, sagte Mitja. »Wir müssen Köder legen.«

»Ha, ha, hast schon welche gefangen, damals!« sagte Petja.

»Wie meinst du das?«

»Damals, als du die Wölfe mit Ködern gefangen hast. Vater hatte es dir aufgetragen. Weißt du nicht mehr?«

»Ja, richtig. Ich erinnere mich an alles, was ich getan habe in meiner Kindheit. Ich erinnere mich daran, aber so, als sei es in einer anderen Welt geschehen. Wie kommt das, Mutter?«

»Du hast zu viele Menschen getötet«, antwortete Großmutter und ging in die kleine Küche hinter dem Ofen.

Die Brüder fielen in Schweigen. Aus der Küche klang das Klappern des Kochgeschirrs.

»Mitja, wie hast du Wölfe mit einem Köder gefangen?«

Mitja setzte mich auf seine Knie. »Erinnerst du dich an Großvater?« fragte er. (»Was denkst du denn, wie sollte er sich erinnern können?« klang es hinter dem Ofen hervor.) »Also, dann, alles passierte vor dem Imperialistischen Krieg*. Dein Großpapa Pawel, mein Papa, befahl mir, einen Wolf zu schießen. Er war um unseren Hof herumgeschlichen, er war dabei, sich unter dem Zaun hindurchzugraben. Er hätte das Schaf gerissen. Die Kuh und das Pferd auch.«

»Tschornij?«

»Nein, wir hatten damals ein anderes Pferd, einen Wallach.«

»Einen Wallach?«

»Einen Wallach. Tschornij ist ein Hengst.«

»Also wenn es hier einen Hengst gibt, dann bist du das«, bemerkte Großmutter.

Mitja und Petja lachten.

»Weiter. Ich band den Kopf einer Kuh an unserer Eiche fest. Er hatte seit Weihnachten herumgelegen. Es dämmerte, und ich setzte mich in einen Busch nahe am Teich und hielt Wache. Die Nacht verging. Kein Wolf. Es war März, nicht sehr kalt, aber kalt genug. Ich wickelte mich gemütlich in meinen Schafsfellmantel, das Gewehr darunter, und dann, verdammt, bin ich halt eingeschlafen. Ich war noch ziemlich jung.«

»So wie ich?«

»So wie du, vielleicht ein bißchen älter.«

* Der Erste Weltkrieg

»So um die fünfzehn«, sagte Großmutter.

»So alt wie du«, wiederholte Mitja und verwuschelte mir die Haare. »Ich machte meine Augen auf: Wölfe. Nicht nur einer. Zwei. Sie zogen und zerrten am Kuhkopf, aber sie konnten ihn nicht losreißen. Und mein Gewehr war unterm Mantel. Ich noch im Halbschlaf. Doch irgendwie gelingt es mir, es hervorzuziehen und abzudrücken. Bäng! Der Rauch verzog sich. Keine Wölfe mehr. Ich hatte danebengeschossen. Ich schämte mich und ging zum Vater. Er sagte: Geh und kriech auf den Ofen. Du bist immer noch ein Mutterkind.«

»Auf den Ofen? Wo Großmutter und ich unsere alten Knochen wärmen?«

»Genau auf diesen Ofen. Also, ich schlief mich erst mal aus, ging wieder nach draußen, und unser Nachbar, Sjusja, fragte mich: War das deine Wölfin, die um das Dorf herumgeschlichen ist? – Welche Wölfin? – Die verwundet ist, sagte er. Du hast sie angeschossen, und sie schafft es nicht durch den Wald. Sie ist drüben auf der oberen Straße. – Wann war das? – Heute morgen! Da hatte ich also schon wieder verschlafen! Im Nu war ich auf den Skiern und raste los, das Gewehr über der Schulter folgte ich der Blutspur.«

»Welcher Blutspur?«

»Hörst du nicht? Sie war doch verwundet! Ich folgte der Spur eine weite Strecke. Endlich sah ich sie. Da saßen zwei Wölfe auf der Straße. Der Wolfsmann wollte seine Frau ins Krankenhaus bringen. Nun würde ich sie beide töten! Als er mich sah, erhob er sich, zerrte sie immer wieder am Nackenfell, als wollte er sagen: Komm, laß uns laufen. Sie kam auf die Beine, sie rannten davon, und wieder verlor ich sie. So war es jedesmal. Ich holte auf, er zerrte sie hoch, und das Rennen ging wieder los.

Immerhin, sie war verwundet. Und ich, ich war völlig ausgepumpt, aber was war das im Vergleich mit ihr? Ich holte die beiden wieder ein, und wieder zog und zerrte er sie am Nackenfell, aber sie kam nicht mehr hoch. Ich hatte es geschafft! Ich hatte sie bis zur Erschöpfung gehetzt. Rasch richtete ich das Gewehr auf ihn. Gut, dachte ich, werde ich Vater also zwei Wölfe präsentieren. Und, weißt du was? Der Wolf rührte sich nicht vom Fleck. Er stand wie angewurzelt und starrte mir in die Augen: Na los, schieß doch. Mach, was du willst, ich werde sie nicht im Stich lassen. – In Ordnung, dachte ich, du willst sie also nicht verlassen. Dann laß es eben. Das ist deine Sache, es ist dein Leben, nicht meins. Ich zielte immer noch auf ihn. Wir starrten uns an, Auge in Auge. – Warum rennst du nicht weg? sagte ich. Das ist keine Jagd mehr, das ist eine Hinrichtung. Willst du wirklich dein Leben für sie hingeben? Sie ist doch tot! Und wer bist du überhaupt, nur ein wildes Tier! Urplötzlich sprang sie auf, und weg waren sie.«

»Hast du sie zur Strecke gebracht?« fragte ich.

»Nein.«

»Wieso nicht?«

»Ich konnte nicht mehr hinter ihnen herhetzen. Ich bekam Mitleid.«

»Mit wilden Tieren!« rief Großmutter. »Aber menschliche Wesen? Hattest du Mitleid mit ihnen?«

»Was für ein Vergleich, Mutter. Menschen und wilde Tiere. Tiere sind besser.«

»Vielleicht sind sie besser, aber: Du sollst nicht töten!«

»Es gibt keinen Gott, Mutter.«

»Du hast einen Diakon getötet und Pferde in die Kirche getrieben. Du hast Kinder niedergeschossen.«

»Zöglinge einer Kadettenanstalt sind keine Kinder. Und eine Revolution ist kein Hochzeitsfest. Heute ist einer Kadett, morgen ist er schon ein Offizier. Habe ich morgens Mitleid mit ihm, läßt er mich am Nachmittag erschießen. Er oder ich. Und warum Tränen vergießen über das Blut der Adligen? Ich hatte meine Befehle: Laß die Kadetten nicht aus ihrer Schule. Ich hatte ein Maschinengewehr. Trotzdem kamen sie an diesem Morgen alle herausgerannt. Ich schoß sie nieder. Alle zweihundert. Schon wahr, Mutter, für das erste Mal waren es schrecklich viele.«

»Übertreibst du nicht ein bißchen?« erkundigte sich Petja.

Ich war vier, als Großmutter meine Beine dazu brachte, daß sie sich wieder bewegen konnten. Nun konnte ich mit den anderen Kindern herumtollen und Kosaken spielen zwischen den ungeheuren, weißen Weidenbäumen, konnte von Heuböden runterspringen und im langgestreckten Dorfteich mit einem Korb träge Karpfen fangen. Aber am liebsten verbrachte ich meine Zeit allein, völlig frei, in den Wiesen und Sümpfen. Jeden Tag, im Morgengrauen, führte ich Maschka, unsere Kuh, zur Herde auf die Gemeindeweide. Während der Schäfer auf seiner Flöte spielte (damals gab es noch Schäfer und Flöten), lichtete sich der Nebel über den Sümpfen, und die Schwalben begannen ihren Gleitflug. Ein Gefühl des Glücks durchströmte mich, und ich hüpfte und sprang von Grasbüschel zu Grasbüschel und über die Wacholdersträucher und wirbelte im Kreis herum, bis ich umfiel. Dann trollte ich mich den Kuhpfad entlang nach Hause oder ich rannte hinaus in den Wald.

Dort, wo wir lebten in Rußland, zwischen Moskau und Smolensk, gab es nichts als Wälder und Sümpfe, überall Feuchtgebiete. Die kleinen Dörfer hatten Namen wie Mokroje (»Naß«), Kisseljowo (»Sauer«) und Gniloje (»Verfault«). Gniloje war unser Dorf. So viel Moos wuchs dort, daß die Ritzen zwischen den Balken der Blockhäuser und Scheunen nicht mit Hanf, sondern mit Moos verstopft wurden. War ein Haus neu, bekamst du Lust, über die weichen gelbgrünen Streifen zu streicheln. Die meisten Häuser des Dorfes waren alt und klein wie unseres, ein Verschlag für das Vieh lehnte sich an die Rückwand, dahinter kam der Gemüsegarten und dann das Feld für Kartoffeln, Roggen und Flachs. In unserem Schuppen lebten Maschka, Tschornij, das kleine schwarze Pferd, ein Schwein, Hühner und einige Schafe. Waska, die Katze, bevorzugte ein Leben in Freiheit, sie jagte die Hühner des Nachbarn, während eine Igelfamilie im Keller bei den Rüben den Mäusedienst versah.

Drinnen im Haus lebten Vögel. Jedesmal, wenn die Winter kalt waren, flatterten die Meisen überall herum, doch Großmutter beschwerte sich niemals über den Dreck, den sie hinter ihnen wegputzen mußte: Vögel standen in Gottes besonderer Gunst. Im Sommer zogen wir Nestlinge groß, die Mitja von der Jagd mitbrachte, wie den Strandläufer, der in einem hölzernen Zuber lebte, bis er ausgewachsen war und wir ihn im Riedgras aussetzen konnten. Einmal wurde ich nachts von Großmutter, Mitja und Petja geweckt, als sie gerade versuchten, einige Eulenjunge von einer Magenverstimmung zu heilen, indem sie sie von Mund zu Schnabel mit Milch fütterten.

Unsere Scheune lag auf der anderen Seite der unbefestigten Straße, neben dem Dorfteich. Mitja und Petja benutzten sie als Werkstatt. Mitja war nach dem Bürgerkrieg, der sich an die Revolution anschloß, Soldat bei der Miliz gewesen, aber der Dienst war anstrengend und brachte nichts ein, also verließ er die Miliz wieder. Nach und nach fanden die beiden Brüder Arbeit im Dorf, sie errichteten Häuser und deckten Dächer mit Schindeln, die sie selbst schnitten. Manchmal stellten sie mit der Laubsäge kunstvolle Rahmen für Fotografien her oder klebten Fotoalben zusammen, auf deren Seiten sie die Berge des Kaukasus und davor Rösser und Reiter malten, stattlich anzuschauen in tscherkessischen Mänteln; die Gesichter hinterlegten sie mit den Fotografien der Dorfbewohner. Nachdem Mitja und Petja etwas Geld verdient hatten, kauften sie zu Harmonika und Balalaika ein Akkordeon, eine Mandoline und eine Gitarre hinzu. Sie konnten alle diese Instrumente spielen, Mitja konnte sogar Noten lesen. Vielleicht bewunderten die Mädchen aus dem Dorf deshalb meine beiden Onkel, obwohl Mitja sehr pockennarbig war und Petja nicht gerade groß.

Mitja war ein Experte für gotteslästerliche Flüche, ein Meister vielschichtig gedrechselter Konstruktionen. Und eben dieser Mitja war es, der mir im Alter von vier Jahren das Fluchen austrieb. Waska, unser Kätzchen, hatte mich gekratzt, und ich ahmte mit größter Genauigkeit Mitjas Ausdrucksweise nach. Die Tür zu unserer zweiten Kammer flog auf. Mitja kam herein und schlug mich mit einem Riemen; nicht sehr fest, aber die Bauern, die in der anderen Kammer hockten, lachten, und ich schämte mich.

Die arme Waska fand ein grauenvolles Ende. Wahrscheinlich imitierte auch sie in mancher Hinsicht Mitja: Sie wuchs heran mit einer Liebe zum Hühnermorden, und sie fürchtete niemanden auf der Welt. Die beiden Brüder handelten gemäß ihren Grundsätzen zur Erziehung, als sie beschlossen, die Katze aufzuhängen, und unsere alte Weide als Galgen ausersahen. Aber ihr Strafvollzug war ein Mißerfolg. Waska griff das hängende Seil mit ihren Krallen und zog sich selbst hoch. Sie wollte nicht sterben. Die Brüder ließen sie eine Weile in Ruhe. Schließlich band Mitja mit einem Grinsen das Seil vom Ast und begann, Waska mit voller Wucht gegen das Tor zu schmettern. Noch nicht einmal das half.

Petja holte sein Gewehr und schoß die Katze tot.

»Ihr seid schlimmer als Herodes!« schrie Großmutter und griff nach meiner Hand.

Ich riß mich los und floh in den Wald.

Im letzten Sommer vor der Kollektivierung, ich war nun fast fünf Jahre alt, versammelte sich die ganze Familie in unserem Dorf. Meine Mutter und mein Vater kamen und Sina, die Schwester meines Vaters. Zuerst war ich etwas scheu meinen Eltern gegenüber; sie lebten und arbeiteten in Moskau, während ich fast mein ganzes Leben bei Großmutter im Dorf verbracht hatte. Auf Anraten des Arztes schickte mich meine Mutter dorthin, als ich sechs Monate alt war und am Keuchhusten zu sterben drohte. Später, als ich beinahe an anderen Krankheiten gestorben wäre, brachte mich meine Großmutter nach Moskau, und meine Mutter spendete mir Blut. Aber ich hatte keine Erinnerungen an sie oder meinen Vater. Allerdings wurde über meinen Vater im Dorf unaufhörlich gesprochen. Er hatte ein Studium begonnen an einer Arbeiterschule. Mitja und Petja waren deshalb sehr stolz auf ihn, auch ich, obwohl ich gar nicht wußte, was eine Arbeiterschule ist. Stets hatten seine Brüder ziemlichen Respekt vor ihm. Mitja war damals neunundzwanzig Jahre alt, Petja zweiundzwanzig und mein Vater sechsundzwanzig. Als mein Vater zurückkam ins Dorf, war er in trübseliger Stimmung; er hatte begonnen, Blut zu spucken. Meine wunderschöne Mutter war immer fröhlich.

Ganze Tage verbrachten die Frauen in diesem Juni mit Einkochen, und die Männer diskutierten natürlich über Politik, während ich zwischen beiden Gruppen hin und her pendelte.

Einmal sagte mein Vater: »Los, Mutter, es ist langweilig. Laß uns das Netz auslegen. Du bist doch eine Meisterfischerin.«

»Sofort, Fedenka«, sagte Großmutter, geschäftig hin und her rennend, »ich bin sofort dabei.«

Sie zog Männerhosen und Stiefel an, nahm Eimer und Netz, und wir zogen los zum Fluß. Es war ein ziemlich schmales Flüßchen, das träge durch den Wald floß und wunderschöne Tümpel bildete.

»Es wäre besser für dich, überhaupt nicht ins Wasser zu gehen, Fedja«, wagte Großmutter zu sagen.

»Mutter!«

Vater und Großmutter waren bedeckt mit Entenflott und Schleim, als sie das Netz durchs Wasser zogen. Mitja plantschte lärmend herum, um die Fische ins Netz zu treiben. Nach fünf oder zehn Gängen zogen sie das Netz auf die Böschung. In den Matsch klatschten rotäugige Flußbarsche und Hechte. Wir füll-

1929

ten zwei Eimer in zwei Stunden, und Vaters Laune besserte sich merklich.

Nach zwei Wochen reisten Vater und Mutter ab. Ihre Ferien waren zu Ende.

Im Juli fand die ländliche Idylle ein Ende. Das war im Jahr 1929.

Mitja begriff schnell, worum es ging.

»Wir packen besser unsere Sachen, Petja. Zur Hölle mit den Schindeln und Dächern, je schneller, desto besser. Höchste Zeit abzuhauen aus dem Dorf. Die Zeit für Privatunternehmer ist abgelaufen.«

»Was für ein Privatunternehmen haben wir denn?«

»Das ist egal. Wir gehen in eine Fabrik arbeiten. Und wenn du die Wahrheit wissen willst, jeder hier täte gut daran, abzuhauen aus dieser Hölle.«

Aber so schnell kamen sie nicht los. Mitja war Veteran des Bürgerkriegs und Träger einer Kriegsmedaille und vor allem war er Milizsoldat gewesen, also wurde er angewiesen, die Kollektivierung in unserem Dorf durchzuführen. Man versprach ihm, ihn in die Fabrik zur Arbeit gehen zu lassen, wenn er die hundertprozentige Kollektivierung der Dorfbewohner erreicht hätte. Petja fungierte als sein Gehilfe. Zu Hause, in der zweiten Kammer, malten sie Spruchbänder: *Für die Kollektivierung!*

»Je schneller wir diesen Essigtöpfen ihre stinkenden hundert Prozent liefern«, sagte Mitja, »desto schneller kommen wir hier raus aus dieser verdammten Hölle.«

Das Ende dieser Geschichte hörte ich, als ich schon erwachsen war, von meiner Großmutter.

Mitja verstand genau, was gemeint war, wenn es hieß: »Die Kulaken als Klasse liquidieren.«* Das war eine weitere Revolution, und er wußte, wie Revolutionen gemacht wurden. Aber hier im Dorf hatte er es nicht mit adligen Kadetten zu tun, nur mit seinen eigenen Leuten. Die Vorstellung von Kollektivwirtschaft oder von einer Kolchose war eigentlich rundum unerträglich; jeder Zusammenschluß bedeutete den Verlust der persön-

* Das Ziel dieser bekannten Partei-Parole war die Klasse der wohlhabenden Bauern.

lichen Freiheit. Jeder, der ein bißchen weiter sah, wußte, was kommen würde, ließ alles stehen und liegen und floh. Als die Haftbefehle eintrafen, mit Quoten für »Kulaken und Helfer der Kulaken« (Namen wurden nicht genannt, um solche Details mußte Mitja sich kümmern), waren die Frauen praktisch die einzigen, die zurückgeblieben waren. Und auch sie nicht alle: Zwei oder drei der ansehnlichsten Häuser mit gestrichenen Fußböden standen nun leer.

Die Bonzen zogen Mitja zur Rechenschaft.

»Warum habt ihr mir nicht früher Instruktionen gegeben!« brüllte er zurück. »Die Kulaken und ihr Anhang haben sich abgesetzt. Im übrigen, ich dachte und ihr dachtet, daß es genauso geplant war. Wer braucht sie hier? Laßt sie doch mitmachen bei der Industrialisierung – den Fünf-Jahres-Plan in vier Jahren. Ihr habt gewollt, daß ich die Kollektivwirtschaft organisiere? Das habe ich. Sind hundert Prozent erreicht? Sie sind erreicht. Was wollt ihr mehr?«

Und so war es auch. Alle waren Mitglied des Kollektivs geworden, nur meine gewiefte Großmutter nicht, nicht der verrückte alte Sjusja und einige Außenseiter, die Arbeit in der Bezirksstadt hatten. Großmutter war der Kollektivierung wegen ihres Alters entgangen und dank Mitjas Einfluß.

Unser nicht besonders reiches, aber auch nicht besonders armes Dorf war innerhalb eines Jahres ruiniert. Alle Pferde wurden dem Kollektiv übergeben und gehörten nun niemandem mehr. Sie wurden, egal wie alt sie waren, zur Arbeit getrieben und mit dem gefüttert, was gerade da war; sie waren rasch verbraucht. Es blieben fast keine Kühe übrig. Die Bauern hatten sie geschlachtet, als die ersten Gerüchte über die Kollektivierung aufkamen. Keine Kühe hieß keine Milch, hieß keinen Dung. Ohne Dung gab es noch nicht einmal Kartoffeln. Maschinen und Kunstdünger existierten damals nur als Idee.

Mitja und Petja gingen nach Moskau, wo meine Mutter und mein Vater ein gutes Zimmer von siebzehn Quadratmetern hatten. Kaum hatte Großmutter Maschka geschlachtet und Tschornij verkauft, da waren ihre Söhne auch schon verschwunden. Sie hatte nichts mehr, um sie zu füttern. Der Hof leerte sich. Es machte unter der neuen Ordnung, als sich Verbote auf Restriktionen häuften und darauf noch Steuern, keinen Sinn mehr, einen Bauernhof zu halten.

»Hab keine Angst«, sagte Großmutter, »solange unsere Arme und Beine heil sind, kriegen wir es hin. Schlechte Zeiten gab es früher schon. Wir haben unseren kleinen Garten. Und in zwei Jahren bringe ich dich zur Schule nach Moskau.«

Große Stepprahmen füllten die vordere Kammer aus, Großmutter fertigte Bettdecken darauf. Sie nähte Mäntel für die Bauern im Dorf mit der Hand, und sie nähte einfache Kleider auf einer Singer-Nähmaschine, die sie vor der Revolution gekauft hatte. Außerdem behandelte sie Kranke – illegal, natürlich. Viele Frauen litten an Auszehrung, die ihre Handmuskeln und Knochen befiel. Die Ärzte wußten nicht, was tun, aber Großmutter entdeckte ein Medikament, das sie vor ihnen geheimhielt. Sie dosierte ein quecksilberhaltiges Chlorid auf ihrer kleinen Apothekerwaage und puderte die befallenen Glieder damit. Sie kannte auch Zauber gegen Zahnschmerzen, und sie konnte Furunkel aufschneiden. Und sie las den nun vereinsamten Frauen die Zukunft aus Schatten.

»Pelageja, sag mir etwas über meinen Mann. Wie steht's um ihn? Werden wir uns wiedersehen oder nicht?«

Und Großmutter verbrannte eine Zeitung auf einer großen weißen Platte, trug die Platte zur Wand und ließ das Licht der Kerosinlampe darauf fallen, wendete die Platte hin und her und studierte die Schattenrisse der verbrannten Zeitung. Die Schatten hatten viel zu erzählen.

»Was siehst du da? Kommt Iwan zurück?«

»Ah ja, er kommt. Oh nein ... er wird geführt.«

Die Frau wurde blaß. Aber es sah wirklich so aus, als seien seine Hände gefesselt.

Auch Großmutter war nun beunruhigt, sie nahm ihre Karten, legte sie aus und las darin: »Ich sehe eine lange Reise ... Ein Treffen ...«

Sie deckte eine andere Karte auf.

»Ja, ein Treffen. Meine Liebe, ihr werdet euch bald wiedersehen. Warte nur.«

Und der Frau ging es wieder etwas besser.

Aber womit Großmutter uns wirklich ernährte, war ihre Arbeit als Hebamme. Bargeld nahm sie keines an, damit sie nicht wegen privater Geschäftemacherei belangt werden konnte. Aber hatte die Patientin eine Kuh, dann nahm sie Milch, einen halben Liter pro Tag ein ganzes Jahr lang für eine gelungene Entbindung – und sie hatte niemals Mißerfolge.

Auch ich verdiente Geld. Ich fing Maulwürfe. Großmutter lehrte mich, die Felle zuzurichten, und in Kisseljowo, im Laden der Kooperative, bezahlten sie mir pro Haut einen Rubel. Unter Großmutters Anleitung sammelte ich Heilkräuter, sie trocknete die Pflanzen und verkaufte sie im selben Geschäft, genauso wie Beeren, Nüsse und Pilze.

Zwischen dem Waldrand und unserem Dorf lag ein sumpfiges Birkengehölz. Dort konnte ich immer braune Röhrenpilze finden, freilich waren es meistens ziemlich dürre Exemplare, mit spindeligen Stielen. Einmal ging ich nach dem Pilzesammeln die Straße entlang – es war die, auf der uns damals die Wölfe verfolgt hatten – und sah einen Mann, nachdenklich und langsam einen Fuß vor den anderen setzend, vor mir hergehen. Mit seinen dunkelblauen Reithosen, den schlanken schwarzen Stiefeln und der schwarzen Jacke im Stil der Städter sah er nicht aus wie ein Dorfbewohner. Ich holte ihn ein und begann, große Schritte zu machen, ohne meine nackten Füße hochzuheben, ich schob sie nur durch den tiefen angenehmen Staub. Fliegen, Hummeln und Bremsen summten in der Hitze. Links, im kollektiven Hafer, graste träge ein nicht-kollektives Kalb und trampelte dabei mehr Halme nieder, als es fraß.

»Dieser Priester, wir – wir haben seine Rückseite anständig geschmort mit diesem Bügeleisen«, brach es heraus aus dem Mann.

Ich ließ meine Füße weiter durch den warmen Staub schleifen. Würde ich meine Füße hochheben, wären meine Schritte nicht mehr so groß wie seine.

Der Priester? Letztes Jahr hatten wir seinen Obstgarten mit den Apfelbäumen in Mokroje geplündert. Es war schon ein Spaß, die ganzen zwei Meilen zurückzulaufen. Ohne Äpfel. Ich war der kleinste von allen und war zu spät gekommen. Was würde er noch über den Priester sagen? Aber er sagte nichts mehr. Ich vergaß ihn, schlurfte nur durch den Staub und genoß die Staubfahnen, die zwischen meinen Zehen emporstoben.

»Und nur wegen seines Geschreis: Es gibt jetzt kein Brot!« stieß der Mann nun noch hervor. »Hier hat es niemals welches gegeben. Es reichte meistens nur bis Weihnachten.«

Wieder fiel er in Schweigen, und er schwieg bis ins Dorf hinein. Dort trennten wir uns.

Als ich abends ins Bett ging, wollte ich Großmutter nach diesem Mann fragen. Aber als ich meine Augen schloß, sah ich plötzlich diesen qualmenden Rücken unter einem heißen Bügeleisen, und ich fragte nicht. Und seit damals fragte ich niemals irgend etwas.

Wie viele Mäntel brauchen Frauen? Wie oft kommen sie nieder? Großmutter hatte nun mehr Zeit für mich, und von Frühlingsanfang bis spät in den Herbst hinein nahm sie mich mit auf ihre Expeditionen tief in den Wald. Wir hatten eine Kanne Milch dabei, ein dickes Stück Brot, ein paar gekochte Kartoffeln, einen Korb für Pilze, Eimer für Beeren oder einen großen Sack für Nüsse, und stapften barfuß durch die lauwarmen Pfützen, durch die rostfarbenen Sümpfe und durch die Kiefernnadeln vom letzten Jahr. Großmutter wurde nicht müde auf solchen Märschen, und ich auch nicht. Immer wieder rasteten wir, aßen ein paar Beeren mit Milch, bevor wir weitergingen.

Großmutter wurde auch nicht müde, mich zu unterhalten.

»Wir kommen jetzt an einen verborgenen Platz, Jegor. Niemand außer Sjusja und mir kennt ihn. Aber Sjusja, du weißt, erinnert sich an nichts mehr. Doch es gab da eine Zeit, als er und ich in diesem Garten hier zusammen gearbeitet haben. Inzwischen hat der Wald alles überwuchert, doch ich kann den Garten immer noch ausmachen. Schau nur genau hin, sieh, wie die Linden in Reihen angeordnet sind. So sind sie gepflanzt worden. Es war ein reiches Landgut, und die Leute waren sehr gebildet. Ich arbeitete als Kindermädchen. Sie waren es, die mir die Bücher oben auf unserem Dachboden geschenkt haben. Als das Gutshaus 1906 niedergebrannt wurde, gab die Herrschaft das Anwesen auf.«

Schon längst hatte ich diese Bücher vom Dachboden geholt und in meine Ecke der großen Kammer geschafft, und ich schaute mir die wunderbaren Bilder allzugerne an, die Darstellungen von Amöben und Wimperntierchen, vom Paß der Thermopylen und von der geheimnisvollen Leidener Flasche. Meine Großmutter las sehr gut altkirchenslawisch, viel besser als das moderne Russisch in ihren vielen Ratgebern für den Gartenbau. Ich konnte die moderne Schrift lesen, seit ich sechs Jahre alt war, und sie war darauf sehr stolz.

»Alles war zerstört, niedergebrannt von der Glut im Kraterherde«, fuhr Großmutter fort, der dieser Vers aus der *Internationalen* eingefallen war, während sie mit ihren schmalen flinken Händen Beeren pflückte. »Man dachte, die Dinge würden besser werden auf diese Weise. Wir würden eine neue Welt errichten, auch ich habe das geglaubt. Und nun überwuchert Unkraut die Ruinen. Am Ende des Bürgerkriegs blieb mir nichts weiter übrig, als betteln zu gehen... Komm schon, Jegor, für jede Beere, die im Eimer landet, steckst du dir eine in den Mund... Was macht es schon aus, daß ich betteln ging? Betteln ist keine Sünde, wenn deine Seele frei von Sünde ist. Ich nahm Fedjenka und Petjenka, ließ Sinoschka zu Hause und zog von Dorf zu Dorf. Irgend jemand hat uns dann ein Stück Brot gegeben, manchmal sogar ein Stück Pirogge oder ein Hemd. Also was ist dabei? Wir haben gelebt. Wir hatten zu essen.«

Sie lächelte listig, mit allen Fältchen ihres lebhaften Gesichts, als hätte sie jemandem Sand in die Augen gestreut.

»Und, weißt du, heute sind es wohl wir beide, die betteln gehen. Stimmt's? Aber wir leben ja noch.«

Nieselregen fiel und ging über in einen Schauer. Wir setzten uns unter eine Fichte.

»Es ist möglich zu leben, Jegoruschka. Arbeite, arbeite, arbeite. Gott wird für alles sorgen.«

Ich war sowieso davon überzeugt, daß wir ein wunderbares Leben führten. Jedenfalls bin ich in diesen zwei Jahren mit den langen Märschen und den Mahlzeiten aus Milch und Beeren viel, viel kräftiger geworden.

Großmutter kümmerte sich um Sjusja.

»Weißt du, wie Sjusja war? Im Alter von fünfzig Jahren konnte er schneller laufen als ein Pferd.«

»Als ein Pferd?«

»Ja. Sjusja hütete die Pferde. Er war schnell. Aber der Teufel hat ihn geholt, und da gab es keinen Sjusja mehr. Gott hat ihn bestraft.«

»Wofür?«

»Ach, laß! Wir wollen ihm ein wenig Milch bringen.«

Wir gingen in Sjusjas stinkende Hütte und stellten einen Krug

Milch auf das Fensterbrett. Sjusja saß auf dem Ofen und ließ die Beine baumeln. Eine Kinderwiege hing ganz in seiner Nähe.

»Sjusja!« tadelte Großmutter ihn, »Was hast du nur immer an der Wiege zu schaffen?« Der schrecklich verwahrloste alte Mann murmelte etwas vor sich hin. Schweigend räumte Großmutter das Durcheinander auf.

»Er würde niemandem erlauben, diese Wiege abzunehmen. Er ist verrückt, aber sehr kräftig. Und er kriecht immer wieder hinein, in diese Wiege.«

Viele Jahre später, kurz vor dem Krieg, besuchte ich Großmutter und fragte sie nach Sjusja. Er lebte immer noch, und sie sah immer noch nach ihm. Als ich mit ihr neben unserem Haus unter der Eberesche saß, sah ich einen Jungen, den ich nicht kannte, er war groß und ordentlich gekleidet und lief allein über die staubige Straße. Er schaute vor sich hin auf seine Füße.

»Der da drüben, das ist sein Sohn und sein Enkel. Sjusjas Sohn und Enkel, meine ich«, sagte Großmutter. Ich sagte nichts. Ich hatte mir abgewöhnt, Fragen zu stellen.

»Kurz nach der Geburt verließ die Tochter das Haus, um der Schande zu entgehen. Sie ist nie mehr zurückgekommen. Sie verfluchte ihren Vater. Aber jetzt hat sie ihrem Sohn erlaubt, zu kommen und ihn zu besuchen. Sjusja liegt im Sterben.«

Da verstand ich, was es mit dieser Wiege auf sich hatte. Es war die Wiege des unglücklichen Jungen gewesen.

1931, als ich sieben Jahre alt geworden war, brachte mich meine Großmutter nach Moskau.

2
Leben in der Stadt

Endlich waren wir alle unter einem Dach vereint. Mein Vater, den ich insgeheim bewunderte, und meine Mutter, die ich nicht verstand, lebten mit mir.

Meine Mutter lachte gerne, sie lachte dröhnend, und sie tat es, bis ihr die Luft wegblieb. Großmutter hielt ihr dieses Lachen vor: »Du mit deinen ti-hi-his und ha-ha-has.«

»Wie ein Pferd!« ergänzte Petja. Mama war jedesmal gekränkt, sie verzog ihre Lippen zu einem Schmollmund und ging nach draußen.

»Die Galoschen eines Popen«, verkündete Großmutter. »Das sind keine Lippen, die Klawa hat. Das sind die Galoschen eines Popen.«

»Ha-ha-ha!« gluckste Mama, die gleich wieder zurückgekommen war. »Es war einmal ein braver Junge, ha-ha-ha, der brachte eine Prostituierte mit nach Hause. Und morgens warf er sie zum Fenster raus und schrie: Wisch den Dreck weg, Hausmeister! Aber der Hausmeister ist die Mutter des braven Jungen. Mit ihrem Besen kommt sie vors Haus: Was ist das? Schau dir den Dreck an, den mein Söhnchen weggeworfen hat! Ha-ha-ha!«

»Puhh!« spuckte Großmutter.

Petja und Mitja lachten. Vater lächelte abwesend, er beugte sich in Gedanken versunken über sein Zeichenbrett. Ich schaute ihn an und lächelte auch, nur um nicht zu schluchzen. Am Morgen hatte ich die Frau gesehen, die mit gebrochenen Armen auf der Straße lag, Blut sickerte ihr aus Mund und Ohren, und die Menge gaffte. Der Verbrecher hatte sie aus dem fünften Stockwerk gestürzt.

Die Stadt schockierte mich.

Mein Vater war der Meinung, ich sei noch nicht reif für die Schule: »Gewöhn dich erst mal an die Dinge. Hör zu, Karottenkopf, lauf los und kauf uns Brot.« Die Lebensmittelkarte mit der einen, das Geld mit der anderen Hand umklammernd, rannte ich zum Laden.

Zu Beginn der dreißiger Jahre wurde in Moskau und in anderen Städten das Brot rationiert, wie schon einmal während des Bürgerkriegs. In den Dörfern gab es überhaupt kein Brot. Das war der Preis für die Kollektivierung. Fünfzehn Jahre später, damals war ich in der Armee, erzählte mir ein älterer Funker aus meinem Zug von einem anderen Preis, den Millionen von Bauern für die gleiche Sache bezahlt hatten: »Unser Dorf wollte in den Dreißigern nicht kollektiviert werden. Was ist ein Kollektiv? Es ist Zwangsarbeit – Leibeigenschaft. Wir wollen nicht mitmachen. Die von der Regierung gehen von Haus zu Haus, nehmen all unser Getreide mit, bis zum letzten Korn, schließen es in der Kirche ein und lassen es bewachen. Wer größeren Lärm veranstaltete, wurde als Helfer der Kulaken beschimpft, mit Frau und Kindern auf Karren verladen und in die offene Steppe gebracht, in den Schnee: Hier könnt ihr sterben ohne Kollektiv. Wir zwingen euch nicht beizutreten ... Und sie kamen nochmal zurück: So, Genossen Bauern. Schließen wir uns jetzt dem Kollektiv an? – Nein. – Nein? Auch gut. Es ist völlig freiwillig. – Die wohlhabendsten der im Dorf zurückgebliebenen Bauern, also die Kulaken, wurden in einer Nacht zusammengetrieben, ein Bündel ihrer Habe hielten sie in den Händen, ihre kleinen Kinder hatten sie bei sich, und sie wurden von bewaffneten Gardisten in den hohen Norden verschleppt. (Ich muß schon sagen, Leutnant, Ihr Tabak ist nicht von der besten Sorte.) So war das, und das Getreide verrottete in der Kirche, und wir weigerten uns weiterhin. Es war eine Sackgasse. Sie werden es nicht glauben –.«

Er schaute sich um. Es war niemand zu sehen, nur er und ich.

»Wir versuchten sogar, die Kirche zu stürmen. Aber wir waren schon geschwächt.«

»Haben sie auf euch geschossen?« fragte ich und blickte mich ebenfalls um.

»Nein, sie haben uns mit der Feuerspritze vertrieben.«

»Und dann?«

»Nichts mehr. Wer nicht an Hunger starb, wurde von einem von der Regierung gerettet. Er persönlich nahm uns ins Kollektiv auf, die Morgenröte der kommunistischen Kolchose. Die, die starben, sind im Himmel Einzelbauern. Und das Mädchen, das ihr eigenes Baby kochte und aß – sie wurde festgenommen und ins Gefängnis gebracht, sie hielten es für verrückt und steckten es in ein Heim. So endete das. Die Stärksten überleben.«

Unsere Familie lebte einigermaßen gut in Moskau. »Besser als in einem Schlafwagen«, pflegte Petja zu sagen. Wir hatten einen separaten Raum für uns sechs in einem gut erhaltenen Gebäude aus der Zeit vor der Revolution; damals war es ein Stift für alte Damen gewesen. Die vorrevolutionären Fräuleins lebten zu zweit in einem Zimmer. Küche, ein Waschbecken und eine Toilette mit zwei Kloschüsseln mußten sich fünfzig von ihnen teilen. Die Damen konnten noch nicht einmal träumen von einem Bad oder einer Dusche. Aber anscheinend gab es unter dem alten Regime keine Schlangen vor öffentlichen Bädern, es gab offenbar überhaupt keine Schlangen. Jetzt lebten wir in einer neuen Zeit. Dasselbe einzige Waschbecken und die nämlichen beiden Kloschüsseln wurden jetzt von nicht weniger als zweihundert Menschen benutzt. An arbeitsfreien Tagen standen wir vor dem öffentlichen Bad dichtgedrängt in einer Schlange, die fünf Blocks lang war – den ganzen Weg vom Dampfbad bis zur örtlichen Parteizentrale.

»Was würden die Leute denn in ihrer freien Zeit tun, wenn es keine Schlangen gäbe?« fragte Petja. »Sich gegenseitig die Schädel einhauen? Aber ihre Fäuste würden schlaff werden. Ich denke, es ist besser so mit Schlangen.«

Ein Viertel unseres Raums beanspruchte Vaters Zeichenbrett. Das Bett meiner Eltern belegte ein weiteres Viertel. Mitja und Petja schlugen nachts ein Feldbett auf und arrangierten sich, Kopf-an-Fuß. Die Füße des Betts und das Gestell des Feldbetts standen natürlich in Blechbüchsen mit Wasser, so daß die Wanzen sich von der Zimmerdecke herablassen mußten. Großmutter und ich schliefen auf dem klobigen Sofa. »Gedrängt, aber gemütlich«, sagte sie.

Aber wir waren, bis auf Großmutter, alle jung, und wir hatten immer etwas zu lachen. Unsere Witze waren simpel. »In meinem Traum ging ich durch eine Schlucht«, erzählte Petja. »Ich ging weiter und weiter, und die Schlucht wurde enger und enger. Solange nur meine Schultern die Wände berührten – kein Problem. Aber als meine Seiten begannen, daran entlang zu schaben, kam ich in Atemnot. Ich drückte mich seitlich voran. Schließlich spürte ich, daß ich so weit gegangen war, wie ich konnte. Meine Nase wurde gepackt, und ich konnte nicht mehr atmen. Mir war eisig kalt. Ich erwachte, und du warst es, Mitja, mit deinem Fuß in meiner Nase. Es war dein großer Zeh.«

Mamas Lachen erdröhnte.

Den Tag über war ich allein. Vater arbeitete in einem Konstruktionsbüro. Mitja war Vorarbeiter irgendwo auf dem Bau. Petja arbeitete an einer Drehbank. Mutter nähte Lederhandtaschen in einer Fabrik, und Großmutter verteilte Kerosin in einem nahe gelegenen Laden. Dorthin bin ich oft gegangen, dem Klatsch zuhören und der Großmutter beim Arbeiten zuschauen. Ihr Mund war immer in Bewegung, während ihre flinken, vom Kerosin feuchten Hände das Zeug wie Suppe in die kleinen Kannen füllten, die die Nachbarsfrauen mitgebracht hatten. Die Frauen kamen hierher auf einen Schwatz; der Laden war so etwas wie ihr Klub. Einmal sagte Großmutter zu den Frauen: »Nehmen wir an, ich erzähle euch, daß ich so und so über etwas denke. Aber tatsächlich weiß niemand, was ich denke, aber nicht erzähle.« Das setzte mich in Erstaunen. Wahrscheinlich dachte sie daran, daß es Dinge gab, über die man besser schwieg. Dies ging mir nicht auf, statt dessen aber entdeckte ich ein Rätsel:

Angenommen, ich sagte zu Mama: Ich sage dir, ich will zur Schule gehen! – Kann es sein, daß ich nicht sage, was ich denke? Ich sage es, das ist richtig, aber dann sage ich wieder nicht, daß ich weiß, daß ich es bin, der etwas sagt. Da ich weiß, daß ich etwas sage, denke ich es. Aber ich denke es nur, ohne es zu sagen. Nein – aber warum in aller Welt sage ich es nicht? Gerade habe ich es gesagt... Dieses Rätsel beschäftigte mich einen ganzen Tag. Am nächsten Morgen hatte ich es vergessen. (Und vierzig Jahre später erinnerte ich mich wieder daran, als ich Logik studierte.)

Nachdem ich dem Kerosinladen meinen Besuch abgestattet hatte, spielte ich für mich allein in der Nebenstraße oder schaute sonst, was in der Welt passierte. Ein Wagen fuhr dröhnend vorbei; das große zottelige Zugpferd, solche Pferde hatte ich in unserem Dorf nie gesehen, schlug mit den Hufen Tanzrhythmen auf das bucklige Kopfsteinpflaster. Eine Frau, die ich mit ihren blauen Flecken im Gesicht schon öfter gesehen hatte, verließ den Kerosinladen; sie blieb nicht stehen, sie warf nur den Kopf in den Nacken, goß sich den blauen vergällten Alkohol aus einem kleinen Fläschchen in den Hals, innerhalb von sechs Schritten kippte sie das Zeug hinunter, und setzte unbeirrt ihren Weg fort. Die Schulkinder, die vorbeirannten, schenkten mir keine Beachtung.

Abends, an arbeitsfreien Tagen, rollte Vater seine technischen Zeichnungen ein, Großmutter richtete den Tisch, und das Fest konnte beginnen. Vater liebte das Zahlenlotto. Die Spielmarken waren geformt wie winzig kleine Fäßchen, die Zahlen trugen. Manche Zahlen hatten ihre eigenen Namen. »Der Großvater«, verkündete Vater, nachdem er aus einem Säckchen die 99 gezogen hatte.

»Wie alt ist er?« riefen Mitja und Petja vergnügt, während sie auf die nächste Zahl warteten.

»Fünf Jahre alt. Der Bolschewik«, antwortete der Vater. Er hatte die Fünf gezogen. Die Fünf wurde Bolschewik genannt, weil die Bolschewiken einmal die fünfstärkste Partei waren: vor fünfzehn Jahren bei der Wahl zur Konstituierenden Versammlung, die sie dann kurz darauf aufgelöst haben.

Es wurde nicht viel getrunken bei uns, aber viel gesungen. Großmutter begann mit ihrer ruhigen, dünnen Stimme: »Nimm Abschied vom Glück, nimm Abschied, mein Leben...« Der hauchdünne Lebensfaden mußte an der einen oder anderen Stelle reißen – aber tat es nie. Das Lied rührte mich, da ich glaubte, der Abschied vom Leben, nicht der von der Liebe, würde besungen. Als dies Lied zu Ende war, begann Mutter mit ihrer tiefen Stimme ein anderes: »Dann werde ich sterben, dann werde ich sterben... Sie werden mich dort begraben... Und niemand wird es wissen...« Dies war ein Lied über die heimatlosen Kinder. Nach meiner Vorstellung mußte ein solches Kind das Lied geschrieben haben, ein Junge ohne Vater und Mutter... Oder ein heimatloses Mädchen, wie Mama oder ihre Freundin Rosa Gurfinkel... *Warum lacht sie nur schon wieder?*

Mutter war eine *besprisornik* gewesen – eine heimatlose Waise. Es gab Millionen von ihnen nach dem Bürgerkrieg.

Vor der Revolution arbeitete Mutters Vater, mein Großvater Pjotr Lebedew, als Mechaniker auf einem großen Flußdampfer, der die ganze Strecke von Perm im Ural bis nach Astrachan fuhr, erst die Kama, dann die Wolga hinunter bis zu ihrer Mündung ins Kaspische Meer. Die Familie lebte gut in einem zweistöckigen Haus am Ufer des Flusses in der Industriestadt Motowilicha, wo die Kinder das Gymnasium besuchten. Unglücklicherweise folgen auf Revolutionen gewöhnlich Bürgerkriege. Unser Bürgerkrieg zerstörte alles. Zuerst verschwand das Dampfschiff-Unternehmen. Dann das große Dampfschiff selbst. Dann die große Familie – sie starb an Typhus. Völlig allein gelassen, schloß sich das zehnjährige Mädchen einer Bande von Waisenkindern an, die heimatlos waren wie sie selbst. Sie zogen überall herum im Land, drängten sich zum Schlafen in verlassenen Schuppen und leeren Häusern zusammen und wärmten sich gegenseitig. Sie teilten das Essen, sie nahmen sich, was sie finden konnten. Sie stahlen und bettelten. Aber betteln war schwierig, denn die Leute wurden von Jahr zu Jahr brutaler und verfolgten die *besprisorniki* noch grausamer als die Zigeuner. Mit ihrer Freundin Rosa führte Mutter dieses Leben mehrere Jahre lang. Und danach hatte sie allen Respekt vor Menschen verloren, besonders vor Männern.

»Liebe?« wiederholte sie in unserem letzten ernsthaften Gespräch, einen Monat, bevor sie im Alter von siebenundvierzig Jahren starb. Sie war sehr krank, und es fiel ihr schwer zu sprechen. »Liebe... ich weiß nicht, was das ist. Es gab schon... aber ich fühlte nichts außer einfacher... Ich weiß nicht, was die Leute mit Liebe meinen.«

»Aber Vater?« fragte ich. »Was ist mit Vater?«

»Dein Vater!« rief sie aus. »Was redest du da? Ich habe deinen Vater geachtet wie niemanden sonst auf der Welt. Wirklich, sonst hatte ich vor niemandem Achtung. Einen besseren oder klügeren Mann habe ich nie getroffen. Als du ein Baby warst, trug er dich gegen seine Brust gelehnt, er steckte dich unter sein Hemd und lief hin und her, hin und her... Dabei dachte er nach. Und wenn du dich naß gemacht hast, lachte er.« Sie lächelte nun auch. Dann begann sie zu weinen.

Mein Vater war achtzehn Jahre alt, da sah er meine Mutter zum ersten Mal auf einem Bahnhof. Sie war damals vierzehn, hatte dichtes rotes Haar und ein schönes, freches Gesicht.

»Was starrst du vor dich hin?« fragte sie. »Hast du genug vom Leben?«

»Wie heißt du?« fragte Vater.

»Zieh Leine«, sagte sie gereizt.

»Los, komm, laß uns – zusammen leben«, stieß er hervor.

Sie kniff die Augen zusammen: »Böcke wie du machen mich...« Doch als sie sein offenes Gesicht genauer betrachtet hatte, sagte sie: »Ja, laß uns zusammen leben. Mein Name ist Klawdija.«

»Fedja und ich hielten einander in den Armen, und wir wollten sterben.« Diese Geschichte hat uns Mutter einmal erzählt, als Großmutter nicht zu Hause war. »Sechs Tage lang hatten wir nicht einen Krümel gegessen. Er hatte keine Arbeit, und ich hatte keine Arbeit. Er war krank, und ich war krank. Und schwanger. So entschieden wir uns, Schluß zu machen. Plötzlich stürmte Rosa herein, beladen mit Würsten, Butter und Kongreßbirnen – wahrscheinlich kennt ihr Kongreßbirnen gar nicht – sie schmelzen einem im Mund.

Rosa verteilte all die Köstlichkeiten auf dem Fußboden: Eßt!

– Rososchka, Liebling, woher kommt das alles?

– Na ja, sagte sie, ich konnte euch ja nicht abkratzen lassen. Ich habe mit einem NEP-Typen geschlafen. Oder mit einem CEC*-Typen. Ich weiß nicht so genau.

– Rosa!

– Was heißt hier *Rosa*? Das eine Mal wird's nicht schlimmer machen. Es ist das letzte Mal, ich verspreche es, Klawa. Nun iß schon.

Sie konnte nicht rausfinden, was für ein Typ es war! Ha-haha! Das macht's nicht schlimmer! – Erinnerst du dich daran, Fedja? Erinnerst du dich?«

Vater sagte nichts; er korrigierte die Position einer Schablone, um einen Bogen zu zeichnen. Seine Augen schienen zu lächeln, doch dann wurde sein Gesicht wieder ernst. Im allgemeinen war er ein bißchen zu streng mit Mutter, und sie machte sich in seiner Gegenwart immer ein wenig lieb Kind. Das taten übrigens auch die anderen Mitglieder der Familie.

»Weil wir alle... unrein sind«, erklärte Mutter einmal. »Wir

* NEP-Mann: Besitzer einer kleinen Fabrik oder eines Ladens in der Phase der »Neuen Ökonomischen Politik« (NEP, 1921–1928), in welcher versucht wurde, durch Zulassung eines eingeschränkten Kapitalismus (Privatbesitz an kleinen Fabriken, Geschäften und Höfen war wieder erlaubt) die Wirtschaft wiederzubeleben. CEC-Mann: Mitglied des Zentralen Exekutivkomitees der UdSSR (1922–1938). Das Komitee wurde später zum Präsidium des Obersten Sowjets.

sind unrein, doch er ist unberührt. Es ist, als ob er mit uns lebte, und lebte doch nicht mit uns.«

Einige Monate nachdem Rosa Gurfinkel uns dreien das Leben gerettet hatte, auch mir Ungeborenem, fand Vater schließlich eine Arbeit – als Lastwagenfahrer. Mitte der zwanziger Jahre war es nicht einfach, feste Arbeit zu finden, und Vater wußte seinen Job zu schätzen. Aber er hatte Pech. Als er hinter einer Straßenbahn herfuhr, wurde aus dem Wagen ein *besprisornik* herausgeschleudert, geriet unter die Räder von Vaters Lastwagen.

Niemand gab meinem Vater die Schuld. Dennoch quälte das zerquetschte Kind seine Seele, und er gab das Lastwagenfahren auf. Damals wurde er zur Armee einberufen. Nach dem Militärdienst begann er als Dreher in einer Fabrik der Luftfahrtindustrie zu arbeiten. Intelligent, arbeitsam und begeistert von allem Technischen, erreichte Vater schnell die Stellung eines Ingenieurs im Konstruktionsbüro der Fabrik. Es herrschte Mangel an Ingenieuren zu dieser Zeit. Einige der älteren waren vor den Bolschewiki geflohen, andere waren festgenommen worden, und wieder andere im Bürgerkrieg getötet worden oder danach an Hunger gestorben. Für die Intelligentsia war es schwierig, eine Berufsausbildung zu erhalten. Neue Ingenieure wurden nun aus den Reihen der Arbeiter herangezogen. Die meisten von ihnen studierten nach der Arbeit an der Abendschule, so auch mein Vater.

Er hätte nur noch einen Bruchteil seines Pensums zu erledigen gehabt. Aber es blieb ihm auch nur noch ein Bruchteil seines Lebens: gerade ein Jahr.

Schon seit langem spuckte Vater Blut. Schwester Moisejenko von der Tuberkulose-Klinik kam regelmäßig, nahm die Schale mit und sagte zu ihm: »Du machst dich gut, Fjodor Pawlowitsch. Die Analysen sind gar nicht so schlecht. Im Sommer gehst du wieder ins Sanatorium und du wirst völlig gesund werden.«

Aber im Flur flüsterte sie mit Mutter: »Ach, frag nicht, Klawa. Frag nicht.«

Eines Abends schaute ich ihm gedankenverloren bei der Arbeit zu, mein Kinn ruhte auf dem Zeichenbrett. Plötzlich – niemals werde ich die Verzweiflung vergessen, die einen Moment lang sein Gesicht verzerrte – setzte er sich mit einem solchen Ruck zurück, daß er mich vom Zeichenbrett wegschleuderte. Ich fiel hin. Er schlug mit dem Kopf gegen die Wand. Ich sprang auf. Kleine Blutströme flossen über die Zeichnungen. Die Erwachsenen rannten nach Eis und legten ihn ins Bett. Sein aschfahles Gesicht war wieder ruhig.

Nach der Attacke verschlimmerte sich die Krankheit. Von Tag zu Tag ging es ihm nun schlechter. Die Familie geriet in helle Aufregung. »Was er braucht, ist Hundefett! Das wird die Wunden vernarben lassen.« Also stahl Mitja den fetten Schoßhund einer dürren alten Dame und erschlug ihn mit einer Axt.

»Nein, nein. Das doch nicht. Wir haben's dir doch gesagt – kein Hundefett. Dachsfett!« Also gingen die Brüder einen Dachs fangen und töten. Gehorsam schluckte Vater das rosafarbene rohe Fett in kleinen Stücken hinunter. Er hatte weitere Blutstürze. Sein Gesicht war ausgezehrt. Immer tiefer sanken seine Augen in ihre Höhlen. Sie hatten noch ihren Glanz, aber da war bereits ein überirdisches Leuchten. Eigentlich hatten diese Augen immer schon geschaut wie aus einer anderen Welt.

Mutter verlangte ein Amulett. »Man hat mir ein spezielles Gebet gegeben. Es muß in eine Walnußschale gelegt werden.«

Alle schwiegen. Warum eine Walnußschale? Mutter schrieb das Gebet ab, faltete den Zettel sorgfältig zusammen und legte ihn in eine Walnußschale. Petja klebte die Schale zusammen, und sie hängten sie an einer Silberkette um Vaters Hals. Großmutter fügte noch ein Kreuz hinzu. Vater leistete keinen Widerstand. Er hustete Blut.

Ganz unerwartet jagte sich ein naher Freund meines Vaters, ein junger gutaussehender Militäringenieur, eine Kugel durch den Kopf. Er hatte uns fast jeden Tag besucht. Vater hatte ihm bei der einen oder anderen Zeichnung geholfen. Und dann, einfach Schluß! Warum nur?

»Wegen mir«, verkündete Mutter unbekümmert. »Ich war nicht das, für was er mich hielt. Er hat einen Fehler gemacht in seinen Plänen, der Junge. Also bin ich eine Femme fatale! Er mußte mich nur anschauen, und puff! – kein Ingenieur mehr. Fedja, ich bin eine Femme fatale! Ich bin Carmen. Fedja... Fedjuscha...«

Aber Fedjuscha war bereits jenseits aller menschlichen Leidenschaften.

Im März 1933, als ich mein erstes Schuljahr fast beendet hatte, starb Vater. Ich erinnere mich an diese Nacht. Vater atmete keuchend, er lag ausgestreckt auf dem Bett. Abwechselnd saßen die Erwachsenen bei ihm und hielten seine Hand. Mich hatten sie vergessen. Ich lag auf dem Sofa auf der anderen Seite des Zimmers und schaute auf sein Gesicht, das ich nicht wiedererkannte, hörte das unablässige und unerträgliche Keuchen, Gurgeln und Pfeifen. Ich fühlte nichts, nur dieses träge, schwere Gewicht, das man spürt, wenn man Fieber hat und sich der gleiche Traum zwanghaft wiederholt: Die Zimmerdecke senkt sich tiefer und tiefer, und je näher sie kommt, desto trauriger fühlt man sich. Als es dämmerte, hatte Großmutter begonnen, die Gebete für die Sterbenden zu sprechen – an Stelle des Priesters. Wo sollte man damals einen Priester finden? Aber Mutter fiel ihr ins Wort und flüsterte wütend: »Hör auf damit! Er stirbt nicht, er stirbt noch nicht!«

Ergeben hielt Großmutter inne. Die Brüder saßen still am Bett, betrachteten Vater unentwegt und hielten seine Hände.

Die Fabrik richtete das Begräbnis aus: Es gab Reden und ein Orchester. Mich setzten sie vorn auf den Leichenwagen, neben den Kutscher. Hinten lag mein Vater. Zum Klang der Trauermärsche zogen uns die Schimmel in gemessenem Schritt. Ein warmer Frühlingstag. Kleine Jungen rannten in weiten Kreisen um uns herum und blickten mich neidisch an. Ich fühlte mich verlegen und wollte schneller ans Ziel gelangen.

Im Krematorium, das erst jüngst entlang der Festungsmauern gebaut worden war, die vor der Revolution das Donskoi-Kloster und nun die Lederwarenfabrik »Internationaler Tag der Jugend« beherbergten, verbrannten sie meinen Vater. Neugierige drängten sich und warteten geduldig, daß der Leichnam, von den Flammen umschlossen, sich selbst ein wenig anheben würde, wenn die Muskeln sich in Spasmen aufbäumten. Aber Vater erhob sich nicht.

»Sie haben die Sehnen in seinen Armen und Beinen durchtrennt. Hier und hier! Darum bäumt er sich nicht auf. Verstehst du? Du bist sein Sohn? Hört ihr, er sagt, er ist der Sohn. Hast du eine Mutter? Ist sie deine Mutter, dort drüben? Na siehst du, das ist doch etwas. Sie ist noch jung! Ist sie gut zurechtgekommen mit deinem Vater? Die Mutter, das ist das wichtigste. Ein anderer Vater wird schon noch kommen, heh heh! Sei nicht traurig!«

Damals war es gestattet zuzuschauen, wenn ein Leichnam verbrannt wurde, damit selbst der unwissendste Bürger erfahren konnte, daß im Tod kein Mysterium liege.

Der Zusammenhalt der Familie war zerbrochen.

Mitja begann zu trinken. Eines Morgens, als ich, noch verschlafen, meine Augen öffnete, taumelte Großmutter gegen das Fenster, knallte gegen das Fensterbrett und stürzte zu Boden.

»Du Tier!« sagte sie sanft, erhob sich mit großer Anstrengung und ging langsam wieder zur Tür.

Aber sie lief in Mitjas Fäuste und wurde abermals zum Fenster befördert.

»Tier!« wiederholte sie traurig und ging auf Mitja zu. Ihr Gesicht war ganz blutig. Ich schrie auf. Sie bedeckte ihr Gesicht mit beiden Händen, stieß Mitja zur Seite und rannte aus der Tür. Ohne mich zu beachten, folgte ihr Mitja. Ich schloß meine Augen. Wie schrecklich das Leben war ohne Vater. Wie schön es im Dorf gewesen war, die Spiele auf dem Heuboden, das Karpfen-Fangen mit dem Korb...

Na gut, dann wollte ich sterben. Ein Orchester würde spielen bei meiner Beerdigung. Viele Leute würden kommen. Und alle würden sie weinen. Ganz Moskau würde dem Leichenwagen folgen. Er ist ein Held, würden sie sagen, unser Retter. Und dann... Und dann was? Nein, ich wäre ja gar nicht gestorben. Plötzlich würde ich aufstehen und sagen: Ich lebe!

Nachdem mein Vater gestorben war, wurde ich ein Jahr lang von süßen Tagträumen von großen Heldentaten, einem triumphalen Tod und einer wundersamen Auferstehung verfolgt. Vielleicht hat sich sein Tod in meiner Seele eingeschrieben wie der Tod Christi. Nicht viele Kinder wußten in dieser Zeit etwas über Christus. Großmutter hatte mir im Dorf stockend aus dem Neuen Testament vorgelesen. Es war mein erstes Buch gewesen.

Mitja kam um. Eines Winternachts lag er in irgendeiner anderen Stadt betrunken im Rinnstein, holte sich eine schwere Grippe und starb unter gleichgültigen Fremden an galoppierender Schwindsucht. Petja erhielt Mitjas Papiere, aber wo das Grab war, wußte man nicht.

»Die Leute sterben neuerdings wie die Fliegen«, sagte ihm ein alter Mann im Leichenschauhaus. »Es ist die Hungersnot. Ich kann nicht bei jedem achtgeben, wie er heißt.«

Die Ärzte untersuchten Petja: Auch er hatte Tuberkulose.

Sie untersuchten mich und schickten mich sofort in eine Kindergruppe, die von der nahe gelegenen Klinik betreut wurde. Jeden Tag nach der Schule bekam ich besonders nahrhaftes Essen und verbrachte den Rest des Tages mit einer Pelzmütze draußen. Regelmäßig führten die Ärzte Kontrollen durch.

Mutter dagegen war vollkommen gesund.

Sie entschloß sich, in dieser Welt ihren eigenen Weg zu finden. »Fedja ist gegangen, er war meine Stärke«, sagte sie. »Jetzt bin ich auf mich selbst gestellt.«

»Was meinst du damit, auf dich selbst gestellt?« fragte Petja. »Du hast eine gute Arbeit.«

»Du verstehst nichts«, wehrte Mutter ihn ab. »Was ist schon eine Fabrikarbeiterin? Weniger als nichts.«

Sie besuchte einen Schreibmaschinenkurs, trat dem Kommunistischen Jugendverband (Komsomol) bei, leistete freiwillige soziale Dienste, indem sie Analphabeten Lesen und Schreiben beibrachte (es gab viele davon in der Folge all unserer Kriege und Revolutionen), und war Mitglied einer Gruppe von Laienschauspielern. Einmal nahm sie mich mit zu einem Konzert im Klub der Fabrik, dort hörte ich zum ersten Mal klassische Musik – Duette aus dem Schäferspiel in Tschaikowskis *Pique Dame*: Die Sängerinnen waren meine Mutter und eine andere Frau.

Mutters Rechnung ging auf. Man wurde auf sie aufmerksam. Schon bald war sie die Sekretärin des Chefingenieurs in der Fabrik. Sie rühmte sich, mit allen zehn Fingern tippen zu können.

Fast zwei Jahre waren vergangen seit dem Tod meines Vaters, da begannen die Besuche des Chefingenieurs in unserer Wohnung. Das war gegen Ende des Jahres 1934, der Beginn einer neuen Phase des bolschewistischen Terrors. Auf den Straßen riefen die Zeitungsjungen: »Kirow ermordet! Kirow ermordet!« Kirow, der erste Sekretär der regionalen Leningrader Parteiorganisation, war umgebracht worden. Massenverhaftungen begannen, dieses Mal nicht unter den Bauern, sondern unter den

Parteifunktionären selbst. Sie verhafteten sich gegenseitig und waren auch nicht zimperlich, wenn es um normale Leute ging. So ein normaler Mensch war der Bruder von Mutters Chefingenieur. Sie hielten ihn in der Lubjanka* fest und ließen ihn dann wieder frei – für den Augenblick.

Während der kurzen Zeit, in der ihm gestattet wurde weiterzuleben, kam er mit seinem Bruder zweimal in unsere Wohnung. Die Erwachsenen steckten die Köpfe über unserem schmalen Tisch zusammen und diskutierten halb flüsternd, was ihm zugestoßen war. Er war verhaftet worden, man hatte ihn geschlagen und ihm unsinnige Fragen gestellt. Ich hatte manchmal gehört, wie sich Erwachsene gegenseitig mit dem NKWD** und der Lubjanka drohten, und mich gefragt, was das zu bedeuten habe. Nun wußte ich Bescheid.

Dennoch bewegten mich die Leiden, über die am Tisch geflüstert wurde, kein bißchen. Ich mochte den Chefingenieur nicht. Ich haßte ihn sogar, obwohl ich erst nicht wußte, warum. Aber eines Nachts erwachte ich. Mutters Bett war einen halben Schritt von meinem Sofa entfernt. Großmutter lag nicht mehr neben mir; nach Mitjas Tod war sie ins Dorf zurückgekehrt. Petja und Lisa, seine Verlobte, schliefen in der dunklen Hälfte des Zimmers, hinter der Abtrennung, die unser kleines Territorium nun in zwei Hälften teilte. Das Fenster war in unserem Bereich. Eine Straßenlaterne brannte vor dem Fenster. Auf dem Bett lagen zwei Leute, und ich sah, was ich nicht hätte sehen sollen. Zum ersten Mal verstand ich genau, warum der Mann die Nächte bei uns verbrachte. Die Entdeckung war sehr unerfreulich. Schnell schlief ich wieder ein.

Am Morgen hatte ich das alles vergessen. Mutter und ich saßen beim Frühstück, Petja und Lisa waren noch nicht aufgestanden. Vom Ingenieur war nichts zu sehen. Keine Spur. Aber mir fiel wieder ein, was ich in der Nacht gehört und gesehen hatte. Ich mußte mich übergeben und hatte einen Nervenzusammenbruch.

* Die Lubjanka war und ist die Zentrale der sowjetischen Geheimpolizei. Bis zu Stalins Tod diente sie ebenso als deren Gefängnis.

** Das Sowjetische Akronym für den Namen der Geheimpolizei zu dieser Zeit. Die sowjetische Geheimpolizei hat ihre Akronyme wie ein Chamäleon gewechselt. Sie begann als Tscheka, wurde zur GPU, der OGPU, dem NKWD, dem NKGB, dem MGB und schließlich zum KGB. Noch heute nennen die Leute die Geheimpolizei manchmal nur »die Tscheka«.

»Was ist? Was ist los?« flüsterte Mutter. Ich weinte so selten. Aber sie ahnte schon, worum es ging.

»Laß ihn nicht kommen, er soll nicht mehr kommen!« schluchzte ich. Mutter nahm meine Hand und eilte mit mir nach draußen.

Draußen wurde es wieder Frühling – es war trocken, warm und sonnig. Ich weinte. Mutter sprach mit mir, erklärte mir alles, als sei ich erwachsen: »Es ist sehr nötig... und für dich auch... du brauchst einen Vater...« Wir gingen über die sonnenbeschienene Jakimanka, die dunkle Schabolawka hinunter und bogen in die Donskoi-Straße ein. Da standen wir nun vor Mutters Fabrik, es war eben die, an die das Krematorium grenzte, in dem sie Vater verbrannt hatten. Ich heulte wieder.

»Es ist gut, alles ist gut«, sagte Mutter. »Du wirst ihn nicht mehr wiedersehen. Bitte, hör auf zu weinen. Ich habe jetzt keine Zeit mehr. Ich bin spät dran, muß zur Arbeit. Los, geh ein bißchen spazieren. Zum Essen bin ich zu Hause.«

Und sie rannte zur Arbeit.

Ich ging in den Hof hinter dem Gebäude. Dort war einmal der Friedhof des Donskoi-Klosters gewesen. Hier ging ich meistens spazieren, bis Mutter zum Mittagessen kam. Sie ging mit mir in die Kantine und brachte mich anschließend zum Nachmittagsunterricht. Ich setzte mich ins Gras und begann, die Inschriften auf den zerfallenen Grabsteinen zu entziffern. Eine Nebelkrähe, die ihren Kopf hinter dem Stumpf einer Birke hervorsteckte, starrte mich an. Eine zweite Krähe flog herbei. Ich liebte diese linkischen Vögel; sie waren um mich, als ich ein Kind war. Großmutter trug mich in den Gemüsegarten, setzte mich auf einen Schafsfellmantel und fing an, Kartoffeln auszumachen. »Morgen gibt's Frost«, sagte sie, und flink lockerte sie mit der Mistgabel die Erde, sammelte die Kartoffeln in Eimer, füllte sie in Säcke um, schleppte die Säcke ins Haus und leerte sie in den Keller. Wolken zogen vorbei, die Krähen kreischten und glitten in weiten Kreisen durch den Wind. Meine Beine bewegten sich nicht, aber das machte nichts. Ich war glücklich, unter den kreisenden Nebelkrähen dazusitzen.

Als ich jetzt auf dem Friedhof auf meine Mutter wartete, fühlte ich, daß ich so klein nicht mehr war.

Mutter hielt ihr Versprechen. Ich sah »ihn« niemals wieder. Nein, eine Begegnung gab es noch. Zwei Jahre später heiratete

Mutter einen sehr freundlichen Mann mit sehr viel Feingefühl. Wir zogen um in eine andere Wohnung. Die Tür konnte man nicht verschließen. Eines Nachts öffnete sich die Eingangstür ganz weit, und »er« kam herein. Offensichtlich war er sehr betrunken. Ich sprang auf, gepackt von einem Haß, als seien keine vier langen Jahre vergangen, seit ich ihn das letzte Mal gesehen hatte. Aber mein Stiefvater, eine schlaksige Bohnenstange in langen Unterhosen, war aufgestanden. Er ging zu ihm hin und ohrfeigte ihn. Laut, aber nicht fest. »Er« lächelte erbärmlich, murmelte »D-D-Danke«, ging und schloß behutsam die Tür hinter sich.

Er war wohl ein ganz anständiger Mensch. Viele Jahre später erzählte mir meine Mutter, daß er sich auf einer Parteiversammlung ganz offen geweigert hatte, seinen Bruder, der als »Volksfeind« verhaftet worden war, zu verurteilen. Wegen »politischer Unreife« schloß man ihn aus der Partei aus, und natürlich wurde er gefeuert, zuerst von seinem Posten als Chefingenieur, dann verlor er die Stelle als einfacher Ingenieur und schließlich sogar die als Techniker; sie konnten es einer solchen Person einfach nicht erlauben, eine verantwortungsvolle Position zu bekleiden. Er wurde zum Trinker. Nach jener Nacht hatte Mutter nie wieder etwas von ihm gehört. Ohne Zweifel ist auch er verhaftet worden.

3
»Wenn der Feind sich nicht ergibt – vernichte ihn!«

Nach dem schrecklichen Streit mit Mama wegen ihres Ingenieurs habe ich begriffen, daß noch andere Leben existierten, unabhängig von dem meinen, das ich auf eigene Weise führen konnte. Zum ersten Mal erfuhr ich mich selbst als individuelle Person. Natürlich war es nur eine Empfindung; in meiner Umgebung gab es keinen Begriff für so etwas; und das Wort Individualität hatte einen verächtlichen Klang.

»Du Hure, paß nur auf, ich werd dir deine Individualität schon austreiben!« brüllte einer unserer Nachbarn seine Frau an, wenn er schlechter Laune war. Ein anderer, ein Milizsoldat*, gab dem Mann, der am anderen Ende des Korridors wohnte, gern und oft den Rat: »Wischen Sie sich ab, Bürger! Scheißen Sie, und wischen Sie sich mit dem Zertifikat Ihrer Individualität trocken! Sie In-di-vi-du-um!!!« Das war, bevor der Milizsoldat mit einem Einschußloch in der Magengegend auf der Treppe lag...

So begann in diesem Frühling mein unabhängiges Leben.

»Bring mich nicht mehr zur Schule«, verlangte ich.

Wir standen in der Nähe der Fabriktore. Ein Strom von Arbeiterinnen zog an uns vorüber. Es war Mittagspause. Mutter blickte mich traurig an, nickte und gab mir ein bißchen Kleingeld: »Also los. Nimm das für die Straßenbahn. Das andere für die Rückfahrt. Und sei vorsichtig, wenn du über die Straße gehst. Renn nicht. Dann komm lieber zu spät! Versprichst du mir, daß du nicht über die Straße rennen wirst?«

Ganz plötzlich, kaum daß sie begonnen hatte, endete die Intimität, die zärtliche Nähe zu dem Kind, das ganz alleine teilhatte an ihrem Leben. Das tat ihr weh. Ich spürte das, aber ich zeigte ihr mein Mitgefühl nicht. Sie küßte mich zum Abschied. Ich rieb

* Ein Polizist

die Stelle, auf die sie mich geküßt hatte. Sie versuchte zu lächeln. Ich tat so, als wollte ich meine Wange kratzen. Von nun an küßte sie mich immer seltener.

Die Schule war ein zweistöckiges Gebäude, noch vor der Revolution gebaut, mit einem großzügigen Treppenhaus, hohen Räumen und riesigen Fenstern. Wenn die Fenster offen standen, reckten sich Linden- und Pappelzweige in die Klassenzimmer hinein. Jede Klasse umfaßte dreißig Kinder. Jetzt, in der dritten Klasse, lasen wir Tolstois *Der kleine Phillip*, wir mußten Diktate schreiben, um die Rechtschreibung zu üben, wir lernten zu addieren und Blätter zu zeichnen. Wir erzählten nach, wie der Winterpalast dem Zaren und der Bourgeoisie im Sturm weggenommen wurde. Und in einem besonderen Raum saßen wir im Kreis zusammen und sangen revolutionäre und bäuerliche Lieder. Schuluniformen waren noch nicht eingeführt worden, und ich steckte in einem etwas zu großen, aber schönen Pullover – eine Auszeichnung für den besten Schüler.

Ich liebte die Schule und dachte an nichts anderes. Bis zu jenem Tag, an dem, ich ging gerade zur Pause die Treppe hinunter, sich ein Arm um meinen Hals schlang und eine feine Stimme flüsterte: »Liebst du mich? Liebst du mich? Ha-ha-ha!« Mein Hals wurde losgelassen, und ein kleines, in Gelb gekleidetes Mädchen lief weg.

Ich träumte die ganze Nacht von ihr. Die silberne Stimme fragte: »Liebst du mich?« Wir saßen auf einer Bank unter einer Linde, hielten uns umschlungen und küßten uns – genau wie Erwachsene. Am nächsten Tag wartete ich nach der Schule auf sie. Und ich brachte sie von nun an jeden Tag nach Hause. Sie war zehn Jahre alt, genau wie ich, und trug einen abgewetzten grauen Mantel. Ihr Name war Ljusja.

Es wurde ihr rasch langweilig, und sie dachte sich ein neues Spiel aus. »Bring mir Geld!« maulte sie und verbot mir, sie nach Hause zu begleiten. Den ganzen nächsten Morgen trödelte ich zu Hause mit der Katze herum. Neuerdings ließ mich Mutter zu Hause, wenn sie zur Arbeit ging. Ich machte mir selber das Essen warm und ging danach zur Schule. Die Katze war rosa, hatte eine rote Schleife und auf dem Rücken einen Schlitz. Zehn-Kopeken Stücke fielen leicht heraus. Zwanzig-Kopeken Stücke waren schon schwieriger. Und die Fünf-Kopeken Stücke waren die reinste Tortur. Doch zum Schluß hatte ich einen ansehnlichen Stapel Kleingeld aufgetürmt.

»Hier!« sagte ich zu Ljusja. Vor Aufregung zitternd, öffnete ich die Hand.

»Hier was?« fragte sie überrascht, aber sie streckte ihre Hände aus. Ich legte meine ganze Liebe hinein. Wir standen vor der Schule. Plötzlich verzog sich ihr süßes Gesicht vor Abscheu. Sie ballte ihre Fäuste, hob die Arme und schleuderte den Schatz mit aller Kraft in den Dreck. Damit ging sie. Ich war erledigt. Warum nur, warum hatte sie das getan? Daran, das Geld vom Boden aufzusammeln, habe ich nicht einmal gedacht.

Am Abend warf Mutter eine neue Münze in die Katze, und der Katzenbauch antwortete mit einem leer hallenden Geräusch. Sie drehte sich zu mir herum. Ich saß mit gesenktem Kopf da.

»Warum hast du es genommen?«

Ich schwieg. Was immer nun geschehen würde, was hätte es jetzt auch noch bedeuten können? Mutter hob meinen Kopf, schaute ernst in mein Gesicht und ging hinaus. Sie kam mit einer Gerte zurück und schlug mich auf den Hintern, nicht fest, aber von Lisa und Petja hinter ihrem Vorhang mit großem Vergnügen beobachtet. Mutter fragte niemals wieder, was wirklich geschehen war. Ljusja war meine erste und letzte Schülerliebe. Schon bald ging sie mit fünfzehnjährigen Jungen, und ich entdeckte die Tolstoi-Jugendbücherei.

Das Mädchen, das in der Schule neben mir saß, hatte mir begeistert davon erzählt. Es gab auf der Welt mehr Bücher, als ich mir jemals vorgestellt hatte, meine Augen konnten sie nicht schnell genug aufnehmen. Verächtlich ließ ich die Bücher für jüngere Schulkinder stehen und suchte mir eine Geschichte aus, die von einem Orang-Utan handelte, der mit Menschen gelebt hatte und beinahe selbst ein Mensch geworden war. Soweit ich mich erinnere, war es genau das, was ihn umbrachte. Zu gerne würde ich dieses Buch noch einmal in die Hand bekommen, vor allem die Fotos noch einmal betrachten, die den Orang-Utan zeigen, wie er mit seinen Freunden zu Tisch sitzt und gesittete Konversation treibt.

In der Bücherei waren nur jüdische Frauen angestellt, und jede von ihnen bemutterte mich wie eine Henne ihr Küken. »Er kommt aus einer sehr armen Familie. Und so blaß ist er!« Zufällig hörte ich sie flüstern: »Wir müssen etwas für ihn tun.«

Und sie taten etwas für mich.

Etwas »für das Volk« tun, das war die Bewegung der Volksfreunde, die in Rußland fünfzig Jahre vor der Revolution begonnen hatte. Tausende von Intellektuellen, darunter auch Lew Tolstoi, widmeten ihr Leben dieser Aufgabe. Es gab in der Zeit meiner Kindheit praktisch keine Intelligentsia mehr in Rußland, aber ihre Traditionen waren noch lebendig. Es waren immer noch einige Menschen am Leben, die in Kindern wie mir die Liebe zur Kultur weckten.

Meine ganze Freizeit verbrachte ich von nun an in der Bücherei. Die Frauen boten mir Plätzchen an und ein dickes Buch nach dem anderen: Puschkin, Gorkis *Kindheit*, Turgenjew und natürlich Bücher über Lenin, über die glorreichen Bolschewiki, über Kinder, die mutig der Revolution halfen. Eines Tages las ich davon, daß der Zar schon vor der Oktoberrevolution gestürzt worden war. Das war die erste Erschütterung meines kindlichen Glaubens in die Wahrhaftigkeit von Büchern und Lehrern. Gern hätte ich Mutter und Petja gefragt, wie es sich wirklich zugetragen hatte mit der Revolution und dem Zaren. Aber ich tat es nicht. Ich hätte nicht genau erklären können, warum; aber ich wußte tief in meinem Inneren: *Es ist besser zu schweigen*, besser für uns alle. Ich beobachtete, wie die Erwachsenen in ihren Gesprächen vor einer unsichtbaren Schranke zurückschreckten. Ich ahnte bereits, wo die Gefahrenzone begann.

Und trotzdem, in sicherer Entfernung von dieser Zone war es möglich – und sogar aufregend – zu leben. Die Bibliothekarinnen organisierten eine Studiengruppe für Kinder, wo wir von Natalja Nikolajewna, einer ruhigen und anregenden jungen Frau, die wenig später an Tuberkulose starb, etwas über die Reisen ins Unbekannte und über wissenschaftliche Entdeckungen erfuhren. Ich folgte den Routen vieler Entdecker von Vasco da Gama bis Perry und bereitete einen Bericht über Amundsen vor. Eine seiner Heldentaten war, daß er in seiner Kindheit Brote mit Butter und Kakerlaken gegessen hatte, um seine Willenskraft zu stärken. Als ich diese Großtat mit ein paar Kakerlaken nachahmen wollte, fand ich schnell heraus, daß ich nicht Amundsen war. Wir lernten auch, daß Pasteur sich nicht damit zufriedengegeben hatte, der vierzehnte seines Jahrgangs zu sein, daß er die Prüfung in den Naturwissenschaften ein zweites Mal ablegte – was vier weitere Studienjahre bedeutete. Beim zweiten Mal wurde er zweiter, und er wurde Pasteur. (Als ich zwanzig Jahre später meinen Universitätsabschluß machte, bat ich um die Erlaubnis, mich noch einmal melden zu dürfen. Man fragte mich: »Sie wollen wirklich, daß der Staat für Sie das Doppelte bezahlt wie für alle anderen?«)

Als ich elf wurde, besuchte ich die letzte Klasse der Primarschule.* Das verträumte Landkind hatte sich in einen lebhaften Stadtjungen verwandelt, der Anschluß an Studiengruppen suchte. Auch in der Schule kam nun einiges in Bewegung. Die zweite Hälfte der dreißiger Jahre hatte gerade begonnen, da wimmelte es plötzlich überall von Spionen und Feinden; Lehrer verschwanden über Nacht, Lesebücher wurden plötzlich ausgetauscht. In den Büchern für die unteren Klassen tauchten Grenzsoldaten und heldenhafte Kinder auf, die mithalfen, Spione zu fangen. Einer der Spione streifte da als Pilzsammler verkleidet durch die Gegend. (Er war abgebildet im Lesebuch.) Im Korb zwischen den Pilzen lagen Handgranaten. (Eine weitere Abbildung.) Unsere Klasse las und erzählte die Geschichte von dem Mädchen nach, das gesehen hatte, wie ein Saboteur Eisenbahngeleise beschädigte. (Eine Abbildung.) Um den Zug zu retten, schnitt sie sich mit einem Messer in den Arm, tauchte ihr Taschentuch ins Blut und stand dann, ihre rote Fahne schwenkend, an der Strecke. Der Lokführer sah sie, und es gelang ihm, den Zug zu stoppen. (Abbildung.) Während meine Lippen diesen Unsinn nacherzählten, war mein Kopf klar und leer. Ich wußte, das Leben in Schulbüchern stellte eine besondere Welt dar, geschaffen, um Prüfungsstoff zu haben. Aber ein Gedanke ließ mich nicht los: Wie war dieses Dorfmädchen Mascha zu diesem Taschentuch gekommen? In unserem Dorf hatte ich nicht eines gesehen.

* Zu meiner Zeit waren die zehn Jahre der sowjetischen Elementar- und Sekundarerziehung eingeteilt in den Abschnitt der Klassen 1 bis 4 (was der Grundschule entspricht), der Klassen 5 bis 7 (entsprechend der Unterstufe) und der Klassen 8 bis 10 (vergleichbar der Mittelstufe). Normalerweise kamen die Kinder mit sieben oder acht Jahren zur Schule. (Heute beginnen sie mit sechs oder sieben Jahren.)

Mein Kopf war noch klarer und womöglich noch leerer, während meine Hand grammatisch einwandfreie Aufsätze schrieb über Themen wie »Danke, Genosse Stalin, für unsere glückliche Kindheit!« oder: »Das Leben ist besser geworden, Genosse Stalin, das Leben ist fröhlicher geworden!« Besonders gut und fröhlich war das Leben in den kollektivierten Dörfern. Das ergab sich aus einer anderen Geschichte im Lesebuch, in der ein Junger Pionier* half, einen »Schnitter-Saboteur« festzunehmen. Dieser Kerl lief mit einer Schere herum und schnitt auf den in voller Frucht stehenden Feldern des Kollektivs Ähren und steckte sie in einen Sack, den er um den Hals trug. Eine lange Zeit dachte ich nach über diesen kleinen Sack – und auch über die Schere. Es war wirklich ein merkwürdiger Saboteur. Einige Jahre später fand ich die Wahrheit heraus. Die »Saboteure« waren Menschen, die Hunger hatten, und die Waffe, die gegen sie benutzt wurde, hieß jahrelanges Lager oder Erschossenwerden.

Im Sommer des Jahres 1936, kurz nachdem ich die Primarschule beendet hatte, besuchte Großmutter zum letzten Mal Moskau. Sie wollte Petja und mich sehen und ein bißchen Geld verdienen. Das Leben im Dorf war immer schwieriger geworden. Die Leute konnten Großmutters Arbeit als Hebamme und Näherin nicht mehr bezahlen; um in einer Fabrik zu arbeiten, wie sie es vor der Revolution im Winter getan hatte, war sie zu alt geworden. Ihre frühere Stelle im Kerosinladen war nicht frei. So suchte sie sich selbst eine Arbeit als Toilettenfrau im Gorki-Park. Sie dachte dabei auch an mich. Meine Mutter brachte mich in den Sommerferien immer in einem bäuerlichen Haushalt in einem Dorf bei Moskau unter. Aber in diesem Jahr hatte sie keinen geeigneten Platz gefunden, und ich hing in der Stadt herum. Nun aber, dank Großmutter, durfte ich ohne zu bezahlen in den Park; ich brauchte mich nicht länger durch ein Loch im Zaun zu quetschen. So malte ich im Zeichenkurs auf der Schule Rote Quadrate und besuchte anschließend Großmutter, versorgte in dem kleinen Garten des »Hauses der Jungen Naturforscher« die Kaninchen und die Pflanzungen aller

* Mitglied der *Jungen Pioniere*, einer erzieherisch-politischen Massenorganisation für Schulkinder.

möglichen Erbsensorten; es wurden hier Experimente mit Erbsen durchgeführt. Hätte Großmutter ein wenig länger in den öffentlichen Toiletten gearbeitet, ich wäre vielleicht ein Genetiker geworden. (Und dafür in ein Lager geschickt worden.) Aber sie fuhr bald wieder ins Dorf zurück. Ein paar Wochen später heiratete Mutter endlich.

Bislang hatte unsere Wohnung das verhindert, sie fand die Lösung dieses Problems mit zwei Zellen in einem ehemaligen Kloster in der Poljanka-Straße. Das Gebäude lag zwar auf dem Gelände einer streng geheimen Waffenfabrik, und wir mußten jedesmal, wenn wir hinein- oder hinausgehen wollten, die Wachen passieren. Auch waren die Gemeinschaftstoiletten und die anderen »sanitären« Einrichtungen in grauenhaftem Zustand, aber immerhin hatten diese Räume separate Eingänge. Nur drei Leute lebten in den zwei Räumen, Mitglieder derselben Familie. Sie wollten die Wohnung mit uns tauschen. Mutter erklärte, noch letztes Jahr sei die Familie doppelt so groß gewesen, und die restlichen drei wollten die Wohnung aufgeben in der Hoffnung, daß sie sich in einer neuen Wohnung nicht weiter so schnell dezimieren würden.

»Und was ist mit uns?« fragte ich.

»Wir werden uns nicht dezimieren!« gab Mutter zur Antwort. »Es war das Problem dieser Familie, daß jemand sie nicht mochte.«

»Aber was ist, wenn uns jemand nicht mag?«

»Wir sind einfache Leute. Wer sollte uns nicht mögen?«

»Und was ist, wenn jemand hier auch einfache Leute nicht mag? Wenn sie jemand für japanische Spione hält? Wie Mustafa?«

»Geh, setz dich an deine Bücher.«

Mustafa war ein Ingenieur und ein Freund meines Vaters. Als ich noch nicht zur Schule ging und Vater noch lebte, kamen Mustafa und seine Frau Taloschka häufig wegen Geschäften von Kiew nach Moskau und schliefen die Nacht, um Geld zu sparen, bei uns. Wie wir es angestellt haben, mit acht Personen in einem Zimmer zu schlafen, geht heute über meine Vorstellungskraft. Taloschka war wunderschön und duftete nach Parfum. Ich starrte sie unentwegt an, sie bemerkte das und lachte darüber. Eines Tages kam Taloschka allein. Sie lachte nicht.

»Man hat Mustafa verhaftet«, erklärte sie und begann zu schluchzen.

»Aus welchem Grund?« fragte meine Mutter sehr ruhig.

»Er wäre, er... er sei kein Tatar, sondern ein... Japaner... ein japanischer Spion.«

»Ein Spion?« fragte Mutter.

»Ist er wirklich Japaner?« fragte Petja.

»Wieso Japaner? Ich kenne seine ganze Familie.«

»Na ja, man wird das schon in Ordnung bringen«, sagte Mitja.

»In Ordnung bringen! Was du dir vorstellst. Sie haben ihn schon umgebracht!«

Alle schwiegen. Taloschka verbrachte die Nacht bei uns und ging tagsüber in eine andere Wohnung; alle rieten ihr, nach Hause zurückzukehren, und sie verließ Moskau.

»Ich werde Taloschka schreiben, daß sie nicht mehr hierherkommen soll«, sagte Mutter entschieden.

»Warum denn, zum Teufel?« fragte Petja.

»Laß sein. Du weißt nichts vom Leben.«

»Meinst du, wegen uns?«

»Genau euch meine ich. Heute ist es Mustafa und morgen Fedja. Spurlos verschwunden.«

»Was ist los mit dir? Hast du Fischsuppe gegessen oder bist du total übergeschnappt?« fragte Mitja.

Vater sagte nichts.

»Schreib ihr«, sagte Großmutter.

Die Unterhaltung brach ab. Mutter schrieb den Brief, und Taloschka tauchte niemals wieder auf.

Wir bezogen die Räume in der Poljanka. Unsere Mönchszellen hatten, am Fußboden gemessen, eine Fläche von sechseinhalb Quadratmetern, maß man an der Decke, waren es knapp dreieinhalb Quadratmeter. Petja und Lisa bewohnten mit ihrem kleinen Wowka eine Zelle; meine Mutter, mein Stiefvater (der auch Petja hieß) und ich die andere.

Mein Stiefvater, Pjotr Baragin, hatte auf einer Schule für angewandte Künste studiert. Nun hatte er meine Mutter geheiratet und damit eine Künstlerkarriere eingetauscht gegen ein Leben mit einer schönen und manchmal herrschsüchtigen Frau, die fünf Jahre älter war als er und ein Kind hatte. Ein Student mag von Brot und Wasser leben, ein Familienvater kann das nicht. Er verließ die Kunstschule und arbeitete als Lehrling in verschiedenen Fabriken, wo er halb soviel verdiente wie meine Mutter. Einmal bekam er Arbeit in einer Chemiefabrik, die besser bezahlt wurde. Mutter roch nur kurz an ihm und wollte sofort wissen, was für eine Art Arbeit so giftig roch. Sie besuchte seinen Betrieb. »Lieber gar kein Geld, als diese Dämpfe einzuatmen!« sagte sie empört zum Werksleiter, und auf der Stelle schrieb sie Stiefvaters Kündigung aus.

Niemand konnte sich für die Arbeit in der Fabrik weniger eignen als mein nachdenklicher, verträumter Stiefvater. Er war wirklich ein Künstler. In jeder freien Minute packte er seine Staffelei, die Ölfarben und mich, um hinauszufahren und Landschaften zu malen. Die Wände in unserem Zimmer waren bedeckt mit seinen Bildern. Immer wieder nahm er mich mit in die Tretjakow-Galerie, wo er mir alles über das Leben der Künstler und ihre Maltechniken erzählte. Es wird nicht leicht gewesen sein für eine Witwe mit Kind, einen so ernsthaften Ehemann zu finden. Er war mir ein guter Freund, genauso wie es meine Mutter wollte, und er liebte sie. So warf sie ihm nie, mit keinem Wort und keinem Blick, seine geringen Einkünfte vor.

Aber sie selbst mußte ihre ganze Kraft darauf verwenden, uns zu kleiden und zu ernähren. Nach zwei Jahren dieses Lebens berief Mutter den Familienrat ein. Wir brauchen, verkündete sie, wenigstens zum Frühstück Butter. Wie kommen wir an diese Butter? Sie wußte schon einen Weg. Mit der Hand sollten wir Muster von Telegramm- und Briefadressen schreiben. Muster wie diese würden an den Wänden der Postämter der ganzen Sowjetunion ausgehängt werden. Einverstanden? Einverstanden. Lange Abende schwitzten wir drei – Mutter und Stiefvater nach der Arbeit, ich nach der Schule – über dieser miserabel bezahlten, anstrengenden Arbeit. Aber ich achtete nicht auf die Mühsal. Ich kannte in der Stadt keine andere Art zu leben. Und außerdem liebte ich die Schule, das Lesen und die Studiengruppen. Hätte jemand gesagt, wir lebten in Armut, ich wäre erstaunt gewesen und hätte geantwortet: Nicht ärmer als andere Leute. Wir essen hervorragend, man muß nur kochen können, und niemand reicht Mama darin das Wasser. In Sonnenblumenöl gebratene Kartoffeln mit Hering – wie köstlich! Unsere Wohnung? Sie ist großartig, man soll nur mal versuchen, eine vergleichbare zu finden. Wenn man mit dem Zug fährt, zum Beispiel, fährt man an Baracken vorbei, an endlosen Reihen von Baracken. Wären die besser? Wir müssen nachts arbeiten? Ja, aber wir haben Butter!

Und nicht nur Butter. Ich konnte die dreißig Rubel* Gebühr bezahlen und eine Vorlesung für Jugendliche besuchen: über Philosophiegeschichte... Der riesige Hörsaal der Universität war überfüllt. Professor Asmus begann mit den Pythagoreern. Ordentlich und aufmerksam, fast ein wenig fiebrig, schrieb ich alles mit. Hier öffnete sich eine Welt von Ideen, von deren Existenz ich gestern noch nicht einmal etwas geahnt hatte. Fünf Vorlesungen später, als Professor Asmus über Zenons logische Paradoxien sprach, war meine Entscheidung getroffen. Ich wollte Philosoph werden. Mit meinen vierzehn Jahren war ich wohl noch nicht zu alt dazu.

Bis auf ein paar Kleinigkeiten war alles in bester Ordnung. Manchmal hatte man den Eindruck, in einer Klapsmühle zu leben, und wenn man meiner Tante Sina glauben konnte, deren Mann zuweilen in der Moskauer Irrenanstalt landete, dann verhielten sich die wirklich Verrückten in der Tat viel normaler als die, die draußen lebten. An einem Tag belehrte uns ein Führer, dessen Name wir in der Schule auswendig gelernt hatten, dessen Portrait in unseren Höfen gehangen hatte, darüber, daß die Partei niemals einen Fehler machte. Und am nächsten Tag schmähten ihn die besten Schriftsteller, Dichter und die Helden der Arbeit in den Zeitungen und im Radio als einen faschistischen Spion, als einen verächtlichen Verräter und abscheulichen Mörder. Und er selbst gestand diese Verbrechen. Am nächsten Tag wurde er erschossen. Dann stachen die kleinen Schulkinder in den Literatur-, Geschichts- und Geographiebüchern mit den Spitzen ihrer Stahlfedern die Augen aus seinem Portrait, sie zerkratzten seine Ohren mit Rasierklingen, schnitten seine Nase ab und verschmierten, um das Werk zu vollenden, seine fiese Fratze gründlich mit Spucke. Die Lehrer gaben keinen Piep von sich. Und wenn die Führer von gestern, ausge-

* Nach dem Zweiten Weltkrieg wurde der Rubel abgewertet: zehn Vorkriegs-Rubel entsprachen einem neuen. In den Kapiteln 3 und 8 ist der Vorkriegs-Rubel gemeint.

nommen der Genosse Stalin, alle Spione geworden waren, wurden die Schulbücher ausgetauscht, und in den neuen fanden sich neue Portraits. Daraufhin begannen die Schulkinder ihre Arbeit aufs neue: Augen auskratzen, Ohren abschneiden und auf die ekelhaften Faschistengesichter spucken.

Ich war am Ende meiner Weisheit. Wenn die Partei niemals Fehler beging und diese Führer tatsächlich Verräter waren, wie konnte man dann ihren Worten Glauben schenken, daß die Partei niemals Fehler machte? Und wirklich *bekannten* sich diese Revolutionäre ja zu ihren widerwärtigen Verbrechen. Ich hörte das mit meinen eigenen Ohren in einer Radioübertragung direkt aus dem Gerichtssaal; die ganze Familie verfolgte diese Sendungen regelmäßig. Die Revolutionäre waren also Feinde des Volkes. Und Feinde des Volkes hatten eine Revolution *für* das Volk gemacht? Das konnte ich nicht einsehen. Ich war in dem Gedanken erzogen worden, daß die Menschen säuberlich zu unterscheiden seien in die, die an den Kommunismus glaubten, und in solche, die nicht daran glaubten. Es dauerte eine lange Zeit, bevor ich verstand, daß man Menschen nicht in Gläubige und Nicht-Gläubige einteilen, sondern sie danach beurteilen sollte, ob sie bereit sind, für ihren Glauben zu töten oder nicht.

Meine Generation wurde dazu erzogen zu töten.

In der Schule lernten wir alle die Erklärungen des großen Humanisten und Begründers der sowjetischen Literatur Maxim Gorki (geschrieben zu Beginn der Vernichtung der Bauern):

> Wenn der Feind sich nicht ergibt – vernichte ihn!

Und diese Verse des Chefs der Tscheka und Dichters Bagritskj:

> Du schaust dich um – und siehst Feinde überall;
> Du streckst deine Hand aus – und nirgends Freunde;
> Aber wenn [die Zeit] dir befiehlt: »Lüge!« – dann lüge.
> Und wenn sie dir sagt: »Töte!« – dann töte.

Und den Ratschlag des großen Majakowski, dem Chef der Tscheka zu folgen:

Sein Leben leben – mit wem?
Mit dem Genossen Dsershinskij

Das war die Atmosphäre, die Luft der neuen nach-revolutionären Kultur. Sie wurde jeden Tag mit starken Pumpen in unsere Lungen hineingedrückt.

Was habe ich ausgeatmet? Praktisch nichts. Ich glaubte, daß der Kommunismus »die große Zukunft der Menschheit« sei. Doch die grundlegende Idee der neuen Kultur, daß die schrecklichste Gewalt human ist, wenn nur ihr Zweck gut ist, hat meine Seele nicht berührt, wenngleich ich sie auf abstrakte Weise akzeptierte. Der Geruch nach verbrannter Haut, der vom Rücken eines Dorfgeistlichen aufstieg, hinderte mich daran, den Humanismus der Tscheka wahrzunehmen. Und aus den Büchern traten mir die Spuren der alten, so ganz anderen Kultur entgegen, die ich bis zum Gefühl der Qual zu lieben begonnen hatte. Das allein wäre ausreichend gewesen, mich abzuhalten vom Kult der Gewalt und der Führerverehrung – eingeschlossen auch unseren Hervorragenden Führer und Lehrer J. W. Stalin. Ihm gegenüber fühlte ich nur Gleichgültigkeit. Sogar als mein Klassenkamerad Petrow mir erzählte, daß er gern seine Hände um den Hals des Genossen Stalin legen würde, war mein Interesse an dieser Idee rein akademischer Natur. Ich war also – ideologisch gesprochen – kein vorbildlicher Pionier oder *Komsomol*. Ich war Mitglied im kommunistischen Jugendverband, weil jeder es war. (Und ich muß hinzufügen, daß die interessantesten Studiengruppen im Palast der Pioniere stattfanden: Man konnte dort mikroskopieren oder lernen, Geschichten zu schreiben.)

Im allgemeinen war es nicht die Art unserer Familie, sich vorzudrängen. Es war in diesen Zeiten auch gefährlich, sich vorzudrängen. Meine gescheite und aufmerksam beobachtende Mutter haßte Polizeirazzien noch aus ihrer Zeit als *besprisornik*. Offensichtlich verstand sie rasch, daß das ganze Leben zu einer einzigen Polizeirazzia geworden war. Doch sie diskutierte niemals mit mir über das, was sie wußte und von den Ereignissen dachte, vielleicht weil die Wahrheit, wie der qualmende Rücken des Priesters, die Fähigkeiten eines kindlichen Verstandes übersteigen könnte. Oder auch, weil ein Kind ein Gespräch nicht geheimhalten, ja vielleicht sogar Späße darüber machen könnte. Das würde alle umbringen – die Eltern und das Kind.

Daran hatte meine Mutter keine Zweifel. Sie war beständig auf der Hut, wie ein wildes Tier in den Wäldern. Ich spürte das und hielt mich wie von selbst tausend Kilometer entfernt von gefährlichen Gesprächen, immer und überall. Bis auf ein einziges Mal.

Eines Tages, es war im Jahr 1938, standen meine Mutter, mein Stiefvater und ich in der Straßenbahn, die beiden führten ihr übliches Gespräch darüber, wie es bei der Arbeit zuging.

»Lewin liegt im Streit mit dem Direktor«, sagte Mutter. »Aber sie werden nicht noch einmal einen so guten Einkäufer finden wie ihn.«

»*Der* Lewin?« fragte ich spaßhaft; ich dachte dabei an den Arzt, der angeklagt war, Maxim Gorki vergiftet zu haben.

Mutter, blaß geworden, schwieg. Ich schaute Stiefvater an – er konnte kaum noch bleicher werden. Unauffällig bahnten sie sich einen Weg zum Ausgang. Mutter zerrte mich an der Hand. Als die Straßenbahn um eine Ecke bog, sprangen wir ab und marschierten eine halbe Stunde drauflos, ohne ein einziges Wort, ohne uns umzudrehen. Dann schauten wir zurück. Niemand war uns gefolgt. Da gab Mutter mir gründlich Bescheid. Ich hatte sie niemals so wütend gesehen.

»Du Narr! Du Idiot!« stieß sie flüsternd hervor. »Da hast du was gefunden, um blöde Witze zu machen! Verstehst du denn gar nicht? Gar nichts?«

Ich schwieg schuldbewußt. Ich hatte verstanden. Erst einen Tag zuvor hatten wir im Radio die Gerichtsverhandlung gegen das reaktionär-sozialistische, bucharinistisch-trotzkistische Lager verfolgt. Ein Mann namens Lewin gehörte zu diesem Lager. Er hatte selbstverständlich alles gestanden und war selbstverständlich zum Tode durch Erschießen verurteilt worden. Die Zeitungen veröffentlichten die enthusiastischen Reaktionen der Werkführer und Schriftsteller. Wenn ein Schriftsteller – ich meine einen Schreiber von Denunziationen – in der Straßenbahn gewesen wäre, dann wäre mein dummer Witz der unwiderlegbare Beweis dafür gewesen, daß Mutter und Stiefvater, ja, und ich auch, diesem reaktionär-sozialistischen, bucharinistisch-trotzkistischen Lager angehörten und Mörder, Spione und Saboteure seien. Das war untrüglich vorhersehbar. (Fünfzig Jahre später erklärte uns die Partei, daß es eine solche Gruppierung niemals gegeben habe. Und daß es Gründe gebe für die Annahme, daß Gorki auf Befehl Stalins vergiftet worden sei.)

Wir hatten Glück. Niemand aus unserer Familie wurde verhaftet. Trotzdem war es unmöglich, dem Alter zu entfliehen, in dem alle ohne Unterschied aufgefordert wurden: »Lüge!« und »Töte!«

Am Ende der sechsten Klasse hatte ich einen Schulfreund namens Metalnikow. Vielleicht ist er noch am Leben und wird diese Zeilen lesen. Er lebte mit seiner Mutter in der Semski-Gasse, nicht weit entfernt vom Babiegorodski-Markt. Wir streunten oft nach der Schule zusammen in dieser Gegend herum und führten angeregte Gespräche. Aber einmal verharrte er in hartnäckigem Schweigen. Ich ließ ihm keine Ruhe, versuchte lautstark das eine oder andere zu beweisen.

»Laß gut sein«, sagte er schließlich. »Gestern haben sie meine Mutter verhaftet. Ich bin jetzt ganz allein.«

Verdammung und Entfremdung starrten mich an. Schweigend gingen wir die Moskwa entlang. Das Eis bewegte sich, Kinder veranstalteten Geschrei, die Krähen stritten kreischend um irgendwas auf den Eisschollen. Wir gingen bis zur Krimbrücke, dort trennten wir uns.

»Mama«, sagte ich abends, »Metalnikows Mutter ist verhaftet worden. Er ist allein zurückgeblieben. Kann er zu uns ziehen? Du hast gesagt, zwei Kinder seien besser als eins.«

Eine lange, endlos lange Zeit antwortete Mutter nicht. Sie ging aus dem Raum, kam wieder zurück und sagte schließlich: »Man weiß nie. Es ist schwierig. Es wird nicht gehen.«

Ich senkte meinen Blick. Aus irgendeinem Grund hatte ich keine Ablehnung erwartet.

»Hat er Verwandte?« fragte Mutter.

»Ich weiß nicht.«

»Frag ihn morgen.«

»Gut.«

Am nächsten Tag kam Metalnikow jedoch nicht zur Schule. Ich ging in die Semski-Gasse. Die Tür zum Raum der Metalnikows war verschlossen. Ich stand an der Tür, von Angst ergriffen. Ein kleines schmächtiges Mädchen näherte sich.

»Sie ham ihn mitgenommen«, sagte sie. »Mitgenommen. Als Volkerfeind.«

Mitte der Dreißiger wurde das Alter, in dem man dem Gesetz entsprechend als »Volksfeind« verhaftet werden konnte, von sechzehn auf zwölf herabgesetzt.

Mit meinem Temperament schlug ich Onkel Petja nach, der es mit der Ironie hielt. Doch nach dem Verschwinden von Metalnikow verließ mich meine Neigung zur Spötterei für eine Weile. Immer mehr Zeit verbrachte ich in Bibliotheken. Dort, in der großen europäischen und russischen Literatur, lebte das richtige Leben. Das Leben um mich herum war unwirklich.

»Petja, warum bist du kein Stachanowit?«* fragte ich meinen Onkel.

»Weißt du eigentlich, was Stachanowiten sind?«

»Stachanow produzierte eintausendvierhundert Prozent in einem Kohlebergwerk«, antwortete ich ohne Zögern. Jeder wußte das aus der Zeitung.

»Hier sind deine eintausendvierhundert«, sagte Petja mit einer Handbewegung. »Eintausendvierhundert! Bei dir ist es noch verzeihlich. Aber, weißt du, man muß blöd sein wie ein Korken, um das zu glauben. Wir haben unseren eigenen Stachanowit in der Dreherei – Gudow, ein Junge, frisch vom Land. Der Chef unseres Ladens und der Parteisekretär brachten die rohen Formstücke zu ihm. Mach zu, mach zu, wir brauchen einen Rekord. Gudow schaffte wie ein Wilder. Aber ihm fehlte Erfahrung. Das Mädchen neben ihm bekommt ihre eigenen Rohlinge, sie schaffte in einer Schicht mehr als er. Nur aus Spaß. Aber Gudow ist ein kräftiger Bursche, und er gibt nicht auf, arbeitete zwei Schichten hintereinander, die als eine gezählt wurden. Seine Ergebnisse rechneten sie ihm dreifach an. Auf dem Papier wurden daraus fünfhundert Prozent. Ein Rekord in der Maschinenindustrie.«

»Warum?« fragte ich.

»Was meinst du – warum? In erster Linie können die Werkführer nach oben berichten, daß wir nun unseren eigenen Stachanow-Gudow-Elan haben. Und zweitens können sie die Arbeitsnormen um fünfzig Prozent erhöhen.«

* Ein nach dem Kohlenbergarbeiter Alexej Stachanow benannter superproduktiver Arbeiter. Stachanow soll die Norm um das vierzehnfache überboten haben. Eine Regierungskampagne zur Steigerung der Produktivität der Arbeiter wurde um diese Fiktion herum gebaut.

Acht Jahre später lernte ich diesen Gudow kennen. Nach seinem Rekord war er in den Obersten Sowjet »gewählt« worden, er hatte eine Wohnung in einem der Regierungsbauten bezogen, und er wurde ein wichtiger Bürokrat. Er hatte ein ziemlich aufgequollenes und schlaffes Gesicht. Es war offensichtlich, daß ihm das neue Leben nicht bekam. Stachanow bin ich niemals begegnet, aber an einem Sommertag hatten wir den gleichen Chauffeur. 1956 gab ich Sascha Barabanow, dem ungeheuer begabten Sohn des Stellvertretenden Ministers für die Kohleindustrie, Nachhilfestunden. Nach jeder Sitzung brachte mich ein Wagen des Ministeriums nach Hause. »Gestern habe ich Stachanow gefahren«, beklagte sich der Chauffeur. »Der Bastard hat alles vollgekotzt. Er ist ständig sinnlos besoffen.«

»Was macht er im Ministerium?« fragte ich.

»Er ist der Instrukteur der Stachanow-Bewegung!«

In unserer Wohnung ging das Leben seinen Gang. Es wurde niemand verhaftet. Es wurde niemand unterdrückt. Nur Mikolaschka, der Hausmeister, schrie, wenn er betrunken war, im Haus herum: »Ich bringe euch alle ins Kittchen! Ich schreibe Denunziationen gegen euch alle!«

Er war eigentlich immer betrunken. Aber offensichtlich waren wir noch nicht an der Reihe.

»Aber unsre Zeit wird kommen«, bemerkte Petja philosophisch. »Mikolaschka wird uns mit seinem Besen rausfegen. Was wir tun müssen, ist, Mikolaschka mit einer Fangfrage zuvorzukommen und ihn zuerst zu denunzieren. Wir müssen das schreiben.«

»Was sollen wir schreiben, Petja?«

»Das ist egal. Hauptsache, die Grammatik ist nicht zu lausig.«

4
Am Vorabend des Krieges

Alle meine Träume waren geplatzt. Meine Schädelknochen, Gott sei Dank, nicht – aber sie waren an ihren Nähten ziemlich strapaziert worden.

Ich wollte unbedingt meinen Freund Jewgenij Wassilew besuchen, um ihm beim Klavierspiel zuzuhören. Ich hätte zu Fuß gehen können, es war nicht weit bis zu seiner Wohnung, aber damals war ich verrückt nach Jack London. Vielleicht deswegen, vielleicht auch, weil ich fünfzehn Jahre alt war und der Frühling in voller Blüte stand, hatte ich geübt, auf Straßenbahnen in voller Fahrt auf- und wieder abzuspringen. Zu dieser Stunde waren die Waggons vollgepfropft, Trauben von Menschen hingen in den Türen, und die Straßenbahnfahrer läuteten unablässig. Ich nahm Anlauf, sprang, erwischte den Haltegriff und zog einen Fuß auf das Trittbrett. Aber genau in diesem Augenblick drückte die Menschentraube aus dem Wagen heraus. Wenn beide Füße den Halt verlören, würde ich unter die Räder geraten. Also stieß ich mich augenblicks mit dem einen Fuß ab, löste meine Hände vom Haltegriff und flog kopfüber auf den Asphalt.

Der ruhige Moskauer Sommer floß dahin. Mein Krankenbett stand im Erdgeschoß am Fenster. Niemand durfte mich besuchen. Ich mußte vollkommen ruhig liegen. Doch jeden Tag stand jemand draußen vor dem Fenster. Manchmal Mutter oder der Stiefvater, manchmal der stille Jewgenij, der dort stand ohne ein Lächeln. Meine ganze Klasse kam, zusammen mit unserer jungen Lehrerin. Sie drückte ihre sommersprossige Nase an die Scheibe und schnitt Gesichter, und sie zeigte mir mein Schulzeugnis. Die Noten waren alle eins. Die Mittelschule hatte ich geschafft. Aber ich war deprimiert: Die Ärzte hatten angeordnet, daß ich für ein oder zwei Jahre mit der Schule aussetzen müßte. Ob ich jemals wieder normal zur Schule gehen könnte? Mein Leben war zu Ende.

Im Herbst jedoch fühlte ich mich wieder ganz gesund, und Mutter war der Meinung, daß ich wieder zur Schule gehen könnte. Die Jugend, warnte sie mich, sei eine gefährliche Zeit.

Wenn ein Junge seine Studien unterbreche, könne er von der Bahn abkommen, und wo würde er dann enden? Als Hausmeister? Vater hatte mit nichts angefangen. Aber das war Fedja...

Mit meinen schönen Noten und einem ärztlichen Attest verschaffte mir Mutter einen Platz in einer Schule ganz in der Nähe unserer Wohnung. Die Schule Nr.9 war eine besondere Schule, obwohl es so etwas theoretisch gar nicht gab. Die meisten Schüler waren Kinder aus privilegierten Familien. Sie lebten nicht in städtischen Wohnungen, sondern in privaten mit eigener Badewanne. Manche lebten in den Wohnhäusern der Regierung gleich hinter der schmalen Steinbrücke, einige in den Wohnhäusern für Schriftsteller nahe unserem öffentlichen Bad in der Ordijnka-Straße, und einige in anderen solcher Wohnhäuser. Natürlich gab es auch die, deren Eltern sie über Beziehungen hatten anmelden können. Eine Handvoll Kinder, darunter ich und Jurij Kusmischow, der beste Mathematiker der Schule, stammten aus sehr armen Familien. Jurijs Mutter arbeitete in der Nähe als Hausmeisterin; Jurijs Bruder hatte einen Wasserkopf, er lief den ganzen Tag in den Straßen umher und klackerte mit einem Stock auf dem Boden. Die Hälfte der Kinder aus unserer Klasse kam aus jüdischen Familien. 1941, noch vor dem Schulabschluß, meldeten sich beinahe alle jüdischen Jungen freiwillig zur Moskauer Bürgerwehr und kamen in den Kämpfen ums Leben.

Natürlich hatte eine Eliteschule besondere Lehrer, sie gehörten zu den hervorragendsten in Moskau. Sie ließen die Besten von uns selbständig ein Thema bearbeiten und der Klasse darüber berichten. Die Ergebnisse wurden anschließend diskutiert. Diese ungewöhnliche Vorgehensweise führte mich ein in die Welt der intellektuellen Disziplin. Meine Forschungen konzentrierten sich auf das nach meinem Urteil Wichtigste für mein zukünftiges Philosophenleben: Mathematik, Literatur und Geschichte. (Aber dies Ziel Philosophie war mein Geheimnis. Wenn meine Mutter bewegt ihre Stimme senkte und sich ausmalte, wie ich – wer konnte das schon wissen, schließlich war ich ja ein hervorragender Schüler – nach dem Examen eine Militärakademie besuchen würde, versuchte ich ihr das nicht auszureden.) Ich schrieb mich für die berühmten alten Lesesäle des Historischen und des Rumjantsew-Museums ein, das, zusammen mit seiner großen neuen Präsenzbibliothek, in Lenin-Bibliothek umbenannt worden war. Ich liebte diese feierliche Stille, liebte es, in den alten Büchern zu stöbern, die nirgendwo anders zu finden waren. Dort entstanden meine zahlreichen Schulreferate über obskure Schriftsteller.

All das ermutigte mich, meiner Mutter und meinem Stiefvater eine große Vorlesung über russische Literatur zu halten. Ich bereitete mich sehr sorgfältig vor. Das begeisterte Publikum lag auf seinen eisernen Betten und schlief jedesmal sofort ein. Der Professor saß auf einem wackeligen Stuhl, der zwischen Sofa, Bücherkiste und Kommode eingeklemmt war (die meine Großmutter aus den Flammen des brennenden Hauses gerettet hatte, in dem sie mit dem jungen Sjusja gearbeitet hatte); sein Pult war ein schmaler Tisch, ein Exemplar, das heute wahrscheinlich auch in der Sowjetunion niemand vom Sperrmüll einsammeln würde. Meine Vorlesungen erstreckten sich über drei Monate. In aller Ausführlichkeit behandelte ich als erstes die alten russischen Volksepen; aber mit dem Beginn des 19. Jahrhunderts brach ich ab, da ich spürte, daß dies ein Gipfel war, den ich noch nicht erklimmen konnte.

Mitte September 1939, als ich mich in die mittelalterlichen russischen Gedichte vertiefte, stießen deutsche und dann sowjetische Truppen tief hinein in polnisches Gebiet. Die Menschen ließen sich mitreißen, als die Sowjetunion schnell und leicht so viel Land eroberte. Wie gewöhnlich schwieg meine Familie. Die offizielle Version war, daß die Sowjetunion keinen Krieg gegen Polen geführt, sondern nur die Ukrainer und Belorussen in Polen befreit und mit den sowjetischen Brudervölkern vereinigt hätte. Dies war mir ziemlich gleichgültig. Doch unsere plötzliche Freundschaft mit den Nazis erschreckte mich. Es ist nur ein Spiel, sagte ich mir, es soll verhindern, daß wir in den neuen großen Krieg hineingezogen werden, der in Europa begonnen hatte. Der offensichtliche Zynismus dieses Spiels zerstörte endgültig, was mir an Vertrauen in die offiziellen Nachrichten noch geblieben war, und ich fing an, die große russische Kunst des Zwischen-den-Zeilen-Lesens einzuüben.

Im Dezember dieses Jahres begann Mutter, Brot zu trocknen, und sie hetzte durch die Stadt, um Salz, Zucker, Seife und Streichhölzer zu kaufen. Unser »Winterkrieg« mit dem kleinen Finnland hatte begonnen. Aufmerksam las ich die Zeitungen und hörte Radio. Die Berichte behaupteten, daß die Sowjetunion ihre Grenzen um Leningrad nicht zurückverlegen wollte. Deshalb hatte sie den Finnen einen Tausch angeboten: gut erschlossenes finnisches Territorium in der Nähe von Leningrad für ein »äquivalentes« sowjetisches Gebiet in Karelien, das, wie ich wußte, aus Felsblöcken und Sümpfen bestand. Die Finnen weigerten sich unverschämterweise und ließen der Sowjetunion keine andere Wahl, als – was sonst – Truppen zu entsenden und eine neue Regierung aus emigrierten finnischen Kommunisten zu bilden. Das finnische Volk leistete erbitterten Widerstand; die Moskauer Krankenhäuser waren überfüllt mit unseren Verwundeten; Gerüchte zirkulierten, auch die finnischen Kinder und Frauen säßen als Heckenschützen in den Kiefern.

Aber dennoch erinnerten sich alle an die Fotografien in den Zeitungen vom August: unser lächelnder Außenminister Molotow in freundschaftlicher Umarmung mit dem nazideutschen Außenminister Ribbentrop. Deshalb erwartete niemand einen wirklich großen Krieg, und das Leben unserer Familie ging mehr oder weniger seinen gewohnten Gang.

Einmal im Monat besuchten wir die Familie meines Stiefvaters. Sie war nicht mehr sehr groß. Sein Vater war während des Bürgerkriegs verschwunden, die Mutter konnte ihre sechs Kinder nicht mehr ernähren. So steckte sie meinen Stiefvater in ein Waisenhaus; er überlebte, während seine Brüder und Schwestern – bis auf den Bruder Wasja – starben. Die Schuhfabrik, in der sie beide arbeiteten, überließ Wasja, seiner Frau und ihrem Kind sowie seiner Mutter freundlicherweise einen Raum in einem Keller, der vor der Revolution als Lagerraum ausgehoben worden war, als Wohnung. Der Raum war durch eine Trennwand in zwei Hälften geteilt. Wir saßen um den Tisch, es gab eine Kleinigkeit zu essen, die Erwachsenen tranken und sangen; wenn es soweit war, verließ Wasjas Frau mit dem Säugling im Arm sofort den Raum.

»Schlange!« sagte ihre Schwiegermutter dann. »Dabei schien sie ein so nettes Mädchen zu sein! Aber in Wirklichkeit ist sie eine Schlange. Natürlich trinkt Wasja! Wenn man mit einem Reptil lebt, wie soll man da nicht trinken? Schaut euch an, was sie aus ihm gemacht hat!« Wasjas hageres blasses Gesicht war völlig verschwollen, rot-blau-gelb-grüne Striemen von spitzen Fingernägeln durchzogen es. Es erinnerte an van Goghs Selbstporträt ohne Ohr. Einmal hatte sie es auf Wasjas unglücklichen Hals abgesehen, hatte, als der Mann sturzbetrunken auf dem Fußboden lag, seinen langen, verdreckten Schal zu einem Seil gewunden, das eine Ende um seinen maschinenölverschmierten, grün-blau ornamentierten Hals geschlungen und ihn am Bettpfosten hochgezogen. Zum Glück kam seine Mutter dazu und schnitt den Sohn los. »Soll das Rad des Schicksals über dich hinwegrollen, Schlange!« fluchte die alte Frau. Und das Rad nahm seinen Lauf.

Wenn die Gelegenheit sich bot, ließen viele Arbeiter Sachen aus der Fabrik mitgehen – ein Stück Leder, sogar ein ganzes Paar Schuhe. Den besten unter den Zuschneidern gelang es, weniger Leder zu verbrauchen, als die Norm vorschrieb, also fielen Lederreste ab. Ein Wachmann am Fabriktor, dessen Lohn noch schlechter war als der der Arbeiter, ließ sich zuweilen an einem Geschäft beteiligen, oft paßte er überhaupt nicht auf. Aber manchmal war er unerbittlich in der Durchführung der jüngsten geheimen Verfügungen im Kampf gegen den Diebstahl. Dann wußten alle Bescheid und verhielten sich dementsprechend. Wasjas Frau hatte sich ihren Spitznamen »Trummsäge« nicht umsonst verdient. Sie hörte nicht auf die Ratschläge der anderen. Bei der nächsten Kampagne wurde sie erwischt mit einem kleinen Stück Rohmaterial, ein Schauprozeß wurde inszeniert, ihre Verurteilung sollte ein abschreckendes Exempel statuieren: Sie wurde ins Lager geschickt und kehrte nie zurück. Kurz danach, im September 1941, begann der Krieg gegen Deutschland, und Wasja wurde sofort eingezogen. Einen Monat später war er tot.

Im letzten Jahr vor dem Krieg begann die eigentlich unvorstellbare Mischung aus Lenin, dem Vorkämpfer des gewaltsamen Umsturzes, und Lew Tolstoi, dem Wortführer des gewaltfreien Widerstands gegen das Böse, einen ungeheuren Einfluß auf mich auszuüben. Ich war bezaubert von Lenins Leidenschaftlichkeit, von seiner Sprache, die getragen war von der Sympathie mit den Arbeitern, und von seinem Sieg in einem Kampf, der einen gerechten Grund gehabt zu haben schien.

Erst im Alter von sechzehn lernte ich zu verstehen, daß die Mittel wichtiger sind als das Ziel und daß der Parteislogan »Stalin ist der Lenin von heute« eine schreckliche Wahrheit enthielt.

Zuvor las ich fast alles von Lenin, verschlang einen Band nach dem anderen in der Bibliothek: und tat dasselbe mit Tolstoi. Fünfzehn Jahre später war ich von Lenins Zauber befreit, aber Tolstoi blieb die Liebe meines Lebens.

Tolstois Lehre über die moralische Vollkommenheit und die Möglichkeit der moralischen Wiederauferstehung zu jeder Zeit des Lebens waren überwältigend und wurden ein Teil meiner Seele. Immer wieder las ich die Novelle *Wiederauferstehung*. Wenngleich ich damals seine Forderung nach Nächstenliebe und Vergebung noch nicht begriff, fühlte ich mich angezogen von seinem Mitleid mit den Menschen. Endlich begriff ich, daß die endlosen Leiden, die ich überall sah, nicht unvermeidlich zum normalen Leben gehörten.

Doch in der Schule und in den Zeitungen wurden wir belehrt, daß Mitleid nur ausländischen Völkern und den russischen Arbeitern und Bauern in der Zeit vor der Revolution gelten könne, denn in der Stalin-Ära lebe unser Volk so glücklich, daß bereits die Vorstellung, man müsse Mitleid haben mit dem sowjetischen Volk, wie eine blasphemische Verleumdung klinge. Es gebe keinen, der zu bemitleiden sei. Aber es gab gleichwohl genügend Menschen, die man hassen mußte – die Feinde des Volkes. Wer sie nicht hassen konnte, war noch unverbesserlicher als ein Volksfeind. Aber ich wußte doch, daß es viele Menschen gab, die Mitleid verdienten, und daß ich ganz gewiß kein Feind des Volkes war.

Die Reinemachefrau, die die Büros der Waffenfabrik im Stockwerk über uns putzte, verdiente 250 Rubel im Monat. Mit diesem Lohn war es eigentlich unmöglich, zwei Kinder zu ernähren und zu kleiden, bis sie die Schule abgeschlossen und danach noch die technische Hochschule besucht hatten. Der Putzfrau ist es gelungen. Dann wollten ihre Kinder plötzlich nichts mehr von ihr wissen. Sie kam zu meiner Mutter, um sich wenigstens einer Menschenseele anzuvertrauen. Sie hatte heimlich als Prostituierte gearbeitet. Ihr Sohn und ihre Tochter lebten mit ihr in einem einzigen Raum, und so sehr sie auch versuchte, ihre Tätigkeit zu verbergen, die Kinder bemerkten alles. Als sie die Schule abgeschlossen hatten, ließen sie ihrem Abscheu freien Lauf.

»Bring sie zu mir!« sagte Mutter. »Ich werde sie Rosa Gurfinkel vorstellen. Sie ist eine freundliche Frau. Sie wird ihnen alles erklären. Und weißt du, was sie ist? Sekretärin in einem Ministerium. Einem Ministerium! Und was war Rosa zehn Jahre vorher? Bring sie her!«

Die Putzfrau schüttelte den Kopf. Am selben Tag erhängte sie sich. Und ich hatte gerade in den Zeitungen gelesen, daß Prostitution, als Resultat schlechter sozialer Verhältnisse, in der Sowjetunion niemals existieren könne.

»Aber was wahr ist, ist wahr«, erklärte ein Nachbar und deutete mit seinem Zeigefinger auf die Prawda. »Das Leben *ist* fröhlicher geworden! Es gibt keine Lebensmittelkarten mehr. Schauen Sie nur, wie reich die Kollektive werden.« Und sein Finger fuhr wieder in der Zeitung umher.

»Was haben Sie uns erst gestern über das Dorf Ihrer Schwiegermutter erzählt?« fragte Petja vorsichtig.

»Welche Schwiegermutter? Oh richtig, das Dorf, in dem sie lebt. Das ist nur ein Dorf unter vielen. Sie müssen auch die anderen Dörfer beachten.«

Es verwunderte mich, wie sehr Leute sich vom gedruckten Wort hypnotisieren ließen. Fast alle meine Sommerferien hatte ich in einem Dorf verbracht, und sie waren alle gleich gewesen. Fleisch, Milch und Eier waren Erinnerungen aus der Vergangenheit. Die Familien ernährten sich irgendwie, aber nicht durch die kollektivierten Höfe, die ihnen nichts boten außer der Möglichkeit, dort zu stehlen, und dem Recht, eine eigene Parzelle zu haben. Dieses Stück Land brachte der Familie Kartoffeln und ein wenig Geld. Mit Ach und Krach gelang es ihnen manchmal, ein eigenes Schwein, eine Kuh oder ein Huhn großzuziehen. Auf dies alles, ja sogar auf Obstbäume, wurden hohe Steuern in bar oder in Naturalien erhoben. Wenn die Hühner nicht legten oder die Kuh keine Milch gab, kaufte der Besitzer Eier oder Butter im staatlichen Zentrallager, um eben diese Eier oder Butter als Abgaben dem Lager wieder zu übergeben. Ich habe diesen Wahnsinn mit meinen eigenen Augen gesehen. Ich wußte, daß die Bauern die Kollektive nicht verlassen durften; anders als gewöhnliche Bürger besaßen sie noch nicht einmal Pässe. Sie waren Sklaven.

Die Arbeiter wurden ebenso versklavt – durch neue Gesetze, die der Idee eines »Arbeiterstaates« derart widersprachen, daß ich mich davor fürchtete, das alles wirklich zu Ende zu denken.

Erst nach dem Krieg fand ich den Mut, diese Gesetze als »arbeiterfeindlich« zu bewerten. Zuerst wurde ein Gesetz erlassen, das es den Menschen verbot, Arbeitsstellen zu wechseln, weil anderswo höhere Löhne gezahlt wurden; dann folgte ein Verbot, der Arbeit fernzubleiben. Eine Verspätung von zwanzig Minuten galt als Abwesenheit, und die Bestrafung dafür lag bei zwei Jahren Erziehungs- und Arbeitslager. Mein Stiefvater war oft von diesem Gesetz bedroht.

Wir hatten keinen Wecker. Um sechs Uhr morgens dröhnte der Lautsprecher in der Wand* eine Hymne:

> »Ich kenne kein anderes Land,
> Wo ein Mann so frei atmen kann . . .«

Bei diesen Klängen sprangen wir aus dem Bett. Aber eines Tages war der Lautsprecher kaputt, und wir schliefen ein wenig zu lang. Mein Stiefvater, bekleidet mit seiner langen Unterwäsche, rieb gerade verschlafen Hände und Füße, als Mutter das Licht anknipste und auf Großvaters Uhr schaute. »Du bist zu spät! Guter Gott. Was sollen wir tun?« Barfuß und in Unterwäsche rannte Stiefvater aus dem Zimmer. Die Leute halfen ihm, sich in die Straßenbahn zu quetschen, schoben ihn nach vorne durch und quetschten ihn an seiner Station wieder hinaus. Er kam nur zehn Minuten zu spät, und es blieb bei einem Verweis.

In diesem Frühling, gegen Ende Mai, rief der Direktor unserer Schule ein Treffen der *Komsomolzen* ein und ermahnte uns ohne weitere Erklärung, es sei besser, wenn wir Moskau nicht verließen: »Ihr könntet hier gebraucht werden.« Ich maß diesem seltsamen Ratschlag keine Bedeutung bei und sagte meiner Mutter nichts davon. Und sie schickte mich, der Ermahnungen des Arztes eingedenk, im Sommer zu meiner Großmutter, die ich seit fünf Jahren nicht gesehen hatte.

Das bedeutete eine Bahnreise von hundertsechzig Kilometern nach Westen. Der Bahnhof Drownino, auf halber Strecke zwischen Moskau und Smolensk, hatte sich seit der Zeit, als Großmutter mich zur Schule nach Moskau gebracht hatte, kaum verändert: Brennholzstapel in endloser Reihe, Lagerhäu-

* Wer kein Radio hatte, der schloß Lautsprecher an eine Wandbuchse an und empfing den staatlichen Rundfunksender.

ser und ein älterer Wachposten mit Gewehr, langem Schafsfellmantel und riesigen Filzstiefeln. »Warum nicht Filzstiefel?« protestierte er, als ich lächelte. »Es wurde kein Regen vorhergesagt. Guck, wie gut das Wetter ist.« Nein, Regen war nicht vorhergesagt worden.

Ich hatte Großmutter geschrieben, daß sie mich nicht mit dem Wagen abholen kommen sollte. Es waren nur zehn Kilometer bis Gniloje, und ich hatte kaum Gepäck mitgebracht. Ich wanderte die Wagenspuren entlang. Für das letzte Drittel des Weges nahm ich eine Abkürzung durch den Wald bis zu unsrer Wiese, setzte mich auf einen kleinen Hügel und schaute auf das Dorf. Da waren die Holzhäuser, grau vom Regen, die dunklen Dächer und kleinen Fenster, die Weiden und die Krähen ... Mir wurde bewußt, daß es nicht mehr mein Dorf war. Ich war weder ein Teil des Lebens hier, noch war ich Teil des Lebens in Moskau. Ich lebte in den Bibliotheken.

Großmutter begann zu weinen und rannte geschäftig hin und her. Sie wußte nicht, von welcher Seite sie sich ihrem wohlerzogenen großen Enkel nähern sollte. Sie wirkte nun sehr klein und runzelig. Ich wollte sie umarmen und küssen, aber Liebesbezeugungen waren in unserer Familie nicht üblich. Ich wußte nicht, wie ich es anfangen sollte. Doch im Laufe dieses Tages hatten wir uns wieder aneinander gewöhnt. Sie lebte in der hinteren Kammer. Der vordere Raum war, zusammen mit einem Teil des Gemüsegartens, an einen Förster vermietet. Ohne dieses Einkommen hätte sie nicht leben können.

Im landwirtschaftlichen Kollektiv gab es nicht genügend Bauern, und da ich ohnehin nichts zu tun hatte, arbeitete ich an der Mähmaschine, die von einem Pferd gezogen wurde.

Als Deutschland am 22. Juni 1941 die Sowjetunion überfiel, verstand ich, wovor unser Direktor uns hatte warnen wollen. Aber wie konnte er wissen, was noch nicht einmal Stalin gewußt hatte? Das blieb fünfzehn Jahre lang ein Geheimnis für mich, bis Chruschtschow aufdeckte, daß die sowjetische Regierung 1941 mehrere Berichte über einen drohenden Angriff Hitlers erhalten hatte. Aber der Große Führer der sowjetischen Völker mochte nicht an den Verrat seines Freundes, des Großen Führers des deutschen Volkes, glauben. Darum erschien Stalin dieser Angriff genauso überraschend wie den sowjetischen Massen, denen er versichert hatte, der Molotow-Ribbentrop-Pakt von 1939 garantiere den Frieden.

Stalin fing sich nach elf Tagen. Am 3. Juli versammelten wir uns vor einem Lautsprecher, um seine Ansprache an das Volk zu hören: »Genossen! Bürger! Brüder und Schwestern! Meine Freunde, ich appelliere an Euch!« Die Bauern verfolgten den Aufruf in völligem Schweigen und gingen schweigend auseinander. Worüber sie wohl nachdachten, diese Brüder und Schwestern des Genossen Stalin?

Ich dachte an nichts anderes, als zum Militär zu gehen. Das erste, was ich tat, war, mich auf den Weg nach Uwarowka zu machen, wo sich Erfassungsstelle und Rekrutierungsbüro befanden. Drei Stunden harter Fußmarsch. Als ich dort ankam, standen schon fünfzehn junge Freiwillige herum. Der Militärkommissar machte einen mißmutigen Eindruck; er war nicht in der Stimmung für uns. Nach fünf Stunden Wartezeit ging ich wieder. Danach schrieb ich einen Brief an den Kommissar für Verteidigung Woroschilow: »Ich ersuche Sie, mich an die Front zu schicken. Bald werde ich siebzehn Jahre alt. Bin *Komsomol* seit 1939.« Die Antwort kam rasch: Man werde mich rufen, wenn ich gebraucht würde. Ich wußte nicht, daß ich mich in Moskau freiwillig bei der Bürgerwehr hätte melden können.

Die Deutschen kamen inzwischen rasch voran. Sowjetische Deserteure waren bereits in einigen Walddörfern gesehen worden, und die Frauen im Dorf tratschten darüber. Ich mußte schnell nach Moskau zurück, um der Okkupation zu entgehen. Aber es war hoffnungslos: Ein Militärfahrzeug nach dem anderen rollte durch den Bahnhof von Drownino; für Zivilreisende gab es keine Fahrkarten mehr zu kaufen. Auf der Minsker Autostraße, parallel zur Bahnstrecke, fuhren Kolonnen von Militär-Lastwagen, beladen mit Soldaten der Roten Armee, in Richtung Westen; sie zogen Kanonen hinter sich her und mit Zeltbahnen abgedeckte Kisten. Lastwagen, die in die entgegengesetzte Richtung fuhren, waren nicht zu sehen.

Eines Morgens kam aus dem Waldnebel heraus ein Infanterie-Bataillon der Roten Armee nach Gniloje geschlichen. Die Soldaten legten sich sofort in den Häusern und Schuppen zum Schlafen hin, und der Vorsitzende des Kollektivs bestimmte, daß eine Kuh geschlachtet werden sollte. Der Kommandeur bezweifelte, ob die Kuh rechtzeitig fertig werden würde, aber da erklärte sich meine Großmutter bereit, das Essen zuzubereiten. Die Küche wurde in der Nähe unseres Hauses aufgeschlagen, und Großmutter war wie verwandelt. Noch einmal sah ich sie, wie sie früher gewesen war – flink und geschickt. Die Kuh war bald zubereitet, und Großmutter trug ihren Lohn dafür nach Hause: den Kopf der Kuh.

»Gib uns Pferd und Wagen, Vorsitzender, und einen Kutscher. Ich schicke sie zurück«, sagte der Bataillonskommandeur, nachdem sie die Kuh verzehrt hatten.

»Zurück?« lachte der Vorsitzende. »Ich gebe euch ein Pferd und einen Wagen, natürlich, aber einen Kutscher... Ich bin nicht der Chef. Falls jemand freiwillig...«

Ich erstarrte. Großmutter blitzte mit ihren schwarzen Augen in meine Richtung: »*Er* wird mitkommen!«

Eine halbe Stunde später spannte ich voller Ungeduld das Pferd an.

Das Bataillon verschwand wieder im Wald. Die Pferde zogen die Kanonen und die Karren mit den Artilleriegranaten, der übrigen Munition und den Männern, die krank geworden waren. Der Rest, auch der Kommandeur, ging zu Fuß. Sie machten kein Feuer, und sie ernährten sich von Trockennahrung. Als die deutschen Bomber auftauchten – immer in sehr großer Höhe, auf dem Flug nach Moskau –, hielten alle an und warteten unter den Bäumen. Von unseren Flugzeugen war keines zu sehen. Innerhalb von drei Tagen kam das Bataillon ohne weitere Zwischenfälle in Wjasma an.

Ich bat, beim Bataillon bleiben zu dürfen.

»Davon weiß ich nichts«, antwortete der Gruppenführer, der den ganzen Tag neben meinem Karren hergelaufen war. »Der Bataillonskommandeur sagte, daß du zurückkehren sollst.«

»Ich habe an Woroschilow geschrieben«, sagte ich. »Ich bin ein *Komsomol*.«

»Hör zu, pack deine Sachen und verschwinde! Wir sind unterwegs an die Front, verstehst du? Was sollen wir mit dir? Verlier keine Zeit und mach, daß du fortkommst.«

Das Bataillon brach auf.

Nach zwei Tagen kam ich ins Dorf zurück und übergab dem Vorsitzenden das Pferd.

»Ihr seid nach Wjasma durchgekommen, sagst du?« fragte er.

»Wirklich? Wir haben gehört, daß die Deutschen schon in Wjasma stehen.«*

Die Deutschen in Wjasma! Da war keine Zeit zu verlieren. Noch einmal ging ich zum Bahnhof von Drownino, und diesmal gelangte ich auf einem Güterzug, der liegengebliebene Lastwagen transportierte, nach Moskau.

Lisa öffnete die Tür.

»Wo ist Mama?« fragte ich.

»Im Krankenhaus – eine Abtreibung.«

»Aber wieso?«

»Sie verabschiedete deinen Stiefvater, der an die Front mußte. Am dritten Kriegstag wurde er eingezogen. Dann nahm sie die Abtreibung selber vor – das ist verboten, weißt du –, sie hat es schlecht gemacht. Das viele Blut! Manchmal gelingt es nicht. Sie muß wohl für längere Zeit dort bleiben. Aber sie hat Glück, daß sie noch am Leben ist.«

Ich wußte nichts Bestimmtes von einem Kind. Im Frühling hatten meine Mutter und mein Stiefvater mich gefragt, ob ich einen Bruder oder eine Schwester haben wollte. (Ich wollte.) Mein Stiefvater, der es niemals geschafft hatte, die Normen an der Drehbank zu erfüllen, hatte endlich eine Arbeit gefunden, die er mochte – in einem Archiv, mit einem Gehalt von 450 Rubel und der Aussicht auf Beförderung. Ihr Leben schien sich zu verbessern. Aber als der Krieg begann, zogen sie Stiefvater ein, und Mutter war sich sicher, daß es mit dem Leben nun zu Ende war, und sie trieb selber ab. Offensichtlich war sie zu aufgeregt, als sie es tat.

* Das Gerücht war falsch. Wjasma fiel erst zwei Monate später an die Deutschen.

5
Krieg

Und so lebte ich für einige Zeit allein. Ich bekam meine Lebensmittelkarten, und Onkel Petja steckte mir ein bißchen Geld zu. Er war wegen seiner Tuberkulose nicht einberufen worden. Wieder bat ich darum, an die Front geschickt zu werden, aber im Rekrutierungsbüro sagte man nur: Warts ab, keine Sorge, du wirst noch drankommen. Ich mußte meinen Lebensunterhalt verdienen, also nahm Petja mich mit in seine Fabrik.

Die Dreherei Sergo Ordschonikidse war damals wahrscheinlich die modernste sowjetische Werkzeugmaschinenfabrik überhaupt. Sie ließen mich an einer sehr komfortablen Drehbank arbeiten, der DIP*, die in dieser Fabrik entwickelt und hergestellt worden war.

Der Volkskommissar für die Schwerindustrie, Sergo Ordschonikidse, tauchte leibhaftig nicht mehr auf. Gerüchteweise hieß es, er habe sich 1937 selbst erschossen, vielleicht sei er auch nach der Verhaftung seines Bruders erschossen worden. Die Brutalitäten, die Sergo während des Bürgerkrieges selbst begangen hatte, waren im Kaukasus wahrscheinlich nicht in Vergessenheit geraten, obwohl sie, wenn man den allgemeinen Hang zur Gewalt in dieser Zeit bedenkt, nicht besonders bemerkenswert waren. Keine große Sache, er hatte Feinde der Revolution erschossen, wie er es tun mußte. Pech für die Erschossenen, aber was sollte man tun? Man darf seinen Feinden nicht über die Köpfe streicheln, man muß »auf ihre kleinen Köpfe« einschlagen, wie Lenin sagte. Das mochte gewesen sein, wie es wollte, aber als, wie es nicht anders kommen konnte, die Bolschewiki begannen, sich selbst gegenseitig durch den Fleischwolf zu drehen, war das zu viel für den guten Sergo.

Sergo war zu seinen Glanzzeiten beliebt bei den Arbeitern. Wie alle führenden Bolschewiki war er ein bemerkenswerter Demagoge und ein großartiger Organisator mit soldatischen Tugenden. Ungefähr zehn Jahre vor dem Krieg hatte der damals

* Abkürzung für *D*ognat *I P*regnat, d. h.: »Einholen und Überholen« (gemeint waren natürlich die USA).

noch junge Petja mit Begeisterung erzählt, wie der Kommissar im Kreis von Arbeitern geflucht und sogar versprochen hatte, den Fabrikdirektor zu erschießen, weil dieser seine Leute vernachlässigt habe. So einfältig war Petja nun nicht mehr. Er hatte seinen Glauben an Bajonett und Kugel als Allheilmittel aufgegeben und war zum Spötter, beinahe allem gegenüber skeptisch geworden. Auch früher hatte er keine Parteislogans gebrüllt und sich nicht beeilt, das Parteibuch zu ergattern. Genau aus diesem Grund genoß er Respekt bei den Arbeitern, und natürlich auch, weil er ein Meister seines Handwerks war.

Petja übergab mich Michail Ossipow, seinem besten Freund, den er selbst angelernt hatte, als Lehrling. Michail, ein Dreher von höchstem Rang, war ein ernsthafter junger Russe mit dem schmalen, strengen Gesicht eines Skandinaviers. Früher war er Analphabet gewesen, aber unter Petjas Einfluß hatte er, als der Krieg begann, nach sieben Jahren die Abendschule abgeschlossen. (Nach dem Krieg erwarb er das Ingenieurdiplom und wurde Chef einer Abteilung in der Fabrik.) Zwei Monate lang behielt er seinen Lehrling im Auge, dann rückte er mit einem erstaunlichen Gedanken heraus:

»Hör zu, unser Verbündeter ist nicht das faschistische Deutschland, sondern es sind die demokratischen Länder – ohne sie werden wir Deutschland nicht besiegen. Das muß Einfluß auf unsere Nachkriegsstruktur nehmen. Ich denke, die Sowjetunion wird nach dem Krieg demokratischer werden. Ich bin sicher.«

»Aber wir haben eine Demokratie«, wandte ich ein. »Wir haben keinen Privatbesitz. Das heißt, daß es keine Klassen gibt. Wenn es keine Klassen gibt, dann liegt alle Macht beim Volk. Die Macht des Volkes – ja, das ist Demokratie.«

»Hmm, ja«, murmelte Mischa.

»Die, die uns regieren, besitzen nichts und beuten daher niemanden aus und verteidigen nur die Interessen des Volkes«, hämmerte ich los, wie, um meine Zweifel zu zertrümmern.

Mischa schwieg. Niemals wieder kam er auf dieses Gespräch zurück. Aber ich habe es nicht vergessen.

Damals war mir gar nicht möglich, einen ernsthaften politischen Gedanken zu denken. Ich versuchte beides gleichzeitig: Nachts arbeitete ich in der Fabrik, und tagsüber wollte ich den

Abschluß der Oberschule erreichen, im nächsten Jahr bereits hätte ich dann zur Universität gehen können. Die Plackerei machte mich hoffnungslos müde. Wenn die Sirenen während der Nachtschicht Fliegeralarm gaben, rannte ich nicht in den Luftschutzkeller, sondern legte mich einfach auf Werkbank oder Hobelbank. Die Flak krachte, Granatsplitter und Brandbomben regneten aufs Dach, die deutschen Flugzeuge jaulten und dröhnten, Bomben detonierten irgendwo in der Nähe, aber ich schlief augenblicklich ein.

Als die Deutschen Anfang Oktober 1941 durch den äußersten Verteidigungsring um Moskau brachen, wurde die Fabrik in aller Eile evakuiert. Innerhalb von zwei Tagen montierten wir die Drehbänke ab und luden sie auf Güterwagen, installierten schmale Eisenöfen und Stockbetten in Viehwagen, erhielten eine Lieferung Mehl aus einem nahe gelegenen Lagerhaus und brachen auf in Richtung Osten. Meine Mutter, gerade aus dem Krankenhaus entlassen, reiste mit mir. Petja entschied sich dafür, alleine evakuiert zu werden, und Lisa blieb mit meinem Cousin Wowka in der Mönchszelle zurück. Ihm zuliebe tat sie es, er sollte Platz haben, wenn er aufwuchs.

»Wer weiß, ob sie uns ein Zimmer zuweisen, wenn wir von der Evakuierung zurückkommen«, erklärte Lisa. »Wie wird uns das Herz bluten, wenn wir von Baracke zu Baracke ziehen müssen. Aber solange ich hier bin, werde ich das Zimmer nicht aufgeben. Ich verteidige es mit meinen Zähnen.« (Ihre Zähne halfen nicht. Das Zimmer wurde ihr bald darauf weggenommen.)

Unsere Züge kamen kaum vom Fleck, tagelang hielten sie an Knotenpunkten, Haltestellen oder auf freier Strecke, wenn es keine Einfahrt gab in einen Bahnhof oder wenn die Strecke vor uns bombardiert worden war. Im Schneckentempo krochen wir viele tausend Kilometer durch den Ural, durch Westsibirien, durch Zentralasien – Taschkent, Frunse und schließlich Tokmak, das Ende der Bahnstrecke, das Ende der Welt. Vor uns erhoben sich die unglaublichen Höhen des Pamir. Die Reise hatte zwei Monate gedauert. Sofort entluden wir die Drehbänke.

Und am nächsten Tag schon verluden wir sie wieder. Es gab dort nicht ausreichend Strom für eine so große Fabrik. Und davon abgesehen, die Deutschen waren zurückgeschlagen worden; es war nicht mehr notwendig, daß wir so hoffnungslos weit von Moskau entfernt waren. Ohne Stop, in wenigen Tagen, fuhren die Züge einige tausend Kilometer zurück durch Zentralasien und Sibirien bis zur Stadt Nischni Tagil im Ural. Einige Tage später, wir hatten die Maschinen gerade mit der Hand gereinigt und aufgestellt, und der Beton für die Fundamente unter den Drehbänken war eben getrocknet, begannen wir, zunächst unter freiem Himmel, mit der Arbeit. Wir waren nun ein kleines Rädchen in dem großen Getriebe, das die berühmten Panzer der Baureihe T-34 produzierte.

Die Drehbänke wirbelten, der flaumige Dezemberschnee fiel auf unsere Köpfe. Nachdem wir vierzehn oder sechzehn Stunden gearbeitet hatten, schliefen wir auf zusammenklappbaren Feldbetten im Büro des Abteilungschefs, ohne uns erst auszuziehen. Niemand – weder die Arbeiter noch die Ingenieure – verließ in diesen ersten Monaten die Fabrik.

In Nischni Tagil waren wir ohne Petja, der in Nowosibirsk zurückgeblieben war und dort Fräsmaschinen für eine neue Flugzeugfabrik reparierte. Meine Mutter bekam eine Stelle als Sekretärin in der Fabrik. Sie und ich wurden in einer gerade errichteten Baracke einquartiert; zusammen mit einem frisch verheirateten Arbeiterpaar und einem unverheirateten Spezialisten für automatische Fräsen. Der Fußboden der Baracke bestand aus gestampfter Erde und lag unter dem Straßenniveau, drei Stufen führten hinab, winzige Fenster gab es, Nägel als Haken in der Wand, Hocker (für einen Tisch war kein Platz) und vier doppelstöckige Holzbetten. Unsere ganze Habe wurde in Koffern unter den Betten verstaut. In der Mitte stand ein kleiner eiserner Ofen, und draußen neben der Tür gab es Feuerholz. Im Winter waren die Wände mit Reif bedeckt, im Frühling und im Herbst perlte Tau in großen Tropfen herab. Wenigstens stand die Baracke im Frühjahr nicht unter Wasser. Unsere Nachbarn mußten das hinnehmen, ihre Koffer und Hocker schwammen in den Fluten.

Draußen waren die Dinge ziemlich ekelhaft. Nischni Tagil war zwar eine Industriestadt, wie alle Städte im Ural, aber dennoch auf eigentümliche Weise anziehend. Es gab solide gebaute Holzhäuser mit überdachten Höfen, nicht für das Vieh, sondern für die Menschen; hohe Zäune mit robusten verriegelten Toren schützten die Häuser vor Fremden und Betrunkenen, die alten Straßen waren sauber; und die Stadt war umgeben von mächtigen Wäldern. Aber ich sah so gut wie nichts davon, gerade den langen Weg zwischen Baracke und Fabrik – lehmiger Matsch, der die aus Holz und Leinen gefertigten Schuhe nur mit einem unangenehm schmatzenden Geräusch freigab.

Wir verbrachten zwölf Stunden am Tag in der Fabrik (ohne einen freien Tag), bis auf die wöchentlichen Schichtwechsel, an denen wir achtzehn Stunden arbeiteten, anschließend achtzehn Stunden ausruhten und in eine andere Schicht überwechselten. Das normale Arbeitspensum, das Drehen von 120 Stangen, die die Stoßdämpfer des Panzers halten sollten, ließ mir keine Zeit, nebenbei in einem Buch zu lesen; all meine Pläne für Oberschule und Philosophiestudium konnte ich vergessen. Doch ich mochte die Arbeit an der Drehbank – der magische, hypnotisierende Rhythmus, wenn die Schneidemesser reibungslos arbeiteten, die Metallspäne sich wunderschön kräuselten, und man fand Gefallen an der Arbeit, auch wenn sie an den Rand der völligen Erschöpfung ging. Bald wurde mir zusätzlich zu meiner normalen Arbeit an der Drehbank die Verantwortung des Einrichters übertragen.

Alle arbeiteten hart. Man konnte gar nicht anders: Die Fabrik stand unter militärischem Kommando. Und obwohl wir niemals die Zeit oder die Kraft hatten, über unsere Stimmungen zu sprechen, war ich sicher, daß die anderen Arbeiter ähnlich wie ich empfanden – Tolstoi hat von der »versteckten Wärme des Patriotismus« gesprochen. Das galt selbst für diejenigen, die dem Sowjetregime keine Liebe entgegenbrachten, überhaupt keine, wie ein anderer Einrichter, der zwei Jahre in einem Konzentrationslager mit Holzbau verbracht hatte, weil er eine halbe Stunde zu spät zur Arbeit gekommen war. Oder jener andere, dessen große bäuerliche Familie während der Kollektivierung pulverisiert worden war. Ihre erschreckenden Geschichten, mit erschreckender Ruhe erzählt, machten einen starken Eindruck auf mich. Aber sie brachten meinen Entschluß, alle politischen Zweifel bis ans Ende des Krieges zurückzustellen, nicht ins Wanken.

Was ich nicht mehr außer acht lassen konnte, war mein ständiges Bedürfnis nach Schlaf und Essen, Essen und Schlaf. Nach meiner Schicht warf ich mich hinter die Drehbank auf die Späne, um zu schlafen, oder ich ging hinüber in die Schmiede, wo es wärmer war, und schlief in einer Ecke auf dem Fußboden im ohrenbetäubenden Lärm der Schmiedehämmer. An den riesigen Schmiedehämmern arbeiteten immer zwei. Ein Mann drehte das weißglühende Werkstück, und eine Frau oder ein Junge aus der fabrikeigenen Berufsschule bediente die Hebel. Eine Bewegung des Hebels – wumm! Wieder eine – wumm! Ich schlief gut, wachte auf und dachte nur an eines: essen.

Man kann nicht sagen, daß nicht alles getan wurde, um die Arbeiter zu ernähren. Wir bekamen achthundert Gramm Schwarzbrot am Tag und drei Mahlzeiten täglich auf Bezugsscheine. Die Mahlzeiten bestanden meistens ausschließlich aus *Satirucha*, einer dünnen Suppe aus einer Mehlschwitze. Gemessen an unserer Arbeit war das, als wolle man einen Elefanten mit einer Maus füttern. Die Kinder und die anderen Familienangehörigen der Arbeiter bekamen die halbe Menge. Die Jugendlichen aus der Berufsschule, die viel Arbeit in der Fabrik leisteten, waren natürlich immer hungrig. Einem fünfzehnjährigen Jungen gelang es, die Marken für Brot zu fälschen. »Nicht für mich, sondern für uns alle«, erklärte er später. Auf diese Weise ernährten sich die Kinder, bis er geschnappt wurde. In unserer Abteilung wurde ein Schauprozeß veranstaltet, und der Junge erhielt sieben Jahre Arbeitslager mit strengem Vollzug. Er gestand seine Fälschungen, aber »vergaß« standhaft, wem genau er seine Coupons gegeben hatte.

Im Sommer des Jahres 1942 litten dann alle an erbarmungslosem Hunger. »Abkratzer«, wie wir sie nannten, tauchten auf, die die kümmerlichen Überreste aus den Schalen anderer Leute zusammensuchten. Einige tauschten ihre monatliche Zuteilungskarte ein gegen eine Menge »lebendigen« Brots, nur um es an diesem Tag essen zu können, sofort, in diesem Augenblick. Die Vorarbeiter behielten daraufhin die Karten und teilten die Marken für jede Mahlzeit einzeln aus, dreimal am Tag. So schlimm stand es um mich nicht. Es stand viel schlimmer.

Eine Art Hexenbann lastete auf mir: Ständig verlor ich meine Brotzuteilungskarten, oder jemand stahl sie mir. Einmal drehte ich mich um und sah, wie Wanja, ein Einrichter, meine Zuteilungskarte, die mir gerade aus der Tasche gefallen war, vom Boden aufhob.

»Gib sie her!« sagte ich.

»Was soll ich dir geben?«

»Was du gerade aufgehoben hast. Gib mir die Karte zurück.«

»Bist du übergeschnappt?« fragte Wanja. »Du willst, daß – Na los, durchsuch mich doch!«

Er schaute mich mit ehrlichem Gesicht an, mit vorwurfsvollen Augen. Also dachte ich, daß ich mich getäuscht haben mußte.

Im nächsten Monat verlor ich meine Zuteilungskarte wieder. Und im darauffolgenden noch einmal. Drei Monate hintereinander ohne Brot – so etwas hatte ich noch nie durchgemacht. Mein Monatslohn war nicht niedrig, achthundert Rubel, aber ein Teil davon deckte die Kosten der Fabrikkantine, ein Teil ging für Kleidung und Schuhe drauf, denen man beim Zerfall zuschauen konnte. Es blieb kein Geld übrig, und ein Laib Brot kostete auf dem Markt einhundert Rubel. Meine Mutter wußte nichts von meinen Verlusten.

Zu hungrig, um wie sonst in jeder freien Minute zu schlafen, lungerte ich nun auf dem Markt herum in der Hoffnung, etwas Eßbares stehlen zu können. Wenn ich nur diesen Laib Brot schnappen und losrennen könnte... Würden sie mich erwischen oder nicht? Natürlich würden sie, es gab hier zu viele Leute. Aber könnte ich mir nicht in der hintersten Ecke des Markts etwas greifen und dann abhauen? Nein, im Wachhäuschen der Miliz saß ein deutscher Schäferhund. Von Zeit zu Zeit führte die Miliz Razzien durch, und ihre Hunde waren ständig in Bereitschaft. Und ein deutscher Schäferhund würde mich sicherlich kriegen.

Ich drückte mich in den Laden. Auf der Theke lag ein Stück Brot, das die Verkäuferin wohl übersehen hatte. Es war klein, aber genau das, was ich brauchte. Ich griff das Brot, rannte aus dem Laden, lief die Straße hinunter, kaute und schluckte, während ich rannte. Ich hatte mir alles vorher zurechtgelegt: Ich wollte das Brot aufessen, während man mich verfolgte, alles weitere wäre mir dann gleichgültig gewesen. Aber niemand verfolgte mich. Ich lief bis dorthin, wo das Feuerholz aufbewahrt wurde und setzte mich auf einen Scheit.

Also bist du ein Dieb. Du bist tatsächlich auf die schiefe Bahn geraten. Und vor gar nicht langer Zeit hast du von Philosophie geträumt? Die Verkäuferin wird das fehlende Stück von ihrer eigenen Zuteilungskarte ersetzen müssen... Aber nein, diese Verkäuferinnen wiegen immer schlecht, sie haben haufenweise überzähliges Brot. Aber vielleicht wiegt diese Frau nicht schlecht? Und vielleicht hat sie Kinder? Jetzt bist du also zum Dieb geworden. Mir war ganz flau bei diesem Wort *Dieb*, an das ich nicht gedacht hatte, als ich den Plan ausheckte.

Einige Stunden später stand ich in der Nachtschicht halb schlafend an meiner Drehbank. Voller Jammer bedachte ich mein Leben. Um meinen Hals war ein langer Schal gewickelt – das einzige Mal, daß ich vergessen hatte, ihn abzulegen. Meine Gedanken verwirrten sich, und ich schlief im Stehen ein. Der Schal wurde von einem rotierenden Teil der Maschine erfaßt, ich wurde zu Boden gezerrt und gewürgt. Genau in diesem Augenblick sprang Wanja zu meiner Drehbank und riß den Transmissionsriemen mit einem Brecheisen vom Treibrad. Der Motor begann leerzulaufen. Ich sagte nichts zu Wanja, und er sagte nichts zu mir. Wir schauten uns nur an und kehrten zu unserer Arbeit zurück.

Ich hatte Pech in diesem Herbst. Nach einer Nachtschicht schien es mir, als hätte ich Fieber. Ich rannte zur Poliklinik. Vielleicht würde ich zwei Tage frei bekommen.

»Vierzig Grad«, sagte die Stationsschwester. »Mädchen, nehmt ihn mit.«

Zwei hübsche Krankenschwestern hakten mich unter und brachten mich ins Krankenhaus. Ich mußte dort einen Monat bleiben. Mit Typhus.

Als ich vier Wochen später das Krankenhaus verließ, wollte ich alles unternehmen, um nur an die Front zu kommen.

Zuerst meldete ich mich an in einer Fahrschule für Panzerfahrer, und derart vorbereitet bat ich im Rekrutierungsbüro um einen Einberufungsbefehl. Dort wollte man aber meinen Ausweis sehen. Ich zeigte meinen Fabrikausweis; unsere Pässe waren eingesammelt worden und lagen im Personalbüro der Fabrik.

»Du weißt, daß wir nicht befugt sind, Arbeiter aus den Panzerfabriken abzuziehen.«

»Gebt mir trotzdem einen Einberufungsbefehl. Vielleicht hilft es.«

Sie stellten den Befehl aus.

»Hier ist mein Gestellungsbefehl«, erklärte ich dem Abteilungsleiter. »Ich bin einberufen worden.«

»Dich einberufen?« lachte er, zerriß säuberlich das Formular und warf die Schnipsel in den Abfalleimer. »Übrigens, du bist zum Vorarbeiter ernannt worden. Was willst du mehr, Orlow? Du bist angesehen bei uns.«

»Menschen kämpfen an der Front!«

»Menschen? Sind hier keine Menschen? Vierzig Panzer am Tag – das sind keine Menschen hier? Bist du das einzige menschliche Wesen hier?«

»Hier sind Menschen.«

Dann endlich, im Herbst 1943, fand ich ein Hintertürchen. Und davon abgesehen hatte ich den Abteilungschef mit meiner Anfragerei schon zur Weißglut gebracht. Die Fabriken im Ural brauchten Metallurgen, und jede Fabrik, so verlangte es eine öffentliche Bekanntmachung, war verpflichtet, einen Arbeiter zum Studium an der technischen Hochschule für Bergbau und Metallurgie freizustellen. Freistellung hieß für mich Befreiung zum Militärdienst. Die Fabrik ließ mich gehen, mein Paß ging mit mir, und ich schrieb mich an der Hochschule ein. Im April 1944 wurde ich, auf eigenes Betreiben, vom Rekrutierungsbüro endlich einberufen.

»Du bist ein Geschenk für mich«, sagte der Militärkommissar. »Ein Freiwilliger, gerade jetzt. Ich muß eine Quote für die Artillerieschule erfüllen und habe keine Freiwilligen. Geh dorthin, bitte, du wirst es nicht bereuen. Und falls du nicht freiwillig willst, werde ich es dir befehlen.« Das war nicht gerade das, was ich wollte. Sie schickten mich in die Artillerieschule von Smolensk. Smolensk war ausgebombt worden, und die Schule eintausendfünfhundert Kilometer entfernt in Irbit untergebracht, nicht weit von Nischni Tagil. Verglichen mit der Fabrik lebten wir als Kadetten wie im Paradies, egal, wie hart die Offiziere uns drillten. Ich war fleißig und versuchte, wie in der Fabrik, Verbesserungen zu ersinnen. Ich unterbreitete den Vorschlag einer Granate mit kleinen Flügeln, die sich im Flug vergrößerten; anstelle spiralförmiger Einfräsungen im Rohr wären für die kleinen Flügel und das Leitwerk gerade Linien zu fräsen. Meine Vorgesetzten lobten den Vorschlag, aber sie erklärten mir, daß die Verbesserung nicht gesichert sei und eine Erprobung während des Krieges unmöglich. Damit hatten sie recht.

Unsere intensive Ausbildung ließ uns nicht die Zeit, auch nur einen Schritt vor die Kasernentore zu tun. Ich sah die Stadt nur von den Fenstern aus. Vor einem der Fenster lag ein Waisenhaus für kleine Kinder – Kriegsopfer. In dem winzig kleinen, verdreckten Hof saßen blasse und schrecklich dünne Kinder, manche ohne Arme, manche ohne Beine, ruhig und allein und spielten mit dem Staub. Offensichtlich stahl ihnen das Betreuungspersonal sogar das Essen. Ich machte unseren Zugführer auf diesen unerträglichen Hof aufmerksam.

»Es ist nutzlos«, sagte er. »Wie ich gehört habe, wurden die Kinderschwestern schon ausgetauscht, geändert hat das nichts. Das ist der Krieg.«

Ein Jahr später, im April 1945, zum Leutnant befördert und mit einem Papier versehen, das mich als Kandidaten der Kommunistischen Partei auswies, erreichte ich voller Tatendrang die Erste Ukrainische Front. Das Artillerieregiment, zu dem ich befohlen war, lag jedoch in Reserve zur Verfügung des Oberbefehlshabers. Als Führer des Aufklärungs- und Verbindungszuges saß ich mit meinem Batteriechef auf unserem Kommandoposten vor Prag und sah nur aus der Entfernung die Granatexplosionen unserer 122-Millimeter-Haubitzen. Ich weiß nicht, ob ich je auch nur einen einzigen feindlichen Soldaten getötet habe. Nach zwei Wochen war der Krieg zu Ende. Für die Überlebenden konnte das Leben wieder beginnen.

Ich war fast einundzwanzig. Vier lange Kriegsjahre hatte ich versucht, an die Front zu gelangen, und verbrachte stattdessen beinahe drei Jahre in einer Panzerfabrik und ein weiteres in einer Artillerieschule. Vier lange Jahre, und ich war weder an der Front gewesen noch hatte ich etwas für meine Ausbildung tun können, nicht einmal ein ernsthaftes Buch hatte ich gelesen. Und nun war ich Offizier, mußte ohne wirkliche Aufgabe für Gott weiß wie lange beim Militär Dienst tun.

Bis Mitte Mai 1945 war unser Regiment in der Nähe eines großen Bauernhofes außerhalb von Prag stationiert. (Es war bitter zu sehen, wie sehr sich dieser florierende Hof von unseren bemitleidenswerten Kollektiven unterschied.) Dann wurden wir nach Ungarn verlegt. Große Menschenmengen säumten den ganzen Weg von Prag bis zur ungarischen Grenze zu beiden Seiten die Straßen. Frauen und Kinder bedeckten unsere Studebaker-Laster mit Blumen, und *Nasdar*-Rufe begleiteten uns den ganzen Weg. Wir behielten ihre Blumen. In diesen Tagen liebten uns die Tschechen.

In Ungarn, das den Krieg auf der Seite Deutschlands geführt hatte, hieß uns natürlich niemand willkommen. Aber die Menschen waren nicht feindselig. Der Krieg war vorüber. Wir schlugen unser Lager bei Pécs auf, einer reizenden Stadt, wo ich zum ersten und zum letzten Mal in meinem Leben unterm Sowjetregime beinah-freie Wahlen beobachtete. Plakate hingen an den Wänden, sie warben nicht nur für eine, sondern für zwei Parteien – für die Partei der Bauern, die die Wahl später gewann, und für die Kommunisten. Doch keiner von uns äußerte Erstaunen über dieses erstaunliche Schauspiel, ich empfand noch nicht einmal Erstaunen. In jedem von uns saß ein Wachposten, der uns davon abhielt, verbotene Grenzen zu überschreiten.

Das Leben eines Offiziers war monoton: Die Tage vergingen mit Schießübungen, mit der Ausbildung von Soldaten, der Ausbildung der Offiziere und politischem Unterricht (meistens mit Hilfe von Stalins Reden). Die Soldaten mußten ohne Unterbrechung beschäftigt werden – das war ehernes Gesetz der Armee. Wenn keine Übungen anstanden und alle Knöpfe poliert waren, bis sie glänzten, dann sammelten die Männer Kiefernzapfen im Wald. Ich versuchte, gegen die Kiefernzapfen zu protestieren. Doch damals waren viele Offiziere von der Idee besessen, die Traditionen der alten zaristischen Armee wieder neu zu beleben. Den Armeetheoretikern zufolge war der Offizier das entscheidende Element im Krieg: der Soldat lediglich das Kriegsmaterial. In einem rein experimentellen Planspiel schlug der Kommandeur einer Batterie sogar einem seiner Soldaten ins Gesicht, weil dieser die Füße hatte schleifen lassen. Das entfachte hitzige Diskussionen unter den Offizieren.

Aber hier, im Ausland, hörte ich keine ernsthaften politischen Gespräche zwischen ihnen. Die Gespräche drehten sich um militärische Angelegenheiten und, natürlich, um Frauen. Frauen waren in der Tat ein echtes Problem für die Offiziere, die weit entfernt von ihrer heimatlichen Umgebung waren. Mich schützte allein meine Unreife. Eines Nachmittags ging ich mit einem Leutnant in die Stadt. Wir saßen in einem Café, tranken Bier, an das ich mich auch noch nicht gewöhnt hatte, als er plötzlich pfiff. Ich schaute mich nach einem Hund um. Auf uns zu kam eine attraktive, dralle Frau um die Dreißig; ohne ein

Wort zu sagen, verschwand der Leutnant mit ihr. Nach kurzer Zeit kamen sie zurück. Mein Kamerad fragte mich, ob ich nicht mitgehen wolle.

»Ob ich was möchte?« fragte ich, weil ich nicht gleich verstand.

»Nun spiel nicht den Unschuldigen. Willst du?«

Ich schämte mich, meine Unwissenheit in diesen Dingen des Lebens zuzugeben, stand vom Tisch auf und ließ mich von der Frau fortführen. Ich floh, als ich sah, wie geschäftsmäßig sie sich auf ihre Arbeit vorbereitete. Ich bezahlte sie, aber augenscheinlich fühlte sie sich gekränkt.

»Alles in Ordnung?« fragte mein Kamerad.

Ich nickte. Später entdeckte er, daß er sich einen Tripper zugezogen hatte. Einige der anderen Offiziere waren ebenfalls infiziert. Die Soldaten hatten es da leichter. Da sie offiziell nicht die Erlaubnis hatten, in die Stadt zu gehen, schlichen sie sich nachts davon, natürlich ohne Urlaubsschein, und legten sich zu gesunden und liebenswerten Bäuerinnen. Manchmal wurde einer von ihnen erwischt, in die Arrestzelle gesteckt, aber das war für ihn und seine Leidensgenossen wie große Ferien. Die ungarische Freundin brachte dann riesige Körbe mit Schweineschmalz, weißem Brot und Weintrauben.

Aber mein Leben war langweilig – keine Freundin, keine interessanten Gespräche, und zu lesen gab es nur russische Zeitungen. Nur einmal tauchte auf wundersame Weise eine Ausgabe der *Britanskj Sojusnik** in der Offiziersmesse auf. Sie enthielten zwei unerhörte Artikel von amerikanischen Wissenschaftlern. Der erste stammte von George Gamow, dessen Name ich noch nicht gehört hatte; er trug den Titel »Warum ich die Sowjetunion verließ«. (Es war damals sogar verboten, seinen Namen zu erwähnen.) Er war ein berühmter Physiker in der Sowjetunion gewesen. Zu Beginn der dreißiger Jahre hielt er in Leningrad Vorlesungen über die Zukunft der Atomenergie und machte den Vorschlag, einen Teilchenbeschleuniger zu bauen. Nach der Vorlesung sprach ihn Nikolaj Bucharin an, der damals verantwortlich war für die Entwicklung der Wissenschaft in der Sowjetunion. Bucharin bot ihm den gesamten

* Eine von der britischen Regierung in russischer Sprache herausgegebene Zeitung für sowjetische Leser während und nach dem Krieg.

nächtlichen Überschuß an elektrischer Energie von Leningrad für seine wissenschaftliche Forschung an. Die beiden wurden Freunde. Als schließlich Bucharins politische Position instabil wurde, spürte Gamow, wie ihm der Boden unter den Füßen heiß zu werden begann; er mußte unbedingt fliehen, je eher, desto besser. 1933 erhielt er, zusammen mit seiner Frau, die Genehmigung für eine offizielle Reise ins Ausland und kehrte nicht zurück.*

In dem anderen Artikel beschrieb der Genforscher Hermann Muller eine ähnliche Geschichte. Nach dem berüchtigten, gegen die Lehre Darwins gerichteten »Affen-Prozeß«, der in den zwanziger Jahren in den Vereinigten Staaten geführt wurde, kam Muller zu der Ansicht, daß Rußland das von religiösem Fanatismus freieste Land sei. Er verließ die Vereinigten Staaten 1933, um in Rußland zu leben, wo er mit Nikolaj Wawilow, dem führenden sowjetischen Biologen, zusammenarbeitete. Aber 1936 begann man unter dem Banner einer fanatisch antireligiösen Haltung in der Sowjetunion, die Genetik unmöglich zu machen. Muller verließ die Sowjetunion in diesem Jahr und beschloß, nicht mehr zurückzukehren. (Zehn Jahre später erhielt er den Nobelpreis für seine Entdeckung des »Tanzes der Chromosome«.) Nikolaj Wawilow wurde 1940 verhaftet und starb im Gefängnis.

Was, zum Teufel, war mein Land für ein Land?

* Bucharin wurde 1937 festgenommen und im folgenden Jahr erschossen.

6
Die Offiziersgruppe

»Ihr habt uns verraten!« schrie die Polin, eine ältere Frau. »Ihr habt Warschau erst angegriffen, als die Deutschen unseren Aufstand bereits niedergeschlagen hatten! Und ihr habt in Katyn unsere Offiziere erschossen!«*

Unser Regiment sollte mit dem Zug von Ungarn in den nördlichen Kaukasus verlegt werden. Nun hielt der Zug auf einem polnischen Bahnhof und wartete auf das Ausfahrtssignal. Parallel zu unserem Zug, in entgegengesetzter Fahrtrichtung, stand ein Zug, der vollbesetzt war mit Polen aus Lwow. Sie wurden aus dem Gebiet, das Stalin 1939 besetzt hatte, nach Polen zurückgebracht.

»Ihr habt sie 1940 umgebracht!« schrie die Frau noch einmal.

Obwohl unsere Zeitungen geschrieben hatten, daß mehr als viertausend Kriegsgefangene 1941 von den Deutschen erschossen worden seien und daß sowjetische medizinische Gutachter, Wissenschaftler und auch Alexej Tolstoi, der beste Schriftsteller des Landes, diese Tatsache bestätigt hätten, glaubte ich dieser alten polnischen Frau sofort. Es klang nach uns. Nach allem, was der Funker in meinem Zug über die Kollektivierung erzählt hatte und nach all meinen Erfahrungen gab es keine Anklage gegen unser System, die ich nicht für glaubhaft gehalten hätte. Mittlerweile schockierte mich nichts mehr.

Als wir in der westlichen Ukraine die Sowjetunion erreichten, belegten Banderisten, von Stepan Bandera angeführte, ukrainische Nationalisten, unseren Zug mit Maschinengewehrfeuer; schon vor dem Krieg hatte ich davon gehört, daß die Westukrainer die Sowjets wegen der Kollektivierung haßten. Niemand wurde verletzt. Am nächsten großen Bahnhof fragte

* Die Sowjets drangen 1939 in Polen ein, dabei gerieten 15000 polnische Offiziere in sowjetische Gefangenschaft. 1943 gaben die Nazis bekannt, daß im Wald von Katyn bei Smolensk 4443 Leichen ermorderter polnischer Offiziere entdeckt worden seien, und sie behaupteten, diese Greueltat sei bereits 1940 verübt worden – vor dem Nazi-Überfall auf die Sowjetunion. Jahrzehntelang wiesen die Sowjets den Vorwurf zurück, 1989 jedoch gaben sie zu, daß der NKWD die Untat begangen hatte.

der Regimentskommandeur seine Vorgesetzten, ob wir umdrehen und unsere Kanonen gegen diese »Banditen« einsetzen sollten. Nein, lautete der Befehl, weiterfahren. So fuhren die Züge mit den Kanonen und den LKW auf den Güterwagen weiter in Richtung Osten. Als Offizier vom Dienst saß ich erhöht in einem Bremserhäuschen und betrachtete traurig die verkommenen Felder, die zerstörten Städte und die behelfsmäßigen Bahnstationen, an denen aufgebrachte Menschen sich um einen Heißwasserhahn drängten.

Doch ich war glücklich, wieder nach Hause zu kommen.

Es war Anfang des Jahres 1946. Wir waren in einem Randgebiet von Mosdok stationiert, einer kleinen Stadt am Ufer des breiten und schnell dahinfließenden Terek. Ich erinnerte mich, Puschkin hatte über diesen Fluß geschrieben: »Die Wogen tosen und schäumen, sie schlagen gegen die finstren Klippen.« Die Wellen schäumten und tosten, ehrlich gesagt, nicht. Es gab auch keine Klippen. Wir waren in der Mosdoker Steppe. Sobald mir meine Dienstpflichten zur Routine geworden waren, zweigte ich Zeit ab und stopfte die fünfjährige Lücke in meiner Ausbildung. Ich fand die städtische Bücherei und belegte Kurse am Institut für industrielle Forschung in Moskau (einem Fernlehrinstitut): Aus dem Kursangebot wählte ich höhere Mathematik und Physik. Und ich widmete mich nun endlich der Frage, die ich so lange zur Seite geschoben hatte: »In welcher Art von Gesellschaft leben wir?«

In ihr Heimatland zurückgekehrt, wurden die Offiziere und Feldwebel nun nachdenklicher, als sie im Ausland erschienen waren. Zum ersten Mal in meinem zweiundzwanzigjährigen Leben wurde ich in ernsthafte politische Gespräche verwickelt. Es gefiel mir, einen flachsblonden Feldwebel, umgeben von ungefähr zwanzig Männern, sagen zu hören, daß man nicht Stalin allein alle Siege zuschreiben dürfte.

»Das Volk hat den Krieg gewonnen!« sagte er. »Wir haben gesiegt, nicht Stalin.« Natürlich war das eine Selbstverständlichkeit – aber eben nicht zu dieser Zeit! Und überhaupt nicht selbstverständlich war die Tatsache, daß niemand den Feldwebel denunzierte. Sonst hätten wir diesen Sieger nie wiedergesehen. Unter den Verhältnissen der Stalin-Ära war nicht einmal zu hoffen, daß sich niemand finden würde, der einen aus irgendeinem Grund denunzieren würde, so daß die Staatssicherheit* dies zu einem monströsen Fall aufbauschen könnte.

Bei einer anderen Gelegenheit war in der Offiziersmesse die Rede von der stalinistischen Verfassung. »Konstitution? – Prostitution!« höhnte der Stabschef. Am nächsten Tag wurden alle Offiziere, einer nach dem anderen, zum Verhör zitiert. Als jüngster des Regiments war ich als erster an der Reihe. Auf zwei Stühlen in der Mitte eines leeren Raumes saßen der stellvertretende Politkommissar und ein Sicherheitsoffizier. Durch einen lustigen Zufall hatten sie beide Schweinsgesichter. Ob ich gehört habe, fragte einer von ihnen, was der Stabschef gestern in der Offiziersmesse gesagt habe?

»Ich habe es gehört.«

»Du hast es gehört?« schrien die Schweinsgesichter im Chor. »Was hast du gehört? Und was sagst du dazu?«

»Es wurde über die französische Verfassung gesprochen. Und über die Prostitution in Frankreich.«

»Wieso in Frankreich?« fragte der stellvertretende Politkommissar.

»Was heißt: Wieso? In der Sowjetunion gibt es keine Prostitution. Aber das wissen Sie doch, oder?«

Schweigen im Raum. Nun mußten sie sich entscheiden. Sie waren alte Hasen. Und wer kannte schon diesen Orlow? Er spielte den Dummen. Aber möglicherweise verfaßte er doch einen Bericht an vorgesetzten Stellen und meldet, der stellvertretende Politkommissar sei der Ansicht, daß es in der UdSSR Prostitution gebe. Und er könnte berichten, es sei der stellvertretende Politkommissar selbst gewesen, der als erster die Verfassung Stalins mit etwas Unaussprechlichem in Zusammenhang gebracht habe. Das könnte einen derart in die Bredouille bringen, daß man nie wieder herausfände.

»Verschwinden Sie, Orlow!«

Alle anderen Offiziere, einer nach dem anderen, wiederholten meinen Quatsch. Das ließ die Denunziation ins Leere gehen.

Nach diesem Vorfall vertrauten mir die anderen Offiziere. Drei oder vier von uns unternahmen nun regelmäßig Spaziergänge

* Die Tscheka, damals noch MGB.

hinaus in die Steppe, in sichere Entfernung von unfreundlichen Ohren. Alle waren Parteimitglieder, ich hatte noch den Status des Kandidaten. Aber jeder hatte seine eigenen, unabhängigen Ansichten. Diese waren ziemlich radikal.

»Zwei Dinge machen uns kaputt in Rußland«, sagte der Hauptmann und ließ seine kühn strahlenden Augen über die Steppe schweifen. Um uns herum rauschte das Federgras, und unsichtbare Wachteln pfiffen ihr »Heim-in-die-Heia! Heim-in-die-Heia!«

»Zwei Dinge«, wiederholte er. »Das erste ist die zentrale Planung. Das zweite der ›unauflösliche Block von Kommunisten und Menschen ohne Parteibuch‹. Welche Menschen, die nicht in der Partei sind, haben ihren Beitritt zu einem solchen Block erklärt?«

»Und wer hat je den Text einer solchen Erklärung gesehen?« fragte ich. Alle lachten. Es war lächerlich, sich über eine unbekannte Größe den Kopf zu zerbrechen. Es war ein bloßer Name: »unauflöslicher Block«, jeder konnte sich selbst einen Reim darauf machen. »Was das heißt? Die Diktatur der Partei«, sagte der Hauptmann.

Zwei politische Imperative waren uns bereits im Sommer 1946 klar: Verzicht auf die zentrale Planwirtschaft und Verzicht auf das Einparteiensystem. Trotzdem blieb der Sozialismus die Grundlage unserer Diskussionen, zumindest für mich. Sozialismus – aber nicht der Kommunismus, der Marx zufolge dem Sozialismus notwendig folgen würde. Mir wurde plötzlich klar, daß ich mir nicht vorstellen konnte, wie der Kommunismus aussehen müßte, und daß es unmöglich war, sich dies vorzustellen.

» Man speist uns mit Schlagworten ab«, sagte ich. »Kommunismus heißt *Jeder nach seinen Fähigkeiten und jedem nach seinen Bedürfnissen*. Ein Satz, nicht mehr. Es ist absurd, eine neue Welt zu errichten, ohne mehr darüber zu wissen als einen einzeiligen Spruch. Es ist grotesk.«

»Und wer soll überhaupt diese Verordnung über Bedürfnisse verabschieden?« fuhr ich fort. »Eine Verordnung, die beispielsweise besagt, daß es nun Zeit für dich ist, Fleisch zu essen, während dein Nachbar auf Diät gesetzt wird, weil es nicht ausreichend Fleisch für alle gibt. Oder daß dein Nachbar ein Einzelzimmer benötigt, wohingegen du ein solches Bedürfnis nicht empfindest – womit du erst einmal in der Baracke wohnen kannst. Wer soll darüber entscheiden? Die Polizei? Die Gewerkschaft? Das Einfrieren der Bedürfnisse und ein Verbot, neue Bedürfnisse zu entwickeln – das ist die Voraussetzung für Kommunismus!« Ich machte eine Pause, um Luft zu holen.

»Ja. Heim-in-die-Heia«, sagte der Oberleutnant. Wir kehrten zurück, um vor dem Zapfenstreich in der Kaserne zu sein.

Heute erscheinen mir diese Gespräche aus dem Jahr 1946 erstaunlich. Ich hatte vorher niemals an so offenen Gesprächen teilgenommen und habe es bis 1956 auch nicht mehr getan. *Warum hatten wir keine Angst voreinander?* Vielleicht fühlten wir uns ungebunden, weil es eine Periode der Ungewißheit, der militärischen Reorganisation und Demobilisierung war. Die Augen der Staatssicherheit in der Armee waren für einen Moment abgelenkt. Heute ist bekannt, daß die Tschekisten anderweitig beschäftigt waren, nämlich mit der sogenannten Prophylaxe: Hunderttausende von sowjetischen Kriegsgefangenen wurden aus den Nazilagern in sowjetische Lager überführt. Im allgemeinen arbeitete die Staatssicherheit in aller Stille: Menschen und Familien lösten sich in Luft auf, und es war manchmal schwierig, die wirkliche Gefährdung zu ermessen. Damals jedenfalls vertrauten wir einander.

Unsere Spaziergänge in die Steppe unternahmen wir den ganzen Sommer über; in unseren Diskussionen fanden meine Ansichten und meine Lebenserfahrung zu einer Art innerem Zusammenhang. »Unsere Gesellschaft ist keine Diktatur des Proletariats – sondern eine Diktatur der Bürokratie«, erklärte ich meinen Freunden. »De facto haben die Arbeiter keine Rechte. Sie bekommen nichts zu essen und keine anständigen Wohnungen. Ein Arbeiter hat nur das Recht zu arbeiten und zu warten, bis die Kader die ewigen ›objektiven Schwierigkeiten‹ gelöst haben. Engels hat geschrieben, daß die Arbeiter, wenn sie an die Macht gekommen sind, sich vor ihren eigenen Funktionären schützen müssen.«

Ich suchte die Bestätigung für meine Ideen noch immer bei den »Klassikern des Marxismus«, während meine Freunde die Klassiker zwar respektierten, aber der Erfahrung und dem gesunden Menschenverstand mehr Bedeutung beimaßen. Ich wollte die Gesellschaft auf der Grundlage von Engels' Ideen neu organisieren, dergestalt, daß es industriell-landwirtschaftliche Produktionseinheiten geben sollte. Fabrikarbeiter würden den Landarbeitern mit Technik und bei der Arbeit auf den Feldern helfen, die Landarbeiter würden im Winter in den Fabriken aushelfen. Und da ich mir eine radikale gesellschaftliche Umwälzung nur auf gewaltsamem Weg vorstellen konnte, schlossen meine Pläne die Gründung einer neuen, revolutionären Partei ein.

Meine Projekte gingen alle davon aus, daß Bürokratie vollkommen überflüssig sei. Die Arbeiter sollten ihre Probleme durch direkte Mitbestimmung selbst entscheiden.

»Das ist alles Mist«, sagte der Hauptmann.

In meiner freien Zeit studierte ich weiterhin in der städtischen Bücherei, aber ich schaute häufiger die Bibliothekarin an als in Hegels *Phänomenologie des Geistes* hinein. Schließlich lud ich sie ein zu einem Ausflug. Wir saßen nebeneinander in einem offenen Flugzeug, einem leichten Zweisitzer, der Pilot vorne, Berge und Täler unter uns, die Wolken über uns und der Wind in unseren Ohren. Das Flugzeug begann zu schaukeln, unsere Arme baumelten an den Seiten herab. So etwas wie einen Sicherheitsgurt gab es nicht; es schien, als ob ein kräftiger Ruck uns nach draußen befördern könnte. Aber Sonja – so hieß sie – war unerschütterlich. Ihr wunderschönes, leicht pockennarbiges, ossetisches Gesicht erinnerte an einen Falken. Sie war ruhig, als säße sie in ihrer Bibliothek und nicht in einer Klapperkiste ohne Sicherheitsgurte. Danach verbrachten sie und ich lange Sommerabende zusammen auf den Stufen ihres Hauses.

Ihre ältere Schwester lebte mit ihrem Kind auch in diesem Haus. »Ist ihr Mann umgebracht worden?« fragte ich eines Tages und dachte dabei an den Krieg.

»Ihr Mann ist ein Tschetschene.«

»Na und?«

»Aber er war doch auch Parteifunktionär.«

»Wovon redest du?«

»Weißt du das wirklich nicht?« Ich wußte es nicht.

»Vor zwei Jahren sind alle Tschetschenen in einer Nacht zusammengetrieben und verschleppt worden. Ihre Kinder wurden auch deportiert, doch meine Schwester ist Ossetin, so konnte sie ihre Tochter bei sich behalten. Nun hat die Tochter keinen Vater.«

»Warum?«

»Die Tschetschenen sollen mit den Deutschen kollaboriert haben. Ihr Mann war kein Kollaborateur!«

»Aber *Kinder* waren Kollaborateure?«

»Ihr Mann war kein Kollaborateur!« wiederholte sie. Und dann schwieg sie für den Rest des Abends.

Im September wäre der Himmel beinahe eingestürzt.

»Oberleutnant, melden Sie sich um acht Uhr heute abend bei der Spezialabteilung der Division.«

Bei der Spezialabteilung! Was wollte die Staatssicherheit? Hatten sie von unseren Unterhaltungen erfahren? Auf welchem Weg?

Ich wurde sofort von meinen Dienstpflichten befreit und begann, meine gesamten Aufzeichnungen, meine Entwürfe, alles, selbst meine Exzerpte der Klassiker des Marxismus zu verbrennen. Die Zitate unterstützten meine eigenen Ansichten, aber sicher nicht die offiziell sowjetischen. Nebenbei gesagt, die Schriften der Klassiker widersprachen auch einigen anderen Ansichten: In ihren Schriften widersprachen sich die Klassiker immer wieder selbst. Aber sie hatten vor langer Zeit gelebt, und ihre Bücher hatten sie geschrieben ohne die Zensur und ohne die Angst vor den Vernehmungsbeamten und den Gefängnissen des zukünftigen Systems, für das sie kämpften. Ich war noch niemals zu einer Unterredung mit Tschekisten vorgeladen worden, doch ich fühlte es in den Knochen, daß weder Marx noch Lenin mich retten würden. Ich verbrannte alles, was sich in meiner Reichweite befand, verwandelte die Autoren des Marxismus in Rauch und Asche. Mein dickes Notizbuch brannte schlecht. Die Kinder unten boten ihre Ratschläge an, in vier verschiedenen Sprachen gleichzeitig. (Ich hatte mein Zimmer von einer armenischen Familie gemietet, die unter der deutschen Okkupation in Ossetien gelebt hatte, das ein Teil der russischen Republik war.) Schließlich war alles verbrannt. So weit, so gut, dachte ich mir. Die Klassiker haben wir hinter uns.

In der Spezialabteilung unserer Artilleriedivision führten drei einander ähnliche Offiziere das Gespräch.

»Sind Sie Kandidat auf die Parteimitgliedschaft?«

»Ja.«

»Als Patriot und junger Kommunist ist es Ihre Pflicht, uns zu helfen.«

»Ja. Selbstverständlich. Aber helfen – wie?«

»Genau genommen gehört es überhaupt zu Ihren Pflichten. Sie wissen selbst, daß die imperialistischen Geheimdienste immer unverschämter auftreten. Es ist kein Geheimnis, daß sie Agenten in unsere Armee entsenden. Und Spione rekrutieren. Moralisch degenerierte und politisch unzuverlässige Menschen.«

Sie schauten mich prüfend an, um zu sehen, ob ich nicht selbst an moralisch-politischer Degeneration litte.

»Es könnte ja sein, daß sich sogar in Ihrem Regiment moralisch degenerierte und politisch unzuverlässige Leute befinden. Die Offiziere, gerade die an Ihrem Tisch in der Messe, sprechen sehr frei über Dienstangelegenheiten. Sie könnten zufällig auf geheime Sachen zu sprechen kommen. In der Armee ist alles geheim. Wir müssen sie rechtzeitig bremsen. Wenn nötig – gebieten Sie ihnen Einhalt. Verstehen Sie?«

»Ich verstehe.«

»Und?«

»Ja, ich verstehe. Und was?«

Ich überlegte fieberhaft. Wußten sie Bescheid oder nicht? Warum sprachen sie über unseren Tisch? Dort saß ja unser Kreis. Oder hatten sie nur Vermutungen? Ich mußte das Gespräch in Gang halten. Vielleicht würde ich dann mehr erfahren. Ich mußte es herausfinden.

»Ja, und – was?« fragte ich wieder.

»Schreiben Sie einfach alles auf, was Sie hören, und am nächsten Tag händigen Sie es dem Chef der Spezialabteilung Ihres Regiments aus. Nur setzen Sie sich nicht im Regiment hin, um zu schreiben! Tun Sie es zu Hause, wo niemand Sie sieht.«

»Ja... aber was... was soll ich aufschreiben?«

»Alles! Alles! Wir werden es selbst auswerten.«

»Aber... manchmal... reden sie über Frauen.«

»Über Frauen brauchen Sie nichts zu schreiben. Na ja, es hängt von der Frau ab. Ha-ha. Merken Sie sich die Namen.«

»Namen? Ah-ha. Und?«

»Schreiben Sie sie auf und übergeben Sie sie der Spezialabteilung.«

»Ist klar. Aber ... Also sie ... und übers Wetter ...«

»Leutnant, von was reden Sie? Sie sind ein ausgebildeter Offizier! Entscheiden Sie selbst. Ja – und benutzen Sie einen anderen Namen.«

»Einen anderen Namen?«

»Einen Namen. Benutzen Sie nicht Ihren eigenen.«

»Einen Namen. Welchen Namen?«

»Das ist unwichtig. Nur daß es nicht Ihrer ist.«

»In Ordnung. Notow.« (Das war der Name eines Agenten der zaristischen Geheimpolizei aus einem Detektivroman.)

»Sehr gut. Notow. Unterschreiben Sie hier.«

»Unterschreiben? Was unterschreiben?«

»Für heute nichts. Wir werden Sie wieder ansprechen. Jetzt versichern Sie nur, den Inhalt unseres Gespächs nicht preiszugeben.«

Ich überflog das Papier. Ja, es betraf nur die Geheimhaltung. Ich unterschrieb.

Die ganze Nacht lang dachte ich über dieses »Gespräch« nach. Wußten sie etwas oder nicht? Ich kam zum Schluß, daß sie nichts wußten, außer der Tatsache, daß wir Freunde waren und gerne miteinander schwatzten. Andernfalls wäre dieses »Gespräch« in einem völlig anderen Ton geführt worden. Man hätte nicht zu mir gesagt: »Entscheiden Sie selbst.« Man hätte gesagt, man wisse dies und das, nur um mir einen Schrecken einzujagen und mich in die Enge zu treiben. Damit ich mich sofort zur Kollaboration bereit erklärt hätte. Nein, man hätte versucht, mir jeden Raum zum Manövrieren zu nehmen. Es war alles klar. Ich hatte mit ihnen nichts mehr zu besprechen.

Am nächsten Morgen sagte ich dem Chef der Spezialeinheit des Regiments: »Hören Sie, ich kann meine Kameraden nicht denunzieren. Das entspricht nicht meinem Charakter.«

»Was soll das? Ist Ihnen klar, welche Folgen das für Sie hat?«

Ich zuckte mit den Achseln. Fortwährend fragten alle, ob ich wisse, was ich tue. Ich wußte es. Eine Stunde später brachte er mich zum Staatssicherheitsoffizier in der Spezialabteilung des Militärbezirks.

Dieser Offizier sah um einiges älter aus, als er war. Unser Gespräch fand unter vier Augen statt.

»Ich kann meine Kameraden nicht beobachten«, sagte ich. Ich wollte sagen: »ausspionieren«, aber rechtzeitig erinnerte ich mich daran, daß es in unserem Land keine Spione gab. Nur Imperialisten haben Spione. Wir dagegen haben Agenten des Nachrichtendienstes und Patrioten.

»Es ist mir unmöglich«, fuhr ich fort. »Es ist nicht richtig, und es ist mir unangenehm.«

»Ich verstehe das«, entgegnete er. »Es ist auch für mich unangenehm. Aber verstehen Sie nicht, daß es unmöglich ist, ganz ohne Überwachung auszukommen? Ausländische Spionage. Geheimnisse.«

»Das sehe ich ein. Aber dies ist ja nicht die einzige Sache, die Sie beobachten. Sie verhaften Leute schon wegen –«

Er blickte mich an, und ich brach ab. Ich Idiot, was hatte ich da bloß gesagt?

»Was beobachten wir noch? Weswegen nehmen wir Verhaftungen vor?«

»Nicht nur wegen Geheimnisverrats. Sie haben verschiedene Aufgaben.«

»Welche Aufgaben?«

Ich blieb stumm. Warum hatte ich das Gespräch in diese Richtung getrieben? Wie ein Anfänger, der, zum ersten Mal auf dem Fahrrad, gegen einen Telefonmast fährt.

»Fürchten Sie nichts«, sagte er besänftigend. »Sie brauchen keine Angst zu haben. Wir sind allein hier. Sagen Sie mir offen, was Sie über uns denken.« Ich schwieg. »Was denken Sie von uns? Warum denken Sie, wir wären wie die Gestapo?«

Ich erschauderte. Er hatte seine Leute mit der Gestapo verglichen!

Ein solcher Vergleich wäre mir erst gar nicht in den Sinn gekommen.

»Gestapo?«

Nun war er derjenige, der schwieg. Er starrte mich mit aufmerksamen grauen Augen an. In seinem Blick lag keine Niedertracht. Wir waren sehr weit gegangen. Zu weit.

»Also gut –«, sagte er endlich, »raus mit Ihnen.«

Unsere Unterhaltung hatte keine unmittelbaren Auswirkungen. Das Regiment wurde reorganisiert, ich sah diese Tschekisten nie wieder, doch erwartete ich immer noch die angedeuteten Folgen. Ich hatte mir vorgenommen, die Armee zu verlassen, meinen Schulabschluß zu machen und auf die Universität zu gehen. Nun bedachte ich Alternativen. Wenn sie mich an der Universität nicht annehmen würden, überlegte ich, wenn sie mich keine Naturwissenschaften studieren ließen, dann würde ich mich den Untergrundgruppen anschließen, von denen der Feldwebel erzählt hatte.

Das war nicht der Feldwebel, der über Stalin gesprochen hatte, sondern ein anderer, ein Mann um die Fünfunddreißig. Etwas an mir hatte seine Aufmerksamkeit erregt; er war eines Tages zu mir gekommen, und wir sprachen miteinander.

»Sie wollen also Wissenschaftler werden?« sagte er. »Vor dem Krieg war ich Forschungsstipendiat. Und was wollen Sie studieren?«

»Noch vor einem Monat wollte ich Philosoph werden.« (Der Feldwebel verzog das Gesicht.) »Ich las Hegel und Bacon. Aber dann begriff ich, daß die Philosophie nicht imstande ist, die Ordnung der Natur zu erklären. Deshalb habe ich mich entschieden, Physik zu studieren – im Augenblick beschäftige ich mich mit physikalischen Problemen. Die Philosophen entfalten lediglich verschiedene Ideen. Das ist keine Wissenschaft.«

»Und der Marxismus?«

»Der Marxismus – ist auch keine Wissenschaft.«

»Ein Punkt für Sie«, sagte er. Wir spazierten im Kasernengelände umher.

»Ich werde an dasselbe Institut zurückgehen, an dem ich vor dem Krieg gearbeitet habe«, fuhr er fort. »Und ich weiß, daß an den Instituten Diskussionsgruppen bestehen.«

Gruppen! Ich mußte ihn nicht bitten zu erklären, um welche Gruppen es sich handelte. Politische Gruppen. Ich würde mich auch einer solchen Gruppe anschließen. Wir werden ein Programm entwickeln, um die Gesellschaft umzubauen. Wir – ich redete immer lauter. Mein Gegenüber starrte mich fassungslos an. Ich hielt inne. Schaute um mich. Genau in diesem Augenblick waren wir unter dem offenen Fenster der Spezialabteilung entlanggegangen.

Der Feldwebel kam niemals wieder in meine Nähe.

Ich beantragte meine Entlassung aus dem Militärdienst, um meine Ausbildung weiterzutreiben. Im November 1946 wurde ich demobilisiert und war auf dem Weg nach Hause.

7
Im Keller

Wir hatten unsere Mönchszellen verloren.

Die Fabrik hatte die städtischen Wohnungen übernommen. Als Mutter aus der Evakuierung zurückkam, wurde sie in einem Anbau einquartiert, einem ehemaligen Lagerraum. Als ich eintrat, sah ich zu meiner Rechten ein Bett, das die gesamte Länge des Zimmers von der Tür bis zu dem kleinen Fenster einnahm. Ein Nachttisch stand neben dem Fenster, eingeklemmt in die Lücke von fünfunddreißig Zentimetern, die zwischen Bett und Wand links blieben. Das war alles. Na gut, dachte ich, dann muß ich wohl mit Mutter Kopf-an-Fuß in einem Bett schlafen. Es war warm, aber die Wände und die Zimmerdecke, die nicht viel höher war als ein Meter achtzig, waren mit Wassertropfen bedeckt. Man hätte mit dem Finger Geschichten an die beschlagenen Wände schreiben können. Im Dunst unter der Zimmerdecke schimmerte eine elektrische Glühbirne.

Wir hatten unsere Erlebnisse in Briefen ausgetauscht, aber nun wollten wir über alles sprechen. Die Bestätigung war gekommen, daß mein Stiefvater 1942 an der Front gefallen war. Onkel Petja war kaum aus Sibirien zurückgekehrt, da mußte er krank ins Bett gelegt werden. Zwei Monate später starb er an Tuberkulose. Schon vorher hatten Lisa und Wowka ihre Zelle räumen müssen. Aber sie hatte es gut getroffen: Sie arbeitete jetzt in einem Wohnheim und lebte dort in einem Zimmer. Von Großmutter gab es keine Nachricht. Mutter selbst hatte Probleme mit ihrem Herzen. Alle Zähne waren ihr ausgefallen, der allerletzte im letzten Kriegsjahr. »Du beißt in ein Stück Brot, und dein Zahn bleibt drin stecken«, erzählte sie. »Zwei Zähne habe ich sogar verschluckt.« Sie lächelte mit ihrem zahnlosen Mund. »Bald bekomme ich ein Gebiß.« Mutter war siebenunddreißig.

»Ich glaube an Gott«, sagte sie, als wir Fuß-an-Kopf im Bett lagen. »Ich gehe zur Kirche. Ich habe nur alle Gebete vergessen. Als Kind kannte ich sie, aber wann war das, hat es diese Zeit jemals gegeben? Vielleicht ist dieses kleine Mädchen gestorben, und ihre Seele ist zu mir herübergewandert? Was denkst du? Ist so etwas möglich?... Ich erinnere mich, daß mein Vater mich mit zum Fischen an den Tschusowaja mitgenommen hat. An den Flußufern wucherten Himbeeren. Wir fingen Äschen. Was für ein köstlicher Fisch! Und meine Mutter – habe ich dir das jemals erzählt? – fuhr oft wegen der Stoffe nach Persien. Sie fuhr mit meinem Vater flußabwärts bis zum Kaspischen Meer (er war Mechaniker auf einem Dampfboot, weißt du) und fuhr dann nachts alleine weiter in einem kleinen Boot. Du hattest also eine Großmutter, die ein Kräuterweib war, und eine andere, die war Schmugglerin.«

Sie prustete wieder vor Lachen, wie als junges Mädchen.

»Sie hüllte sich selbst in die persischen Stoffe und brachte so die Waren den ganzen Weg nach Hause, unter ihrem Kleid.

Schläfst du schon? Weißt du, du könntest eine Wohnung bekommen. Ich habe mit Wassilj gesprochen, deinem Vetter, Tante Sinas Sohn, erinnerst du dich an ihn? Nach der Demobilisierung bekam er einen Job bei der Miliz. Er hat in deiner Sache schon die Fühler ausgestreckt, und die würden dich nehmen. Es ist schwierig, ohne Beziehungen dorthin zu kommen. Aber dort bekommst du sofort ein Zimmer, und du mußt nur vier Jahre auf eine bessere Wohnung warten.«

»Mama, ich kann nicht zur Miliz. Ich muß zur Universität.«

»Du Idiot, von da kannst du ohne Schwierigkeiten hingehen, wohin du willst. Wenn sie dir einmal eine Wohnung gegeben haben, kannst du dich aus dem Staub machen. Und sie haben versprochen, daß du Zeit für die Fernuniversität haben wirst.«

»Ich brauche viel mehr Zeit. Fernuniversität, das ist kein wirkliches Studium. Ich habe mehr als fünf Jahre verloren. Außerdem wäre es widerlich, bei der Miliz zu arbeiten.«

»Es wäre gar nicht so richtig wie bei der Miliz. Du sitzt hinterm Schreibtisch, kein Dienst auf der Straße.«

»Ich werde es nicht tun.«

Sie drängte nicht weiter.

Aber mit meiner Weigerung habe ich sie umgebracht. Für den Rest ihres kurzen Lebens hatte sie weder eine gesunde Wohnung noch gesundes Essen. Der Preis für meine Ausbildung.

Die Aufnahmeprüfungen für die Universität fanden im Juli statt, und vorher mußte ich noch die Abschlußprüfungen der Sekundarschule nachholen. Es blieben mir also nur sieben Monate. Ich begann als Heizer in der Fabrik im Donskoj-Kloster zu arbeiten, wo meine Mutter wieder eine Stelle als Sekretärin gefunden hatte. Ich hätte an einer Drehbank mehr Geld verdient, hätte aber weniger Zeit und Kraft zum Lernen gehabt. Als Heizer arbeitete ich einen Vierundzwanzig-Stunden-Tag und hatte dann zwei Tage frei. Die Arbeit nahm nicht viel Zeit in Anspruch: Einmal pro Stunde mußte ich Kohlen nachschütten, die Asche aus dem Ofen räumen, sie in Eimern vom Keller hinaus auf den Hof der Fabrik tragen und mehr Kohle nachlegen – dann konnte ich zu meinen Büchern zurück. Niemand störte einen, wenn man Physikbücher las und vierundzwanzig Stunden lang Gleichungen löste, bequem auf einem Haufen Kohle im Halbdunkel sitzend. Um alle Brücken hinter mir abzubrechen, verkündete ich jedem, daß ich mich aufhängen würde, sollte ich die Prüfungen für die Universität nicht bestehen. Das war keine Redensart.

Nachdem ich die Abschlußprüfungen der Sekundarschule im Frühling hinter mich gebracht hatte, begann ich mich auf die Zugangsprüfungen für die Physikalisch-Technische Fakultät der Moskauer Universität vorzubereiten. Ausgerechnet da wurden die Heizkessel der Fabrik stillgelegt, und ich wurde wieder als ungelernter Arbeiter eingestuft. Das bedeutete Fabrikarbeit jeden Tag und unter vielen Leuten. Ich war nahe daran zu kündigen, als sich die Chance bot, Großmutter wiederzusehen, wenn sie überhaupt noch lebte. Die Fabrik hatte einen Lastwagen gestellt, um Kartoffeln zu besorgen, für einige der Arbeiterinnen Kartoffeln zu kaufen, und vor allem für die Bürokraten, zum Essen und, falls sie einen Garten hatten, zum Anpflanzen. Der Fahrer bestand darauf, daß man, um gute billige Kartoffeln zu bekommen, mindestens 200 Kilometer nach Westen, die Autostraße nach Minsk entlang, fahren müsse. Also würde er in der Nähe meines Dorfs vorbeifahren. Ich meldete mich freiwillig, um ihm zu helfen.

Wir waren bereits auf dem Rückweg, beladen mit Säcken voller Kartoffeln, als der Fahrer sagte: »Hör mal, eine Freundin wohnt hier ganz in der Nähe. Willst du mitkommen? Ein klasse Mädchen. Sie wird uns aufpäppeln, uns was kochen und mit uns ins Bett hüpfen. Sie liebt mich. Männer sind heutzutage selten geworden. Ich bin wertvoller als Gold.«

Ich nickte. Er bog rechts ab, und wir fuhren auf ein wohlhabend aussehendes Haus zu, das an einer Bahnstation lag. Die Freundin hieß Kappa und war eine dralle Person.

»Kapischka!« sagte er mit weicher Stimme.

»Hat sich was mit Kapischka. Was wollt ihr hier?«

»Wieso wir hier sind? Zufällig vorbeigefahren.«

»Das sehe ich, daß ihr nicht geflogen seid. Und wer ist das?«

»Wen meinst du?«

»Den lockigen Rotschopf im Laster.«

»Oh, der. Wir haben Kartoffeln gekauft.«

»Ich sehe, daß ihr keine Orangen geholt habt. Wenn ihr Orangen hättet, hätte ich den Rotschopf hereingebeten, um ein bißchen Radio zu hören. Kartoffeln hab ich selber.«

»Er ist ein Rotschopf, aber ruhig. Er wird uns nicht stören, Kapischka.«

»Wobei sollte er uns denn stören? Ich seh dich zum ersten Mal, Schätzchen. Nein, nicht das erste, das letzte Mal.«

»Kapischka!«

»Behalt dein Kapischka! Der Dampfer ist abgefahren. Ich hab es dir gesagt, erinnerst du dich? Machs gut, Süßer!« Und Kapischka winkte mit ihrer weißen Hand.

»Du ausgefickte Hure! Wenn ich gewußt hätte –«

»Beruhig dich, Schätzchen! Ich bin verheiratet. Er wird dir zeigen, wer hier eine Hure ist.«

»Was für einen Mann kannst du schon haben, du Hexe. Ich habe eine anständige Frau. An dir ist doch keine Stelle mehr, an der die Kerle nicht ihre Pfoten hatten.«

»Schmusekater!« brüllte Kappa. Der Fahrer sprang schleunigst in den Wagen.

»Scheiße, er startet nicht.«

»Schmusekater!« Auf die Veranda schlich ein riesiger zotteliger Schmusekater.

»Spring raus und kurble, um Himmels willen!« blaffte der Fahrer mich an. Ich nahm die Kurbel und sprang aus dem Wagen. Er schlug die Tür zu.

»Landstreicher!« rief Kappa. Endlich sprang der Motor an, ich machte einen Satz zur Seite, der Fahrer trat aufs Gas, und diesmal flog der Laster förmlich.

»Landstreichler?« knurrte Schmusekater und rannte hinter mir her. Vorwurfsvoll starrte ich Kappa an.

»Nein, nicht der. Der andere«, sagte Kappa.

»Landstreichler?« knurrte Schmusekater wieder und kam immer näher.

»Ich sagte doch, der nicht!« rief Kappa. Ich drehte Schmusekater den Rücken und verließ das Schlachtfeld in Richtung Bahnhof, wo ich einen Zug nach Moskau bestieg.

Die Wälder von Smolensk flogen vorbei. Sie waren während des Krieges zu beiden Seiten der Bahnstrecke schwer zerstört worden. Nun kam das Zeichen, das Uwarowa ankündigte, die Bezirksstadt. Kein einziges Haus stand mehr, keine einzige Wand, kein Stein mehr auf dem anderen. Alles war in tausend Stücke zerschlagen und von Panzern dem Erdboden gleichgemacht.

Und dann kam Drownino. Ich stieg aus.

Drownino war unbeschädigt. Dieselben endlosen Stapel Feuerholz und ein älterer Wachposten, wahrscheinlich derselbe wie früher, Mantel bis zu den Fersen und Filzstiefel. Nein, er trug jetzt Galoschen und eine Pistole statt des Gewehrs. Ich lief durch den Wald in Richtung Gniloje. Es war ein ruhiger und wunderschöner Sommertag. Der Marsch dauerte drei Stunden. Schließlich lichteten sich die Bäume. Das mußte unser Weideland sein. Ich trat aus dem Wald heraus.

Das Dorf war verschwunden.

Auch der Wald drüben war verschwunden, weite flache Ödnis bis zum Horizont. Kein Mühlteich, keine Brücken, noch nicht einmal der Bach. Kein Holz und kein Stock, nichts. Von unserem Haus keine Spur. Hatte es hier jemals ein Dorf gegeben? Ich ging weiter, durchquerte Gräben, die mir bekannt vorkamen, und entdeckte eine Baracke, wo früher das Dorf Kisseljowo war. Drinnen stand ein kleiner eiserner Ofen, Kartoffeln kochten darauf in einem offenen Topf. Ein schmalschultriger Soldat und eine Frau mit breiten Schultern saßen sich am Ofen gegenüber und beobachteten den Topf.

»Guten Tag«, sagte ich. Schweigend schauten sie mich an. Ich ging zum Ofen und starrte ebenfalls in den Topf. Sie blieben stumm. Ich ging hinaus.

Sie rannte hinter mir her. »Sei nicht beleidigt. Es sind nicht meine Kartoffeln.«

»Natürlich bin ich nicht beleidigt.«

»Bitte sag Petja – ich meine Pjotr Pawlowitsch –, daß Marusja ihn grüßen läßt.«

Jetzt erkannte ich sie wieder.

Petja, Petja, kleiner Hahn,
Goldener Kamm,
Funkelnder Kopf
Seidiger Bart...

Sie hat unter unserem Fenster gestanden und dieses Kinderlied vom Fuchs, der den Hahn lockte, gesungen. Und immer, zu Mitjas Vergnügen, verließ Petja das Haus, als hätte er sonst nichts zu tun auf der Welt. Du hast den Bart vergessen! rief Mitja hinter ihm her.

»Meine Großmutter«, sagte ich, »was ist mit Pelageja?«

»Sie starb im ersten Kriegsjahr. Die Deutschen waren in ihrem Haus einquartiert. Sie ging spazieren, fiel einfach um und war tot. Du wirst doch nicht vergessen, Petja zu grüßen?«

»Petja ist tot.«

»Tot!«

»Was ist mit dir? Arbeitest du hier?«

»Ja, ich arbeite. Im Liegen, auf dem Rücken!« Sie schaute mich an und verbesserte sich: »Ich bin hier als Haushaltshilfe angestellt. Die Soldaten fällen Holz. Ich führe den Haushalt für sie.«

»Und wo sind die Dorfbewohner?«

»Die am Leben geblieben sind, in alle Winde zerstreut. Am Anfang lebten sie in den Unterständen, dann zogen sie weg, wohin sie auch konnten. Ich bin geblieben. Die Gräber sind alle hier.«

Ich wollte sie nicht zum Weinen bringen und ging. Auch mir war nach Weinen zumute. Die Gräber trugen keine Namen.

In Moskau wurde unser Haus vergrößert und trockengelegt. Anstelle des Lagerraums, wo wir nur Kopf-an-Fuß schlafen konnten, wurde uns ein etwas größerer Raum zugewiesen, ganz tief im Keller. Vor dem Krieg hatten dort nur Ratten gelebt. (Und Platz beanspruchten sie auch jetzt nicht gerade zimperlich.) Nach dem Krieg hatte die Stadtverwaltung hier Räume für Menschen geschaffen, in denen Holzplanken als Trennwände dienten: vier Räume zu jeweils viereinhalb Quadratmetern, jeder Raum mit einem Fenster, ein Nebenzimmer von gut zwei Quadratmetern ohne Fenster und eine Gemeinschaftsküche, ebenfalls ohne Fenster. Wir lebten in einem Raum mit Fenster. Wenn ich »Fenster« sage, spreche ich natürlich sowjetisch. Es wäre nützlich, ein sowjetisch-russisches Wörterbuch zu haben, in dem, sagen wir, das sowjetische Wort »Freiheit« ins Russische mit »Notwendigkeit« übersetzt würde. Aber wenn ich an diesen Keller denke, dann kommt es mir unmöglich vor, das sowjetische Wort »Fenster« in irgendeine menschliche Sprache zu übersetzen.

Von der Straße aus sah man nur flache Gitter, eingelassen in den Bürgersteig vor dem Haus. Jedes Gitter bedeckte einen Schacht, dreißig mal sechzig Zentimeter und neunzig Zentimeter tief. Die Kellerfenster öffneten sich auf diese Schächte. Durch diese Fenster bekamen wir weder Luft noch Licht; es war unmöglich, sie zu öffnen. Vom Schmutz, der sich auf dem Boden der Schächte ansammelte, will ich erst gar nicht sprechen. Passanten klackerten mit ihren Absätzen über das Gitter und spuckten in den Schacht.

In einer solchen Grotte Toiletten zu installieren, wäre lachhaft und außerdem teuer für den Staat gewesen. Warum die Mühe? Im ersten Stock gab es eine wunderbare, hundert Jahre alte Toilette. Man baue eine Innentreppe in den ersten Stock hinauf und – na also! Wenn die Bürger ein Bedürfnis verspüren, können er oder sie die glitschige hölzerne Stiege zur nassen, hölzernen Kabine erklimmen und, der geliebten Partei sei Dank, auf die Schüssel klettern wie Hühner auf die Stange.

Wenigstens lebten Mutter und ich einigermaßen mit unserem Fenster. Sie schlief jetzt auf einer selbstgebauten Couch; meine Matratze lag auf dem Boden. Nebenan, im Raum ohne Fenster, lebte eine Hausmeisterin mit ihrem schulpflichtigen Sohn, bei dem etwas mit den Beinen nicht stimmte, er mußte deshalb auf Krücken laufen. Die Mutter arbeitete auch nachts im Bett, Schwarzarbeit als Prostituierte. Dann mußte der Sohn auf dem Fußboden schlafen, auf einer schmalen Matratze, die zwischen Bett und nackte Wand geklemmt wurde.

Das waren die Verhältnisse im Herzen der Hauptstadt einer Nation, die dem Rest der Welt beibringen wollte, wie man lebt.

Seit ich die Stelle in der Fabrik aufgegeben hatte, hatte ich auch keinen Anspruch mehr auf Lebensmittelkarten. Inzwischen war ich einigermaßen gewitzt und fand bald einen Job in einem Wohnheim für Arbeiter, wo ich den großen Hof fegen und ausspritzen mußte. Zu essen gab es weder Fleisch noch Brot, aber eine Menge Kartoffeln, und die Arbeit forderte nur eine Stunde am Tag. Es war angenehm, alleine an der frischen Luft zu arbeiten, über alles oder nichts nachzudenken und einen sauberen, naß glänzenden Hof zu hinterlassen. Wäre ich nicht Wissenschaftler geworden, ich hätte wahrscheinlich als Hausmeister gearbeitet. (Es muß irgendwo Planeten geben, auf denen Hausmeister nicht gezwungen werden, mit der Polizei zusammenzuarbeiten.) Ich verkürzte meine Hausmeisterkarriere, als die universitären Prüfungen begannen. Fürs erste gab es also keine Kartoffeln mehr.

Das Zulassungsbüro der Physikalisch-Technischen Fakultät hatte die Bewerber gewarnt, daß die Prüfungen ausgesprochen schwierig seien. Aber sobald sie begannen, wurde mir klar, daß ich viel zu gut vorbereitet war. Am 15. August 1947 erschien mein Name auf der Liste, die an einer Wand in der Universität aushing. Ich mußte mich also nicht aufhängen. Es stellte sich jedoch heraus, daß diese Liste noch nicht bedeutete, daß ich tatsächlich angenommen war. Ich mußte einen Fragebogen für die Staatsschutzabteilung der Fakultät ausfüllen, mit dem ich erklärte:

- daß weder ich noch meine engsten Verwandten in der Weißen Armee gedient hatten;
- daß wir nicht in der Opposition gearbeitet hatten;
- daß wir nicht im Ausland gearbeitet hatten;
- daß wir nicht strafrechtlich verfolgt worden waren;
- daß wir nicht aus der Bolschewistischen Partei ausgestoßen waren;
- daß wir nicht darin schwankten, die Parteilinie zu befolgen.

Das alles war die volle Wahrheit, was meine Verwandten betraf, vielleicht von Petja abgesehen (der geschwankt hatte). Was aber mich betraf, ich war bereits heftig ins Schwanken geraten. Aber man hätte ein Idiot sein müssen oder ein Selbstmordkandidat, hätte man die Fragen des Bogens wahrheitsgemäß beantwortet. Beantworte eine Frage, und du wirst *gehört* werden. Ich schwankte keine Sekunde, mein Schwanken vor der Behörde zu verheimlichen. Es gab keinen anderen Weg, eine gute Ausbildung zu erhalten, beziehungsweise überhaupt eine höhere Ausbildung. Daß man Fragebögen wie diesen ausfüllte, wurde an jedem sowjetischen Institut und an jeder Universität verlangt.

Während ich auf die Entscheidung wartete, dachte ich an die Drohung des Sicherheitsoffiziers im Regiment: »Das wird Folgen für Sie haben!« Vielleicht mußte ich keine Konsequenzen befürchten. Es gab wahrscheinlich Tausende von Menschen wie mich, über die die Tschekisten Routineberichte verfaßt und weitergeleitet hatten. Wer sollte diese Unmengen von Informationen auswerten? Ich nahm mir vor, daß ich, wenn die Universität mich annahm, eine Zeitlang alle Gedanken an Untergrundgruppen und Programme zur Reorganisierung der Gesellschaft beiseite lassen würde. Die Wissenschaft stand an erster Stelle. Danach kamen die Philosophie und die Politik.

Bevor wir die Unbedenklichkeitserklärung des Staatsschutzes erhielten, forderte die Fakultät uns auf, das Studium aufzunehmen. Drei Monate lang hörten wir Vorlesungen und arbeiteten in den Laboratorien, dann wurden plötzlich einige von uns an andere Einrichtungen geschickt. Ich durfte bleiben.

An der Universität!

8
»Wenn nur einer von euch ein Newton wird...«

Es hieß, Stalin selbst habe die Verordnung zur Gründung der Physikalisch-Technischen Fakultät unterzeichnet. Es war wirklich ein Pakt zwischen den Wissenschaftlern und dem Teufel. An der Fakultät sollten Spezialisten ausgebildet werden vor allem für die nukleare Grundlagenforschung und für die Entwicklung von Raketen. Die Wissenschaftler engagierten sich allein wegen des Fortschritts der Wissenschaft, Stalin wegen des Fortschritts in der Produktion von Bomben und Raketen. Die Studenten waren ein Teil dieses Pakts. Die meisten ließen sich von dem Gedanken, eines Tages für militärische Zwecke arbeiten zu müssen, nicht beunruhigen; andere, wie auch ich, glaubten, es vermeiden zu können, diesen Preis für ihre Ausbildung zahlen zu müssen.

Unsere Lehrer waren die besten sowjetischen Wissenschaftler wie Kapiza, Landau und Landsberg, führende Experten auf dem Gebiet der Nuklear- und Raketenforschung, die das Institut so organisiert hatten, daß sie ihre Vorstellung von wissenschaftlicher Ausbildung realisieren konnten. Das Resultat war eine unerhörte Selbständigkeit und eine ziemlich unsowjetische Arbeitsweise. Wir waren ungeheuer stolz darauf, die ersten Studenten der Fakultät zu sein. Nur die Arbeit im Labor, die Prüfungen und die Aufgabenstellung waren obligatorisch. Wir mußten keine Seminare und keine Vorlesungen besuchen – noch nicht einmal die Vorlesungen über Marxismus, obwohl die offizielle Doktrin immer noch behauptete, daß es ohne ein gründliches Studium des Marxismus unmöglich sei, Wissenschaft überhaupt zu begreifen! Wir waren von militärischen Übungen befreit. Und anstelle des an den Schulen üblichen Kollektivgeistes und der Unterstützung der untalentierten und schwachen Schüler trafen wir auf Respekt für individuelle Einzigartigkeit und auf den Sinn für Wettbewerb.

Ich liebte den Wettbewerb, aber hatte noch nicht verstanden, daß es außergewöhnliche Menschen gab, deren Leistungen von keiner Gruppe erbracht werden konnten, gleichgültig, wie groß diese Gruppe ist. Ich war zum Teil immer noch vom Marxismus hypnotisiert und glaubte noch nicht einmal an die Einzigartigkeit und Unersetzlichkeit eines Genies. Ich war erstaunt, als Pjotr Leonidowitsch Kapiza uns in einer Vollversammlung der Studenten erklärte: »Wenn nur einer von euch ein Newton wird, wären wir sehr glücklich.« Glaubte er nicht, daß es unter uns *viele* zukünftige Newtons geben würde? Ich protestierte innerlich. Warum sollte *ich* kein neuer Newton werden?

Ungeachtet meiner hohen Meinung von mir selbst war ich infiziert von der gesellschaftlichen Geringschätzung des Individuums. »Es gibt keine unersetzlichen Menschen!« postulierte die offizielle Ideologie. »Diejenigen, die gebraucht werden, werden da sein, wenn die Umstände sie rufen.« Und wer stellt die Umstände her? Die Massen. Sie tun es unbewußt. Allein die »weise bolschewistische Partei, ausgerüstet mit den siegreichen Lehren von Marx-Engels-Lenin-Stalin« versteht die Entwicklungsgesetze und ist die »bewußte Kraft, die den Gang der Geschichte beschleunigt«. Und warum die Geschichte beschleunigen? Weil vor uns der Kommunismus lag, »die strahlende Zukunft des Menschengeschlechts«. Immer wird jemand aufstehen und den Auftrag ausführen – wenn es nicht Iwanow war, dann würde es Petrow oder Sidorow sein. Die Frauen würden immer neue Menschen gebären. Daraus ergab sich, daß die einzelnen menschlichen Wesen nicht sehr wertvoll waren. Für Marx-Engels-Lenin-Stalin wurden Ausnahmen gemacht, selbstverständlich, denn sie waren Götter, keine Menschen.

Worin genau bestand nun der Wert einer jeden, noch der durchschnittlichsten einzelnen Persönlichkeit? Ich hatte mir diese Frage noch nicht gestellt. Aber Schritt für Schritt, je mehr ich in den Kreis der Wissenschaftler und der Wissenschaft geriet, desto mehr entfernte ich mich von meinem primitiven Verständnis von der Rolle außergewöhnlicher Individuen. Nun standen jeden Tag Individuen vor mir, die ohne Frage außergewöhnlich waren.

Kapiza, der damals den Nobelpreis noch nicht gewonnen hatte, hielt Vorlesungen in Experimentalphysik. Sogar Professoren hörten seine Vorlesungen. Er war um die fünfzig Jahre alt, und sein spärliches graues Haar ließ ihn nicht jünger aussehen. Aber sein Gesicht war immer noch das eines begeisterten Jungen, und seine himmelblauen Augen waren die eines Kindes. Sie tränten ein wenig, wie es manchmal bei Säuglingen der Fall ist. In seiner ersten Vorlesung sprach er davon, daß er in seinem Leben viel Zeit verschwendet habe. Es war ein taktvoller Appell, unsere Zeit nicht zu verschwenden. Es war ziemlich schwierig, Kapizas Vorlesungen zu folgen, da er sie als eine Geschichte der Messungen und der Entdeckungen gestaltete. Um sie zu verstehen, mußte man gute Kenntnisse der gesamten Physik mitbringen. Davon abgesehen wischte er mit der linken Hand aus, was er mit der rechten gerade geschrieben hatte. Aber man konnte diese Schwierigkeiten überwinden, und dann waren seine Vorlesungen faszinierend. Kapiza erzählte uns von Menschen – von ihren Entdeckungen, ihren Fehlern, ihren glänzenden Ideen und manchmal ihren »zufälligen« Erfolgen, so daß wir den Eindruck hatten, mit diesen Menschen im Laboratorium zu stehen. Ebenso faszinierte uns Kapizas Persönlichkeit. Über seine einmalige Unabhängigkeit zirkulierten Geschichten; darüber, wie er beispielsweise, als er – keiner wußte genau warum – aus England in sein Heimatland zurückgekehrt war, verlangte, daß es in seinem Institut kein gesondertes Personalbüro geben solle, und das Politbüro stimmte zu, nur weil er Kapiza war, der berühmte Physiker*.

Lew Dawidowitsch Landau, der auch noch nicht seinen Nobelpreis gewonnen hatte, hielt eine Vorlesung in Theoretischer Physik, der zu folgen noch schwieriger war. Seine eleganten Schlußfolgerungen, die meistens »aus dem Nichts«, aus allgemeinen Ideen der Physik abgeleitet wurden, setzten uns in Erstaunen. Groß und hager, mit einer natürlichen eleganten Art und einem intelligenten Gesicht war Landau für mich das höchste Vorbild. Meine Kommilitonen behaupteten sogar, daß ich bewußt seine Frisur nachahmte, aber das stimmte nicht. Ich war der erste Student der Fakultät, der besondere theoretische »Landau-Stunden« bei ihm zu Hause nahm. Er wohnte nicht weit von Kapiza, über den Hof von dessen Institut für Physika-

* Wir ahnten nicht, daß Kapiza im Grunde ein Gefangener war. Er hatte jahrelang in England am Cavendish-Laboratorium gearbeitet und mehrere offizielle Einladungen, nach Hause zurückzukehren, abgelehnt. Schließlich fuhr er doch. Sobald er in der Sowjetunion war, erhielt er, bis er ein alter Mann war, keine Erlaubnis mehr, in den Westen zu reisen. Niels Bohr und Ernest Rutherford, der Direktor des Cavendish-Laboratoriums, versuchten vergeblich, ihn freizubekommen. Rutherford schickte Kapiza dessen gesamte Laborausrüstung. Mehr konnte er nicht für ihn tun.

lische Probleme in Moskau. Nach den Stunden plauderten wir meist ein wenig. Bei einer Gelegenheit fragte ich ihn nicht sehr taktvoll, wie viele Stunden am Tag er im Bett verbringe. Ich glaubte, wenn ich wüßte, wie dieser große Wissenschaftler lebt und arbeitet, würde es mir helfen, so erfolgreich wie er zu werden. »Neun«, antwortete er bereitwillig. »Manchmal auch mehr. Man sollte nur mit ausgeruhtem Geist arbeiten.«

Abram Issaakowitsch Alichanow, der Direktor des Instituts für Theoretische und Experimentelle Physik (ITEP), an dem meine Universitätsgruppe ihre Übungen absolvierte, war kein solches Genie wie Kapiza oder Landau. Aber er war ein anerkannter Wissenschaftler und ein ehrenwerter Mann, der an seinem Institut Menschen seines Schlags versammelte. Und er vermittelte uns Studenten seine ehrfurchtgebietend hohen Ansprüche. Als er einmal hörte, daß nur ein Student unserer Gruppe (ich) die Prüfungen in Theoretischer Physik mit Auszeichnung bestanden hätte, rief uns ein wütender Alichanow in sein Büro.

»Ihr seid beschissen«, begann er ohne Einleitung. »Entweder ihr wollt Forscher werden oder nicht. Wenn ja, dann seid bitte so gut, die theoretische Physik gründlich zu studieren – ganz gleich, ob ihr nun Theoretiker oder Experimentalphysiker werden wollt. Wenn nicht, sagen wir euch auf Wiedersehen.« Bei den nächsten Examina schnitten die Studenten gut ab.

Ich lebte in einem Wohnheim in der Nähe der Fakultät, die außerhalb von Moskau lag. Es wäre beinahe unmöglich gewesen zu studieren und zugleich in unserer Moskauer »Wohnung« zu leben. Ich hätte jeden Tag drei oder vier Stunden pendeln müssen. Mindestens einmal die Woche besuchte ich Mutter – um zu plaudern, für sie einzukaufen, das Schmutzwasser und den Topf hinauszutragen und den Flur zu wischen, der unglücklicherweise nie einen sauberen Eindruck machte. Die Dielen waren zu verrottet. Wenn sie an der Reihe war, putzte ich den Gemeinschaftsflur für sie, putzte die Küche und die Toilette, aber es gelang mir nie, den Geruch wegzuwaschen.

Meine Mutter war hoffnungslos krank. Sie war erschöpft vom hohen Blutdruck und von ihrem ersten Herzanfall und konnte nicht länger arbeiten. Sie bekam eine Rente von einhundertfünfzig Rubel im Monat. Ich gab ihr zweihundert von meinen vierhundert Rubeln Stipendium dazu und ein Drittel meiner Bezugsmarken für Brot; aber das war nur ein kleiner Teil von dem, was sie brauchte. Mein Studium brach ich nicht ab, und nur dann hätte ich ihr das Leben wirklich erleichtern können.

Das erste Jahr im Wohnheim teilte ich ein Zimmer mit Victor Trostnikow, dem Mathematiker und späteren Religionsphilosophen. Er kam aus einer gebildeten Familie und hatte einen sehr scharfen Verstand und eine spitze Zunge. Zusammen mit seiner stolzen und stattlichen Erscheinung brachte ihm das großen Erfolg bei Frauen. Wir verbrachten viele Abendstunden mit hitzigen Diskussionen über physikalische Probleme und vertrauten einander so weit, daß wir auch philosophische und politische Fragen miteinander diskutierten. Victor war der erste, der mir nahebrachte, daß es kein wichtigeres Recht als das des Individuums gibt. Ich hatte vorher noch nicht einmal davon gehört, und Victor selbst benutzte diesen Begriff auch nicht. Es war meine Entdeckung. »Das stimmt«, sagte er bestätigend. »Ich rede über die Rechte des Individuums. Kluger Junge.«

Die Vorlesungen, die Arbeit im Labor und die nächtlichen Debatten ließen uns wenig freie Zeit, aber das bißchen, das wir hatten, wurde uns niemals langweilig. Auch wenn unser Raum im vierten Stock neben der Toilette lag, kletterten wir aus dem Fenster, schoben uns mit dem Gesicht zur Wand an einem schmalen Sims entlang, krallten die Finger in die Steine und gelangten so durch das Fenster in den Waschraum. Wir pflegten auch die hohe Kunst, von immer höheren Brücken ins Wasser zu springen. Victor wettete einmal mit einem Studenten um hundert Rubel, daß er von der Krimbrücke in die Moskwa springen würde, fünfzehn Meter oder noch tiefer. Der Student bekam jedoch Angst, oder ihm taten die hundert Rubel leid, jedenfalls beschloß er, die Miliz zu alarmieren. Als Victor auf der Brücke ankam, patrouillierte am Geländer bereits ein Milizsoldat.

»Ist etwas passiert?« fragte Victor in seinem feinsten Intellektuellenton und mit gebieterischer Stimme.

»Darauf können Sie wetten. Ich erwarte einen Selbstmord.«

»Oooh! Dann werde ich Ihnen helfen. Sie nehmen diese Seite. Ich nehme die andere.« Die Milizsoldat wendete sich zu seiner Seite, und Victor sprang sofort. Unser Komitee von

Schiedsrichtern, in einem Boot auf dem Wasser treibend, erkannte ihm den Sieg zu.

Im Jahr nach meinen Klettertouren mit Victor bekam ich ein Zimmer zugewiesen, das ich mit drei demobilisierten Offizieren teilen mußte – Borisow, Woitsechowskj (ein späteres Mitglied der Akademie) und Masljanskj. Wir verbrachten jede freie Stunde in unserem Zimmer, untersuchten und diskutierten physikalische Probleme. Ich erinnere mich nicht, daß wir ausgegangen wären, höchstens ein- oder zweimal ins Kino. Ich hatte damals noch kein Interesse an Frauen, und davon abgesehen gab es an der großen Fakultät nur drei oder vier.

Wie die anderen Zimmergenossen im Wohnheim lebten wir in einer freiwilligen Kommune. Jeden Morgen kochte, wer an der Reihe war, Haferbrei für alle. Oft hatten wir nicht die Zeit zu frühstücken, bevor der Zug nach Moskau und zu den Forschungsinstituten fuhr. In diesem Fall steckte dann einer einen Topf mit Haferbrei und Löffel in seinen Rucksack, und wir frühstückten im Zug. Natürlich kauften wir nur ein Ticket für uns alle. Wenn die Kontrolleure auftauchten, rannte Woitsechowskj, der den Fahrschein in seiner Tasche versteckt hatte, vor ihnen in einen anderen Wagen.

»Ihren Fahrschein!« schrien sie.

»Ich habe einen Fahrschein«, brüllte er zurück und rannte weiter. Die Kontrolleure witterten Bußgeld und trabten hinter ihm her. Er lotste sie den ganzen Weg bis zum anderen Ende des Zuges. Dort zeigte er ihnen den Fahrausweis.

»Sie, Sie ... warum haben Sie ihn nicht gleich vorgezeigt?«

»Ich habe Ihnen gesagt, daß ich einen habe.«

Masljanskj wurde verhaftet. Eines Morgens sagte er: »Panow hat mich gebeten, zum militärischen Führungsbüro in Moskau zu gehen. Verdammt, jetzt versäume ich den Unterricht. Ich bin heute Abend wieder da.« Er steckte sich ein Buch von Einstein in die Tasche und ging. Es war schon seltsam, daß Professor Panow, der Verwaltungschef der Fakultät, einen Studenten persönlich über einen so trivialen Vorgang wie die Vorladung zum militärischen Führungsbüro in Kenntnis setzte. Masljanskj kam weder an diesem Abend noch in den folgenden Tagen zurück.

Als ich von einem meiner regelmäßigen Besuche bei meiner

Mutter zurückkehrte, war Masljanskj immer noch nicht wieder da, und Woitsechowskj erzählte, daß es im Wohnheim eine Hausdurchsuchung gegeben habe. Drei Wochen später wurde ich zur Lubjanka bestellt. Genauer gesagt, ich wurde in die Petrowka 38 zitiert, eine ebenso berühmte Adresse der Tschekisten. Von dort erst wurde ich in die Lubjanka gebracht, in dieses traurige, berüchtigte Hauptgebäude des KGB am Dszerschinskj-Platz. Der Termin war auf zehn Uhr vormittags festgelegt. Mein Verhör begann um 11 Uhr und endete um ein Uhr nachts.

Ich wurde von zwei Offizieren im Hauptmannsrang befragt.

»Ihr Name?... Wo sind Sie beschäftigt?... Sie arbeiten nicht?... Gut... Was machen Sie? Student?... Gut, an welchem Institut?...« Diese Komödie dauerte eine Zeitlang an.

Dann endlich kam man zur Sache: »Ist Ihnen Masljanskj, früherer Student an der Physikalisch-Technischen Fakultät der Moskauer Staatsuniversität, bekannt?« Früherer Student? Die Dinge stehen schlecht, dachte ich mir.

»Welche Art Beziehungen hatten Sie zu dem früheren Studenten Masljanskj? Was können Sie über seine moralische Gesinnung sagen?« Was konnte ich über seine moralische Gesinnung sagen, außer daß er ein hervorragender Mathematiker war und intensiv studierte. Kochte er guten Haferbrei? Ich beschloß, detailliert unser studentisches Leben zu beschreiben. Wie wir als Gemeinschaft lebten. Wie wir manchmal Gürtelschlachten nach kaukasischer Sitte austrugen oder einen Studenten festsetzten, ihn fesselten und auf den Schrank warfen. Sie schrieben alles auf.

Man sollte niemals Aussagen machen, auch keine unverfänglichen. Aber dies war meine erste Erfahrung mit einem richtigen Verhör. Ich war noch sehr naiv und wußte nicht, daß sie in der Lage waren, aus jedem Detail, gleichgültig welches, »Beweise« zu konstruieren. Solange es nur Details gibt, und je mehr, desto besser. Nur aus dem Nichts, vom absoluten Nullpunkt aus, ist es psychologisch gesehen relativ schwierig, sich etwas zurechtzulegen.

Schließlich wurden die Offiziere meiner Geschichten überdrüssig.

»Haben Sie im Verhalten Masljanskjs etwas Verdächtiges bemerkt während Ihrer gemeinsamen Zeit im Wohnheim?« fragte der Offizier auf der linken Seite.

Was meinten sie – Verdächtiges? Man durfte diese Frage nicht stellen. Jeder sowjetische Bürger wußte, welche Art Verhalten verdächtig war und welche nicht. Dessenungeachtet hätte ich eine Erklärung verlangen sollen. Aber es war Mitternacht. Zur Hölle mit ihnen, dachte ich. Selbst wenn es etwas »Verdächtiges« gegeben hätte, ich hätte es ihnen nicht erzählt.

»Ich bemerkte nichts dergleichen«, entgegnete ich.

»Welche Dinge verdächtiger Natur hörten Sie über Masljanskj von anderen Studenten, und wer sind diese Studenten?« fragte der Offizier auf der rechten Seite.

»Ich hörte nichts. Von niemandem.«

»Setzen Sie die Untersuchungskommission in Kenntnis über staatsfeindliche Äußerungen von Masljanskj!« sagte der Offizier auf der linken Seite.

»Es gibt keine.« Was bedeutete »staatsfeindliche Äußerungen«?

»Wir sind im Besitz der nötigen Informationen. Bedenken Sie das. Informieren Sie die Kommission über alles, was Sie über Masljanskj wissen!« sagte der Offizier auf der rechten Seite.

Ihr Ton wurde immer drohender. Nach zwei Stunden Befragung spürte ich einen übermächtigen psychischen Druck auf mir lasten. Schließlich hatte ich eine Idee. Die sowjetische Presse hatte eine unglaubliche Verfolgung der »Kosmopoliten« eröffnet, was in der Übersetzung vom Sowjetischen in klares Russisch hieß: »Juden«.

»Jetzt erinnere ich mich an etwas«, sagte ich.

»Na bitte, sehen Sie«, sagte der Offizier auf der linken Seite.

»Und Sie sagten, Sie hätten von niemandem etwas gehört«, schimpfte der Offizier rechts in freundschaftlichem Ton.

»Ich hatte es vergessen. Jetzt ist es mir wieder eingefallen. Masljanskj ist ein Antisemit. Er verfluchte die Juden heftig und oft.« Das entsprach leider der Wahrheit.

Enttäuscht schwiegen sie und sogen an ihren Zigaretten.

»Aber Sie wissen doch, daß dies kein Verbrechen gegen den Staat ist«, sagte der Offizier auf der rechten Seite endlich und schaute mißtrauisch auf meine roten Haare.

»Ich verstehe.« Es gab überhaupt nichts zu verstehen.

Am Ende ließen sie mich gehen. Ich unterschrieb das Protokoll des Verhörs unten auf der letzten Seite. (Auch das soll man niemals tun! Viele Jahre später erzählte mir Jemeljanowitsch Bryskin, daß er dasselbe getan hätte, als er zu seinem eigenen Fall verhört wurde. Im Prozeß tauchten Seiten des Protokolls auf, die noch nicht einmal der Teufel selbst unterschrieben hätte.)

Sie bestellten mich nicht noch einmal zu einem Verhör, aber wir sahen Masljanskj nie wieder. Später wurde im Wohnheim davon gesprochen, daß er die Sendungen der BBC gehört habe. Es existierte in unserem Wohnheim nur ein Radio, das in einem Raum stand, in dem ein Student allein wohnte, unbeschadet und sicher. Über ihn begannen dunkle Gerüchte zu kursieren, und er wurde bald darauf woandershin versetzt.

Tatsache war, daß die Studenten sehr hart arbeiteten, Seminare vorbereiteten, im Sommer zusammen wanderten, angeregt miteinander diskutierten – und sich gegenseitig denunzierten. Bestimmt jeder vierte in unserer Studiengruppe schrieb Denunziationen. Ich fand das erst 1956 heraus. Offensichtlich war ich naiver, als mir lieb sein konnte.

Während unseres letzten Jahres an der Physikalisch-Technischen Fakultät gab man vorübergehend sieben Studenten aus unserer Gruppe Zwei-Zimmer-Wohnungen in der Nähe des ITEP. Damit hatte man gute Voraussetzungen zum Studium. Wir lebten in einer freundschaftlichen Gemeinschaft, wechselten uns ab beim Kochen von Suppe und *Kascha*, diskutierten Physik und brachten sogar einen Chor für russische Lieder zusammen, in dem alle sangen. Ich war der Chorleiter. Wir waren wirkliche Freunde. Mindestens drei von uns sieben schrieben damals Denunziationen. Niemand verriet einen seiner Freunde wirklich, niemand nutzte einen Versprecher aus. Aber leistete sich überhaupt jemand einen Versprecher? Diskutierten wir jemals über Politik? Ja, das taten wir. Doch niemand sagte etwas, was ihm hätte gefährlich werden können. Kreiselkompasse arbeiteten in uns, die unsere Redeflut im sicheren Fahrwasser hielten. *In unseren Herzen, tief drinnen in uns, traute niemand dem anderen.* Unter diesen Umständen gab es keine einfachen und reinen Beziehungen zwischen uns, es konnte keine geben.

Außer mir war Schenja Kusnetsow der einzige in unserer Gruppe, der aus einer Arbeiterfamilie stammte. Gersch Itskowitsch Budker, der hervorragende Physiker, der unsere Seminare leitete und mit russischem Namen Andrej Michailowitsch hieß, hielt ihn für den klügsten von uns allen. Schenja Kusnetsow teilte sich das Zimmer im Wohnheim mit Schenja Bogomolow, dem Sprößling einer Familie von Dorflehrern. Die beiden Schenjas lebten in einer engen Gemeinschaft, kochten abwechselnd Haferbrei, aßen ihn zusammen direkt aus der Schüssel, weil sie so alte Zöpfe wie individuelle Schalen verachteten. Sie aßen zusammen, aber sie schrieben getrennt über den jeweils anderen Berichte. Es ist nicht schwierig, hier den inneren Widerspruch aufzudecken – der, in Übereinstimmung mit der marxistischen Philosophie, zu einem qualitativen Sprung führen mußte. Und er trat ein. Der Leiter der Spezialabteilung in der Fakultät befahl Schenja Bogomolow, das Adreßbuch von Schenja Kusnetsow zu stehlen und es der Abteilung zu übergeben. Schenja Bogomolows Gewissen rebellierte. Er gestand Schenja Kusnetsow alles.

1956 erzählte mir Kusnetsow, wie ihre Unterhaltung sich abgespielt hatte:

»Was für Schweine«, sagte Schenja (Kusnetsow). »Was für verdammte Schweine. Von mir wollten sie das gleiche. Aber du hast kein Adreßbuch.«

»Nein, habe ich nicht«, murmelte Schenja (Bogomolow). »Aber hast du denn eins?«

»Ja, aber es steht nichts drin. Es ist leer«, sagte Schenja (Kusnetsow), der gerne den Schlauen spielte. »Gib es ihnen, sollen sie ihre Ärsche damit abwischen.«

»Und was sollen wir jetzt machen?« fragte Schenja (Bogomolow) lustlos. Er neigte immer ein wenig zu Depressionen.

»Von jetzt an schreiben wir nur noch zusammen«, sagte der niemals depressive Schenja (Kusnetsow). »Zusammen über mich und zusammen über dich. Wir werden minutiös jede Bewegung unserer Löffel vom Topf in unseren Mund und zurück in den Topf beschreiben.«

Sie waren Schritt für Schritt in diesen Sumpf hineingezogen worden: »Du mußt das nur einmal tun. Du bist ein *Komsomol*. Beschreibe nur euer Leben und eure Unterhaltungen. Ihr sprecht nur über Physik? Gut, dann schreib über Physik ... Der Grund, warum wir dich wieder haben rufen lassen ist der: Wir sind darauf aufmerksam gemacht worden, daß einige Studenten Schießpulver herstellen. Hast du etwas davon gehört?«

Jeder schrieb irgendeinen Unsinn auf, damit er nicht in Verdacht geriet, daß er etwas zu verbergen hätte, und unterschrieb schließlich eine schriftliche Zusage, daß er beobachten und berichten würde. Warum weigerten die beiden sich nicht, Berichte über den anderen zu schreiben? Verzweifelt wollten sie beide eine Ausbildung und wußten nicht, welche Folgen eine Weigerung haben würde. Ich kannte die Macht dieser Erpressung selbst.

In der Artillerieschule war ich während des Krieges als Offiziersanwärter automatisch zum Kandidaten der Partei ernannt worden. Das war die Regel zu dieser Zeit. Doch nach dem Krieg hatten sich meine Ansichten beträchtlich geändert, und ich versuchte nicht, die volle Mitgliedschaft zu erwerben. Als Heizer in der Fabrik verheimlichte ich ganz einfach die Tatsache, daß ich ein Parteibuch in der Tasche hatte; in der Universität war das unmöglich. Die Weigerung, die volle Mitgliedschaft zu erwerben, hieß, das Studium aufgeben. Das war genauso unmöglich. Nachdem ich statt einem Jahr drei Jahre lang Kandidat war, wurde ich vom Parteisekretär im Büro der Universität ernstlich befragt, warum ich die Dinge hinauszögerte. Also entschloß ich mich zur Vollmitgliedschaft. Aber es hatte damit kein Ende. Da ich ein Student höheren Semesters und Parteimitglied war und zudem meine Studien erfolgreich betrieb, fragten sie mich, ob ich dem Büro des kommunistischen Jugendverbandes beitreten wolle. Ich stimmte zu.

Je gründlicher ich wissenschaftlich arbeitete, desto unsicherer wurde ich über den Sowjetmarxismus, demzufolge alle fundamentalen Wissenschaften – Quantenmechanik, Relativitätstheorie, Genetik und Kybernetik – auf einer falschen Grundlage fußten. Entweder hatte der Marxismus unrecht, war tatsächlich unwissenschaftlich, oder die Wissenschaften, die ich kennen und lieben gelernt hatte, waren gar keine Wissenschaften. Der wissenschaftliche Status der Genetik wurde entscheidend für mich wegen des direkten Bezugs zur sowjetischen Doktrin der Umerziehung.

1948 hatte der berühmte Trofim Denisowitsch Lyssenko mit dem genialen Gesicht eines hungrigen Wolfes ein- für allemal die Genetik liquidiert und die Agrarwissenschaften in die Bahnen der einzigen und wahren wissenschaftlichen Lehre gelenkt.

Ich war mir unsicher in Hinsicht auf seine Theorie, derzufolge solche Dinge wie Gene nicht existierten und erworbene Eigenschaften nicht durch Vererbung weitergegeben werden konnten. Falls Gene existierten, so überlegte ich, die alle wichtigen Eigenschaften der menschlichen Wesen über Tausende von Jahren von Generation zu Generation beinahe ohne Veränderungen übertragen hatten, dann war der sowjetische Slogan »Wir ziehen einen neuen sowjetischen Menschen heran!« ein grauenhafter Wahn. Aber falls, auf der anderen Seite, solche Charaktereigenschaften wie zum Beispiel Selbstsucht und Habgier sich nicht als konstant zeigten, sondern als abhängig von Milieu und Einfluß, dann war das einzige, was man tun konnte, das soziale System zu verändern – und mit der Beeinflussung fortzufahren –, um das »neue menschliche Wesen« heranzuziehen. Für diese Ansicht sprach einiges.

Das wurde für mich zur Frage aller Fragen.

Schließlich entschloß ich mich, zwei Jahre nach Lyssenkos wissenschaftlicher Entscheidung, daß Gene Erfindungen des Pfaffen Mendel und des amerikanischen Pseudowissenschaftlers Morgan seien, mit meinen eigenen Augen die von Lyssenko mit erstaunlichem Erfolg umerzogenen Pflanzen zu untersuchen. Die sowjetische Presse hatte geschrieben, ägyptischer Weizen, umerzogen vom Akademiemitglied Lyssenko, werde bald auf den Feldern der Sowjetunion reifen. Jeder Stengel dieser wundersamen Halme werde zehnmal mehr Körner tragen als normale Arten. Ich nahm eine Straßenbahn am Paweletskj-Bahnhof in Moskau und fuhr zu Lyssenkos berühmter Anlage auf dem Staatsgut, das den Namen »Leninberge« trug.

Ich ging zwischen den traurigen Versuchsbeeten umher und fragte mich, ob ich in einer Irrenanstalt war. Keine Frage, auf den tragenden Stengeln dieser Weizenpflanzen reiften über hundert Körner heran. Das kleine Problem war nur, daß neunzig von hundert Stengeln vollständig taub waren! Dieser Weizen wollte nicht umerzogen werden.

Also war es ein Schwindel, mehr als das: ein grandioser Schwindel. Zur Hölle mit der Theorie der umweltbedingten Umerziehung. Das alles hatte ich allerdings nur am Weizen beobachtet. Aber was, wenn die menschliche Spezies sich der Umerziehung nicht verweigern würde? Was, wenn von hundert Leuten neunzig sich und ihre Kinder mehr liebten als die Gesellschaft als Ganzes? Was sollte man tun? Sollte man ihnen die Köpfe abschneiden? Dann bekämen wir eine kopflose Gesellschaft, in der die kopflosen Menschen noch immer sich selbst mehr lieben würden.

Ich wollte die Sache nun ernsthaft durchdenken und fuhr weiter mit dem Zug zu einem Spaziergang durch die Wälder. Aber man konnte nirgends spazierengehen. Dort war Stacheldraht – ein Lager. Noch mehr Stacheldraht – ein anderes Lager. Und noch mehr Stacheldraht. Ich kehrte um.

9
Menschewistische Töne

Ein Jahr vor dem Abschluß der Universität heiratete ich eine sehr ernste junge Frau mit großen dunkelbraunen Augen. Sie hieß Galina Papkewitsch und war halb polnischer Abstammung. So kam es, daß ich im Sommer 1951 mit meinem Koffer aus dem Studentenwohnheim in ein Zimmer im Zentrum von Moskau zog, in dem Galja und ihre Tante lebten. Um dieses Ereignis zu feiern, schenkten mir meine Freunde aus der Universität einen Anzug – den ersten, den ich jemals besessen habe. Ende 1952 bekamen wir einen wunderbaren Sohn. Wir nannten ihn Dmitrij. Galja arbeitete als Technikerin in eben der Flugzeugfabrik, in der auch mein Vater gearbeitet hatte. Angeleitet von Wladimir Borisowitsch Berestetskij führte ich meine Forschungsarbeiten durch. Da wir meine Mutter unterstützten, war das Geld knapp; damit wir Windeln bezahlen konnten, mußten wir Galjas Bücher verkaufen. Aber wir waren glücklich. Nachts schaukelte ich die Kinderwiege mit meiner linken Hand, mit der rechten berechnete ich die Transition der Orthopositronen in Parapositronen. Dima schrie eines Nachts ununterbrochen, er wollte hochgenommen werden, und ich versuchte gleichzeitig, konzentriert zu rechnen. Die Ziffer 2 meiner Berechnung ging verloren und wurde nicht mehr gesehen, und Dima schrie immer noch. Schließlich hob ich ihn hoch über meinen Kopf und schüttelte ihn: »Los, los, los, jetzt wird endlich geschlafen.« Er lachte wie ein Engel. Ich schämte mich und überschüttete sein Gesichtchen mit Küssen. Was brauchte man mehr, um glücklich zu sein?

Die Abwesenheit von Schuld.

Im Sommer, in dem wir heirateten, wurde die Physikalisch-Technische Fakultät in eine unabhängige Institution umgewandelt. Viele aus unserer Gruppe wurden an das Physikalische Institut der Universität versetzt. Unter dem Vorwand der Umorganisation wurden die jüdischen Studenten nicht dorthin mitgenommen, sondern an provinzielle oder weniger bedeutende Institute verwiesen. Damit war ihnen der Zugang zu »geheimer« Arbeit versperrt, und das bedeutete, Arbeitsstellen in wichtigen wissenschaftlichen Laboratorien blieben ihnen zukünftig verschlossen. Sie waren meine Freunde, und ich fühlte mich schuldig, wenn wir uns begegneten. Aber wir vertrauten einander nicht ausreichend, um die Situation zu diskutieren. Ich wollte einen Abschluß machen, wissenschaftlich arbeiten und mit meiner Frau zusammenleben. Deshalb hielt ich wie alle anderen meinen Mund.

Im darauffolgenden Winter, kurz nach meiner Graduierung und der Geburt unseres Sohnes, deckten die Tschekisten die Verschwörung der »Giftärzte« auf und warfen sie in ein Gefängnis des KGB. Mochten die Ärzte auch nicht das Blut unserer Kinder getrunken haben, so hatten sie doch das Blut unserer Führer vergiftet. Kleine Leute und nicht ganz so kleine Leute entdeckten hier und da neue Giftmörder – sie vergifteten unsere Kinder und unsere Gehirne. Sowjetische Damen verfielen in den Wartezimmern jüdischer Ärzte in hysterische Krämpfe. Juden wurden öffentlich beschimpft. Die Leute rempelten mich auf der Straße an wegen meines roten lockigen Haars, spuckten und fluchten: »Jude!« Ich weigerte mich zu sagen, daß ich kein Jude war, ich sagte gar nichts. Alles andere schien sinnlos. Die Menschen erwiesen sich als so unglaublich dumm und gewalttätig, daß sogar meine alten Träume von einer neuen Revolution ihren Sinn verloren. Ich fühlte mich schuldig, erfüllt von zu großer Scham, um dem Blick der stoisch heiteren jüdischen Frau von Galjas Onkel Tadeusz zu begegnen.

»Die ganze Geschichte stinkt nach Kerosin«, sagte Mutters Klempnernachbar im Keller. »Wenn ich ein Jude wäre, würde ich ganz schnell einen Abgang zum Nordpol machen. Besser noch zum Südpol.«

Der Student Eskin, einer der besten unserer alten Fakultät, machte einen Abgang aus dem Fenster des siebten Stockwerks hinunter auf die Straße. Bei einer eilig einberufenen Versammlung seiner Komsomolgruppe verurteilte selbst ein Drittel der Juden sein Verhalten als unwürdig.

Zwei Monate mußte ich auf die Unbedenklichkeitsbescheinigung warten, die man nach dem Examen erhalten mußte, dann konnte meine wissenschaftliche Karriere beginnen. Mir waren drei gute Arbeitsplätze angeboten worden, ich mußte wählen:

am ITEP bei Berestetskij, an Kurchatows Institut oder am Institut für Nuklearforschung in Dubna. Mit Berestetskij hatte ich bereits zusammengearbeitet; er hatte mir die Überprüfung der Berechnungen in dem Kapitel seines Buches anvertraut, in dem die Kollision von Elektronen untersucht wird. Er war ein hervorragender Theoretiker und ein sympathischer, kultivierter Mann. Darüber hinaus mochte ich das ITEP. So begann ich also mit Berestetskij in der theoretischen Abteilung dort zu arbeiten. Isaac Pomerantschuk leitete das Institut, aber die Abteilung hatte Landau geschaffen, ausschließlich seine Schüler arbeiteten dort, auch Landau selbst, halbtags, ansonsten führte er seine eigene Abteilung im Institut von Kapiza. Meine Forschungsarbeiten liefen von Anfang an sehr gut. Ich arbeitete so verbissen, daß die Berechnungen noch in meinen Träumen umhergeisterten. Zunächst untersuchte ich den Durchgang von Teilchen durch Materie, und Berestetskij riet mir, die Ergebnisse zu veröffentlichen. Sie erschienen mir jedoch als zu wenig aufsehenerregend; meine erste Publikation sollte nun einmal etwas Ungewöhnliches werden. Ich träumte davon, das Problem der Supraleitung zu lösen. Ich studierte Tag und Nacht Berge von Büchern und Artikeln zu diesem Thema. Meine neuen Kollegen waren ähnlich fanatisch. »Die Wissenschaft«, lehrte uns Pomerantschuk, und seine Brillengläser und seine Augen funkelten, »ist eine der eifersüchtigsten Geliebten!« Er arbeitete nicht nur abends, was wir alle taten, auch mittags aß er, anstatt in die Kantine des Instituts zum Essen zu gehen, lieber ein Brötchen in seinem Büro.

Wolodja Sudakow erzählte mir, als wir noch Studenten waren, daß Landau der Ansicht war, man müsse mich in meiner Arbeit anstacheln. Orlow, habe er zu Wolodja gesagt, ist talentiert, aber faul. Damals hätte es mich weniger getroffen, wenn er gesagt hätte, Orlow sei fleißig, aber schwerfällig. Ich war in einer Familie groß geworden, in der Mangel an Fleiß etwas Unmoralisches war, und ich war sicherlich nicht faul. Dennoch hatte es Landau richtig eingeschätzt: Ich vergrub mich nicht vollständig in die theoretische Physik, was ein hohes Maß an Abstraktion vom Leben um dich herum verlangt. In der Tat interessierte ich mich nicht ausschließlich für die Physik. Ich war aus einer anderen Gedankenwelt zur Physik gekommen. Es war mir unmöglich, nicht über philosophische Probleme nachzudenken, über soziale Probleme und die sowjetische Politik: jetzt besonders über die sowjetische Wissenschaftspolitik.

Kurz vor Stalins Tod wurde eine Generalattacke auf die Physik vorbereitet – ein Angriff auf die Quantenmechanik und die Relativitätstheorie. Auf einer außerordentlichen Sitzung der Akademie der Wissenschaften wurden die Wissenschaftler gezwungen, öffentlich und ohne Vorbehalte die verworrenen und subjektiven, in einem Wort: pseudowissenschaftlichen Konzepte von Albert Einstein und Niels Bohr zu verdammen. Die Philosophen und die progressivsten kommunistischen Physiker hatten den Angriff eröffnet. Das Ministerium für Staatssicherheit machte sich an die Arbeit.

Es war nicht schwierig, sich die entrüsteten Gedanken eines rechtschaffenen, vielbeschäftigten Obersten aus der Lubjanka vorzustellen: »Es wird Zeit zu überprüfen, wie es um die beruflichen, politischen und moralischen Qualitäten dieser sogenannten Wissenschaftler tatsächlich bestellt ist. Sie reden über ›spontane atomare Übergänge‹, so als ob wir blöd wären und nicht begreifen könnten, was hier gespielt wird. Wir werden für sie einen spontanen Übergang hierher in die Lubjanka arrangieren. Diese Leute deuten an, daß das Universum seinen Ursprung in einem einzigen Moment, an einem einzigen Punkt gehabt haben könnte. Sie vergessen, daß es ebenso möglich ist, zu gegebener Zeit in einem einzigen Moment zu sterben. Wer braucht diese Leute eigentlich? Entschieden zu wenig Aufmerksamkeit wurde auf diese Physiker verwendet, und es wird Zeit herauszufinden, wer das hintertrieben hat. Gamow ist geflohen. Landau hat vor dem Krieg nur ein paar Jahre im Gefängnis gesessen, wir mußten diesen Itzig freilassen – aufgrund der Intervention dieses unberührbaren Kapiza. Ebenfalls wegen Kapiza war es unmöglich, diesen Fock einzusperren. Kapiza selbst – wer ist dieser Kerl überhaupt? – sitzt die Dinge in seinem Landhaus aus. Und Rumer, dieses miese Insekt, hat gegen alle Erwartung im Lager nicht ins Gras gebissen. Noch vor dem Krieg hat dieses Miststück sich einen Platz bei Tupolew und Koroljow in einem vornehmen *Scharaga* gesichert. Er hat sich das bessere Gefängnis ausgesucht, selbst wenn es in Sibirien lag, es war eben kein Arbeitslager. Es war ein Ausweg! Der Genwissenschaftler Wawilow hat das Gefängnis mit den Füßen zuerst verlassen, so wie sich das gehört, doch sein Bruder, dieser Bastard von Physiker, lebt nicht nur, sondern ist sogar Präsident der Akademie der Wissenschaften.* Das kann so nicht weitergehen.«

Budker, mit dem ich während der letzten Jahre seines Lebens und meiner Freiheit befreundet war, erzählte mir, wie die Katastrophe verhindert wurde. Igor Wassiljewitsch Kurtschatow, der führende Kopf des Nuklearprogramms, warnte Stalin, daß selbst die leiseste Ablenkung der Physiker durch eine »philosophische Diskussion« den Produktionsplan für atomare Waffen über den Haufen werfen würde: Das gesamte Nuklearprogramm basiert auf Quantenmechanik und Relativitätstheorie, alles wird aus den Gleisen geraten, Iossif Wissarionowitsch. Stalin begriff das. In der Produktion von Atomwaffen und Raketen führend zu sein, war oberstes Staatsziel. Das waren die Waffen für die zukünftige Weltherrschaft. Dieses Ziel mit Hilfe von Lenins Maxime: »Man muß die Menschen auf die Köpfe schlagen« zu erreichen, wäre ein angenehmer Gedanke gewesen, aber leider war das verfrüht. Stalin hatte Lenins Dialektik gelernt: Um in den Himmel zu kommen, muß man durch die Hölle gehen; um zur absoluten Überlegenheit zu gelangen, muß man relative Rückschläge hinnehmen. Also ordnete er an, daß die Physiker mit ihrer pseudowissenschaftlichen, aber aus mysteriösen Gründen erfolgreichen Wissenschaft jetzt in Ruhe zu lassen seien. Bedenkt man die Maßstäbe dieser Zeit, war das ein kleiner, aber ein bemerkenswerter Rückzug.

So wurde die Physik mit Hilfe der Atombombe gerettet.

Es war leider auch die Atombombe, die unsere Freiheit am Physikalisch-Technischen Institut garantiert und unsere Profes-

* Juli Borisowitsch Rumer (sein Gebiet war die theoretische Physik, und er war Mitarbeiter von Landau) hatte zu viele Jahre in Lagern verbracht, um außerhalb der Sowjetunion berühmt zu werden; bis auf ihn waren diese Wissenschaftler alle weltberühmt: Wladimir Alexandrowitsch Fock, theoretische Physik; Nikolaj Iwanowitsch Wawilow, Genetiker und Botaniker; sein Bruder Sergej, Experimentalphysiker; Andrej Nikolajewitsch Tupolew, Flugzeugkonstrukteur; Sergej Pawlowitsch Koroljow, leitender Wissenschaftler in der Entwicklung der sowjetischen Sputniks und Raumraketen. Ein *Scharaga* war ein Arbeitslager für gefangene Wissenschaftler; ihre Arbeit im Lager bestand darin, für das Militär wissenschaftlich zu arbeiten. Fock wurde einmal vorübergehend nur darum verhaftet, weil eines der *Scharagas* seine Gutachten für ein spezifisches wissenschaftliches Problem benötigte!

soren gerettet hat. Budker hat mir beschrieben, wie ein Wachposten am Eingang des Kurtschatow-Institutes, an dem er ständig arbeitete, ihm den Weg verstellte und sagte: »Budker? Sie haben keinen Paß!« Man mußte Budker nicht erklären, was das zu bedeuten hatte und was daraus folgen könnte. Er rief sofort Kurtschatow an, der dem Wachposten augenblicklich erklärte, daß Budker an dem Atomprogramm beteiligt sei; und Budker erhielt seinen Paß zurück. Der einzige Professor, der an der Physikalisch-Technischen Fakultät verschwand, war unser ultra-unabhängiger Kapiza; aber der umfassende Rückzug des Regimes aus der Physik rettete auch ihn. Er erhielt lediglich Hausverbot für das Institut für Physikalische Probleme und wurde, weil er sich weigerte, an Atomwaffen zu arbeiten, aller Ämter enthoben. Er wurde in seiner Datscha festgesetzt, und nicht in der Lubjanka. Nach Stalins Tod wurde er rehabilitiert.

Nein, wir in der Physikalisch-Technischen Fakultät haben nicht wirklich Pulverdampf gerochen. Wir kannten noch nicht einmal einen Arrestometer. Ich hörte von diesem Meßgerät an der Leningrader Universität. Berestetskij erzählte, daß sie in den dreißiger Jahren dort eine Porträtgalerie der Professoren hatten, welche die Studenten unter sich »das Arrestometer« nannten. Die Bilder verschwanden nacheinander von den Wänden. Ein Porträt verschwand – der Professor verschwand. Ein anderes Bild verschwand – auch dieser Professor verschwand. Irgendwann schlug der Zeiger dieses Apparats weit über die Skala hinaus: Alle Porträts waren verschwunden.

Die Physik hatte Glück. Die Biologie nicht. Die Kybernetik auch nicht, weil niemand auch nur im Traum daran dachte, daß die bürgerliche Wissenschaft selbstregulierender Systeme für die Steuerung von Raketen nützlich sein könnte. Die Agrarwissenschaft und die gesamte Landwirtschaft waren Scherbenhaufen. Genosse Stalin persönlich übersetzte dies in die Sowjetsprache: »Wir sind alle hocherfreut über die Erfolge in unserer Landwirtschaft«, schrieb er in dem Artikel *Ökonomische Probleme des Sozialismus*, der von der gesamten denkenden und progressiven Menschheit studiert und gelesen wurde. Den erfreulichen Erfolg unserer verwissenschaftlichten Landwirtschaft konnte ich gar nicht übersehen. Dort, wo ich nun wohnte, im Zentrum von Moskau, bettelten Landfrauen in Hanfsandalen und mit Kindern an der Brust um Almosen von den Moskowitern. Hoch über ihnen gegen den nächtlichen Himmel strahlte eine enorme Neonreklame:

KAUFT MOSKAU-SCHNITZEL!

Das ließ sich nicht vom Sowjetischen ins Russische übersetzen. Sogar die Frage, was denn diese Anzeige möglicherweise heißen könnte, war sinnlos. Es gelang mir nicht, diese Schnitzel je zu Gesicht zu bekommen, obwohl es endlose Warteschlangen gab, beinahe so lang wie die Schlangen vor Lenins Mausoleum.

Marx schrieb, das Kriterium für die Wahrheit der Wissenschaft sei die Praxis, und diese Behauptung war richtig, selbst wenn sie im Zusammenhang von besonderen Parteiseminaren gelehrt wurde. Dort wurde auch gelehrt, daß »die Partei die neue Gesellschaft auf der einzig wahren wissenschaftlichen Grundlage aufbaut«. Die Praxis dieser Partei war mir klar; daß der Marxismus ihre Grundlage bildete, schien ebenso offensichtlich (ich kannte den Marxismus gut genug). Daraus konnte ich nur eine Schlußfolgerung ziehen.

Entsprechend erschien mir bereits gegen Ende der stalinistischen Epoche, die zusammenfiel mit dem Beginn meiner Laufbahn als Wissenschaftler, die Behauptung lächerlich, die Grundlagen des Marxismus seien »wissenschaftlich«. In meinen Augen existierte der Marxismus als eine ernstzunehmende Wissenschaft nicht mehr. Betrachtete man darüber hinaus die Ineffektivität des sowjetischen Systems, so konnte man nur zu dem Schluß gelangen, daß dieses System nur in ganz beschränkten Bereichen effizient, dort sogar sehr effizient sein konnte, wie beispielsweise im Wettlauf um Raketen- und Atomtechnik – wo die Anreize für die Führungsriege außerordentlich stark waren. Im ganzen gesehen war es ineffizient. Als ich mich jedoch fragte, ob ich eine Rückkehr zum Kapitalismus wünschte, beantwortete ich die Frage zu dieser Zeit mit einem ganz entschiedenen Nein. Meine Abwehr war rein emotionaler Natur. Der Gedanke, nicht für einen unpersönlichen »Staat« zu arbeiten, sondern für eine ganz bestimmte Person, erschien mir unangenehm und erniedrigend. Diese Haltung war (und sie blieb es in einem gewissen Maß bis heute) typisch für viele Menschen in der Sowjetunion. Daher hatte ich zu dieser Zeit keine positive ökonomische Philosophie, abgesehen von einer vagen Vorstellung von Arbeiterselbstverwaltung.

Dies war der Umriß meiner Gedanken, als im Frühjahr 1953 der Genosse Stalin starb. Sein Tod am 5. März machte auf mich überhaupt keinen Eindruck. Ich saß diese Tage der nationalen Trauer aus, klebte wie gewöhnlich an meinem Schreibtisch in Berestetskijs Büro. Er fragte mich, was sich meiner Einschätzung nach ändern würde. In welche Richtung? Ich war der Meinung, es werde sich nichts ändern. Und, fügte ich zu meiner eigenen Überraschung plötzlich hinzu, es sind bereits so viele Menschen im Gefängnis, daß es kaum noch etwas gibt, womit normale Menschen zu erschrecken wären. Natürlich überschätzte ich die Möglichkeiten der »normalen Menschen« und unterschätzte die Wahrscheinlichkeit einer Veränderung, die »von oben« ausgelöst würde. Meine Bemerkung spiegelte nur den instinktiven Wunsch nach einer Rebellion des Volkes – einen Wunsch, den ich im Lauf der Jahre bewußt und mit Nachdruck verdrängt hatte, um ihn später dann ganz aufzugeben. Berestetskij schaute mich gedankenschwer an. Ich weiß nicht, was er dachte, aber von diesem Zeitpunkt verhielt er sich mir gegenüber viel offener als früher.

Nicht alle ließ es gleichgültig, daß der Vater und Lehrer des Volkes nun tot war. Das Volk weinte um seinen Führer. Offiziere erschossen sich (die meisten wahrscheinlich in betrunkenem Zustand). Einige aus unserer alten Studentengruppe entschlossen sich, sich einen Weg zum Leichnam zu bahnen, der im Haus der Unionen zur letzten Ehre aufgebahrt war. Die Menschen drängten sich in der gesamten Moskauer Innenstadt. Schenja Bogomolow gelang es, bis hinter das Haus der Unionen vorzudringen, er kletterte über die Feuerleiter auf das Dach und rutschte an der Regenrinne an der Vorderseite des Gebäudes wieder hinunter. Er landete auf den Schultern der Leute, die, wie er, den Leichnam unbedingt sehen wollten. Er drängte in die Säulenhalle, begleitet vom durchdringenden Schreien der Kinder, Frauen und Männer, die Opfer der trampelnden Menge wurden. »Stalin ist tot, aber seine Ideen leben«, kommentierte Berestetskij den idiotischen Tod so vieler Menschen bei der Beerdigung des Genossen Stalin.

Das Ereignis erinnerte mich an die Feierlichkeiten auf dem Chodijnka-Feld zu Beginn der Herrschaft des Zaren Nikolaus II., als die Körper der Toten aufgestapelt werden mußten. Meine Großmutter erzählte mir, wie die Leute sich gegenseitig wegen Gewürzkuchen tottrampelten, bevor der Zar lebendig und leibhaftig auf dem Markt erschien. Nun zertrampelten sie sich, ohne daß es Gewürzkuchen gab, nur wegen eines Leichnams.

Kurz nach Stalins Tod kam es zu einem Konflikt zwischen dem Direktor Alichanow und mir. Nach der Überprüfung alter Experimente entdeckte sein Labor eine anomale Streuung von Myonen. Pomerantschuk bat mich, die Berechnungen zu kontrollieren, da es sich hierbei um ein schwerwiegendes Problem handelte. Ich entdeckte einen Fehler: Wegen der veralteten Meßmethoden hatte man die Definitionen dessen, was gemessen worden war, durcheinandergebracht. Man mußte es Alichanow sagen.

»Wir haben jahrelang daran gearbeitet, und nun kommen Sie...!«

»Wie viele Jahre ist irrelevant«, erwiderte ich kalt, »die Berechnung ist fehlerhaft.« Er ging hinaus und schlug mit einem Knall die Tür hinter sich zu. Ich blieb allein im Büro zurück. Einige Minuten später kam er wieder und hörte mir zu. Danach war er immer sehr freundlich und herzlich, und ich begann ihn aus ganzem Herzen zu lieben.

Einige Jahre später entschloß sich das ITEP, einen eigenen Protonenbeschleuniger zu bauen. Als Budker einen wichtigen physikalischen Effekt hervorhob, der ursächlich die Funktion des Beschleunigers beeinträchtigen könnte, erinnerte sich Pomerantschuk an meine Kontrollrechnungen und nahm mich in das Beschleunigerteam auf. Ich sollte, so stellte er sich vor, diesen Effekt untersuchen und dann wieder zu meinen Themen zurückkehren. Ich unterbrach meine Studien zur Supraleitung und entwarf innerhalb von zwei Jahren die notwendige Theorie der nichtlinearen Oszillation (der Effekt stellte sich als harmlos für uns heraus), wurde Mitarbeiter beim Gutachten für den Beschleuniger, konnte eigene Artikel publizieren und schrieb auf Anweisung von Pomerantschuk meine Dissertation. »Eine Doktorarbeit zu schreiben, hat nichts mit Wissenschaft zu tun«, erklärte er, »sondern mit dem Lebensunterhalt. Sie brauchen dringend eine Gehaltserhöhung.« Die Gehälter hingen von den akademischen Graden ab. Inzwischen war Alexander, unser zweites Kind, auf der Welt. Wir brauchten in der Tat mehr Geld.

Unsere Lebensumstände hatten sich allerdings schon beträchtlich verbessert: Das ITEP hatte Galja als Technikerin angestellt, und Ende 1955 bekamen wir eine abgeschlossene Zwei-Zimmer-Wohnung in einem neuen Gebäude in der Nähe des Instituts. Wir fühlten uns, nach der Zeit zu fünft in einem Zimmer, wie in einem Palast. Galja hatte dieses Zimmer von ihrer Mutter geerbt, die es von der sowjetischen Regierung erhalten hatte in Anerkennung der Verdienste, die sich ihre Eltern, polnische Revolutionäre, um die Revolution erworben hatten. Dieselbe sowjetische Regierung hatte das zweistöckige Holzhaus konfisziert. Es hatte einem NEP-Mann gehört, einem Fabrikbesitzer, der so töricht gewesen war, an die Stabilität der Neuen Ökonomischen Politik zu glauben. An den NEP-Mann erinnerte, als ich dort lebte, nur noch seine frühere Köchin, der die Behörden wegen vergangener oder zukünftiger Dienste einen vier Quadratmeter großen, von der Gemeinschaftstoilette durch eine dünne Bretterwand abgeteilten Raum zugewiesen hatten. Deshalb haßte die alte Frau alle ihre Nachbarn, besonders »Polen-und-Juden«, schlug in der Gemeinschaftsküche von morgens bis abends Lärm und erschreckte den kleinen Dima, wann immer er allein auf den Flur kam. Le Corbusier, dieses Genie der Architektur, der ein so begeisterter Verfechter des Baus von Wohnblöcken an der Stelle des alten Moskau war, hätte dazu verurteilt werden sollen, einen Monat und einen Tag lang mit dieser Frau zu leben, die eine wirklich typische Bewohnerin sowjetischer Kommunalwohnungen war. Die ITEP-Wohnung erlöste uns von der alten Hexe.

Nachdem ich meine Dissertation abgeschlossen hatte, konnte ich endlich zu meinen eigentlichen Untersuchungen zurückkehren. Aber im Februar 1956 legte Nikita Chruschtschow dem XX. Parteitag der KPdSU seinen berühmten Bericht vor, und ich blieb für den Rest meines Lebens ein Spezialist für Teilchenbeschleuniger.

Chruschtschows Bericht über die Grausamkeiten der Stalin-Ära wurde bei geschlossenen Parteiversammlungen vorgelesen und erschütterte sogar Leute, die wie ich bereits Anti-Stalinisten waren. Zum erstenmal wurde mir das fürchterliche Ausmaß der Greueltaten bewußt. Verbrecher waren an der Macht gewesen und konnten wieder dorthin gelangen, denn die politischen Strukturen hatten sich im Prinzip nicht verändert. Was sollte ich tun? Es kam der Augenblick, auf den ich mich eigentlich mein ganzes Leben lang vorbereitet hatte – ein Leben, das ich darauf verwendet hatte, aufmerksam diese seltsame, mörderische, sich selbst zerstörende Gesellschaft zu untersuchen. Ich mußte offen aussprechen, was ich darüber dachte.

Auf Anweisung des Zentralkomitees sollten alle Organisationen der Partei nicht-öffentliche Diskussionen über Chruschtschows Bericht führen. Die Diskussion im ITEP wurde von unserem Parteibüro geleitet, dem ich nun seit zwei Jahren angehörte. Wenngleich Direktor Alichanow, seine Vertreter und die Abteilungsleiter fast alle nicht der Partei angehörten, versuchten sie die Zusammensetzung des Büros ebenso wie des Gewerkschaftskomitees zu beeinflussen, um verläßliche oder zumindest harmlose Leute dort unterzubringen. Es glich der Organisation einer Rundum-Verteidigung. Ich hatte die Wahl ins Parteibüro nicht abgelehnt, da ich glaubte, auf diesem Weg der Wissenschaft zusätzlich nutzen zu können. Zieht man alle plötzlichen Wendungen der sowjetischen Politik in Betracht, selbst eine so unerwartet günstige wie den Tod Stalins, so hatten die Wissenschaftler immer Grund zur Furcht. Im Falle eines allgemeinen Angriffs gegen die Physik oder speziell gegen einzelne Physiker konnte die Haltung des Büros, so dachte ich, entscheidend für ihre Verteidigung sein.

Das Büro traf sich zweimal zur Vorbereitung des Märztreffens. Wir entschlossen uns, als die ersten Redner aufzutreten, um gleich den Ton bestimmen zu können. Klawa, eine Sekretärin, sollte die Reden mitstenographieren. Der Eröffnungsredner war Robert Awlow, ein Georgier und orthodoxer Leninist, der mit mir am Physikalisch-Technischen Institut die Prüfungen abgelegt hatte. »Was muß getan werden, um einen neuen ›Stalin-Kult‹ zu verhüten?« fragte er. »Wir brauchen, was Lenin vorgeschlagen hat: die Bewaffnung der Arbeiter. Die arbeitenden Massen brauchen eine organisierte, bewaffnete Macht, um die Bürokratie klein zu halten!«

Nach Awlow sprach ich. Trotz meiner Aufregung sprach ich laut und deutlich. »Der Terror, der von der Regierung ausgeübt wurde«, begann ich, »hat nicht nur die wirtschaftliche Lage der Nation beeinträchtigt, sondern jeden Bereich des sowjetischen Lebens. Das hat uns alle verändert.« Allen, vom gewöhnlichen

Arbeiter bis zum Schriftsteller, sei beigebracht worden, unablässig darauf zu achten, woher der Wind weht, und ihre Seelen der Tagespolitik der Regierung anzupassen. Jeder habe sich daran gewöhnt, gehorsam seine Hand zu heben, »zur Unterstützung« – der Mitglieder des Obersten Sowjets und der Mitglieder des Zentralkomitees und uns allen.

Im Konferenzzimmer saßen Mitglieder der Partei, die wie ich selbst weder Karrieristen noch Fanatiker waren. Viele von ihnen, manche schüchtern, manche offen, verschlossen nicht länger die Augen und überlegten, wie man eine Wiederholung des Stalinismus verhindern könne (dieser Ausdruck wurde damals allerdings noch nicht verwendet). Sie schienen einverstanden mit dem, was ich sagte.

Unter dem Kapitalismus könnten, so fuhr ich fort, auf ein und derselben industriellen Grundlage unterschiedliche politische Überbauten existieren, vom Faschismus bis zur Demokratie. Es gebe keine determinierende Beziehung zwischen der industriellen Stärke und der politischen Struktur. Unter dem Sozialismus sei es genau das gleiche. Mörder wie Stalin und Berija könnten an der Macht sein, wie in der Sowjetunion, und es sei ein demokratischeres Regime möglich, wie in Jugoslawien.

»Damit das, was geschehen ist, sich nicht wiederholt, müssen wir zur Demokratie auf der Basis des Sozialismus gelangen!« Das war der Schlußsatz meiner Rede. Meine Worte über Terror und Mörder hatten die Versammlung nicht schockiert; die der Marxschen Lehre zuwiderlaufende Idee der nicht-determinierten Entwicklung (auf die ich so stolz war) war eine theoretische Finesse, die niemanden interessierte. Lauten Beifall fand aber der Gedanke einer »Demokratie auf der Basis des Sozialismus«.

Wolodja Sudakow, ein talentierter Theoretiker und der Sekretär des Parteibüros, ging selbst nicht nach vorn, sondern überließ das Rednerpult jedem, der um Redezeit bat. Er gab sie als nächstem Wadim Nesterow, einem Experimentalphysiker (dessen Vater später meine Rede zu Hause abschrieb, zur sicheren Aufbewahrung). Zuletzt sprach Schtschedrin, ein Arbeiter und Mitglied unseres Büros.

Die Leute applaudierten begeistert unseren Reden und wollten selbst sprechen. Da der Abend aber schon fortgeschritten war, votierten wir dafür, das Treffen am folgenden Tag fortzusetzen. Ich dachte daran, bei dieser Gelegenheit meine ökonomischen Vorschläge zu entfalten, im wesentlichen die gleichen, die ich damals, 1946 in der Steppe von Mosdok, formuliert hatte. Am nächsten Tag wurde uns jedoch die Leitung der Versammlung entzogen. Diese Funktion übernahm nun Mesentsew, der Chef des Politischen Direktoriums des Ministeriums für mittlere Technologie und ein erfahrener Tschekist*. Die Leute sagten, er sei 1944 damit beauftragt gewesen, die Tataren von der Krim zu deportieren.

»Niemand ist befugt, das Zentralkomitee zu kritisieren!« schrie Mesentsew und schlug mit der Faust auf den Tisch. Das Publikum war nervös. Ich ging nach vorne, um seinen Thesen zu widersprechen, die Leute riefen von ihren Plätzen aus dazwischen. Niemand stärkte Mesentsew öffentlich den Rücken.

»Wir müssen eine Resolution verabschieden, die die parteifeindlichen Reden von Orlow und den anderen verurteilen!« forderte er. Sein Vorschlag wurde nicht angenommen. Klawa schrieb sorgfältig alles mit.

Nach dem Ende der Versammlung warteten alle im Institut gebannt auf das, was nun geschehen würde. Die Affäre wurde auf höherer Ebene untersucht, wir wußten nicht auf welcher. Alle Redner wurden angewiesen, Erklärungen für das Zentralkomitee zu verfassen. Abschriften der Reden wurden dorthin gesendet, auch von Mesentsews Stellungnahme, der dem Zentralkomitee außerdem einen separaten Bericht übermittelte. All das mußte Klawa auf der Maschine schreiben, und sie verglich diese Texte mit ihren stenographierten Notizen.

»Weißt du«, sagte sie zu mir, »Mesentsew hat seine Aussagen aufpoliert und deine Rede in seinem Bericht falsch dargestellt. Dieser Hurensohn überfährt dich. Wende dich ans Zentralkomitee.«

»Willst du denn nicht begreifen?« fragte ich. Sie zuckte mit

* Das ITEP war formell eine militärische Einheit, aber das wurde geheimgehalten. Daher war das ITEP, wie alle Einheiten der Armee, was die Kontrolle durch die Partei betraf, damals nicht dem nächsten örtlichen Parteibüro unterstellt, sondern einer gesonderten politischen Verwaltung – deren Leiter war, für das ITEP zuständig, Mesentsew. Die politische Abteilung des ITEP war von Mesentsew ernannt worden und existierte parallel zu unserem gewählten Parteibüro.

den Achseln. Klawa war im Krieg als MG-Schützin an der Front gewesen. Ich schrieb meine Richtigstellung. Mesentsew denunzierte Klawa als »Verräterin«, aber es passierte ihr nichts. Zu ihrem Glück wurde das Politische Direktorium aufgelöst, und Mesentsew wurde stellvertretender Minister für Personalfragen.

Eine Woche später erreichte das ITEP von Gott weiß woher die Anweisung, die vier Mitglieder des Büros, die Reden gehalten hatten, seien rauszuschmeißen: Es sei »unmöglich, sie weiterzubeschäftigen«. Alichanow rief uns zu sich. Wir standen vor ihm, während er auf und ab ging.

»Hören Sie, wenn Sie gewußt haben, was Sie taten und welche Folgen das haben könnte, dann sind Sie Helden. Wenn nicht – Narren!«

Wir schwiegen. Waren wir nun Narren – oder Helden?

»Ich habe mit Chruschtschow telefoniert. Er sagte, er sei nicht das einzige Mitglied des Politbüros. Andere Mitglieder hätten Ihre Verhaftung gefordert. Er sagte: Die vier sollen froh sein, daß sie mit einer Entlassung davonkommen. – Auf Wiedersehen.« Er verabschiedete uns mit einem festen Händedruck.

Wir verließen das Institutsgebäude.

»Nun denn! Wenn es die Partei befiehlt, werden wir eben nicht arbeiten«, scherzte ich. Es war seltsam, aber ich empfand nur ein Gefühl der Befreiung – von einer moralischen Last und vom unaufhörlichen Arbeitsdruck. Verbissen in meine Arbeit hatte ich die Farbe des Himmels vergessen und den Wechsel der Jahreszeiten nicht mehr wahrgenommen. Nun entdeckte ich, daß draußen Frühling war.

Am 5. April 1956 veröffentlichte die *Prawda* einen großen Artikel über Unklarheiten in der ideologischen Linie. Wir vier wurden erwähnt: Wir hätten »mit den Stimmen der Menschewiki und der Sozialrevolutionäre gesungen«. Ich hatte nichts von den Menschewiki oder den Sozialrevolutionären gelesen, Gruppierungen, die lange vor meiner Geburt gewirkt hatten und deren Schriften noch viel früher verboten wurden. Wenn diese Gruppen, wie die *Prawda* sagte, so wie ich »gesungen« hatten, dann sprach das für sie, und es wäre meine Aufgabe, ihre Schriften aufzutreiben.

Einige Tage später wurden wir vier zu Mesentsews Ministerium gefahren, wo man uns offiziell aus der Partei ausschloß. Auch die Parteibücher der anderen Mitarbeiter des ITEP wurden einbehalten, aber wer schriftlich erklärte, daß er unsere parteifeindlichen Reden verurteilte und es tief bedauerte, nicht bereits während des Treffens dagegen aufgetreten zu sein, erhielt seinen Ausweis zurück. Beinahe alle taten genau das.

Jewgenij Tretjakow, ein Kriegsveteran, der während der Universitätszeit unserer Studentengruppe angehört hatte, weigerte sich und wurde aus der Partei ausgeschlossen. Glücklicherweise wurde ihm nicht gekündigt. Er konnte an dem von ihm selbst entwickelten Beta-Spektrometer noch eine Vielzahl von erstklassigen Experimenten durchführen. Er promovierte jedoch nicht, da er das Verfahren der Dissertation als entwürdigend empfand und nicht zur Wissenschaft gehörig. Wegen seiner experimentellen Arbeiten hätte ihm der Doktortitel in jedem Fall gebührt. Aber wie hätte man ihn promovieren können? Schließlich war er ausgestoßen aus der Partei, also ein unzuverlässiger Bürger!

Mir wurde eröffnet, daß ich meine Dissertation, die bereits publiziert war, nicht würde verteidigen können. Die Artikel, die ich sowjetischen Zeitschriften zugesendet hatte, wurden blokkiert. Zum Glück gelang es der italienischen Zeitschrift *Nuovo Cimento*, den ersten Teil eines Artikels zu veröffentlichen; nun war es unmöglich, den zweiten Teil dorthin zu schicken. Auf dem Titelblatt des Antrags für den Bau des Teilchenbeschleunigers wurde mein Name mit Tusche geschwärzt und aus der Liste der Koautoren einiger Artikel, die zu einer internationalen Konferenz des CERN* geschickt wurden, gestrichen. Aber mit einem Bericht hatten sie Pech. Jewgenij Kuprianowitsch Tarasow, meinem einzigen Koautor, wurde der Vorschlag gemacht, er solle meinen Namen unterschlagen, da zog er es vor, den ganzen Bericht wegzulassen. Obwohl er, der als Spezialist für Teilchenbeschleuniger einen Namen hatte, sich damit jede Möglichkeit zu Auslandsreisen verbaute.

Bei unserem Termin im Ministerium hatte ich nachgefragt, warum mein Name aus allen wissenschaftlichen Publikationen entfernt werde.

»Das ist sehr einfach«, war die Antwort. *»Ihr Name bringt die sowjetische Wissenschaft in Mißkredit.«*

* Eine europäische Organisation zur nuklearen Grundlagenforschung in Genf.

10
Jede Arbeit hat ihre Verdienste

Ich lehnte mich gegen die Wand der winzigen Kabine des Sicherheitskontrollpostens am Institutseingang. Der Arbeitstag hatte begonnen. Die Mitarbeiter des Instituts eilten vorbei und nickten mir auf dem Weg einen Gruß zu. Für den Posten, eine ältere Frau in Militärbluse und Khakirock und mit einer Pistole ausgerüstet, klappten sie ihre Sicherheitsausweise auf.

Warum die Pistole? fragte ich mich. Ach ja, wegen des Meilers. Keine Bombe, nur ein Versuchsreaktor, der ausländischen Besuchern durchaus vorgeführt wird. Aber wir Sowjetbürger müssen uns durch das Sieb der Tscheka pressen lassen, um den Zugang zu »geheimen Einrichtungen« erlaubt zu bekommen, selbst wenn sie gar nicht geheim sind. Ein Irrenhaus.

Ich stand weiter im Vorraum herum. Es war offensichtlich, sie wollten mich quälen. Ich hatte keine Zugangsberechtigung mehr, also konnte ich nicht einmal meine eigenen Papiere von drinnen herausholen. Den Stapel mit wissenschaftlichen Notizen auf meinem Schreibtisch konnte ich vergessen. An militärischen Problemen hatte ich gar nicht gearbeitet (und hatte mich auch fest entschlossen, dies nicht zu tun).

Nein, kein Irrenhaus. Ich mußte mich korrigieren. Es war die Fortsetzung der Revolution, am Werk war die Psychologie der Leute aus dem Untergrund. Das ganze Land war ein gottverdammter Untergrund. Wir alle in ein Netz von »Geheimnissen« verstrickt.

Ich wartete auf den Chef der Personalabteilung. Er sollte mir Arbeitsbuch, Militärausweis und verschiedene Papiere aushändigen. Statt dessen kam Sergej, ein dünner rotköpfiger Physiker, der an der Universität in meiner Arbeitsgruppe gewesen war. Er zog ein Notizbuch hervor und starrte mich an.

»Wie beurteilen Sie Ihre Entlassung?« fragte er in geschäftsmäßigem Ton. Seine spitze sommersprossige Nase wurde noch spitzer. Ich war erstaunt: Er stellte offiziell Fragen und schien diese Rolle auch noch zu genießen.

»Die Entlassung war rechtswidrig«, antwortete ich.

»Rechts-wid-rig«, notierte er. »In diesem Fall, wie beurteilen

Sie Ihre Rede gegen die Partei?« fragte er sarkastisch und setzte einen Haken in sein Notizbuch, neben die erste Frage.

»Genau an diesem Punkt liegt die Rechtswidrigkeit: Welche Verbindung gibt es zwischen meiner Rede auf dem Treffen und meiner Befähigung, hier zu arbeiten?«

»Was? Sie machen wohl Witze«, sagte er. Er malte ein weiteres Zeichen in sein Notizbuch und schrieb etwas hinein.

Ich erinnerte mich an eine Unterhaltung mit ihm aus unserer Studienzeit. »Nur Kommunisten sind wertvolle Bürger«, hatte er gesagt, »dem Rest kann man nicht trauen. Es wäre geradezu dumm, dies zu tun.« Damals wollte ich lieber nicht diskutieren. Er lebte im Zentrum von Moskau in einer überfüllten Kommunalwohnung, einem alten Einfamilienhaus dem Verteidigungsministerium gegenüber. Seine ganze Familie lebte in einem einzigen engen kleinen Zimmer. Das war nichts besonderes, jedes Zimmer beherbergte eine ganze Familie – nur ein kleines, ansprechendes, wenn auch fensterloses Zimmer nicht: dies hatte er ganz für sich allein. Dort stand eine Funkausrüstung. Für diese Technik hatte er sich von Kindheit an interessiert.

Was für nette Eltern und welch angenehme Nachbarn, ging mir durch den Kopf, als ich ihn einmal dort besuchte. Auch ein fensterloses Zimmer war ein Zimmer, für das seine Nachbarn eine nette kleine Denunziation hätten schreiben können. Als ich an diesem Tag seinen Fragen zuhörte, begriff ich mit einiger Verspätung, daß es nicht die Nachbarn waren, die Verständnis hatten für ihn, sondern die Tschekisten. Sie hatten dem Jungen erlaubt, mitten in Stalins Moskau als Funkamateur herumzuspielen.

Ungefähr dreißig Minuten später, wie auf ein geheimes Zeichen, erschien der Leiter der Personalabteilung. Sergej schloß sorgfältig sein Notizbuch und verschwand.

»Hier sind Ihre Papiere«, sagte der Mann vom Personalbüro.

»Und die Dokumente darüber, daß ich die Prüfungen für meinen akademischen Grad abgelegt habe? Die liegen wohl immer noch in Ihrem Büro.«

»Das ist richtig. Sie werden sie nicht mehr brauchen.«

»Warum? Irgendwann in der Zukunft...«

»Begreifen Sie nicht, Orlow? Sie werden sie nie – verstehen Sie? –, niemals wieder brauchen!«

»Trotzdem, es sind nicht Ihre Zeugnisse. Geben Sie die Zeugnisse bitte zurück.«

»Warten Sie, ich werde sie holen«, sagte die stellvertretende Leiterin, die wahrscheinlich nur aufgetaucht war, um mich zu sehen. Sie gab mir die Zeugnisse.

Drei Jahre zuvor, Ende 1952, als die jüdischen Ärzte in der Lubjanka immer noch gefoltert wurden, als sich Journalisten, Schriftsteller und auch einige Wissenschaftler spontan über die verkommenen Menschen, die den Genossen Stalin hatten vergiften wollen, empörten, wurde ich, ein Russe, im Institut eingestellt. Diese Frau hatte mir einen brandneuen Sicherheitsausweis zur Sicherheitsschleuse gebracht. Sie hatte mich angesehen, gelacht und mit ihrem Finger auf das Foto gezeigt: »Russe? Russe, ja?« Ich hatte zuerst auf das Foto geschaut und dann sie angesehen: eine attraktive, dunkelhäutige Brünette. Du Dumme, hatte ich mir gedacht, du siehst doch auch nicht aus wie eine Slawin. Aber es gibt Zeiten, in denen ein Wort Silber, Schweigen jedoch Gold ist. Sie erwies sich dann aber als anständige Frau; sie war nur nicht gerade intelligent.

Wenn Leute mich für einen Juden hielten, war ich immer geneigt zu sagen: »Nein, ich bin kein Jude, ich bin Russe.« Aber dies in einer Zeit zu betonen, in der Juden unbarmherzig verfolgt wurden, wäre unanständig gewesen.

Schließlich verließ ich das Institutsgebäude. In meinem Kopf sauste es. Von welcher Seite man die Dinge auch betrachtete, es war nun kein Spaß mehr. Das beste Forschungsinstitut der Physik war mir verschlossen. Und, daran gab es keinen Zweifel, andere Institute auch...

»Orlow, steig ein!«

Ich drehte mich um. Ein schwarzer Wolga war leise neben mich gerollt, die Türe stand schon offen. »Wohin?« fragte ich.

»Zur Hölle und fort«, antwortete quietschvergnügt ein Beamter aus Mesentsews Ministerium aus dem Wageninnern. »Setzen Sie sich zu mir.«

Das ITEP befand sich im südwestlichen Teil Moskaus. Der Wagen fuhr in Richtung Innenstadt. Wir kamen am alten, verwucherten Danilow-Friedhof vorbei. Dort hatten wir im Familienverband – Vater, Mutter, Petja, Mitja und Großmutter – häufig das Grab von Großvater besucht, das hölzerne Kreuz wieder gerichtet und die Zweige und Blätter aufgelesen, die den Winter über gefallen waren. Wir setzten uns zu einem kleinen Imbiß, dann spazierte ich umher. (Warum hatte ich sein

Grab nicht ausfindig gemacht?) Wir fuhren zur Poljanka hinaus, durch die Straße meiner Kindheit, an Mutters Haus vorbei (ich hatte mich nicht von ihr verabschiedet!), und hielten dann vor GLAVATOM – dem staatlichen Komitee für Atomenergie. Deshalb war Masljanskij nicht gleich zur Lubjanka gefahren...

Ich wurde an allen Sicherheitsposten vorbei in ein Zimmer im zweiten Stock geschleust. Der Mensch vom Ministerium saß schwerfällig auf einem Stuhl, ausgelaugt, ein alter Mann. Ich betrachtete die Schränke voller Aktenmappen, den grünbezogenen Tisch, die Amtsstubenvorhänge an den Fenstern.

Drei Männer in Zivil traten ein. Der Mann gab sich einen Ruck und sah nun aus wie ein frischer junger Mann.

»Iwanow«, stellte sich einer der drei selbst vor.

»Petrow«, sagte der nächste.

»...«

»Sidorow?« fragte ich.

»Ja. Woher wußten Sie das? Nein, ich bin Nikolajew.«

Alle lachten, sie setzten sich und gaben einander Feuer.

»Rauchen Sie nicht, Jurij Fjodorowitsch?«

»Nein.«

»Sehr gut, Rauchen ist schlecht für die Gesundheit. Vielleicht können Sie uns auch etwas über Abstinenz erzählen?«

Sie lachten wieder, dann wurde ihr Blick finster.

»Sie sind hierher geladen worden zu einem ernsthaften Gespräch, Orlow«, sagte Nikolajew. »Vielleicht unsere letzte Unterhaltung mit Ihnen.«

»Nein, nein, Gott bewahre, nicht die letzte«, sagte Petrow, »nicht wahr, Jurij Fjodorowitsch, nicht die letzte?«

»Wir sind sehr beunruhigt, Orlow, was Ihr frivoles Benehmen nach dem Ausschluß aus der Partei angeht. Es ist uns nicht klar, Orlow, ob Sie sich des vollen Ernstes Ihres Verbrechens bewußt sind – um die Dinge bei ihrem richtigen Namen zu nennen.« Nikolajews Gesicht bekam einen strengen und gewichtigen Ausdruck.

Ich schwieg.

»Er hat überhaupt nichts verstanden«, sagte der Mann aus dem Ministerium. »Die ganze Sache war eine Provokation, die sie lange vorher geplant hatten.«

»Ich verstehe nicht«, sagte ich.

»Sie verstehen nicht? Wir werden es Ihnen gerne erklären.«

»Er versteht alles«, warf der Mann vom Ministerium ein.

»Nein. Laß nur, wir werden es erklären«, sagte Nikolajew. »Im Grunde sind wir doch so etwas, was ich als eine pädagogische Organisation bezeichnen würde. Sie, Orlow, haben dieses Treffen vorbereitet. Sie hielten eine skandalöse Rede gegen die Partei, die die Leute aufhetzte...«

»Zu was habe ich aufgehetzt?«

»Halten Sie den Mund. Ihre verleumderische Rede gegen die Partei und das sowjetische Volk haben Sie mit Ihrer sogenannten Klarstellung an das Zentralkomitee noch überboten. Dafür hat man keine Erklärung von Ihnen verlangt.«

»Aber ich mußte dem Zentralkomitee erklären, warum ich glaubte, im Recht zu sein.«

»Wer sind Sie, daß Sie das Zentralkomitee belehren wollen? Sie sollten erklären: (a) Wie Sie dazu gekommen sind, (b) was Sie dazu getrieben hat, und (c), wer Sie zu solchen Handlungen gegen die Partei gebracht hat.« So hingerissen lauschten Iwanow und Petrow ihrem Kollegen Nikolajew, daß ihre Gesichter zu strahlen begannen.

»Sie hätten uns erklären sollen, daß Sie Ihre Fehler inzwischen erkannt haben und wie Sie zu dieser Erkenntnis gekommen sind. Andernfalls... Das sind sonst keine Fehler mehr, Jurij Fjodorowitsch, sondern etwas Schlimmeres. Ist das klar?«

»Es ist ihm völlig klar«, sagte der Mann vom Ministerium.

»Ich habe nicht an Sie geschrieben.«

»Er ist immer noch dickköpfig – sogar jetzt noch!« sagte Iwanow.

Ich schwieg. Sie schwiegen ebenso. Rauchten Zigaretten. Schauten auf die Uhr und schauten einander an.

»Ich sage Ihnen etwas, Orlow. Heute verwarnen wir Sie. Für heute! Die Partei lehrt uns Humanismus.«

»Humanismus wird er nicht verstehen. Er weiß nicht, was Humanismus ist«, bemerkte der Mann vom Ministerium süffisant.

»Sie sind ein junger Mann, Orlow. Sie haben noch alles vor sich. Aber wenn Sie nichts zugeben – dann sind Sie selber schuld. Unsere nächste Unterhaltung wird anders verlaufen. Sie wird an einem anderen Ort stattfinden.«

Also ging es diesmal nicht in die Lubjanka! Sie würden mich nicht mitnehmen.

»Aber wie ist es mit Arbeit?« fragte ich erleichtert. »Ich habe Kinder.«

»Er erinnert sich an seine Kinder!« rief der Mann vom Ministerium.

»Wir haben keine Arbeitslosen. In der sowjetischen Gesellschaft ist jeder zur Arbeit verpflichtet. Aber wir betrachten wissenschaftliche Arbeit als eine Arbeit von Führungskräften, und Sie haben gezeigt, daß Sie zu solcher Arbeit unfähig sind. Sie hätten ein moralisches Vorbild für weniger hoch eingestufte Angestellte sein müssen. Aber Sie brauchen selbst noch Erziehung. Sie sind für wissenschaftliche Arbeit noch nicht reif genug, Orlow. Das ist keine Todsünde, natürlich hat jede Arbeit ihre Verdienste. Wir helfen Ihnen, eine Anstellung in einer Fabrik zu finden. Unsere Arbeiterklasse wird Sie erziehen.«

»Aber ich *komme* aus der Arbeiterklasse«, sagte ich.

»Sie –!« Iwanow sprang auf.

»Beruhigen Sie sich«, sagte Nikolajew. »Beruhigen Sie sich. Bitte, bleiben wir höflich. Wir müssen geduldig sein mit denen, die gestolpert sind.«

Erst als ich draußen war, begriff ich, daß sie, sosehr sie sich auch anstrengten, mir nichts Schlimmes anhaben konnten. Ich war dumm gewesen, sie zu fürchten. Nur weil Chruschtschow mit Alichanow und Alichanow mit uns vieren gesprochen hatte, hatte das Politbüro entschieden, uns nicht verhaften zu lassen. Aber sie hatten, daran war kein Zweifel, meine wissenschaftliche Karriere beendet. Daran würde ich nichts ändern können.

Das GLAVATOM war nur zwei Schritte von dem stinkenden Keller entfernt, in dem meine Mutter hauste. Eine elektrische Birne brannte in ihrem Zimmer, aber wenn man aus der Aprilsonne hineinkam zu ihr, war alles wie in einen dichten Nebel getaucht. Mutter lag mit dem Gesicht nach unten auf der Couch.

»Was ist los?« fragte ich.

»Es tut weh«, stöhnte sie. Ich rannte zur Poliklinik in der Ordijnka-Straße. Das war schneller, als irgendwo nach einem Telefon zu suchen. Eine junge Krankenschwester lief mit mir zurück zu Mutter und bereitete Injektionen vor. Die Schüsse wurden freigegeben. »Erst ich«, sagte die Krankenschwester. Sie schob ihr Hemd hoch, stach sich die Nadel ins Gesäß und drückte das Morphium hinein. »Sie haben schöne Augen«, sagte sie dabei und schaute mich nachdenklich an, nachdem sie das Hemd wieder hinuntergezogen und Mutters Injektion vorbereitet hatte. Mutter lächelte, aber sie war nicht in der Stimmung zu lachen. Sie hatte schon zwei Herzanfälle erlitten und konnte kaum noch laufen. Sie wurde von Schmerzen gequält.

»Die Ärzte haben gesagt, daß alles kaputt ist«, klagte sie, »nein, in der Frauenabteilung ist noch alles in bester Ordnung, als wäre ich ein junges Mädchen.«

Ich hörte ihr ängstlich zu. Das Gräßlichste war, daß sie nicht in meine Wohnung am ITEP umziehen wollte. Zum erstenmal in unserem Leben hatten wir eine Wohnung, die gemacht war für menschliche Lebewesen – und sie weigerte sich!

»Wie sollte das gehen?« fragte sie, als ich, nachdem die Krankenschwester gegangen war, dies Thema anschnitt. »Mit den Kindern seid ihr fünf; mit mir wären es sechs. Die Wohnung liegt im dritten Stock. Hier kann ich wenigstens ein bißchen im Hof sitzen. In aller Ruhe ... Ich kann keine Menschen mehr ertragen ...«

»Es ist sauber dort, und es gibt frische Luft. Wir können nach dir schauen.«

»Dort! Deine Wohnung kann dir weggenommen werden. Wo wollt ihr dann hingehen? Du weißt selbst, daß es ganz unklar ist, was mit dir geschehen wird. Aber hier ist Platz für den Notfall. Ihr könntet alle hier bei mir wohnen.«

Der Gedanke machte mich sprachlos. Sie hatten nicht nur mein berufliches Schicksal in der Hand, sondern auch die Wohnung. Die Wohnung gehörte dem Institut. Wenn Galja, die immer noch im ITEP arbeitete, entlassen würde, dann würden sie uns auch die Wohnung wegnehmen. Es gab eine lange Warteschlange dafür. Familien verbrachten oft ein ganzes Leben damit, auf eine eigene Wohnung zu warten, und vergeblich ... Aber wie hatte Mama erfahren, daß ich rausgeworfen worden war? Offensichtlich hatte ihr jemand die *Prawda* mit meinem Namen darin gezeigt – und sie, der nichts fremd war am Leben in der Sowjetunion, hatte ihre Schlüsse gezogen.

»Wir behalten die Wohnung«, sagte ich. »Und ansonsten ist alles in Ordnung mit mir. Mach dir keine Sorgen.«

»Wirklich? Ich hoffe es. Hör zu, Juroschka. Ich spüre, daß ich bald sterben werde. Ich möchte mit einer kirchlichen Feier beerdigt werden, aber mein Körper soll nicht in der Erde ruhen. Die

Würmer... Pfui Teufel... Verbrennt mich im Krematorium. Ich werde an der Seite von Fedja sein. Vergrabt die Urne im Boden beim Krematorium. Ich habe mich erkundigt, was man dafür tun muß. Ich habe sogar die Fotografien, die auf mein Grab sollen.«

Sie wurde lebhaft und zog einige, kürzlich aufgenommene Fotografien unter ihrem Kissen hervor, die ein wenig retuschiert waren, um sie jünger aussehen zu lassen.

»Such dir aus, welches du möchtest, das beste. Mach mich schön auf meinem Grab.«

Ich versprach es ihr.

»Vergiß nicht, die Bücher in die Bibliothek zurückzubringen, wenn ich tot bin.«

»Ich vergesse es nicht.«

Mutter hatte immer eine Menge gelesen. Besonders liebte sie Charles Dickens, vielleicht weil seine Bücher sie an ihre eigene heimatlose Kindheit erinnerten. Die einzige Ausbildung, die sie erhalten hatte, waren zwei Jahre auf einem Gymnasium gewesen, vor der Revolution, aber ihre Nachbarn im Hof wußten nichts davon.

»Klawdija Petrowna ist eine intelligente Frau«, sagten sie. »Sehr gebildet.«

Alichanow wurde unter Druck gesetzt, Galja, eine hochangesehene Technikerin, zu entlassen, aber er hielt diesem Druck stand. Damit war uns die Wohnung sicher. Wenn Galja arbeitete, hatten wir für uns fünf zwölfhundert Rubel im Monat, abzüglich der Unterstützung für meine Mutter, plus der schmalen Pension von Galjas Tante. Das reichte nicht für Fleisch. Aber Brot kostete nur einen Rubel das Kilo, so daß die Situation nicht wirklich schlimm wurde. Und dank der Solidarität der Wissenschaftler verfügten wir bald wieder über ungefähr den Gegenwert meines Gehalts.

Wegen des Artikels in der *Prawda* und eines Briefes, den das Zentralkomitee an alle Parteiorganisationen geschickt hatte, wurden die Namen der vier Rebellen des ITEP überall bekannt. Wissenschaftler kamen uns zur Hilfe und unterstützten jeden von uns mit tausend Rubel im Monat. An der U-Bahn-Station Lenin-Bibliothek übergab mir Boris Tschirikow zweimal heimlich Gelder, die in Moskau am ITEP und in Leningrad am Physikalisch-Technischen Institut gesammelt worden waren. Das war vielleicht das erste Mal, daß Wissenschaftler in der Sowjetunion sich zusammentaten, um einem unterdrückten Kollegen zu helfen. Unter Stalin wäre das völlig undenkbar gewesen.

Ich entschloß mich, zu Hause an Problemen der theoretischen Physik weiterzuarbeiten, als sei nichts geschehen. Obwohl es deprimierend war, von der Unterstützung meiner Freunde zu leben, berührte mich das formelle Ende meiner wissenschaftlichen Karriere, die so gut begonnen hatte, nicht übermäßig – ich vertraute meiner Fähigkeit, gute wissenschaftliche Resultate unter jeder Bedingung erzielen zu können. Galja jedoch fühlte sich tief verunsichert. »Du mußt wählen«, sagte sie. »Entweder Wissenschaft oder Politik.« Es war die Unsicherheit meiner Zukunft, die sie beunruhigte, nicht meine politischen Ansichten. Hätte ich mit aller Entschiedenheit den gefährlichen Weg der Politik eingeschlagen, mit der Aussicht auf Verhaftung, ich bin sicher, daß sie mich unterstützt hätte. Sie war schließlich eine Papkewitsch.

Die Papkewitschs stammten von polnischen Rebellen ab, die im 19. Jahrhundert in die sibirischen Goldminen verbannt worden waren. Galjas Großvater, ein polnischer Sozialdemokrat, schloß sich nach der Revolution den Bolschewiki an und war während des Bürgerkriegs Eisenbahnkommissar. Galjas Mutter war die Freundin einer jungen Verwandten von Trotzki gewesen. Bei einer Gelegenheit, als Trotzkis Räume durchsucht wurden, wurde Galjas Mutter gebeten, draußen aufzupassen und Besucher zu warnen. Sie war einverstanden, obwohl sie schwanger war. Die erste Person, die sie warnte, war ein Tschekist, der sie sofort verhaftete. Doch sie wurde, nachdem Dsershinskij interveniert hatte, bald wieder aus dem Gefängnis entlassen. Er war der Gründer und Führer der Leninistischen Tscheka, der offensichtlich mit seinen polnischen Landsleuten sympathisierte, vielleicht sogar mit Trotzki selbst. So ergab es sich, daß Galja in Freiheit geboren wurde.

Unser Fall wurde ein berühmtes Beispiel für die Unentschiedenheiten des »Tauwetters« , das Chruschtschow herbeigeführt hatte; die blutrünstigsten Tschekisten wurden verfolgt, und der Presse wurden einige Freiheiten zurückgegeben, während zur selben Zeit, draußen, die heldenhaften Ungarn brutal unterdrückt wurden und drinnen jede Regimekritik bestraft wurde. Meine Kollegen besuchten mich oft, um ihre Solidarität zu zeigen, mich aufzuheitern und über die politische Situation insgesamt zu sprechen. Während dieser Gespräche gewann ich ein sehr vertrautes Verhältnis zu Tarasow und fand einen anderen lebenslangen Freund in Valentin Turtschin, dem Physiker und Mathematiker, der mit mir die ewige russische Frage diskutierte: »Was tun?« Ich schlug vor, jemand (nur nicht ich) solle eine Arbeiterpartei gründen; Turtschin argumentierte für ein System ohne Parteien. Ich dachte lange über unsere Diskussionen nach und kam zur Überzeugung, daß die Existenz verschiedener politischer Parteien und Gewerkschaften notwendig war, um den moralischen und intellektuellen Verfall der Gesellschaft zu verhindern. Die Gefahr lag nicht im politischen Kampf selbst, sondern in der Art und Weise seiner Durchführung.

Auch mein alter Freund Schenja Bogomolow kam mich besuchen. Nun war er Wissenschaftler am ITEP. »Jurij«, vertraute er mir an, von Schuldgefühlen geplagt, und seine Augen war groß vor Verlegenheit hinter seinen dicken Brillengläsern, »drei Jahre lang, seit dem Tod des Großen Führers und Lehrers, haben sie mich in Ruhe gelassen. Ich war überzeugt, daß dies so bliebe. Aber nun wurde ich wieder gerufen und ich soll berichten, was du von der Parteipolitik denkst, über Politik im allgemeinen, über dich – du verstehst, deine Pläne für die Zukunft und das alles. Ich habe dir das erzählt, damit du weißt, warum ich komme. Spuck alles aus, von dem du denkst, du müßtest es sagen, und ich schreibe es auf.«

In diesem Wunderland, in dem ich lebte, konnte mich nichts mehr überraschen, und so gab ich drei Scheffel Unsinn von mir.

Einen Tag später tauchte mein alter Freund Schenja Kusnetsow auf. Auch er arbeitete jetzt als Wissenschaftler am ITEP.

»Jur! Drei Jahre haben sie mich in Frieden gelassen ...«

»Aber jetzt wurdest du bestellt und sollst aufschreiben, was ich von der Parteipolitik und von der Politik im allgemeinen halte und was meine Pläne sind!«

»Ha-ha-ha, du meinst, du bist auch an ihrem Haken?«

»Nein, Schenja Bogomolow war hier.«

»Ah, Schenka!«

Und Kusnetsow erzählte mir die Geschichte ihrer tragikomischen Beziehung und sagte mir auch, wer, soweit er wußte, ebenfalls Denunziationen schrieb. Dann verfaßte er, in meinem Beisein, einen Bericht über mich, und zwar so, daß dieser bei vollständiger Inhaltslosigkeit eine kristalline Plausibilität enthielt.

Beide Schenjas starben ein paar Jahre später. Schenja Bogomolow ertrank in der Badewanne seiner Wohnung, die er bezogen hatte nach der Heirat mit einer Frau mit Kind, kurz nach seinem Universitätsabschluß. Die Frau hatte ihn nicht geliebt und war offen untreu. Schenja Kusnetsows verstümmelter Körper wurde in seinem Heimatdorf in einem kleinen Schuppen gefunden, wo er die Nacht mit einem Mädchen verbracht hatte. Sein Vater rannte mit blutiger Axt zur Miliz und erklärte, daß er seinen eigenen Sohn umgebracht hatte. Aber die Milizsoldaten glaubten ihm nicht, da er an einer schweren Kriegsneurose und an Schlaganfällen litt. Sie gingen verständlicherweise davon aus, daß der Mann vor Trauer vollständig verstört war und daß der Sohn wegen eines Mädchens von Dorfjungen ermordet worden war. Die Untersuchung ergab jedoch, daß der Vater Schenja ermordet hatte – in einer Art von Wahn. Alle hatten Mitleid mit ihm und seiner unglücklichen Frau, da Schenja ihr einziger Sohn gewesen war. Der alte Mann wurde in ein psychiatrisches Krankenhaus eingewiesen.

Eines Tages im Juni, als ich auf dem Bett lag und ein bißchen Selbstmitleid hatte, kam Lew Okun, der theoretische Physiker, herein, fragte, warum ich so faul auf dem Bauch läge.

»Was soll ich denn tun?«

»Verdien Geld!«

»Aber womit?«

»Du könntest Schülern, die sich auf die Aufnahmeprüfungen vorbereiten, Stunden geben. Das wird gut bezahlt. Ich gebe dir eine Telefonnummer. Um das übrige mußt du dich selbst kümmern.«

Für die Moskauer Intelligentsia war dies ein wohlbekannter Weg, sich in schwierigen Zeiten den Lebensunterhalt zu verdienen. Aber ich war der Intelligentsia noch nicht sehr nah und wäre selbst niemals auf den Gedanken gekommen, daß wohlhabende Bürokraten sehr gut – phantastisch gut für meine Verhältnisse – dafür bezahlten, daß ihre Kinder Zugang zu den Instituten erhielten. Okuns Ratschlag änderte die ganze Situation.

Schon bald hatte ich eine ganze Reihe von Privatschülern. Den Sommer über arbeitete ich von sechs Uhr morgens bis Mitternacht, sieben Tage die Woche, und war daher auf die Unterstützung meiner Freunde nicht mehr angewiesen. Zum erstenmal in meinem Leben schaffte ich einen Kühlschrank an, ich konnte ein Radio kaufen und einen guten Anzug. Ich schickte Mama und Galja in ein Ferienheim und begann sogar Geld zurückzulegen, so daß ich mich den kommenden Winter ganz der theoretischen Physik widmen konnte.

Obwohl ich quer durch ganz Moskau zu meinen Schülern fahren mußte, verpaßte ich selten Seminare und Konferenzen, an denen man ohne besondere Erlaubnis teilnehmen durfte. Die meisten Wissenschaftler, die ich dort traf, versuchten, mich aufzumuntern. »Warum lassen Sie den Kopf hängen?« fragte Budker, obwohl ich meinen Kopf gar nicht hängen ließ. »Bedenken Sie, daß Sie ein Held sind.« Nur Lew Dawidowitsch Landau war, wie gewöhnlich, unzufrieden mit mir: »Man kann einem Menschen helfen, der weiß, was er will. Aber wenn jemand das nicht weiß, ist es unmöglich, ihm zu helfen.«

»Lew Dawidowitsch«, entgegnete ich, tief getroffen von seiner Bemerkung, »Sie haben erzählt, wie jedermann im Gefängnis in Charkow, in das man Sie 1938 gesteckt hat, dachte: Ich bin nicht schuldig. Aber die anderen müssen schuldig sein: es ist unmöglich, daß sie für nichts eingesperrt worden sind. Und nun denken Sie, ich sei mit Grund entlassen worden?«

»Sie haben etwas grundlegend mißverstanden«, entgegnete Landau auf diese ungerechte Anklage. »Damals war es nicht möglich, irgend etwas vorherzusehen. Menschen wurden willkürlich oder nur zufällig bestraft. Heute ist das anders. Sie hätten die Konsequenzen Ihrer Handlungsweise vorhersehen können, aber Sie wollten nicht. Sie haben ganz bewußt ein Risiko auf sich genommen, und wollten die Dinge dann nicht richtigstellen. Sie haben die Arbeit an einem guten Institut aufgegeben – wofür? Liegt Ihnen wirklich so viel an der Physik?«

Die Reaktion von Bruno Pontecorvo war rein ideologischer Natur. Auf einer meiner Reisen von einer Privatstunde zur anderen begegnete ich dem mysteriösen Professor im Zentrum von Moskau. Der italienische Physiker und Kommunist, der aus irgendwelchen Gründen aus dem Westen in die Sowjetunion übersiedelt war, wurde nach und nach »entdeckt«. Noch vor zwei Jahren durfte man noch nicht einmal seinen Namen erwähnen. Ich hatte ihn zuletzt in Dubna gesehen, bei einem Spaziergang am Ufer der Wolga, seine Bewacher zwanzig Schritt hinter ihm. Dubna mit seinem nicht-geheimen Synchrophasotron war damals mit Stacheldraht und Streifen umgepflügter Erde umgeben, so zuverlässig gegen Spione und Saboteure geschützt wie ein anständiges Konzentrationslager. Dubna war von Zwangsarbeitern in die Sümpfe gebaut worden. Die Stadt war auf ihren Knochen gegründet. Den Physikern war das bekannt, aber absolut niemand schien sich daran zu stören.

Pontecorvo begrüßte mich und fragte in seinem angenehmen italo-russischen Akzent: »Was war das Wesentliche an Ihren Forderungen während der Versammlung?«

»Wir verlangten die Verschmelzung von Sozialismus und Demokratie.«

»Im Sozialismus kann es keine bürgerlichen Freiheiten geben«, war sein Einwand.

Damals verstand ich noch nicht die tiefe Wahrheit seiner Bemerkung. Sie erschien mir absurd. Aber so gut kannte ich den Professor noch nicht, daß ich dies hätte aussprechen mögen.

»So ein Unsinn!« sagte ich später, noch ganz wütend, zu Alexander Gerasimowitsch, meinem alten Chemielehrer, jenem Schuldirektor, der im Mai 1941 die Komsomolzen aufgefordert hatte, Moskau nicht zu verlassen. Jetzt, 1956, als Direktor einer anderen Schule, half er mir mit der Vermittlung von Privatschülern. Auf meinem Weg zu Mutter hatte ich ihn in seinem Büro besucht. Wir tranken Tee und sprachen in völliger Offenheit über meine Unterhaltung mit Pontecorvo.

»Unsinn! Warum diese Freiheiten als bürgerlich bezeichnen? Das Recht auf freie Gewerkschaften, auf Streik und Arbeiterparteien – sind das keine Freiheiten für Arbeiter? Mit diesen bürgerlichen Freiheiten haben die Arbeiter im Westen ein viel besseres Leben als wir erreicht. Das sind Freiheiten des ganzen Volkes. Ich kenne dieses dumme Argument: Da wir keine Klassen mehr haben, brauchen wir erstens keine Freiheiten und zweitens führen sie zur Restauration des Kapitalismus. Das ist falsch.«

»Nein. Was über die Restauration gesagt wird, ist richtig«, wandte mein Lehrer ein. »Aber manchmal denke ich, daß man, gäbe es keine Kapitalisten mehr, sie erfinden müßte. Andernfalls werden wir verhungern, unter einem undichten Dach.«

Bis zu diesem Augenblick hätte ich die bloße Idee, daß der Sozialismus in Kapitalismus zurückverwandelt werden sollte, von mir gewiesen. Nun konnte ich diesen Gedanken denken. Ich sammelte die Pakete mit Brot, Butter und Schinken ein, die ich für Mutter gekauft hatte, und schlenderte tief in Gedanken versunken durch die Straßen, die von der Schule wegführten. Es war schon dunkel, als ich an ihrem Kellerloch ankam, die Stufen hinunterstieg und die Tür öffnete.

Der Körper meiner Mutter, geschmückt mit ihrem besten Kleid, lag auf zwei zusammengeschobenen Stühlen, ihre Hände waren über der Brust verschränkt. Ihre Augen waren geschlossen, ein weißes Taschentuch war unter ihrem Kinn verknotet, ihr Gesicht war traurig, ernst und ruhig.

»Wir haben sie gewaschen«, sagte eine Nachbarin, »sie muß nicht länger leiden.«

»Wann? Wie ist es geschehen?«

»Heute, im Morgengrauen. Sie schrie auf. Als ob mein Herz es fühlte, rannte ich hinüber – sie hatte schon aufgehört zu atmen.«

»Und der Arzt?«

»Natürlich haben wir einen Arzt gerufen, es ist alles gemacht worden. Sogar der Doktor sagte: Sie hat ausgelitten. Bringst du sie in die Kirche?«

»Ja. Selbstverständlich.«

»Sie hat wirklich darauf gezählt.«

»Sie bat um – Kirche und dann Krematorium.«

»Wie um Himmels willen, Kirche und Krematorium? Ist das möglich?«

»Darum hat sie gebeten. Ich habe es versprochen. Ich danke euch.«

Ich begrub die Asche meiner Mutter auf dem kleinen Friedhof des Krematoriums in der Nähe des Donskoi-Klosters, wo die Lederwarenfabrik »Internationaler Tag der Jugend« untergebracht war. Dort hatte sie den besten Teil ihres Lebens gearbeitet. Achthundert Meter vom Krematorium entfernt begann das Gelände der Dreherei Ordschonikidse, in der Petja und ich gearbeitet hatten und von der wir zusammen mit der Mutter Richtung Osten, zur Panzerfabrik im Ural, evakuiert worden waren. Ihre Gesundheit hat sie dort eingebüßt. Wenn man weiterging, wenn man die Brücke über die Gleise der Ringbahn überquerte, dann war man schon fast am weltberühmten Institut für Physikalische Probleme, dem Kapiza wieder als Direktor vorstand und an dem ich weiterhin Seminare besuchte. Aber wenn man die Brücke nicht überquerte, dann sah man auf der rechten Seite zwei halbrunde Wohnhäuser, die für die wissenschaftliche Elite und die oberen Chargen des KGB gebaut worden waren; mit wunderbaren Parkettböden, die nach dem Krieg von einem politischen Gefangenen verlegt worden waren, der der Welt nicht unbekannt ist – Alexander Solschenizyn.

Im nächsten Monat, Ende August, rief mich Alichanows Bruder, der Direktor des Instituts für Physik der Armenischen Akademie der Wissenschaften in Eriwan, in seine Moskauer Wohnung.

»Mein Bruder hat mir geraten, Sie für eine Arbeit in Eriwan anzustellen«, sagte Artemij Isakowitsch Alichanjan. »Wir sind im Begriff, einen großen Teilchenbeschleuniger zu bauen. Werden Sie kommen?«

Ich besprach das Angebot mit Galja. Ich wollte nicht so weit von Moskau weggehen, in Moskau lebten Galja und die Kinder, hier gab es meine Freunde und die besten physikalischen Institute. Meine Arbeit als Privatlehrer wurde gut bezahlt. Im privaten Kreis konnte ich jedes wissenschaftliche Problem diskutieren: Keiner der führenden Wissenschaftler hielt seine Tür vor mir verschlossen; es waren keine Stalin-Zeiten. Dennoch hing meine Zukunft an einem dünnen Faden. Heute tolerierten die Behörden das, morgen – aber wer konnte das wissen? Ich hatte Kinder. In keinem Fall würde ich in Moskau wieder wissenschaftlich arbeiten können. Aber unsere Wohnung in Moskau aufzugeben, um in eine weit entfernte Provinzstadt zu ziehen, mit zwei kleinen Kindern und Galjas ältlicher Tante, keinen Schlüssel für wenigstens irgendein Zimmer hier in der Tasche – nur ein Wahnsinniger würde sich darauf einlassen. Schließlich waren wir im Besitz einer Wohnsitz-Zuweisung in Moskau, die wir nicht hätten behalten können; und das hieß, für immer das Recht zu verlieren, in Moskau leben zu können, hieß, den Kindern die Möglichkeit einer Ausbildung in Moskau zu nehmen.

Wir entschieden, daß ich die Stelle annehmen, aber allein nach Eriwan gehen sollte. Das war der größte Fehler meines Lebens.

11
Armenien

Eintausendneunhundert Kilometer liegen zwischen Moskau und der Hauptstadt Armeniens, drei Tage Zeit, um aus dem Fenster zu schauen. Am letzten Tag fuhr der Zug an Wachtürmen vorbei, an Wachposten, Grenzsoldaten und stacheldrahtbewehrten Zäunen in mehreren Reihen. Hinter den Zäunen lagen leere Felder und dahinter noch mehr Zäune und so weiter, und hinter all dem konnten wir die Türkei sehen.

»Es gibt gar keine Sperren dort drüben«, sagte ich laut.

»Was meinen Sie, keine Sperren?« rief ein Bürger, der hastig aus der oberen Koje hinuntersprang. Genauso hastig kletterte ein anderer hinauf, um einen Schlafplatz zu ergattern. »Es gibt unterirdische Sperren, verstehen Sie? Unter der Erde! Oder mögen Sie unsere Grenze nicht? Wollten Sie das sagen?«

In Eriwan bezog ich ein Fünf-Bett-Zimmer in einem Wohnheim, in der Nähe eines hübschen begrünten Hofs an der Böschung einer Schlucht. Aus der Tiefe klang das Tosen des Rasdan herauf, und hinter der türkischen Grenze, hoch im strahlend blauen Himmel, schimmerte als weißer Tupfer der Ararat in einem Kranz kleiner Wolken. Ich mochte mein neues Zuhause in dieser angenehmen, fremdartigen Stadt. Aber ohne meine Familie war es einsam hier. Wir hätten alle zusammen in Eriwan leben sollen. Wir hätten, wir sollten …

Die Armenier hießen mich willkommen. Lächelnd kamen Fremde auf der Straße auf mich zu und sagten: »Wir wissen, wer du bist. Gefällt es dir in Armenien? Niemand wird dir hier etwas Böses tun. Alles wird gut werden!«

Jede öffentliche Kritik an der Regierung und selbst noch am toten Stalin betrachteten sie als riskantes Unterfangen. Man konnte ja nie wissen, vielleicht war der Stalinismus nur zeitweilig in Ungnade gefallen. Die Armenier verabscheuten Stalin. Nach dem Zweiten Weltkrieg hatte er die Endlösung der armenischen Frage geplant – nicht im barbarischen Stil der türkischen Janitscharen, sondern im Geist des sozialistischen Humanismus. Man hatte beschlossen, die Armenier nicht zu massakrieren, wie es die Türken 1915 getan hatten, man wollte ihnen nicht die Bäuche aufschlitzen, sondern sie nach Sibirien umsetzen. Die Technik der Massendeportation war seit langem entwickelt. Eines Nachts, nach einer Liste selektiert, nahmen sie Teile der Bevölkerung aus dem Bezirk Etschmiadsin mit, dem religiösen Zentrum der armenischen Christen. Aus irgendeinem Grund wurden die Deportationen ausgesetzt, vielleicht weil so etwas schnell erledigt werden muß, es muß ein klarer, sauberer Auftrag sein. Es funktionierte aber nicht schnell und sauber: Es gab nur eine Eisenbahnstrecke in Transkaukasien, und zu viele Armenier lebten verstreut in dieser Gegend.

Damals konnte es geschehen, daß ein Techniker, dessen Namen ich leider vergessen habe, von einer Geschäftsreise zurückkam, voller Freude, daß er Ersatzteile für die Traktoren des kollektivierten Hofs bekommen hatte, aber es erwarteten ihn weder seine Frau noch die Kinder zu Hause, und auch die Nachbarn waren verschwunden. Bei der Miliz wußte man von nichts, gab ihm aber zu verstehen, er solle sich an den KGB wenden. Er ging dort vorbei. Wir wissen von gar nichts, aber wir werden es herausfinden. Er kam ein zweites Mal. Er kam noch einmal. Ihre Familie wurde weggebracht, sagten sie, wegen Verdachts auf Spionage.

»Meine Frau? Meine Mutter? Meine kleinen Mädchen? Spione? Unmöglich!«

Die Sicherheitsorgane wüßten am besten, ob etwas der Fall sei oder nicht, sagten sie. Er wolle doch nicht mit den Sicherheitsorganen diskutieren, oder?

»Nein, nein«, sagte er, »gütiger Gott, nein. Aber was soll ich nur tun?«

»Das ist eine schwierige Situation«, sagten sie. »Wir verstehen Sie, aber wir können nichts für Sie tun. Der Zug ist weg.«

Und das entsprach der Wahrheit. Der Techniker hatte auf der Liste gestanden, als Spion, doch da er in der Nacht der Deportation nicht anwesend war, strichen sie seinen Namen von der Liste und ersetzten ihn durch den eines Junggesellen, der auch etwas von Technik verstand. Sicherheitshalber verschleppten sie jedoch die Familie des Technikers.

Der Techniker und der örtliche Tschekist zerbrachen sich den Kopf über die Situation und fanden einen Ausweg. Der Techniker, ein Armenier, schrieb ein Geständnis, in dem er sich der

Spionage für die Türkei bezichtigte, und dies Schreiben begleitete ihn, als er unter Bewachung seiner Familie hinterherreiste. Die Tschekisten behandelten die Leute, so wie man es ihnen gesagt hatte, mit Verständnis. Er fand die Spur seiner Familie in einem der Projekte zum Aufbau des Kommunismus. Seine Töchter fand er nicht – sie waren auf der Fahrt gestorben. Wenig später starb seine Frau. Der Techniker überlebte.

Was er zu erzählen hatte, schien in jenen Tagen nicht ungewöhnlich gewesen zu sein; sein Verhalten schon. Als ich jedoch die Armenier und ihre Bindung an die Familie ein wenig besser kennenlernte, wurde mir klar, daß auch sein Verhalten nicht außergewöhnlich war.

1956, als ich von all dem hörte, hatten sich die Zeiten natürlich grundlegend geändert. Man konnte jetzt ruhiger und ohne die Angst leben, verhaftet zu werden, nur weil Zwangsarbeiter für die riesigen Aufbauprojekte gebraucht wurden; oder weil deine Wohnung, deine Möbel und deine Frau dem Nachbarn zusagten; oder weil du nicht zur richtigen Zeit gesagt hattest: »Lang lebe Genosse X!« Oder es zur falschen Zeit gesagt hattest (als X gerade verhaftet worden war). Oder weil du nichts besseres zu tun hattest, als deinen Vater und deine Großmutter zu lieben, und sie nicht öffentlich verleugnen wolltest. Keiner, der nicht auf dieser surrealen Bahn ins Schleudern gekommen ist, wird verstehen, wie ungeheuer erleichtert die Menschen gewesen sind nach Chruschtschows Wendung zu elementarer Legalität. Die Gesellschaft blieb totalitär, aber sie hatte aufgehört, sich in Blut und Erbrochenem zu wälzen.

Um genau zu sein, es fühlten sich nicht alle Russen in der Weise befreit wie die Armenier. Wenn man nicht die sowjetischen Intellektuellen mitzählt, die nach Chruschtschows berühmter Rede auf dem XX. Parteitag fast alle zu Anti-Stalinisten wurden, und hierbei auch die Intellektuellen berücksichtigt, die noch einen Tag zuvor Ruhmeshymnen auf den Großen Führer verfaßt hatten oder gegen jüdische Ärzte als Giftmörder gewütet hatten – die Intellektuellen also nicht gerechnet, dann waren fünfzig Prozent der Russen für Stalin: wegen des sowjetischen Sieges im Krieg. Zudem war für viele Russen der Sozialismus immer noch ein magisches Wort, eine fixe Idee, nicht mehr berauschend, aber immer noch eine Vision, die alles rechtfertigte, was Stalin tat. In Armenien jedoch lag niemandem besonders an irgendwelchen sozialen Ideen; alle Aufmerksamkeit war auf die nationale Frage gerichtet. Ob Kapitalismus oder Sozialismus herrschte, war den Armeniern damals gleichgültig: »Ihr Russen habt euch eine Revolution gemacht – 1917, war es nicht so? – Jetzt könnt ihr diesen Brei auch alleine auslöffeln.«

Diese ziemlich verbindliche Haltung bestätigte mich in der Ansicht über sozialistische Ideen, die sich mir damals aufdrängte. Wie ich es sah, sind die Menschen nicht alle gleich geboren und können nicht gleich gemacht werden. Da viele ihrer Wertvorstellungen und Interessen zu differieren scheinen und sich sogar gegenseitig widersprechen, kann es nicht eine einzige soziale Idee geben, die jeder akzeptieren wird. Wer davon ausgeht und den Menschen eine Idee aufdrängt, der verübt ein Verbrechen an der menschlichen Natur und muß daher früher oder später scheitern. Das Wohl einer Gesellschaft fordert die Vielfalt von Ideen, wie sehr sie einander auch widersprechen mögen. Jeder von uns sollte suchen und auswählen, was ihm am besten paßt. Vielleicht wird vom Standpunkt des Nächsten aus unsere Idee gräßlich scheinen – das ist nicht wichtig. *Wichtig ist, daß wir keine Gewalt gegen Menschen anwenden, deren Ideen wir nicht mögen.* Und wir müssen immer auf der Hut sein, denn je heiliger oder wissenschaftlicher uns unsere Ideen erscheinen, desto eher werden wir gegen Häretiker Gewalt anwenden, und desto leichter wächst diese Gewalt sich aus in Gaskammern und endlosen Reihen von Gräbern mit aufeinandergeworfenen Körpern mit Einschußlöchern in den Hinterköpfen.

»Was hat Chruschtschow motiviert? Warum fühlte er sich berufen, Stalin in dieser Weise bloßzustellen?« fragte Alichanjan in einem unserer ersten Gespräche. Wir saßen in seinem Haus in Eriwan. Vor mir an der Wand hing eine Fotografie der Physikerin Nina Schostakowitsch, der Ehefrau des Komponisten. Einige Zeit zuvor war sie in der Institutsstation zur Untersuchung kosmischer Strahlung unerwartet gestorben. Alichanjan wiederholte oft, daß nicht er es gewesen sei, der seinem Freund Dimitrij Schostakowitsch die Frau weggnommen habe, genau umgekehrt sei es gewesen. Während ihrer Studienzeit hatte Schostakowitsch sie Alichanjan abspenstig gemacht. Nach vielen Jahren war sie schließlich zu ihrer ersten Liebe zurückgekehrt.

»Die Kommunisten sind es müde geworden, sich gegenseitig aufzufressen«, so beantwortete ich seine Frage. »Als sie nur die anderen verschlungen haben – die Bauern, die alte Intelligentsia –, da hat es sie sicher nicht gewürgt.«

»Die Bauern? Ach ja, die Kollektivierung. Kein Mensch erinnert sich mehr an sie. Es ist wahr. Noch etwas Kaffee?« Er fuhrwerkte ein bißchen auf dem Tisch herum.

»Jura, etwas würde ich gern wissen. Wäre es dir grundsätzlich möglich, ein Spion zu werden?«

»Ein Spion? Ich weiß nicht. Wenn ich ganz schrecklich von etwas überzeugt wäre ... und wenn es so etwas wie Krieg gäbe ... und es wäre überlebenswichtig, etwas herauszufinden ... Nein. Warum fragst du?«

»Reine Neugier.«

Zuerst hatte er gedacht, daß nur ein Spitzel des KGB so offen sprechen würde.

A. I. Alichanjan war während des Bürgerkrieges ein *besprisornik* gewesen, bis ein Rabbi ihn in den Straßen von Tiflis aufsammelte. Der armenische Junge erhielt eine streng jüdische Erziehung. Doch anders als sein asketischer älterer Bruder A. I. Alichanow* war Alichanjan ein wahrer Medici. Die besten Maler, Schriftsteller und Musiker – von denen viele mit der Staatsmacht in Konflikt geraten waren – verehrten ihn als couragierten Förderer und hervorragenden Wissenschaftler. Seine wissenschaftlichen Kollegen schätzten ihn am meisten wegen seines privaten Umgangs mit »nicht-offiziellen« Künstlern und liebten die unvergleichlichen Festessen, die er für Leute ausrichtete, die ihm oder dem Institut von Nutzen sein konnten. Alichanjan war ein rühriger Wissenschaftler und ein umsichtiger Institutsdirektor, der vielen Physikern half, die in Bedrängnis geraten waren. Aber im Gegenzug erwartete er absolute Loyalität und konnte ein gefährlicher Mann werden, wenn er den Eindruck gewann, daß er sie nicht erhielt. Es kursierte ein Gerücht, demzufolge er zu Stalins Zeiten seinen eigenen Kreis von Spitzeln unterhielt, um sich und seine Kollegen vor denen des KGB zu schützen. Es war ihm durchaus zuzutrauen, daß er

* Da beide Brüder Physiker waren und die gleichen Initialien hatten, änderte Alichanow seinen Namen leicht ab, so daß die Leute sie als Autoren auseinanderhalten konnten.

einige seiner Leute auch zu meiner Zeit noch zu seiner Verfügung hatte.

»Du hast Glück, daß du nach Armenien gekommen bist, Jura«, sagte er. »Renne nicht nach Moskau zurück. Man wird dort umgehend Hunderte von Denunziationen gegen dich schreiben.«

Das war möglich, doch in Armenien wurden die Briefe geöffnet. Solange ich im Wohnheim wohnte, ließ ich mir meine Post ins Institut schicken, und die Sekretärin, Amalija, händigte sie mir geöffnet aus. Ich wäre nicht vor Überraschung gestorben, wenn ich erfahren hätte, daß der unersättlich neugierige Alichanjan sie ebenfalls gelesen hätte. »Beachte das gar nicht, Jura«, sagte er. »Amalija ist genauso vertraut mit einem Schlüsselloch wie du mit einem Integral. Ich hoffe, niemand schreibt dir irgend etwas... Pornographisches.« Niemand schrieb mit etwas »Pornographisches«, und auch ich schrieb nichts, was gefährlich werden konnte. Wir alle hatten eine Menge gelernt zu Stalins Zeiten. Trotzdem war das Verfahren sehr lästig.

Amalija besaß die Meisterschaft in allen Branchen. Sie leitete sogar eine Zeitlang die Sonderabteilung des Instituts, bis sie einen professionellen Sicherheitsoffizier schickten. All meine numerischen Kalkulationen mußte ich ihr nach der Arbeit übergeben, woraufhin sie unverzüglich als »geheim« eingestuft wurden. Damit verlor ich das Recht, sie noch einmal einzusehen, und wenn es nur eine Stunde später gewesen wäre, denn ich galt als Sicherheitsrisiko. Daher behielt ich immer Kopien meiner »geheimen« Papiere in meinem unverschlossenen Schreibtisch; anders wäre es unmöglich gewesen, irgendwelche Berechnungen anzustellen. Der Entwicklungsplan für den Teilchenbeschleuniger mußte vor dem Herbst 1958 fertig sein, damit der Ministerrat in Moskau Zeit hatte, das Projekt zu genehmigen und es in den nächsten Fünf-Jahres-Plan aufzunehmen. Ich war für die theoretische Seite der Planung verantwortlich; Semjon Cheifets in Eriwan und Jewgenij Tarasow in Moskau halfen mir. Zu Beginn des letzten, hektischen Abschnitts unserer Arbeit, achtzehn Monate nach meiner Ankunft, überließ mir Alichanjan sein eigenes Büro, so daß ich meinen Teil des Projektvorschlags ohne Unterbrechungen ausarbeiten konnte; ich schlief sogar im Büro auf seiner Couch.

Wir waren rechtzeitig fertig. Die Revisoren lobten den Vorschlag und nahmen meinen entscheidenden Anteil daran zur Kenntnis. Der Ministerrat genehmigte das Projekt. Ich hielt nun die Zeit für gekommen, meine Dissertation zu verteidigen, die der Universität von Eriwan seit zwei Jahren vorlag, ohne daß sich etwas bewegte. Man wäre glücklich, mich meine Arbeit verteidigen zu hören, aber dies sei nur möglich mit der Genehmigung von oben. Ich schrieb einen drohenden Brief an Alichanjan: »Nehmen Sie zur Kenntnis, daß ich heute in vierzehn Tagen meine Arbeit niederlegen werde. Ich werde mich in einer anderen Stadt um eine Anstellung bemühen, nachdem es mir hier nicht gestattet wird, meine Dissertation, die den Berechnungen für den Teilchenbeschleuniger zugrunde lag, zu verteidigen.« Alichanjan, der selbst kein Parteimitglied war, rannte sofort zum Zentralkomitee der Kommunistischen Partei von Armenien.

Alle Beteiligten verstanden dieses allzu durchsichtige Spiel. Sie wußten, daß ich wußte, daß es mir auch nirgendwo anders erlaubt werden würde, meine Dissertation zu verteidigen. Aber alle wußten auch, daß ich entschlossen war, Armenien zu verlassen, sobald der Bau des Teilchenbeschleunigers auf höchster Ebene genehmigt sein würde, und ich wurde dann dringlicher denn je gebraucht. Im Oktober schon erreichte das armenische Zentralkomitee Einvernehmen mit Moskau. Es kam die Direktive von oben: Laßt Orlow seine Dissertation verteidigen. Wladimir Borisowitsch kam sofort aus Moskau geflogen, um als einer meiner Gutachter zu fungieren, und die Prozedur verlief ohne Schwierigkeiten. Und ich hatte mich selbst ausgetrickst: Nun war ich moralisch verpflichtet, in Eriwan zu bleiben, anstatt zu meiner Familie und zu den physikalischen Problemen zurückzukehren, die zu lösen ich einst gehofft hatte. Ich spürte, daß ich meine Familie und mich verraten hatte.

Nach der Promotion wurde mein Gehalt erhöht, und ich bekam eine angenehme Wohnung, in der meine ganze Familie leben konnte. Galja und ich hatten noch immer Bedenken, mit der ganzen Familie nach Eriwan überzusiedeln, also setzten wir unser getrenntes Leben fort. Ich flog auf Dienstreisen nach Moskau, und Dima und Sascha besuchten mich manchmal mit Galja oder mit einer anderen Begleitperson. Ich unternahm mit unseren aufgeweckten und neugierigen Kindern lange Streifzüge durch die Berge in der Umgebung der Station für kosmische Strahlung auf dem Aragats, fünfundvierzig Kilometer von Eriwan entfernt. Wir wanderten über Bergwiesen, picknickten mit Brot, Käse und aromatischen Wildkräutern, die wir unterwegs pflückten, und wir löschten unseren Durst mit dem von Natur aus kohlensäurehaltigen Wasser eines kleinen Flusses.

Im ganzen war das Leben leichter geworden seit der Genehmigung zum Bau des Teilchenbeschleunigers. Obwohl ich nun eine eigene Gruppe von Physikern leiten mußte und einen Lehrstuhl an der Universität von Eriwan innehatte, konnte ich mir abends oft die Zeit für einen Spaziergang in die Schlucht des Rasdan nehmen, durch die Dickichte wilder Obstbäume das strömende Wasser entlang und dann hinauf zum Garten meines ehemaligen Wohnheims. Der alte Wärter des Hauses stellte seine kupferne Kaffeekanne in den Topf mit heißem Sand auf seinen Herd, und wir nahmen unsere alten Gespräche wieder auf: Ich hörte zu, er erzählte. Jahre zuvor hatte er als Partisan gegen die Türkei gekämpft, und dann gegen die Invasion Armeniens durch die Rote Armee. Die Rote Armee hatte die Republik »befreit«, die bis dahin von der Daschnak-Partei regiert worden war – sozialdemokratischen armenischen Nationalisten.

Der vierzigste Jahrestag dieses Ereignisses fiel auf das Jahr 1960, und Chruschtschow selbst kam zu den offiziellen Feierlichkeiten. Alichanow war ebenfalls anwesend. Noch einmal setzte er sich zu meiner Verteidigung ein, und das Zählwerk des KGB, das seine Sünden registrierte, tickte weiter. Auf einem Empfang des Präsidenten der Armenischen Akademie der Wissenschaften zu Ehren des Generalsekretärs fragte Alichanow: »Nikita Sergejewitsch! Was halten Sie davon, daß Orlow an mein Institut zurückkehrt? Erinnern Sie sich an die Angelegenheit von 1956? Er arbeitet jetzt in Armenien und leistet gute Arbeit.«

»Hören Sie«, antwortete Chruschtschow, »es ist höchste Zeit, daß diese Angelegenheit vergessen wird.«

Diejenigen, »die es hören mußten«, hörten es. Am nächsten Morgen wurde ich zur Sonderabteilung zitiert, und man gab mir sofort einen Sicherheitspaß für »geheime« Arbeit. Zuerst hatte ich angenommen, daß ich aus Anlaß der Feierlichkeiten mit der Unbedenklichkeitsbescheinigung ausgezeichnet worden war, so daß ich meine eigenen Berechnungen in der Sonderabteilung durchsehen könnte. Niemand hat mir damals irgend etwas erklärt. Alichanow kehrte sofort nach Moskau zurück, während Chruschtschow seinen Besuch fortsetzte. Alichanjan erzählte mir später davon.

Die weiteren Abenteuer des Nikita Chruschtschow in Armenien

Nach einem gelungenen Ausflug zu der berühmten Kognak-Destillerie zeigte die armenische Führung Chruschtschow den berühmten Sewan-See.

»Schauen Sie, Sie sind mir wieder und wieder mit diesem... äh... Sewan-See gekommen. Sie haben gesagt, daß dieses... Wahrzeichen ihres Landes vom Austrocknen bedroht ist, die Wasserkraftwerke würden zum Stillstand kommen und die Forellen aussterben«, beschwerte sich Chruschtschow mit einer völlig monotonen Stimme. »Wo sind sie denn, die Forellen? Ich habe keine gesehen.«

»Nikita Sergejewitsch, Sie haben gestern welche gegessen!«

»Gestern, woher soll ich wissen, wo die herkamen? Vielleicht haben Sie Forellen für mich aus Amerika einfliegen lassen, ha-ha-ha, nur damit ich Ihr Projekt unterzeichne. Aus Amerika, heh?«

»Aber Nikita Sergejewitsch!«

»Was verstehen Sie von Fisch? Als ich ein kleiner Junge war, so groß etwa, fing ich so große Hechte – nein, so groß – mit der Angelrute und Haken! Besorgen Sie mir eine Angel, und ich werde herausfinden, ob dieser Stolz Ihres Landes einen Dreck wert ist oder nicht.« Aus dem Nichts zauberten sie Angelhaken mit Schwimmern, und Nikita Sergejewitsch begann fachmännisch Forellen zu angeln.

(Der wunderschöne Bergsee war wirklich am Austrocknen. Man hatte sein Wasser durch unterirdische Kanäle, die man in den Berg getrieben hatte, zu Wasserkraftwerken geleitet und damit den Wasserstand des Sees um neun auf dreizehn Meter gesenkt. Man hätte den Verbrauch des Seewassers reduzieren und dies mit der Stillegung von Industrieanlagen mit hohem Energiebedarf kompensieren müssen, zum Beispiel durch Stillegung der

Fabrik zur Herstellung von synthetischem Gummi, die ihren verheerenden orangefarbenen Qualm in die Luft blies. Statt dessen kamen sie mit der Idee für ein neues Projekt, einen unglaublich langen Kanal durch den Berg, durch den Wasser aus dem Fluß Arpa in den Sewan-See geleitet werden sollte. Dieses aberwitzige Vorhaben bedurfte aberwitziger Millionen aus dem Staatshaushalt, mit anderen Worten, eine Unterschrift der obersten Führung. Und wenn nicht dieses glückliche Datum der »Befreiung Armeniens« gewesen wäre, wäre das Projekt bald vergessen worden.)

Der angelnde Nikita Sergejewitsch fing nicht einen Fisch. Es war auch fast unmöglich, in diesem See vom Ufer aus einen Fisch zu fangen. Dem Generalsekretär ging die Geduld aus. Leuchtende Hoffnungen verblaßten. Es ging nun nicht mehr darum, einen See zu retten: Orden und Karrieren waren bedroht. Nun war der entscheidende Augenblick gekommen, in dem der weitere Verlauf der Geschichte von einem einzigen Schritt abhängt. Und dieser Schritt wurde getan. Der Sekretär der örtlichen Partei veranlaßte, daß ein Taucher mit lebenden Forellen in einem Netz hinuntergeschickt wurde. Der Taucher befestigte zwei Forellen am Haken. Er hätte noch mehr daran hängen können, aber der Sekretär hatte nur zwei verlangt. So fing Nikita Sergejewitsch zwei große Forellen. Der Fang war ein furioser Erfolg. Die ganze aufgeregte Gesellschaft begab sich ins Achtamar-Restaurant. Der Tisch wurde beladen mit Forellen; für Nikita Sergejewitsch wurden die Forellen zubereitet, die er selbst gefangen hatte. Und an ebendiesem Tisch kritzelte er seine Unterschrift unter das Dekret zum Bau des Tunnels. Für dieses Ereignis hatte die armenische Parteizeitung einen Artikel über das bemerkenswerte neue Bauvorhaben vorbereitet, das die unverletzliche Freundschaft zwischen den Völkern der UdSSR symbolisiere.

Einige Jahre nach diesen Ereignissen, als Chruschtschow nicht mehr im Kreml, ich aber immer noch in Armenien arbeitete, lud mich derselbe Parteisekretär ein, am Maifeiertag seinen Bezirk um den Sewan-See zu besichtigen. Ich war interessiert und nahm die Einladung an. Er zeigte mir die Wasserkraftwerke, die Einrichtungen für Pflanzenzucht, die Forellenbrutplätze und so weiter. Am nächsten Morgen stand ich mit ihm auf einer schmalen hölzernen Plattform im Zentrum der kleinen Stadt Sewan und beobachtete den Aufmarsch der Arbeitervertreter. Ich war ein Niemand, ein seit langem aus der Partei ausgestoßener Physiker, aber die Demonstranten wußten davon nichts und brüllten uns beiden gleichermaßen ihr »Hurra!« zu. Einige ärmlich gekleidete Arbeiterinnen, ich glaube, sie kamen aus einer Kurzwarenfabrik, marschierten mit kommunistischen Losungen auf Spruchbändern an uns vorüber. Eine Gruppe von Pionieren aus den umliegenden Dörfern fuhr schweigend in einem Lastwagen an uns vorbei, mit weißen Hemden und roten Halstüchern und blau vor Kälte. Stundenlang hatten diese jungen Pfadfinder auf der Ladefläche des Wagens neben der Tribüne gewartet, in einer Minute waren sie an uns vorbei. Soweit die Demonstration der Kinder. Dann marschierten die anderen Repräsentanten vorbei, zu zweit oder zu dritt, und ganz am Schluß lief ein einzelner Mensch, der ein Spruchband der Partei trug.

»Wer ist das?« fragte ich.

»Der Taucher.«

»*Dieser* Taucher?«

»Genau der. Wir haben nur einen.«

»Können wir vielleicht mit ihm sprechen?«

»Sicher, es ist kein Geheimnis mehr.«

Doch der Taucher war klug genug, einem Gespräch über seine Erinnerungen an Chruschtschow auszuweichen.

Selbstverständlich hatte Chruschtschow viele Seiten, aber im großen und ganzen mag ich ihn. Er war der erste sowjetische Diktator, der nicht völlig unsensibel für das Volk war. Er entthronte Stalin. Er befreite, sofern sie überlebt hatten, die Unschuldigen aus den Lagern. Er traf die Entscheidung, Korn aus dem bourgeoisen Westen für das sowjetische Volk zu kaufen. Er ließ in großem Ausmaß Wohnungen bauen, das erste Mal in all den Jahren der Sowjetmacht. Er gründete Rentenkassen für Pensionäre, die in den Städten kurz davor waren, an Hunger zu sterben. Er bohrte ein kleines Loch in den Eisernen Vorhang. Wir werden gar nicht erst aufrechnen, was er *nicht* getan hat. Aber Chruschtschow führte das Land von einem Regime der völligen Selbstzerstörung in einen moderaten Totalitarismus, in dem der Durchschnittsbürger zumindest friedlich in seinem Bett sterben konnte.

Meine Position am Institut wurde immer besser. 1961 wurde ich Leiter eines Labors und veröffentlichte über fünfzig wissenschaftliche Publikationen. Dennoch war ich der Arbeit am Teilchenbeschleuniger überdrüssig und wollte nicht länger getrennt von meiner Familie leben. Doch als ich Alichanjan sagte, daß ich nach Moskau zurückkehren wollte, drohte der alte Medici wütend damit, mir alle möglichen Schwierigkeiten zu machen. Sein Institut war ja auch verzweifelt auf meine Hilfe angewiesen, um den Teilchenbeschleuniger, den ich entwickelt hatte, zu bauen. Ich saß in der Falle. Seit nunmehr fünf Jahren war ich in Eriwan. Fünf Jahre Familienleben aus der Entfernung.

Im nächsten Jahr ruinierte ich dies Familienleben endgültig.

Sie arbeitete als Elektroingenieurin in Alichanjans Institut. Sie war lebendig und talentiert, spielte Klavier und Tischtennis, und sie fuhr Motorrad. Ihr Urgroßvater mütterlicherseits war Pijpin, ein bekannter Literaturwissenschaftler des 19. Jahrhunderts, und sie war entfernt verwandt mit einem Demokraten des 19. Jahrhunderts, mit Tschernyschewskij – das machte mich neugierig, aber das erklärt überhaupt nichts. Meine Freunde in Eriwan versuchten mich zur Vernunft zu bringen. Sie meinten es gut, packten es aber falsch an. Der Physiker, der dem Gewerkschaftskomitee vorstand, berief eine Versammlung ein, um das unwürdige Verhalten des Gewerkschaftsmitglieds Ira, meiner Freundin, zu diskutieren, die in das Familienleben eines verheirateten Mannes eingedrungen war. Er glaubte, das würde mich retten. Natürlich »diskutierten« die Genossen so etwas gerne und mit Rage, und sie verurteilten Ira schließlich. Ich war nicht anwesend, da ich schon 1956, während meiner Zeit bei der ITEP, aus der Gewerkschaft ausgetreten war, als diese sich weigerte, entlassene Mitglieder zu verteidigen. Das Treffen bekräftigte nur meine Entschlossenheit, bei meiner geächteten Freundin zu bleiben.

Im folgenden Jahr fand ich, immer noch empört über Alichanjans grobe Drohungen, eine Halbtagsstelle in einer Abteilung von Budkers Institut für Nuklearphysik in Nowosibirsk. Dort begann ich eine Zusammenarbeit mit Wladimir Baier über die Quantendepolarisierung von Elektronen und verteidigte meine zweite Dissertation. Während ich zwischen Sibirien und Eriwan pendelte, zog Ira, die jetzt schwanger war, zu ihren Eltern nach

Nowosibirsk. Budker hatte eine bemerkenswerte Mannschaft aufgebaut: Alle, Techniker und Arbeiter eingeschlossen, waren erstrangige Spezialisten, die Budker selbst berufen hatte. Er war wie ein weiser alter Rabbi, sah sogar ein wenig so aus, jetzt, da er sich einen Bart wachsen ließ. Als er Ira das erste Mal gesehen hatte, sagte er mir mit leisem Bedauern: »Jura, du lebst im Bann der Hysterie.« Aber er gab uns eine riesige Institutswohnung, um uns zu helfen, ein neues Leben zu beginnen.

Unsere Verbindung konnte keine glückliche sein, selbst nach der Geburt von Lew – den wir so genannt hatten nach Lew Tolstoi, vielleicht um mir selbst mit der Erinnerung an den großen Moralisten zu schmeicheln.

Mein Schuldgefühl gegenüber meinen beiden anderen Kindern, für die das alles eine Katastrophe war, vergiftete mein Glück. Meine egoistischen Hoffnungen, daß die Kinder in »zwei Familien« leben würden, zerplatzten rasch. Immer noch wie vom Donner gerührt, verbot Galja den Kindern, mich zu sehen. Es stellte sich schnell heraus, daß Ira und ich völlig unterschiedliche Lebensauffassungen hatten. Sie war enttäuscht, und zwei Jahre nach Lews Geburt verliebte sie sich in jemand anderen. Wir lebten weiterhin zusammen, aber ich war verzweifelt. Entschlossen, mein weiteres Schicksal dem Zufall und einer mondlosen Oktobernacht zu überlassen, machte ich mich auf, den östlichen Gipfel des Aragats zu besteigen.

Vor Millionen von Jahren war der Aragats ein Vulkan gewesen. Davon übriggeblieben waren drei Gipfel, die, über 5000 Meter hoch, einen 450 Meter tiefen Krater umstanden, über dem, wie über einem Suppentopf, die Wolken wogten und wirbelten. Der Oktober konnte schon Schnee und Nebel bringen, und der Aufstieg war schwierig. Am frühen Morgen erreichte ich die Station für kosmische Strahlung, trieb mich den ganzen Tag in den Laboratorien herum, und war mit dem letzten Tageslicht am Fuß des Gipfels. Rasch brach die Nacht herein. Steine, Hände, Füße, alles verschwand zugleich mit meinem Verlangen, weiter aufzusteigen. Ich kroch aufwärts, ertastete meinen Weg zwischen den steilen Felswänden, rutschte zwischen Felsblöcken auf dem Bauch. Endlich erreichte ich eine grasbedeckte Senke zwischen den Felsen und konnte nicht weiter. Die Nacht war majestätisch. Ich erwachte in einem wundervollen

Bergmorgen. Eine riesige, himbeerrote Wolke hing über dem Horizont. Ich fühlte mich wie ein Idiot und machte mich auf den Rückweg.

Schon bald forderte ich das Schicksal noch einmal heraus: Ich balancierte am äußersten Rand einer Hängebrücke entlang über die tiefe Schlucht des Rasdan. Als ich mich schließlich einige Wochen später etwas beruhigt hatte, wurde ich von einem Laster angefahren. Ich hatte die Nacht durchgearbeitet und hatte es an diesem Morgen eilig, rechtzeitig vor dem akademischen Rat zu erscheinen. Halb verschlafen rannte ich zum Bus, ich schaute hoch und sah den Lastwagen direkt auf mich zufahren. Das letzte, woran ich mich erinnerte, war ein Gefühl des Bedauerns.

Auf dem Beifahrersitz kam ich zu mir, verwirrt, Blut lief mir über die Augen. Wo fuhren wir hin? Weinberge ... Wieder kam ich zu mir. Steine ... Nur jetzt nicht wieder ohnmächtig werden! Wohin fuhren wir nur?

»Kehren Sie um«, sagte ich dem Fahrer. Der antwortete nicht, blickte mich auch nicht an. »Kehren Sie um!« Wieder keine Antwort. Der Lastwagen fuhr Gott weiß wohin.

»Kehren Sie um, Sie verdammter Idiot!«

Der Lastwagenwagen schaute mich immer noch nicht an, wendete aber und raste zurück in die Stadt zur nächsten Poliklinik. Ich taumelte aus dem Führerhaus, er fuhr davon, die Sanitäter stürzten auf mich zu ...

Nach sechs Jahren eines nicht sehr erfolgreichen gemeinsamen Lebens trennten Ira und ich uns schließlich. Doch konnte ich ihr ein Jahr zuvor noch helfen, nach Moskau umzuziehen, wohin sie immer gewollt hatte. Auf Empfehlung von Alichanow und Pomerantschuk wählte mich der akademische Rat des ITEP einstimmig zum wissenschaftlichen Leiter in Pomerantschuks Abteilung. Es war klar, daß ich einen Teil der Zeit weiterhin für Alichanjan in Eriwan arbeiten würde. Die Entscheidung des Rats gab mir das Recht, meine Wohnung in Eriwan gegen eine in Moskau einzutauschen, mir stand wieder eine Aufenthaltsgenehmigung für Moskau zu. Doch gerade als ich diese erhalten hatte, womit auch Alichanow das offizielle Recht bekam, mich einzustellen, wurde ich von Burlakow, einem Mitarbeiter des Militärisch-Industriellen Komitees zu einer Unterredung gebeten – zu einer Einrichtung, von deren Existenz der sowjetische Durchschnittsbürger nicht einmal etwas ahnte.

»Wir helfen Ihnen, an jedes Institut zu wechseln, selbst zu Serpuchow, in Ordnung? Ausgenommen ist nur das ITEP. Das Institut ist für Sie, wie ihr Physiker sagt, ein ›singulärer Punkt‹.«

»Warum?«

»Warum? Das will ich Ihnen offen sagen. Es hat sich dort in letzter Zeit ein ungesundes moralisch-politisches Klima entwikkelt.«

Ich ging zu Pomerantschuk. »Wird Ihnen das nicht schaden?« fragte ich ihn. »Ich bin in die Akademie gewählt worden. Mir kann jetzt nichts mehr schaden«, antwortete er. Alichanow hatte bereits angeordnet, mich am ITEP einzustellen, und wenn ich zur Arbeit erschiene, würde er dazu stehen. Doch jetzt, nach diesem Gespräch mit dem Mann des Militärisch-Industriellen Komitees, war mir klargeworden, daß es in höchstem Maße egoistisch sein würde, diese Stelle anzunehmen: Jeder konnte den KGB die Messer wetzen hören, weil Alichanow sich geweigert hatte, Alexander Kronrod zu entlassen. Kronrod, der hervorragende Organisator der mathematischen Abteilung und von deren Rechenzentrum, war ein langjähriger Mitarbeiter von Alichanow. Er hatte einen Brief an den Gesundheitsminister unterzeichnet, um damit den mutigen regimekritischen Mathematiker Alexander Esenin-Wolpin zu verteidigen, der, als völlig gesunder Mensch, in einer Irrenanstalt interniert worden war. Daraufhin wurde Alichanow befohlen, Kronrod zu entlassen. Als er sich weigerte, wurden am Institut große Treffen einberufen, um die beruflichen Qualitäten des Leiters der mathematischen Abteilung zu »diskutieren«. Einer von Alichanows Abgesandten (ein Parteimitglied) wurde gezwungen, einen Antrag auf Kronrods Entlassung zu unterschreiben, woraufhin fast alle Mathematiker aus Protest ihren Rücktritt erklärten.

Ich bedachte das alles und zog mich nach Armenien zurück, um beim Start des Teilchenbeschleunigers behilflich zu sein. Ira und Lew zogen nach Moskau, und das Institut in Eriwan verschaffte mir vorübergehend eine kleine Wohnung. Nicht lange danach erlitt Alichanow einen Herzanfall und konnte »aus gesundheitlichen Gründen« vom Direktor zum Leiter eines Laboratoriums degradiert werden. An seine Stelle wurde ein Parteimitglied gesetzt, der Physiker I. W. Tschuwilo aus Dubna.

Nach den zehn Jahren seiner langsamen Entwicklung war der Eriwaner Teilchenbeschleuniger technisch überholt. Schließlich ist eine solche Anlage keine Bonbonfabrik. Wir wurden dennoch angewiesen, ihn zum 50. Jahrestag der Oktoberrevolution, im November 1967, in Gang zu setzen. An diesem besonderen Tag waren Ordensverleihungen, Beförderungen und große Preise fällig, und es war daher sehr nützlich, große Errungenschaften präsentieren zu können. Aufgrund meiner Haltung gegen die Partei hatte ich keine Auszeichnungen zu erwarten (obwohl der akademische Rat des Instituts mich für den Lenin-Preis vorgeschlagen hatte), aber, nervös wegen des bevorstehenden Probelaufs des Teilchenbeschleunigers, war mir dies gleichgültig. Als der Teilchenbeschleuniger zusammengebaut war, bekamen wir ihn schnell in Gang. Ich war zufrieden und endlich befreit von meinen moralischen Verpflichtungen gegenüber Alichanjan.

Dann wurde das Zuckerbrot verteilt. Der Lenin-Orden – die höchste Auszeichnung – ging an den stellvertretenden Direktor, Sergeij Jesin, ein sehr intelligenter Ingenieur und ein bis zur Verblödung orthodoxer Leninist. »Der Lenin-Orden ist eine heilige Ehre für mich!« erklärte er. »Ich könnte nicht weiterleben, wenn mir bewiesen würde, daß der Leninismus nicht richtig ist.« Der Sekretär des Zentralkomitees der Kommunistischen Partei Armeniens kam auf mich zu. »Wenn Sie sich jetzt zu einer Bewerbung um Aufnahme in die Partei entschließen«, sagte er, »werden wir uns mit Moskau arrangieren. Nicht nur, daß Sie wieder aufgenommen würden, die seit 1956 vergangenen zwölf Jahre würden auf ihre Parteizugehörigkeit angerechnet. Verlieren Sie keine Zeit!« Das war die mir zugedachte Auszeichnung.

Ich war neugierig, was die Leute über diese haarsträubende Ehre dachten, und erkundete die öffentliche Meinung mit der Frage: »Soll ich das Angebot annehmen und wieder in die Partei eintreten?« Alle antworteten: »Ja«.

In Moskau stellte ich Alichanow, der nicht länger Direktor des ITEP war, dieselbe Frage.

»Hast du das nötig?« fragte er.

»Nötig habe ich das ganz bestimmt nicht. Aber die Leute sagen, ich könnte die Erlaubnis zu Auslandsreisen bekommen.«

»Ich würde in diesen Eimer Scheiße noch nicht mal wegen einer Auslandsreise kriechen!« Alichanow schnippte mit den Fingern. Das hatte ich von Abram Issaakowitsch zu hören erwartet.

Ich kroch nicht in den Eimer.

12
Rückkehr

Im August 1968 besetzte die sowjetische Armee an der Spitze der Truppen des Warschauer Paktes die Tschechoslowakei. Der »Prager Frühling« wurde niedergewalzt.

Während dieser dramatischen Tage traf ich keinen einzigen Intellektuellen unter meinen vielen Bekannten, der sich nicht mit der Idee der Tschechoslowaken, dem Versuch, den sowjetischen Sozialismus in einen »Sozialismus mit menschlichem Antlitz« zu verwandeln, beschäftigt hätte. In den Küchen von Moskau, Nowosibirsk, Leningrad und Eriwan gab es hitzige private Debatten. Niemand verteidigte die sowjetische Seite, niemand mochte die Regierung, und – und nichts. Keine von den bedeutenden Persönlichkeiten protestierte öffentlich gegen die sowjetische Militäraktion. Sich in Außenpolitik einmischen? Niemals! Das wäre zu gefährlich, zu bedrohlich die Anklage wegen Hochverrats. Genau das war die poststalinistische »Trägheit der Angst«, von der mein Freund Valentin Turtschin später sprach.

Die Frage war auch: *Wie* sollte man protestieren? Schreiben? Das würde nie veröffentlicht. Mit Transparenten auf die Straße gehen? Niemand, außer dem KGB, würde dem Spruchband folgen – jedenfalls nicht in Eriwan, wo die Armenier an Politik, die mit Armenien nichts zu tun hatte, kein Interesse zeigten. Und auch nicht in Rußland. Dort beschimpften die Leute auf der Straße die undankbaren Tschechoslowaken, die vergessen hätten, daß es die sowjetische Armee war, die sie vor den Nazis gerettet habe. Auch bei spontanen Diskussionen auf der Straße in Eriwan brachten einige Russen diese Ansicht zum Ausdruck. »Das ist vollkommen richtig« – so weit stimmte ich zu – »die Rote Armee hat die Tschechen von den Nazis befreit. Und wer einmal eine Frau vor Frauenschändern gerettet hat, hat natürlich das Recht, sie sich jeden Tag vorzunehmen.« Aber man berief sich auf die Zeitungen, die doch ganz klar bewiesen, daß, wären nicht unsere ruhmreichen Streitkräfte einmarschiert, die Tschechoslowakei durch die westdeutsche Armee und die Truppen der Vereinigten Staaten besetzt worden wäre. Diese Dummheit machte mich zornig.

Damals erschien mir bereits das in den skandinavischen Ländern erprobte und verläßliche Modell eines »Kapitalismus mit menschlichen Zügen« einer Nachahmung wert. Ich bezweifelte, daß die Hoffnung der Tschechoslowaken realistisch war. Dennoch, meine Sympathien gehörten ihnen ungeteilt, weil sie die Methoden der Diktatur ablehnten.

Die meisten Armenier schwiegen und nur hin und wieder lächelten sie vorsichtig, wenn sie mich über dieses Thema reden hörten. Es gab jedoch einen, der bei solchen Gelegenheiten mit unbewegtem Gesicht schwieg, der aber seine Stimme wiederfand, als der KGB Hilfe nötig hatte. »Orlow betrieb antisowjetische Hetze und Propaganda gegen den Einmarsch der sowjetischen Streitkräfte in die Tschechoslowakei.« Das las ich zehn Jahre später in seiner schriftlichen Zeugenaussage. Dieser Akop Aleksanjan war ein unauffälliger Physiker am Institut gewesen. Das änderte sich erst, als seine attraktive Tochter den Sohn des ersten Sekretärs des Zentralkomitees der Kommunistischen Partei von Armenien heiratete. Plötzlich entdeckte Akop bei sich eine inbrünstige Liebe zur Partei. Sein Stern ging auf. Er wurde zum Sekretär der Kommunistischen Partei des Instituts gewählt. Und er kaufte sich eine große Aktentasche.

Einige Wochen nach dem sowjetischen Einmarsch in die Tschechoslowakei tauchte in Eriwan ein Samisdatbericht* aus Moskau auf. Er war von einem mutigen, anonymen Schreiber auf dünnem, durchsichtigem Durchschlagpapier geschrieben worden. Im August, so hieß es dort, hätten sieben Menschen auf dem Roten Platz gegen die Invasion demonstriert. Es wurden Namen genannt, ich kannte Larissa Bogoras, Dissidentin und Ehefrau des eingesperrten Exilschriftstellers Julij Danijel. Die Gruppe hatte gerade Zeit, das Transparent mit der Zeile

* *Samisdat* bedeutet »Selbst-Veröffentlichung« und bezieht sich auf ein System von privat und geheim vervielfältigten und unabhängig von offiziellen Stellen zirkulierenden Materialien. Kennzeichnend dafür waren politische Aufsätze, die die Regierungspolitik kritisierten, und Dokumentationen, die Informationen weitergaben, welche die Regierung unterdrücken wollte. In den sechziger Jahren entfaltete sich Samisdat sprunghaft zu einer Quelle unabhängiger Information und freier Meinungsäußerung in der Sowjetunion. Samisdat spielte eine große Rolle bei der Wiederbelebung der Intelligentsia.

FÜR EUREN FRIEDEN UND UNSEREN! auseinanderzufalten, da wurden sie schon geschnappt, zusammengeschlagen und in einen Schwarzen Raben* gezerrt, der gerade vorbeikam. Seit 1956 hatte ich nichts dazu beigetragen, dieses schreckliche und idiotische Regime zu verändern.

Inzwischen war ich Professor und Korrespondierendes Mitglied der Armenischen Akademie der Wissenschaften geworden. Aber es waren nicht diese Titel und das damit verbundene hohe Gehalt, es war auch nicht die Angst, die mich von öffentlichen Aktionen gegen das Regime abhielten. Nein, der Hauptgrund war ein anderer. Wenn ich nur meinen Mund öffnen würde, würde ich endgültig aus der Welt der Wissenschaft, die ich liebte, vertrieben werden. Dies war schon einmal geschehen, und es würde mir nicht leichtfallen, dies noch einmal zu ertragen. Einen so hohen Preis wollte ich allenfalls dann bezahlen, wenn ich etwas wirklich Wichtiges hervorbringen konnte. Für mich bedeutete das, das ausführliche Programm eines Sozialismus auszuarbeiten, in den das totalitäre System verwandelt werden sollte, und auch den Weg dorthin zu beschreiben. Bis dahin wußte ich nur, »was« ich wollte, aber nicht »wie« dort hinkommen. Obwohl ich nicht mehr an Sozialismus und Planwirtschaft glaubte, war mir klar, daß in der Sowjetunion jeder Vorschlag, zum Kapitalismus zurückzukehren, abgelehnt werden würde und von daher praktisch wertlos war. Irgendeine Zwischenlösung war vonnöten. Worin diese bestehen könnte, das war mir völlig unklar.

Die Zeit verging, und ich war noch immer untätig. Dies war nicht das erste Mal, daß ich mich so unbehaglich fühlte. Zu Beginn der sechziger Jahre waren in mehreren Städten Arbeiterunruhen grausam unterdrückt worden. Ich hatte davon gehört, aber keinen Finger gerührt, um die Öffentlichkeit zu informieren. Ich hatte sogar einen dieser Fälle untersucht – den Streik und das Massaker unter Arbeitern in Nowotscherkassk im Jahr 1962. Die meisten Leute wußten nichts davon; es war eine Nachrichtensperre verhängt worden. 1965, als ich Nowotscherkassk mit Ira zusammen besuchte, hielt ich dort einen Vortrag am Polytechnischen Institut. Freunde berichteten uns von den Ereignissen und erzählten über die Geschichte der Stadt. Während eines Besuches im Jahre 1967 erfuhr ich noch mehr.

* Die volkstümliche Bezeichnung für Gefängniswagen.

Nowotscherkassk war die Hauptstadt der Kosaken gewesen, die zwischen dem Kuban und dem Unterlauf des Don lebten. Ende des 19. Jahrhunderts wurde dort eine riesige orthodoxe Kathedrale erbaut und das noch mächtigere, geradezu majestätische Polytechnische Institut, außerdem Monumente zu Ehren großer Kosaken, die als Helden der russischen Geschichte galten. Die Kosaken und ihre Denkmäler wurden von den Bolschewiki vernichtet. In der Kathedrale wurde ein antireligiöses Museum eingerichtet. Aber am Polytechnischen Institut wurde gearbeitet wie unter dem Zaren; die Stadt war noch immer voller Studenten, als ich dort Vorlesungen hielt.

Im Sommer 1962 wurden in einer großen Elektrolokomotivenfabrik, zehn Kilometer von Nowotscherkassk, die Löhne um dreißig Prozent gekürzt. Gleichzeitig wurden die staatlich festgelegten Preise für Fleisch, Milch und Eier um dreißig Prozent erhöht. Mit diesen Preisänderungen verhielt es sich wie mit den bekannten Preissenkungen unter Stalin: Preise wurden zwar festgesetzt, aber es gab keine Lebensmittel in den Geschäften. Auch die Wohnsituation der Arbeiter war schrecklich – Baracken und überfüllte Kommunalwohnungen –, das war hier nicht anders als überall im Land.

Die Arbeiter streikten.

Die Behörden schickten als Antwort Truppen und Panzer in die Fabrik, in die Arbeitersiedlungen und in die Stadt. Das Militär riegelte alle Straßen ab, die in dieses Gebiet führten. Menschen wurden gefangengenommen und erhielten die üblichen Prügel. Dann schwiegen die Kalaschnikows, aber die Fabriksirenen heulten weiter. Sie riefen zum Generalstreik auf. Die Menschen legten auch in anderen Fabriken von Nowotscherkassk die Arbeit nieder.

Im Westen ist es üblich, über die angeblich angeborene Unterwürfigkeit der Russen zu reden, über ihre fatale Liebe, ihre Verehrung der Autorität. Aber man sollte einmal die Erfahrung machen, direkt vor einem Panzer zu stehen. Wohin dann rennen und flüchten? Unter die Panzer oder von ihnen weg? Die Arbeiter von Nowotscherkassk *durchbrachen* die Sperren, die von Panzern gebildet wurden. Kolonnen von Arbeitern aus den verschiedenen Fabriken begannen in die Stadt hineinzuströmen. Sie marschierten und sangen dabei die *Internationale*, trugen Bilder von Lenin und rote Fahnen. Alle Bewohner der Stadt waren auf der Straße; Kinder kletterten auf Dächer und Bäume. Als die Demonstranten die Absperrkette der Truppen durchbrachen und die Gebäude des städtischen Parteikomitees und der Miliz besetzten, wurde der Schießbefehl erteilt.

Die Soldaten schossen mit Maschinenpistolen auf Dächer und in die Bäume, dorthin, wo die neugierigen Kinder saßen, schossen in die dichte Menge, schossen auf die Panzer, an denen die Arbeiter hochgeklettert waren und die Sichtschlitze mit Kleidungsstücken verstopft hatten. Die Besatzungen der Panzer schossen nicht.

Während der ganzen Nacht spülten die Feuerwehrleute das Blut von den Straßen. Die Leichen und die vielen Verwundeten wurden auf Lastwagen weggekarrt. Außerhalb der Stadt wurden sie in Gruben geworfen, versteckt vor ihren Angehörigen. Man erzählte uns von einem verwundeten Jugendlichen, der von der Ladefläche eines Lastwagens, vollgestopft mit Körpern, entkommen war. Die Krankenhäuser konnten die vielen Verwundeten gar nicht aufnehmen, aber viele von ihnen versteckten sich oder tauchten unter.

Die Unruhen währten noch den ganzen Monat. Zwei oder drei Mitglieder des Politbüros, unter ihnen Mikojan, kamen aus Moskau. Sie drohten an, daß die Leute von Nowotscherkassk bis auf den letzten Bürger aus der Stadt deportiert werden würden. Mehr als hundert Arbeiter wurden vor Gericht gestellt und verurteilt; sieben zum Tod durch Erschießen. Die Arbeitslöhne blieben weiterhin niedrig, aber die Lebensmittelversorgung wurde verbessert, und die Preise wurden nicht angehoben. Von all dem hatte ich erfahren ... Nun, nach der tschechischen Tragödie, dachte ich noch einmal über mein Leben nach. Ich beschloß, die Wissenschaft nicht freiwillig aufzugeben: Das würde dem Tod gleichkommen. Ich würde meine wissenschaftliche Arbeit so lange fortsetzen, bis man sie mit Gewalt beendete. Aber diese totalitäre Entwicklung war unerträglich und scheußlich, wie eine Krebsgeschwulst breitete sie sich aus, überall in der Gesellschaft. Mich dem nicht zu widersetzen, hieße, mit einem ständigen Gefühl von Scham zu leben. Ich mußte etwas tun. Wenigstens konnte ich Kontakte mit den Dissidenten in Moskau knüpfen. Danach würde ich schon sehen.

In ebendiesem Herbst, nachdem ich die schmerzhafte Entscheidung getroffen hatte, mich von Ira zu trennen, lernte ich Irina Walitowa kennen. Sie war Moskowiterin und lebte mit ihrer Mutter und ihrem jüngsten Bruder in einer Kommunalwohnung. Jedes der sechs Zimmer beherbergte oder hatte jemanden beherbergt, der im Gefängnis war – die Hälfte dieser Menschen war aus politischen Gründen dort gewesen.

Irina arbeitete im Puschkin-Museum als Museumswärterin und studierte nachts Kunstgeschichte an der Universität. Ich fragte sie, ob sie mit mir ins Kino gehen wolle, und ein paar Monate später mieteten wir gemeinsam ein Zimmer in Moskau. Irina pendelte mit mir zwischen Moskau und Eriwan hin und her, zog schließlich ganz dorthin, als zwei Jahre später das Ministerium für Mittlere Technologie meine Dienstreisen einschränkte. Das Institut von Eriwan wurde jetzt vom Ministerium kontrolliert, genauso wie das ITEP.

Anscheinend war das Ministerium davon überrascht worden, daß ich, ein Russe, in die Armenische Akademie der Wissenschaften gewählt worden war. Alichanjan hatte meine Kandidatur unterstützt. Vor langer Zeit schon hatte ich ihm seinen Versuch, aus mir einen Vasallen zu machen, verziehen, denn von dieser beleidigenden Geschichte abgesehen war er mir immer ein guter Freund gewesen. Als ich in die Akademie gewählt wurde, zitierte der stellvertretende Personalminister des Ministeriums für Mittlere Technologie – Mesentsew, mein alter Tschekistenfreund vom ITEP – den Direktor des Physikalischen Instituts von Eriwan in sein Büro. Mesentsew war außer sich. Sein Stammbaum reichte wahrscheinlich bis zur zaristischen Geheimpolizei zurück. Es ist bekannt, daß ein Mesentsew im letzten Jahrhundert ein hoher Polizeibeamter war. Er wurde in St. Petersburg von einem Revolutionär erstochen.

»Wie konnte Orlow in die Akademie gewählt werden?« schrie Mesentsew Alichanjan an. »Wie konnten Sie, der Direktor, so etwas zulassen? Die Entscheidung des Rates Ihrer Akademie lag in Ihren Händen. Die Abstimmung der Akademie hing von Ihrem Standpunkt ab. Aber Sie – Sie ließen uns nicht einmal wissen, wohin das Ganze führen würde!«

Alichanjan erzählte mir nicht, wie er es fertiggebracht hatte, sich zu verteidigen. Ich kannte ihn gut, ich konnte mir ausmalen, wie er sich tief nach vorn gebeugt hatte, wie er – dieser gute und bekannte Physiker – seinen kahlen Schädel geneigt und seine Reue für die begangene politische Dummheit bezeugt haben mußte. Ich fühlte mich unbehaglich. »Dennoch, es ist eine vollendete Tatsache!« sagte Alichanjan zu mir und lächelte. »Man hat dich gewählt. Man kann nicht noch einmal darüber abstimmen.« (Er hat sich geirrt. 1979, als ich im Arbeitslager war und er in seinem Grab, wurde ich aus der Akademie ausgestoßen.)

1970 erließ das Ministerium eine offizielle schriftliche Anordnung: »Um Mittel zu sparen«, durften Wissenschafler nur noch zweimal im Jahr, für jeweils sechs Tage, zu offiziellen Anläßen nach Moskau reisen. Es gab eine zusätzliche Klausel: »In Ausnahmefällen ist es gestattet...« In meinem Fall wurde niemals eine Ausnahme gemacht. Die Einschränkung meiner Reisen durch das Ministerium hätte zu keinem schlechteren Zeitpunkt kommen können. Die Idee, einen großen 100 GeV-Beschleuniger für Elektronen und Positronen zu bauen, hatte Gestalt angenommen. Mein Institut in Eriwan hatte mit der Ausarbeitung des Entwurfs begonnen. Gespräche mit Wissenschaftlern in Moskau waren dringend notwendig. Außerdem wollte ich Kontakte zu Dissidenten knüpfen. Auch hatte sich meine Beziehung zu Galja verbessert; ich konnte Dima und Sascha in Moskau jetzt jederzeit sehen.

Während meiner nun selten gewordenen Dienstreisen außerhalb von Eriwan kreuzte Makarow-Semljanskij oft meinen Weg, ein rattengesichtiger Bürokrat aus dem Ministerium. Er verstellte mir den Weg auch. Das war bei einer kleinen Tagung zum sowjetischen Programm der Teilchenbeschleuniger. Alichanjan hatte mich inoffiziell dazu eingeladen. Mein neues Beschleuniger-Projekt sollte besprochen werden. Makarow-Semljanskij befahl mir, dem Konferenzraum fernzubleiben. Ich versäumte all die Berichte, auch Victor Weisskopfs Stellungnahme zum sowjetischen Programm. Er war eigens dafür aus den Vereinigten Staaten gekommen. Als Weisskopf den Saal verließ, sah er mich vorwurfsvoll an, aber ich beschloß, davon kein Aufhebens zu machen und nichts zu erklären.

Unter solchen Bedingungen arbeitete ich zwei weitere Jahre in Eriwan. 1972 war meine Geduld schließlich erschöpft. Ein Telegramm der Moskauer Akademie hatte mich, als Mitglied des Präsidiumsrates, zu einer Sitzung des Präsidiums zu Fragen des

Beschleuniger-Programms geladen. Da ich das Kontingent der zwei Dienstreisen nach Moskau, die mir gestattet waren, bereits ausgeschöpft hatte, traf ich mit Alichanjan die Verabredung, auf eigene Kosten zum Treffen zu fliegen. Makarow-Semljanskij sah mich dort. Zurück in Armenien, wartete schon die Antwort des Ministeriums auf mich: ein Verweis und ein Gehaltsabzug für die zwei Tage, die ich in Eriwan »nicht zur Arbeit erschienen« war. Nun war es genug. Es war dem Ministerium offensichtlich entgangen, daß ich noch eine Wohnberechtigung für Moskau besaß. Ich war nicht vollständig abhängig von diesen Bürokraten. Ich kündigte.

Genau zu diesem Zeitpunkt wurde Artemij Issaakowitsch Alichanjan von seinem Posten als Direktor abgesetzt. Er hätte leicht im Gefängnis landen können. Als der Beschleuniger 1967 in Gang gesetzt wurde, mußten Arbeiter und Techniker großen Einsatz leisten, rund um die Uhr, also mußten sie für diese ja ungesetzlichen Überstunden auch irgendwie entlohnt werden. Alichanjan setzte die Ehefrauen, die noch nie einen Beschleuniger gesehen hatten, auf die Lohnliste. So wurde das überall in der Sowjetunion gehandhabt. Und weil es funktionierte, drückten die Zuständigen gewöhnlich, falls es nicht zu Schwierigkeiten mit höheren Vorgesetzten kam, ein Auge zu. Kam es doch zu Schwierigkeiten, so war es überhaupt nicht schwer, den verantwortlichen Geschäftsführer ins Gefängnis zu schicken, ihn zumindest zu feuern. Alichanjan wurde gefeuert. Glücklicherweise hatte er im Physikalischen Institut von Lebedew ein Labor; er verließ Armenien kurz nach mir.

Zu meiner Überraschung war ich nach den sechzehn Jahren, die ich in einer Art von Exil in Armenien verbracht hatte, ziemlich traurig, als ich von dort weggehen mußte. Ich hatte mich in die mit sonnenverbranntem Gras bedeckten Berge verliebt, in die mit Flechten bewachsenen Steine, ich liebte die Terrassen, auf denen die Kinder herumtollten, die alten Höfe und die engen Seitengassen, die freundlichen, friedlichen, hart arbeitenden Menschen. Wie auch immer, in unserem Land ist für Melancholie nicht viel Raum – und noch weniger für Langeweile. Um meine offizielle Entlassung und die fällige Rückzahlung zu bekommen, mußte ich meine einstweilige Wohnung an das Institut zurückgeben.

Ich hatte alles fertiggepackt und ausgeräumt, als die Frau meines Kollegen Garik in meiner Abwesenheit die Wohnung betrat, die Türe von innen abschloß und sich auf den Boden setzte. Sie erwartete jeden Moment ihr zweites Kind und war entschlossen, den Wohnraum mit Gewalt zu besetzen. Aus irgendeinem Grund war ihre Familie immer übergangen worden, wenn im Institut eine gute Wohnung zur Verfügung stand. Viele Jahre hatten sie und ihre Kinder in einem Zimmer im Gästehaus des Instituts gewohnt. Gariks Studierzimmer war das kleine Bad. Dort saß er auf der Kloschüssel und schrieb auf einem Tisch, den er sich eigens dafür zurechtgemacht hatte.

In der Zwischenzeit waren Dima und Sascha am Schwarzen Meer und warteten auf Irinas und meine Ankunft. Aber ich wollte nicht abfahren ohne meine offizielle Entlassung. Und außerdem hatte der Parteisekretär Akop Aleksanjan überall herumposaunt, daß Garik (der selten zwanzig Kopeken in seiner Tasche hatte) mir für den Schlüssel der Institutswohnung zwanzigtausend Rubel gegeben habe.

»Garik«, drängte ich meinen Kollegen, »um Gottes Willen, erklär ihr das!«

»Du kennst sie«, erwiderte Garik mit einem Achselzucken. »Wenn sie einmal ihre Absätze eingräbt, ist es unmöglich, sie von der Stelle zu bewegen.«

»Räumt die Wohnung«, verlangte ich und setzte damit unsere langjährige Freundschaft aufs Spiel. Nachdem er einen halben Tag durch die Tür verhandelt hatte, brachte Garik seine Frau dazu, die Wohnung zu verlassen.

Als die Angelegenheit mit der Wohnung endlich geklärt war, ging ich die Unterschrift bei der betreffenden Abteilung abholen. Der Abteilungsleiter, ein angenehmer und tüchtiger Mann, unterschrieb meine Entlassung und streckte mir die Hand entgegen. Ich schüttelte sie, ohne nachzudenken, und erinnerte mich erst danach an das, was mir gerade am Vortag erzählt worden war. Es war dieser Mann, den eine alte Frau im Trolleybus plötzlich an den Haaren gezogen hatte, wobei sie zu schreien begann: »Sie haben meinen Mann gefoltert, Sie haben meinen Mann gefoltert!« Er konnte sich kaum von ihr losmachen. Woran sie sich erinnerte, war vor ungefähr zwanzig Jahren geschehen. Armenische Sowjetsoldaten, die aus deutschen Kriegsgefangenenlagern geflohen waren und dann im italienischen Widerstand gekämpft hatten, waren eingesperrt worden, als sie in die Sowjetunion zurückkamen. Sie gerieten in die Hände dieses Sicherheitsmannes, der sie, so sagten Leute, während der Verhöre brutal geschlagen und dann in sibirische Lager geschickt hatte. Wer weiß, dachte ich, als ich ging, vielleicht werden mir diese Lager auch noch blühen. Und ich beschloß, meine letzten Stunden in Eriwan mit Kostja zu verbringen.

Kostja lag auf seiner Couch und war sturzbetrunken. Armenier sind selten betrunken, aber Kostja war auch nur seinem Paß nach ein Armenier. In seiner Jugend hatte er als kommunistischer Partisan in den Bergen seiner griechischen Heimat zunächst gegen die Nazis und dann gegen die Engländer gekämpft. »Für uns gab es keinen Unterschied zwischen dem deutschen und dem britischen Imperialismus«, erklärte er. Bei einem Zusammenstoß hatten sie hundert englische Soldaten gefangengenommen, und Kostja wurde befohlen, sie zu erschießen. Und er erschoß sie alle mit einem Maschinengewehr. Für diese Großtat verurteilte ihn in seiner Abwesenheit ein griechisches Gericht zum Tode. Danach wurden er und seine Eltern, ebenfalls Kommunisten, auf einem sowjetischen Schiff in die Sowjetunion evakuiert. Sie trugen Papiere als repatriierte Armenier bei sich.

In Eriwan begann er an der Universität zu studieren. Sehr bald schlugen ihm drei repatriierte armenische Studenten vor, mit ihnen über die türkische Grenze zurück in den Westen zu fliehen. Als sie in die Sowjetunion kamen, kannten sie den Sozialismus, wie sie erzählten, nur aus Büchern. Aber in ihren schlimmsten Alpträumen hätten sie sich nicht ausgemalt, was sie tatsächlich hier sahen. Natürlich lehnte Kostja ab. Einer der drei wurde verwundet, aber es gelang ihm, durch den wilden Aras auf die iranische Seite zu schwimmen; ein zweiter wurde von den Grenzsoldaten getötet; der dritte, zu ängstlich, um über den Fluß zu schwimmen, wurde festgenommen. Im Verhör sagte er, Kostja habe von ihren Plänen gewußt. Kostja wurde verhaftet. Er verweigerte jede Aussage, auch als er diesem Idioten von Angesicht zu Angesicht gegenübergestellt wurde, weil er nicht wußte, was mit den anderen beiden geschehen war.

Ihm wurden fünfundzwanzig Jahre aufgebrummt, wegen Verrats am Vaterland, und er war noch nicht einmal Bürger dieses Landes. Als Stalin starb, nach sieben Jahren, wurde er freigelassen – in allen berühmten Lagern war er gewesen. Nun arbeitete er im Lagerhaus unseres Instituts, schrieb Geschichten, die im Radio von Budapest bis Griechenland übertragen wurden, und arbeitete auch in einem Filmstudio. Leider war er selten nüchtern. Ich sah in sein fahles Gesicht und ging.

Und so fuhr ich im Sommer 1972 schließlich heim nach Moskau. Jetzt konnte ich mit den Dissidenten zusammentreffen, besonders mit dem großen Sacharow, der öffentlich mit der Staatsideologie und dem Atomwaffenprogramm gebrochen hatte. Die meisten Wissenschaftler, die weder tüchtig noch unabhängig waren, nicht einmal in ihren eigenen Küchen, hatten eine unsichtbare Wand zwischen sich und ihm aufgerichtet.

Wir hatten uns schon vorher auf einer wissenschaftlichen Tagung getroffen; er kannte die alte ITEP-Geschichte von 1956 und spürte meinen Wunsch, seinen Kampf für die Menschenrechte zu unterstützen. Weil ich schüchtern war, besuchte ich ihn erst im Jahr 1973 zu einem Meinungsaustausch. Da erlebte ich, wie er und seine Frau Jelena Bonner Gleichgesinnten die Tür stets offen hielten. Ihr Haus war ein Hort des freien Denkens und beständiger Bereitschaft, Menschen zu helfen, die wegen ihrer Ideen, ihrer Kritik und ihrer Nationalität unter den Behörden zu leiden hatten. In dem vernünftigen, ruhigen, manchmal fast schläfrig wirkenden Andrej Dimitrijewitsch und seiner schnellen, explosiven Jelena fand ich gleichgesinnte Geister.

Im Herbst heirateten Irina und ich. Wir zogen ganz ins Zentrum von Moskau. Unser kleines Zimmer befand sich in einer Kommunalwohnung, im fünften Stock eines vornehmen, alten Gebäudes ohne Aufzug. Die Hausverwalterin Nina Sergejewna, die laute und lustige, fünfzigjährige Witwe eines Fliegergenerals, wohnte neben uns. In einem anderen Zimmer überlebte eine kleine alte Frau irgendwie von ihrer Pension. Ninas uralter und treuer Foxterrier lebte auch im Haus; sie vergaß immer wieder, ihn auszuführen.

Eines Morgens legte sich die laute und lustige Nina Sergejewna auf ein Eisenbahngleis und beugte ihren drallen Hals über eine Schiene. Zuvor hatte sie die alte Dame angerufen und sie gebeten, den Hund spazierenzuführen. All das ereignete sich, nachdem sich ihr Sohn, ein Soldat auf Sonntagsurlaub, vor ihren Augen kopfüber aus dem Fenster gestürzt hatte. Nina Sergejewna hätte, aufgrund ihrer alten Verbindungen, ihren Sohn durchaus von der Einberufung befreien lassen können. Statt dessen hatte sie ihn in die Armee gedrängt. Jeder sagte ihr, und sie erzählte jedem, erst der Dienst würde aus ihrem Sohn einen richtigen Mann machen. Aber ihre Vorstellung vom Militärdienst war in den vierziger Jahren geprägt worden, in den Zeiten ihres Mannes und meiner Jugend. Damals war der Dienst anders, irgendwie besser. Keine Schläge für die jüngeren Soldaten von den dienstälteren – die nun üblich waren in einem Ausmaß, das selbst zur Zeit des Zaren unvorstellbar gewesen wäre. Der Junge hielt den Militärdienst nicht mehr aus. Wir erfuhren nicht mehr, was aus Ninas Hund geworden war, weil wir eine andere Wohnung gefunden hatten.

Sie war in dem alten Haus am Arbat, in dem Puschkin und seine junge Frau gleich nach ihrer Hochzeit lebten. Einer meiner Freunde gab das Zimmer an uns weiter, nachdem sein Vater gestorben war. Wir konnten uns nicht als Bewohner registrieren lassen, aber auch niemand anderer hätte das Recht gehabt, dies Zimmer zu besetzen, da das Haus zur Renovierung vorgesehen war. Anschließend sollte es dem Puschkin-Museum übergeben werden. So lebten wir dort, bis die Polizei auftauchte. Das Zimmer war groß, es hatte zwei Fenster und einen holländischen Ofen. Mir gefiel der Gedanke, daß der Ofen sich an Puschkin erinnerte, der vor hundertfünfzig Jahren seinen Rücken an ihm gewärmt hatte.

Wieder war ich in Moskau ohne Arbeit. Ich verdiente mein Geld mit Privatunterricht; als Korrespondierendes Mitglied der Armenischen Akademie der Wissenschaften erhielt ich einhundertundfünfzig Rubel. Zusammen reichte das, um davon zu leben und meinen Söhnen auszuhelfen. Mit achtundvierzig Jahren ohne Arbeit zu sein, war sehr viel unangenehmer als mit zweiunddreißig. Es war plötzlich dazu gekommen. Bevor ich Eriwan verließ, hatte ich eine feste Vereinbarung getroffen, als Professor an der neuen physikalischen Subfakultät, die an der Moskauer Universität von dem Theoretiker Alexej Abrikosow eingerichtet wurde, zu arbeiten. Aber jetzt wurde Alexej mitgeteilt, daß er nicht ernannt werden würde, weil er unerlaubterweise eine Französin geheiratet hatte, und daß Orlow nicht ernannt werden würde, weil er vor sechzehn Jahren aus der Partei ausgeschlossen worden sei und nicht wieder aufgenommen worden war. Das Leningrader Physikalisch-Technische Institut bemühte sich ebenfalls vergeblich, mich einstellen zu können.

Ich blieb für einige Monate arbeitslos. Dann verhalfen mir die Akademiemitglieder L. A. Artsimowitsch und R. S. Sagdejew zu einer Stelle als Leitender Wissenschaftler am Institut für Erdmagnetismus und Dissemination von Radiowellen. Diese Anstellung ermöglichte es uns, eine Wohnung in einer Wohnungskooperative zu kaufen. Ein alter Freund half uns bei der ersten Anzahlung. Zum erstenmal lebten Irina und ich in Moskau in annehmbaren Verhältnissen. Durch einen glücklichen Zufall lag unser neues Zuhause im Herzen des »Dissidentenviertels«. Ganz in der Nähe wohnte mein alter Freund Valentin Turtschin, der zusammen mit Sacharow und Roy Medwedjew bereits den bekannten Samisdat-Appell an die Regierung verfaßt hatte; es wohnten Alexander Ginzburg dort, ein Journalist und einer der Begründer des Samisdat, Ludmilla Alexejewa, die Historikerin und Verlegerin, Jelena Armand, die Enkelin von Lenins Pariser Geliebten; und verschiedene Familien von *Refuseniks*. »Du weißt sehr gut, daß das kein Zufall war«, sagte Irina sieben Jahre später düster, »du hast genau bekommen, was du wolltest.«

13
In der Opposition

Die rücksichtslose Verfolgung von Sacharow begann im September 1973. Die *Prawda* veröffentlichte die Erklärung einiger berühmter Mitglieder der Akademie der Wissenschaften, die seine »unpatriotischen Tätigkeiten« verurteilten. Dem folgten giftige Briefe von Werkmeistern aus den Fabriken, die, wenn es sich überhaupt um wirkliche Menschen handelte, wahrscheinlich nie ein Wort von Sacharow gelesen hatten. Die berühmten Mitglieder der Akademie existierten jedenfalls. Die meisten von ihnen kannte ich als ernstzunehmende Wissenschaftler und wußte auch den Wert einer solchen öffentlichen Erklärung einzuschätzen. Ich erinnerte mich an Erklärungen, wie sie in den dreißiger Jahren veröffentlicht wurden. Akademiemitglieder hatten darin die Todesstrafe für verhaftete Personen gefordert, um kurz darauf selbst verhaftet zu werden, während wiederum andere Mitglieder öffentlich ihre Hinrichtung forderten. Einige der Denunziationen, die Akademiemitglieder übereinander verfaßt hatten, gelangten, wie ich in einer Samisdat-Veröffentlichung las, in die KGB-Archive. Das waren die dreißiger Jahre. Was die siebziger Jahre anbelangt, hat mir ein Beamter der Akademie, ohne seinen Namen zu nennen, mitgeteilt, daß einige der Mitglieder Geheimagenten des KGB seien und daß der KGB als Gegenleistung für solch aufmerksame Dienste wissenschaftliche Karrieren unterstütze, diesen zumindest nichts in den Weg lege. Der moralische Wert der Erklärung der Akademiemitglieder zum Fall Sacharow war also, wie meine Mutter dies ausgedrückt hätte, minus Null. Kein anständiges Mitglied unterschrieb sie. Einige, wie Budker, haben sich bewußt gedrückt; andere, mit einigem Mut, wie zum Beispiel Kapiza und Sagdejew, haben die Unterschrift offen abgelehnt.

Sacharow, den ich inzwischen gut kannte, mußte sofort unterstützt werden. Ende der nächsten Woche hatte ich die *Dreizehn Fragen an Breschnew* verfaßt, und die Staatssicherheitsleute konnten das erste Beweisstück für meine zukünftige kriminelle Karriere in ihrem Safe verwahren.

*Dreizehn Fragen an Breschnew**, das war ein Brief, eher Sacharow zu Ehren als zu seiner Verteidigung. Da sich einige meiner Ansichten etwas von den seinen unterschieden, konnte ich ihn am besten verteidigen und moralisch unterstützen, indem ich meine eigene Kritik an der Sowjetregierung äußerte. Die grundlegende These des Briefes war, daß die blinde Befolgung einer Ideologie, die weder Selbstbestimmung noch die freie Meinungsäußerung als unveräußerliche Menschenrechte zu betrachten bereit ist, nicht nur zu einem feudalistischen Verhältnis zwischen Bürger und Staat, sondern auch zum wissenschaftlichen, ökonomischen und kulturellen Verfall der Sowjetunion geführt hatte. Ich schlug vor, die Pressezensur aufzuheben und freien Austausch der Meinungen und *Glasnost* zu ermöglichen. Meine Überlegungen zur Wirtschaftspolitik liefen darauf hinaus, grundsätzlich am Staatseigentum festzuhalten, aber den Westen zu imitieren durch Anreize zu groß angelegter wirtschaftlicher Entwicklung, beispielsweise durch die Einrichtung von Bereichen, in denen Betriebsführer freie Hand haben und am Gewinn beteiligt werden sollten.

So versuchte ich, eine vorläufige Antwort auf die quälende Frage zu geben, wie wir die friedliche Veränderung der Gesellschaftsordnung vom verkrusteten sowjetischen »Sozialismus« zu einer modernen Demokratie einleiten könnten. Angesichts des praktischen Charakters des Briefes und des umfangreichen Stoffes, den ich zu bewältigen versuchte, schien es von Vorteil, nicht auch noch auf das Thema der menschlichen Natur einzugehen. Darum verzichtete ich darauf, darzulegen, wie meiner Meinung nach gegensätzliche gesellschaftliche Überzeugungen nicht nur in ein und demselben Sozialsystem unvermeidlich koexistieren, sondern auch in ein und derselben Person, weil sich die menschliche Natur gleichzeitig in unterschiedliche Richtungen entwickelt. Gerade dieses Nebeneinander interessierte mich mittlerweile, auch von einem wissenschaftlichen Standpunkt aus; ich hatte bereits damit begonnen, nach einem mathematischen Ausdruck zu suchen, mit dem ich dieses Phänomen beschreiben konnte. (Ein Jahr später erfand ich den Be-

* Inzwischen sind die *Dreizehn Fragen* zum erstenmal ganz offen in der Sowjetunion publiziert worden, in der Wochenschrift *Ogonjok* (Nr. 35, September 1989). In diesem Band erscheinen sie im vollen Wortlaut im Anhang.

griff der »Wellenlogik« dafür.) Zurück zu meinen Vorschlägen zur Wirtschaftspolitik: Daß ich mir die Freiheit zu Privatinitiativen fürs erste nur im Rahmen der Ordnung des Staatseigentums vorstellen konnte, hing damit zusammen, daß ein direkter Sprung in die moderne westliche Form des Kapitalismus in Rußland psychologisch unmöglich zu sein schien. Die Massen hatten einfach ein zu großes Mißtrauen gegenüber privaten unternehmerischen Tätigkeiten. Fünfzehn Jahre später wurde einiges von dem, was ich vorgeschlagen habe, von Gorbatschow neu erfunden – allerdings nicht, obwohl er dies oft behauptet hat, um eine westliche Demokratie ins Leben zu rufen. Was damals, als ich es vorschlug, moderat und zeitgemäß war, ist heutzutage um einiges zu konservativ und kommt zu spät.

Natürlich glaubte ich keinen Augenblick lang, daß es möglich wäre, zu einem konstruktiven Gespräch mit der Regierung zu kommen. Aber mit meiner ersten öffentlichen Erklärung beabsichtigte ich das auch nicht. Die Regierung sollte gezwungen sein, praktisch zu demonstrieren, daß sie einen Pluralismus der Ideen ablehnte und in keinen ernsthaften Dialog mit mir eintreten würde. Ich schickte den Brief – den ich mit der Schreibmaschine geschrieben und dann unterschrieben und mit meiner Privatadresse versehen hatte – an Breschnew und an die Redaktionen der offiziellen Zeitungen und verbreitete ihn unter Intellektuellen in Moskau, Nowosibirsk und Eriwan. Breschnews Antwort bestand aus einem anonymen Telefonanruf (»Haben Sie diesen Brief geschickt?«) und zehn einander zum Verwechseln ähnlichen Gestalten, die von nun an vor unserem Hauseingang umherspazierten und mir, weil sie aufdringlich versuchten, sich mein Gesicht einzuprägen, vor der Nase herumliefen und herumstolperten. Als sie mich sicher wiedererkannten, nahmen sie sich eine Wohnung in der Nähe. Während der nächsten dreieinhalb Jahre betrat die eine Schicht von KGB-Agenten diese Wohnung, um sich schlafen zu legen (und sie schliefen ziemlich viel), während die andere die Wohnung verließ, um in der Nachbarschaft herumzulungern und mich zu bewachen. Die Tschekisten folgten mir, bis ich die Helsinki Watch Group ins Leben rief, hin und wieder zu Fuß oder im Auto; danach folgten sie mir aber auf Schritt und Tritt.

Da viele der Schriften der offiziellen Wirtschaftstheoretiker, Philosophen und Sozialwissenschaftler in der Sowjetunion offenkundig einfältig waren und nur die Korrumpierbarkeit ihrer Autoren bewiesen, waren neue, ehrliche und vernünftige Ideen von Nicht-Fachleuten unter den Intellektuellen willkommen. Deshalb traf auch mein Brief an Breschnew auf Interesse und wurde in verschiedenen Städten von vielen Nicht-Dissidenten vervielfältigt. Manche reisten sogar nach Moskau, um mit mir zu diskutieren. Und das hatte ich erreichen wollen. Auch die Dissidenten lasen den Brief, aber sie fanden ihn nicht so aufregend, denn alle hatten sie längst schon eigene Ideen entwickelt.

Solschenizyn las meine *Dreizehn Fragen*, und so lernten wir einander kennen. An einem Abend im Spätherbst holte mich Anja Bryksina, die Tochter eines gemeinsamen Freundes, ab zu einem Besuch bei Alexander Issajewitsch. Wir fuhren bis zu einem Bahnhof außerhalb Moskaus, dessen Namen ich mir bewußt nicht gemerkt habe, und nach einem Fußweg von einer halben Stunde erreichten wir eine dunkle Gasse in einer Siedlung von Datschen. Vor uns ragte ein hoher und massiver Zaun aus der Dunkelheit. Dahinter stand ein großes unbeleuchtetes Haus. Anja verschwand in der Dunkelheit, irgend jemand schien sie zu erwarten, sie kehrte zurück, um mich abzuholen, und wir folgten einem stämmigen, nicht sehr großen Mann. Schweigend passierten wir das Tor, das er sofort hinter uns abschloß – ich erkannte ihn jetzt an seiner hohen Stirn –, und wir gingen weiter ins Haus. Er verriegelte sorgfältig die Tür hinter uns und lehnte irgend etwas gegen sie.

»Eine Heugabel«, flüsterte Anja.

»Nur, falls sie eine Razzia veranstalten wollen«, erklärte Solschenizyn ruhig. Eine Nachtlampe warf einen schmalen Lichtstreifen auf ein Manuskript, das auf dem Tisch lag. Ein elektrischer Ofen stand in dem kleinen Zimmer, ein Stuhl und eine Bank. Die Fenster waren mit schweren Gardinen verhängt.

»*Nu kak!*« sagte er. »Wie geht's.«

Er stellte Fragen nach meiner Person. Ich gab ihm den Brief an Breschnew.

»Ja«, sagte er, nachdem er ihn durchgelesen hatte, »es ist möglich, das Problem aus den verschiedensten Perspektiven anzugehen, aber ganz gleich, wie man es macht, man wird zum gleichen Ergebnis kommen: Das System hat keine Zukunft.«

»Was wäre Ihrer Meinung nach die Minimalforderung für einen Waffenstillstand mit der Regierung?« fragte ich.

»Pressefreiheit.«

Eine Stunde später gingen Anja und ich.

Während der Stalinzeit war Anjas Vater mit Solschenizyn in demselben *Scharaga* eingekerkert, das im *Ersten Kreis der Hölle* beschrieben wird. Es war Iwan Emilianowitsch Bryksin, dem es gelungen war, die bekannte Porträtzeichnung von Solschenizyn als »Der Gefangene« aus dem Lager zu schmuggeln. Anjas Mutter, Jekaterina Michailowna, war von ihren zwei kleinen Kindern getrennt und ebenfalls ins Gefängnis geworfen worden, nachdem sie in der Gemeinschaftsküche geäußert hatte, daß die Deutschen sich während der Besatzung in ihrer Heimatstadt nicht schlecht benommen hatten. Die Bryksins lernten einander als Häftlinge kennen, heirateten nach ihrer beider Entlassung und wurden nach Stalins Tod »rehabilitiert«.

Als ich ihn kennenlernte, war Bryksin Leiter eines großen elektrochemischen Labors, die älteren Kinder hatten schon eigene Familien, und Anja, die jüngste, studierte. Sie bewohnte mit ihren Eltern eine Drei-Zimmer-Wohnung in Moskau. Sonntags drängten sich in dieser Wohnung Verwandte und unzählige Freunde. Wir aßen, tranken, diskutierten über Politik, und wir tanzten Foxtrott. Manchmal sangen wir russische Volkslieder. Anja, ihre Mutter und ihre Schwester Nona hatten ausgezeichnete, wunderschöne Stimmen. Wenn wir so zusammen waren, spürte ich immer, daß noch nicht alles im russischen Volk ausgemerzt worden war. Nur in den Augen von Iwan Emilianowitsch konnte man immer noch den Schatten der Lager, der Körperdurchsuchungen und der Gefängnistransporte sehen.

Anja lieh Bücher von Solschenizyn an ihre studentischen Freunde aus. Und prompt erhielt sie, ausgerechnet während ihres Abschlußexamens, einen Telefonanruf vom Sekretär des kommunistischen Jugendverbands, der sie aufforderte, auf der Stelle vor dem Verbandskomitee zu erscheinen. Etwas an seiner Stimme und seiner zeitlich so unpassenden Bitte machte sie mißtrauisch, aber sie hatte keine Wahl, sie mußte dort erscheinen. Sicherheitshalber entfernte Jekaterina Michailowna alle Samisdat- und Tamisdatliteratur* aus der gemeinsamen Woh-

* Im Untergrund zirkulierende Schriften aus dem Ausland.

nung. Vor dem Eingang ihres Instituts wurde Anja von zwei stämmigen Fremden erwartet, die das schöne Mädchen an den Armen packten und sie höflich natürlich nicht zum Komitee des Jugendverbands begleiteten, sondern in ein ganz anderes Zimmer. Dort begannen sie mit dem Verhör.

Anja schlug nach ihrer Mutter und ihrem Vater. Vom Anfang bis zum Ende verlegte sie sich aufs Leugnen, die beste Methode, um nicht andere mit hineinzuziehen.

»Hören Sie, Anna Iwanowna«, sagte einer der jungen Männer, »wir haben schließlich Beweise.«

Er kramte in seiner Aktentasche nach irgendeiner Mappe und brachte zuletzt ein Stück Papier zum Vorschein. Ein Student hatte berichtet, daß die Studentin Bryksina ihm während einer Chorprobe eine Kopie von Solschenizyns *Im ersten Kreis der Hölle* ausgeliehen habe.

»Das beweist gar nichts, es fehlt die Unterschrift«, entgegnete Anja.

»Was willst du mit der Unterschrift? Aber wenn Sie darauf bestehen...«

Er zog ein weiteres Blatt Papier aus der Mappe. Es war die letzte Seite des Berichts und trug eine Unterschrift.

»Ich weiß von gar nichts«, sagte Anja. »Er hat das alles aus irgendeinem Grund frei erfunden. Vielleicht war er eifersüchtig?«

»An-na Iwanowna! Wir haben auch noch andere Beweise.«

Wieder kramte er in seiner Aktentasche und holte ein weiteres Papier hervor. Es handelte sich diesmal nicht um einen Bericht, sondern um das ängstliche Geständnis eines Studenten, der ständig wiederholte, dies und das sei tatsächlich geschehen, aber er selbst habe die Bryksina um ein Buch gebeten.

Anja erkannte, wer das geschrieben hatte, aber das Blatt trug keine Unterschrift.

»Es ist nicht echt«, sagte sie. »Es fehlt die Unterschrift.«

»Aber, Anna Iwanowna! Das alles sollen keine Beweise sein?«

»Nein, es sind alles Lügen!«

Sie waren so verblüfft, daß sie Anja laufen ließen. Sie wurde zwar aus dem Jugendverband ausgestoßen, aber das bedeutete ihr nicht viel. Dann versuchte man, sie bei ihrer Prüfung über wissenschaftlichen Atheismus durchfallen zu lassen, aber sie kannte alle philosophischen Beweise auswendig. Schließlich wurde ihr das Diplomzeugnis ausgehändigt. Ohne Zweifel haben die Behörden den Skandal gefürchtet, den Solschenizyn, ein Freund der Familie, sicherlich daraus gemacht hätte: Anjas Vater und ihre Mutter waren grundlos eingesperrt worden – sollte jetzt die Reihe an die Tochter kommen? Also ließ man von ihr ab, und sie trat eine Stelle an als Ingenieurin in einer Automobilfabrik.

Anja war, wie meine Frau Irina, Gründungsmitglied der sowjetischen Gruppe von Amnesty International, die von Valentin Turtschin im Oktober 1973 ins Leben gerufen wurde, als wir unseren Plan verfolgten, immer neue inoffizielle Menschenrechtsgruppen zu bilden, um möglichst viele Menschen an von der Regierung unabhängigen Friedensaktivitäten zu beteiligen. Andrej Twerdochlebow, ein Physiker und Mitbegründer von Sacharows Moskauer Menschenrechtskomitee, kümmerte sich vor allem um die praktische Organisation – er brachte die Menschen zusammen, nahm Kontakt auf mit Amnesty International in London und erarbeitete so etwas wie eine Satzung. Wir waren etwa fünfundzwanzig oder dreißig Leute, die meisten von uns Wissenschaftler und Schriftsteller aus Moskau, Leningrad, Kiew und Tiflis. Mit Leidenschaft widmeten wir uns der Aufgabe, der russischen Öffentlichkeit ein Beispiel zu geben, wie man sich für Pluralismus und Toleranz gegenüber allen gewaltfrei propagierten Ideen einsetzen konnte. Dementsprechend setzten wir uns ein für einen südvietnamesischen Gewerkschaftsführer, für ein Mitglied der jugoslawischen Rechten, einen indonesischen Kommunisten und für streikende Arbeiter in Polen.

Es wäre nur konsequent gewesen, hätten die Sowjetbehörden uns sofort verhaftet. Schließlich haßten sie den friedlichen Pluralismus noch mehr als jegliche feindliche Ideologie und hatten den Bürgern der Sowjetunion schon längst erklärt, daß Amnesty International unterwandert war von der amerikanischen CIA. Aber uns damals direkt zu verhaften, wäre nicht opportun gewesen. In diesem Monat hatten sowjetische Politiker ein Spektakel in Moskau arrangiert, einen Kongreß der friedensliebenden Kräfte. Sean MacBride, heute in seinem vorletzten Jahr als Vorsitzender des Internationalen Exekutivkomitees von Amnesty International, war damals stellvertretender Vorsitzender des Vorbereitungskomitees für den Kongreß gewesen. Also gab es keine sofortige Repressalien gegen uns.

Im naßkalten November hatte mir das Gewerkschaftskomitee meines Instituts ganz überraschend einen preiswerten Urlaub in einem Ferienheim außerhalb Moskaus angeboten. Ich wanderte jeden Tag allein durch die nassen Wälder, kam nur zum Essen oder zum Schlafen ins Heim zurück, es gab niemanden, der mir beobachtend auf den Fersen war. Die anderen Urlauber waren Sachbearbeiter, Techniker, Arbeiter, Schreibkräfte, mit denen man leicht und unkompliziert zusammenleben konnte. Wenn es heftig regnete, verbrachte ich meine Zeit in angenehmen Gesprächen mit einem älteren ehemaligen Buchhalter, der über einen unerschöpflichen Vorrat an Geschichten verfügte.

»So ist unser Volk. Die Leute brauchen eine Faust und dann noch eine Faust«, erklärte er eines Nachmittags, während er an einem guten starken Cognac nippte. »Das ist kein Volk – das ist ein Haufen Wilder. Ich weiß noch, wie es war zur Zeit der Revolution. Sie schickten uns Matrosen in die Dörfer, um Komitees der Armen zu organisieren. Wir kamen in ein Dorf, trommelten die Bauern zusammen und verkündeten: Frieden, Freiheit und Land für die Bauern, und jetzt schert euch weg! In einem der Dörfer gab es ein Hofgut – das Gutshaus war vollkommen erhalten, ein großzügiger Bau mit zwei Etagen, aber nun waren die Fenster mit Brettern vernagelt. Der Gutsbesitzer, erzählten die Leute, war bereits an der deutschen Front gefallen, und wo seine Familie geblieben war, wußte niemand. Ich brachte ein Schild dort an: Nicht berühren! Volkseigentum! Die Bauern lasen das Schild. Ein oder zwei Tage vergingen, dann kam ein Melder gelaufen: Sie plündern! Wir eilten dorthin auf einer Karre mit einem Maschinengewehr. Welch ein Bild! Die Bauern, die Bäuerinnen, die Kinder, alle schleppten weg, was ihnen in die Hände fiel. Was nicht durch die Tür paßte, haben sie nicht etwa auseinandergenommen, sondern auseinandergesägt oder -gehackt und die Teile dann aus den Fenstern geworfen. Sie schleppten halbe Kommoden, halbe Diwane ab – ein plündernder Mob, wie bei einem Feuer. Wir schossen mit den Maschinengewehren über ihre Köpfe. Schreie. Dann strömten sie aus den Türen und Fenstern, verstreuten sich wie Erbsen in alle Richtungen. Aber was hatte das noch für einen Sinn? Fast alles war schon zertrümmert oder weggeschleppt, und was sie bis dahin nicht abgeschleppt hatten, würden sie später holen. Also gab ich die Parole aus: Nehmt, was übriggeblieben ist, aber macht die Sachen nicht kaputt, ihr Tölpel! Nun stellen Sie sich vor, was die Bauern sich jetzt einfallen ließen. Ganz vorsichtig trugen sie einen Flügel und einen Standspiegel davon – Sie sehen, sie konnten vorsichtig sein, wenn sie wollten, die Hurensöhne – und stellten die Sachen neben dem Dorfbrunnen ab. Der Spiegel paßte in keine der Bauernhütten. Dann sollen sich eben alle Frauen im Dorf am Spiegel freuen, während sie Wasser holen, sagten sie, und auch der Flügel sollte zur Erheiterung auf der Straße stehen bleiben, bis irgendeine andere Verwendung dafür gefunden wurde.

Aber auch das Vieh lief über die Straße. Der Stier erblickte sich selbst im Spiegel, und was er sah, gefiel ihm nicht. Bumm! Ein Spiegel in tausend Scherben. Aber das war auch in Ordnung. Nun konnte jeder Haushalt seine Spiegelscherbe haben. Sie fanden auch eine Verwendung für das Klavier: Die Saiten dienten als Bindedraht. Selbst das Haus trugen sie davon, Backstein um Backstein. So war es. Und Sie sprechen von Demokratie! Diese Leute brauchen die Art ›Demokratie‹, an die man nicht einmal bei der Zwangsarbeit unter dem Zaren gedacht hatte. Mir können Sie nichts erzählen.«

»Habe ich denn etwas gesagt?«

»Ich weiß es nicht. Die Leute hier schwatzen darüber, daß Sie etwas geklaut haben müssen – sonst gäbe es ja keinen Grund, Sie unter Beobachtung zu stellen, oder? Ich denke aber, daß Sie mit irgend etwas herausgeplatzt sind, das Sie besser für sich behalten hätten. Hab ich recht?«

Und ich hatte gedacht, daß ich hier meine Freiheit hätte.

»Warum ist die Intelligentsia so unruhig?« fragte er. »Es ist eine neue Intelligentsia, stammt aus der Arbeiterklasse, aber dennoch sind sie mit irgend etwas unzufrieden. Sagen Sie mir, womit. Sie sind Wissenschaftler – sagen Sie mir, was es ist? Was ist es, was Sie wollen, aber nicht haben?«

»Wo man herkommt, ist nicht wichtig«, sagte ich. »Wenn jemand Intellektueller geworden ist, braucht er Freiheit, um seine Gedanken zu äußern. Das ist eine Lebensbedingung für ihn. Ohne das ist er kein Intellektueller.«

»So ist das also!«

Als ich eine Woche später ins Institut zurückkehrte, erfuhr ich, daß die Moskauer Universität und das Lebedew-Institut für Physik mich zusammen mit Sokolow, Ternow, Kolomenskij und Lebedew für einen Staatspreis vorgeschlagen hatte – und daß ich zum 1. Januar gekündigt sei. Der Institutsdirektor schaute mir in die Augen und behauptete, die Kündigung rühre daher, daß ich überflüssig sei. Sacharow und der Mathematiker Igor Schafarewitsch schrieben einen gemeinsamen Protestbrief an die Akademie der Wissenschaften und leiteten auch eine Kopie an ausländische Korrespondenten weiter. Ohne Druck aus dem Ausland war jeder Protest im Land mehr oder weniger sinnlos.

Zum dritten Mal in meinem Leben war ich ohne Arbeit. Es gab keine Hoffnung auf eine Stelle in Moskau. Da ich Korrespondierendes Mitglied der Armenischen Akademie der Wissenschaften war, war diese gesetzlich verpflichtet, mir Arbeit in Armenien anzubieten. Armenien war schön, man war mir dort wohlgesonnen. Eigentlich hatte ich gar nicht den Wunsch, wieder außerhalb meines eigenen Landes zu wohnen. Aber es gab nichts, was ich sonst hätte tun können. In Moskau traf ich eine Übereinkunft mit dem Präsidenten der Armenischen Akademie, Victor Ambartsumjan, über einen Arbeitsplatz an der Byurokan-Sternwarte, und so kaufte ich mir von meinen letzten Ersparnissen ein Flugticket nach Armenien. Am ersten Tag begrüßte mich Ambartsumjan herzlich und zeigte mir die Teleskope. Am zweiten Tag war er verschwunden. Da wurde mir klar, daß er mir die Stelle doch nicht geben wollte. Ich stieg hinunter ins Tal nach Eriwan und sprach mit Dschrbaschjan, dem Direktor des Mathematischen Instituts der Akademie. Er war bereit, mich einzustellen – aber in einem Fall wie dem meinen müsse man den Präsidenten der Akademie um Zustimmung bitten. Also ging ich noch einmal zu Ambartsumjan. Unsere Unterhaltung war äußerst kurz.

»1956, vor achtzehn Jahren, haben wir Ihnen helfen können«, sagte er. »Aber wir können es kein zweites Mal tun.«

Offensichtlich hatte Victor Ambartsumjan, ein anerkannter Wissenschaftler, in Armenien allmächtig, Mitglied des Zentralkomitees der Kommunistischen Partei Armeniens, direkt um Anweisungen aus Moskau gebeten – und sie auch erhalten. Ein Jahr später, 1975, unterzeichnete er zusammen mit einundsiebzig anderen Wissenschaftlern einen Protestbrief, in dem gegen die Verleihung des Friedens-Nobelpreises an Sacharow protestiert wurde. Vier Jahre später schloß seine Akademie mich heimlich aus, und in *Le Monde* verbreitete er Lügen über mich.

Es hatte keinen Sinn, darauf hinzuweisen, daß er gesetzlich verpflichtet war, mir Arbeit zu geben. Ohne etwas erreicht zu haben, kehrte ich nach Moskau zurück und habe seither in meinem Land nie wieder als Wissenschaftler gearbeitet.

Bald darauf luden mich Kolomenskij und Lebedew zu einem Treffen in einer Privatwohnung.

»Hör zu, Jura«, sagte Andrej Lebedew, »man hat uns gewarnt. Wenn wir dich nicht von der Kandidatenliste für den Preis streichen, wird es in wichtigen Zeitschriften böse Artikel über unsere Arbeit geben, und keiner von uns wird den Preis erhalten. Mir gefällt das nicht, aber es würde mir leid tun, wenn unsere Arbeit umsonst gewesen wäre; es war schließlich gute Arbeit. Was können wir tun?«

»Es gibt nur einen Ausweg«, sagte Andrej Kolomenskij. »Jurij, Sie müssen Ihren Namen von der Liste nehmen. Uns wurde gesagt, daß Sie irgendeine Art ›kollektives‹ Dokument unterschrieben haben. Sie wissen selbst, was das bedeutet.«

»Nein, ich weiß nicht, was das bedeutet«, sagte ich. Dieses »kollektive« Dokument war offensichtlich die erste Erklärung, die unsere Amnesty-Gruppe abgegeben hatte.

»Sie haben irgendein Dokument gegen den Staat unterschrieben, und der Staat kann dann natürlich mit Recht ablehnen, Sie mit einem Preis auszuzeichnen.«

»Mir gefällt diese Logik nicht«, sagte Lebedew.

»Es ist halt ein paranoider Staat«, sagte ich.

»Aber Sie leben in diesem Staat«, sagte Kolomenskij.

»Ich werde dieses Spiel nicht mitspielen«, sagte ich. Es gab keine bösen Artikel in den Zeitungen. Ich habe die Sache nicht weiter verfolgt, darum erfuhr ich nie, was aus unserem Preis geworden ist.

Ende Januar 1974 stattete Solschenizyn den Bryksins seinen letzten Besuch ab. Normalerweise ging er sehr sparsam mit seiner Zeit um und trank keinen Tropfen, aber dieses Mal saß er länger als zwei Stunden mit uns zusammen und trank ein kleines Glas Wodka. Im vergangenen August hatte der KGB das Versteck einer Kopie des *Archipel Gulag* gefunden. Er erzählte uns die tragische Geschichte der Frau, die das Manuskript heimlich abgetippt hatte.

Diese, eine ältere Frau aus Leningrad, hatte den letzten, kaum leserlichen Durchschlag für sich behalten. Solschenizyn drängte sie immer wieder, den Durchschlag zu vernichten. Er wollte dieses explosive Dokument erst viel später veröffentlichen, und bis zu dem Tag verwahrte er es in seinem eigenen Archiv, wo es vor dem KGB sicher war. Sie sagte ihm nicht die Wahrheit und behielt ihren Durchschlag zur Erinnerung. Nachdem etwas Zeit vergangen war, gab sie, ohne zu ahnen, was sie damit anrichtete, den Durchschlag einem engen Freund zum Lesen. Und wieder einige Zeit später hatte dieser alte Mann seinen engsten Freunden von seiner Lektüre erzählt. Der Kreis schloß sich schließlich beim KGB. Und indem die Tschekisten die Kette der Eingeweihten zurückverfolgten, gerieten sie schließlich an die Abschreiberin und verhafteten sie. Nachdem sie fünf Tage lang verhört worden war, verriet sie das Versteck des Textes. Der *Archipel* und die Namen aller Zeugen, auf deren Aussagen sich Solschenizyn gestützt hatte, fielen so in die Hände des KGB. Die alte Frau ließ man laufen. Als sie zu Hause war, erhängte sie sich.

Ihre Freunde hatten von dem Verhör erfahren. Lew Kopelew, der einmal wie Bryksin und Solschenizyn als Gefangener in diesem *Scharaga* in Marfino gesessen hatte, rief Solschenizyn sofort aus Leningrad an und berichtete, was geschehen war. Solschenizyn beauftragte daraufhin seinen Rechtsanwalt in Genf, *Archipel Gulag* in Druck zu geben – und erklärte dies auch öffentlich.

Jetzt wartete er auf seine Verhaftung. Er wohnte damals in Moskau.

»Ich sehe meine Schatten nicht mehr«, sagte Solschenizyn. »Das bedeutet, daß die Tschekisten mich verhaften werden, wenn nicht heute, dann morgen.«

Er sagte das ganz ruhig. Intelligenz und Entschlossenheit gaben diesem Gesicht seine unverwechselbare Prägung.

Noch nicht zwei Wochen später wurde Solschenizyn tatsächlich verhaftet und des »Verrats am Vaterland« angeklagt. Doch nach einem persönlichen Appell von Heinrich Böll und der Zustimmung der westdeutschen Regierung, und natürlich ohne ihn selbst zu fragen, wurde Solschenizyn aus dem sowjetischen

Gefängnis direkt nach Westdeutschland abgeschoben. Er verließ seine Heimat ohne Bürgerrecht.

Sofort, nachdem er ins Exil geschickt worden war, setzte ich meinen Namen unter eine Protesterklärung Moskauer Intellektueller, die vorschlugen, ein internationales Tribunal (wie das von Nürnberg) einzusetzen, um die im *Archipel Gulag* beschriebenen Verbrechen zu untersuchen. Ich war damals der Meinung, und bin es auch heute noch, daß angesichts der vielen Jahre, die seit den kriminellen Taten des »roten Terrors« vergangen sind, keiner der noch lebenden Verbrecher mehr inhaftiert oder hingerichtet werden sollte – ganz gleich, mit welch grauenhaften und umfassenden Methoden das Terrorsystem auch gearbeitet hat. Die ehemaligen Befehlshaber, die Mitglieder der »Troikas«, Staatsanwälte, Vernehmungsbeamte, Aufseher, alle, die falsche Denunziationen geschrieben haben, die vielen Theoretiker und Propagandisten jenes Terrors – man sollte sie alle leben lassen. Aber man müßte ihnen in aller Öffentlichkeit den Prozeß machen. Und man müßte all die Grausamkeiten öffentlich untersuchen, gleichgültig, ob die Verbrecher noch am Leben sind oder schon gestorben.

Wie immer, wenn ich Unterstützung brauchte, traf schon bald finanzielle Hilfe ein, organisiert von meinem Freund Jewgenij Tarasow, der heute Direktor eines Labors des ITEP ist. Innerhalb von nur wenigen Monaten kam Geld von Kollegen aus Eriwan, von Budker aus Nowosibirsk und von Solschenizyn aus Zürich. Später, als Sacharow den Nobelpreis erhielt, überwies Jelena Bonner Geld aus ihrem »Kinderfonds« für meine Söhne. Mein Freund Igor Virko, ein Journalist, bat Kollegen um Hilfe bei der Suche nach freiberuflicher Arbeit für mich in Moskau: So redigierte ich Drehbücher für wissenschaftliche Filme, schrieb und produzierte unter dem Pseudonym J. Fjoidorow meinen eigenen Film über die Geschichte der Kernphysik und veröffentlichte ein kleines, für Laien verfaßtes Buch mit dem Titel *Die Quellen der schnellen Neutronen*. Vor der Gorbatschow-Ära wurde derlei freiberufliche Tätigkeit offiziell nicht als Arbeit betrachtet, und wäre ich nicht Korrespondierendes Mitglied der Armenischen Akademie der Wissenschaften gewesen, wäre ich sofort des »Parasitismus« angeklagt worden; dies widerfuhr dem Dichter und zukünftigen Nobelpreisträger Joseph Brodsky.

Meine Haupteinnahmequelle war jedoch, genauso wie achtzehn Jahre zuvor, der Privatunterricht. Irina und ich schrieben mit der Maschine annähernd einhundert Bekanntmachungen – »Doktor der Naturwissenschaften erteilt Privatunterricht« – und klebten sie in die Eingänge von Wohnhäusern.

Trotz der Arbeitslosigkeit war ich guter Stimmung; mittlerweile hatte ich mich intensiv in der Bewegung für Demokratie und Menschenrechte engagiert, hatte meine Ideen über Glauben und Zweifel erfolgreich in die Sprache der Mathematik gefaßt und mich einer unabhängigen Arbeitsgruppe von Physikern angeschlossen, die von Alexander Woronel und Mark Asbel geleitet wurde. Das Seminar fand wöchentlich statt und wurde von arbeitslosen Physikern, fast alle *Refuseniks*, besucht.

In jenem Frühjahr organisierten Woronel und Asbel auch einen inoffiziellen Kongreß von Wissenschaftlern, der im Sommer, während des Besuchs von Präsident Nixon in Moskau, stattfinden sollte. Von sowjetischen Wissenschaftlern erhielten wir für unseren Kongreß keinerlei Unterstützung, auch nicht von den meisten der jüdischen Wissenschaftler, die keine *Refuseniks* waren. Aber viele ausländische Wissenschaftler beantragten ein Visum, um an dem Kongreß teilnehmen zu können. Die Nobelpreisträger unter ihnen erhielten keine Einreisegenehmigung, und Ende Juni wurden Woronel, Asbel und andere Seminarteilnehmer in ein Gefängnis außerhalb Moskaus geschafft. Wenjamin Lewitsch, Korrespondierendes Mitglied der Akademie der Wissenschaften der UdSSR, wurde unter Hausarrest gestellt – und ich auch.

Der Hausarrest wurde nicht offiziell verhängt. Wir wohnten im ersten Stockwerk und konnten am 27. Juni vom Fenster aus zusehen, wie ein uniformierter Soldat der Volksmiliz vor unserem Hauseingang Aufstellung nahm und Besucher anhielt; drei stämmige Mitglieder der Tscheka saßen auf der Bank unter unseren Fenstern; etwas weiter weg, auf einer anderen Bank, saßen drei weitere Milizionäre; und auf den Wegen zwischen den angrenzenden Wohnblöcken liefen nicht nur die üblichen zehn Gestalten umher, sondern es waren zwanzig mit versteckten Funkgeräten, aus denen Stimmen quakten.

»Darf mein Mann das Haus verlassen?« fragte Irina den Milizionär vom Balkon herab.

»Von mir aus schon«, lächelte er, »aber die Kameraden gegenüber würden ihn vielleicht einsperren.«

Jedesmal, wenn sie nun zum Laden ging, wurde sie von zwei Schlägertypen begleitet, die ihren zierlichen Körper zwischen ihren Massen einquetschten.

»Werdet ihr gut bezahlt?« fragte sie. »Für Wodka reicht es«, antworteten sie. Als sie versuchte, ihre kranke Mutter von einer Telefonzelle aus anzurufen (unsere Leitung war vorübergehend unterbrochen worden), standen sie hinter ihr und drückten die Gabel nieder. Als sie versuchte, sich von ihnen zu befreien und in einen Bus zu springen, holten sie Irina ein und drohten ihr mit Verhaftung. »Schämt ihr euch nicht, ihr Parasiten?« fragte sie manchmal. Sie schwiegen. Sie gab ihnen die schweren Taschen mit den Einkäufen zu tragen.

Aber alles Lebendige will weiterleben, wie Nikita Chruschtschow zu sagen pflegte. Nachts dämmerten die Posten vor sich hin, und nachts kam Besuch. Die erste, die durchs Seitenfenster einsteigend zu Besuch kam, war Anja Bryksina – mit einem Blumenstrauß. Wir sprachen miteinander bis in den Morgen hinein; um fünf Uhr früh, als die Posten am tiefsten schliefen, kletterte sie wieder aus dem Fenster. Dann hielt sie ein Auto an, in dem vier Milizionäre saßen, und drückte ihnen die Kopie eines Protestbriefes in die Hand, den ich an den Moskauer Sowjet geschrieben hatte. Einige nicht zu identifizierende Männer, hieß es im Brief, belästigten meine Frau auf der Straße. Man müsse Irina vor einer möglichen Vergewaltigung schützen. Der Protest zeigte Wirkung, die KGB-Männer gingen von nun an zehn Schritte hinter ihr.

Unser zweiter Gast war der rothaarige Wenja, einer meiner Privatschüler aus dem Nachbarhaus. Sein Vater, Michail Agurskij – ein arbeitsloser promovierter Ingenieur, ein orthodoxer Jude und russischer *Refusenik*, auch er ein Teilnehmer unseres Seminars –, war eingesperrt worden. Ein Mitglied der Volksmiliz stand Wache auch vor ihrer Wohnung. Vera, Wenischkas Mutter, eine Bezirksärztin, mußte sich auf ihren Hausbesuchen von den ihr eigens im Schichtdienst zugeteilten Schlägertypen begleiten lassen. Wenischka, weil er nur ein kleiner Junge von zehn Jahren war, hatte auf dem Schulweg und im Viertel nur einen dieser Kerle zum Begleiter. Und er hatte seinen Spaß mit den Staatssicherheitsdienstlern. »Spring!« rief er ihnen immer wieder zu und flog wie ein Vogel über einen Zaun. Und bis der Ältere hinter ihm schwerfällig über den Zaun geklettert war, war Wenischka schon um die nächste Ecke verschwunden. So war er auch zu uns gekommen – einfach vorbeigeflogen.

Vom KGB unerkannt, stürmte Valentin Turtschin durch unsere Wohnungstür, um meine und seine Lage zu diskutieren. Walja hatte erfahren, daß er aus dem Rechenzentrum des Industrieinstituts, in dem er arbeitete, entlassen werden sollte, nachdem man ihn bereits aus politischen Gründen gezwungen hatte, das Institut für Angewandte Mathematik zu verlassen. Er war entschlossen, falls seine Arbeitslosigkeit andauern würde, ins Ausland zu gehen und eine schon lange bestehende Einladung der Columbia University in den Vereinigten Staaten anzunehmen.

Der Hausarrest währte zehn Tage. Wir wußten, daß es vorbei war, als plötzlich das Telefon wieder funktionierte und Milizsoldaten und die zusätzlichen Tschekisten verschwunden waren.

Gegen Ende dieses Monats besuchten drei Vertreter von Amnesty International Moskau. Zuerst trafen sie mit Vertretern der Regierung zusammen und überreichten diesen eine Liste von Sowjetbürgern, die aus Gewissensgründen inhaftiert waren. Dann besuchten sie Turtschin in seiner Wohnung, um ein Gespräch über den Status unserer Gruppe zu führen, die noch immer nicht anerkannt war, obwohl sie bereits vor fast einem Jahr gegründet worden war.

Unsere Gruppe wurde vertreten durch Turtschin als dem Vorsitzenden, von Twerdochlebow als Sekretär, durch mich und durch Tatjana Litwinowa, die Tochter des berühmten Kommissars für ausländische Angelegenheiten, Maxim Litwinow. Die Litwinowa fungierte als Dolmetscherin. Unsere Gäste trugen ihre Argumente gegen eine sowjetische »Sektion« von Amnesty International vor. Es sei schwer, mit einer totalitären Regierung zu verhandeln; man würde mit Provokationen des KGB rechnen müssen; es würde uns schwergemacht werden, Delegierte zu den Amnesty-Kongressen zu entsenden; Twerdochlebow wäre gut beraten, sich wirkungsvolleren Aktivitäten zu widmen als einer sowjetischen Gruppe von Amnesty, »wenn Sie dieses System stürzen wollen«. – »Ein solches Ziel haben wir uns gar nicht gesetzt«, sagte ich einfach ins Zimmer hinein, für alle Fälle.

Nach mehrstündiger Verhandlung stimmten die Vertreter von Amnesty schließlich einem Kompromiß zu: In zwei Monaten würde Amnesty International uns als »Gruppe« registrieren – der niedrigste Status, der nicht das Recht einschloß, Delegierte zu Kongressen zu entsenden. Ich hatte den Eindruck, sie hielten unser Projekt für zu kompliziert. Vielleicht waren sie auch gebannt von den Regeln des politischen Spiels in der Sowjetunion, jedenfalls schien die Führung von Amnesty International entschlossen, ihre Beziehungen zu den Sowjets nicht durch enge Beziehungen zu Dissidenten zu strapazieren. Als Sean MacBride 1977 den Lenin-Preis erhielt, waren viele von uns schon wegen ihrer Überzeugungen inhaftiert.

14
Auf Posten

Es gab keine freie Presse. Nur wenige Familien verfügten über einen Telefonanschluß in der Wohnung. Dennoch haben sich Mitte der siebziger Jahre verzweifelte Menschen aus allen Teilen des riesigen Landes auf den Weg nach Moskau gemacht, haben uns gefunden und um Hilfe gebeten. Die Dissidenten waren ihre letzte Hoffnung. Wir konnten zumindest der Weltöffentlichkeit von den Verletzungen der Menschenrechte berichten. Wir verteidigten Rechte und Linke, Monarchisten und Trotzkisten, Gläubige und Atheisten, ungeachtet ihrer Vorstellungen, solange sie nicht Gewalt predigten oder Gewalt anwendeten. Unsere kleine Gemeinschaft, die aus nicht mehr als einigen Dutzend Menschen bestand, führte ein unruhiges Leben. Überall im Land nahmen wir an politischen Prozessen teil und verfaßten Protestbriefe, Appelle, Pressespiegel und Berichte. Im Sommer 1974 erhielt ich die ersten Briefe mit der Bitte um Hilfe sogar aus Lagern für Kriminelle. Ich leitete sie an einen Freund weiter, der von Beruf Rechtsanwalt war. Zweimal baten mich Mitglieder der Pfingstbewegung, an den für Herbst 1974 gegen sie angesetzten Gerichtsverhandlungen als Beobachter teilzunehmen.

Als fundamentalistische Christen und Pazifisten wurden die Mitglieder der Pfingstbewegung verfolgt, wo immer sie lebten, sogar im fernen sowjetischen Osten. Die Behörden störten ihre Gebetsstunden, beschlagnahmten ihre religiösen Schriften und schickten die jungen Männer in Arbeitslager, weil diese den Dienst in der Roten Armee verweigerten. Die erste Verhandlung gegen ein Mitglied der Pfingstbewegung, an der ich teilnahm, wurde als Zivilprozeß in einer Industriestadt außerhalb Moskaus geführt. Die zweite, in der Stadt Kaluga, war der Strafprozeß gegen den Arbeiter Iwan Fedotow, der Bischof der Pfingstbewegung war. Ihm wurde vorgeworfen, einen illegalen Kongreß organisiert und diesen als seine Hochzeitsfeier getarnt zu haben. Er hatte aber nicht ausschließlich Gemeindemitglieder, sondern auch Arbeitskollegen und Nachbarn eingeladen. In dem halbleeren Gerichtssaal behauptete der Untersuchungsrichter dennoch, die Feier sei bloß ein »Vorwand« gewesen. Obwohl alle Zeugen, mit Ausnahme der Milizsoldaten, bestritten, daß ein »Kongreß« stattgefunden habe, forderte der Staatsanwalt, der sich allmählich, wie das bei Staatsanwälten oft der Fall ist, selbst in Rage redete, fünf Jahre strenger Lagerhaft.* Der Staatsanwalt nannte das ein menschliches Urteil, und er hatte nicht einmal unrecht. Unter Chruschtschow, als sowjetische Journalisten und »führende Geisteswissenschaftler« Baptisten und Mitglieder der Pfingstbewegung als bigotte Fanatiker diffamiert hatten, hätte der Prediger Iwan Fedotow zehn Jahre in einem Lager verbracht.

Ich unterbrach das Schlußplädoyer des Staatsanwalts, indem ich mit lauter Stimme erklärte, dem Gericht sei kein Beweis für die Schuld des Angeklagten vorgelegt worden. Der sichtlich verblüffte Richter öffnete seinen Mund wie ein Fisch und stammelte etwas wie: »Das Gericht entscheidet selbst«; der Staatsanwalt setzte sein Plädoyer fort, allerdings in nüchternerem Ton. Als einige Stunden später das Urteil bekanntgegeben wurde, hatte man den Anklagepunkt »Kongreß« fallenlassen. Fedotow bekam zwei Jahre Haft in einem Lager mit intensivem Vollzug wegen zweier anti-sowjetischer Äußerungen: Er hatte laut »Faschisten« gerufen, als ein Sonderkommando der Volksmiliz eines Nachts in der Hoffnung, daß gerade eine Gebetsstunde abgehalten würde, in sein Haus eingedrungen war; und er hatte gerufen: »Ihre Politik verstößt gegen Lenins Verfügung!«, als eine Kommission des örtlichen Exekutivkomitees ihn vorgeladen hatte zur »Prävention seiner Indoktrinationen«. Es war, wie die Leute sagen: »Wer angeklagt ist, der ist auch schon verurteilt.«

Im selben Herbst flog ich mit der Linguistin Tatjana Sergejewna Chodorowitsch nach Eriwan, um dem Prozeß von Parujr Ajrikjan, dem Gründer der illegalen armenischen Nationalpartei, beizuwohnen. Tanja Chodorowitsch, eine entschlossene und ernste Person, war eine aus dem Kreis mutiger Herausgeber der

* Arbeitslager werden unterschieden nach der Härte des jeweiligen »Vollzugs«. Berücksichtigt werden Art der Unterkunft, Menge der Verpflegung, Anzahl der Briefe, Familienbesuche und Lebensmittelpakete, die ein Gefangener empfangen darf. Je nach Härte des Vollzugs werden die Lager als »normal«, »intensiv«, »streng« und »verschärft« klassifiziert.

berühmten Samisdat-Zeitschrift *Chronik der laufenden Ereignisse*, die präzise und detaillierte Informationen über Menschenrechtsverletzungen gesammelt und veröffentlicht hat – und zwar über Jahre hinweg, obwohl der KGB alles daransetzte, das zu verhindern. Neben Tanja gehörten der Biologe Sergej Kowaljow und die Mathematikerin Tatjana Welichanowa zu dem Mitherausgebern. Sie hatten ein, zwei Dutzend selbstloser Helfer, unter ihnen Anja Bryksina.

In Eriwan machte ich Gebrauch von meinem Status als Mitglied der Armenischen Akademie, um mir und Tanja Eintritt in den Gerichtssaal zu verschaffen. Als Ajrikjans Verlobte versuchte, in das Gerichtsgebäude zu gelangen, wurde sie in eine Zelle des Untersuchungsgefängnisses gesperrt. Ajrikjans Standhaftigkeit war erstaunlich. Seit seiner Studentenzeit war er vom Gefängnis ins Lager gewandert und vom Lager wieder ins Gefängnis, jetzt stand er vor Gericht, angeklagt wegen »Agitation und Propaganda«. Beweisgrundlage waren einige im Lager geschriebene Briefe, die ein Lagerzensor beschlagnahmt hatte. Also hatte er nur den Zensor seiner »Propaganda« ausgesetzt. Aber darum kümmerte sich der Staatsanwalt nicht im geringsten, er forderte zehn Jahre Lager mit verschärftem Vollzug und vier Jahre Verbannung.

Vor der Urteilsverkündung ging ich in das Zimmer, in dem der Richter über Ajrikjans Schicksal entschied. Neben dem Richter saß der Staatsanwalt. »Sie verstoßen gegen das Gesetz«, sagte ich. Sie schauten mich schweigend an. »Mit welcher Begründung fordern Sie denn ein solches Strafmaß? Seine Briefe erreichten nie ihre Adressaten und, wenn wir schon dabei sind, sie enthielten nichts Strafbares. Zehn Jahre verschärfter Vollzug! Wollen Sie ihn umbringen?« Ich verließ den Raum, ohne eine Antwort abzuwarten.

Kurz danach verlas der Richter das Urteil: »...wird verurteilt zu...«

Parujrs Mutter brach zusammen. Das Publikum war allerhand gewohnt und rührte sich nicht, der Richter unterbrach seine Verkündung, die Wächter packten Ajrikjan, Staatssicherheitsbeamte und Staatsanwalt eilten zu seiner Mutter und versuchten, ihre Kiefer gewaltsam voneinander zu lösen, sie nahmen ein Messer zu Hilfe, und nachdem fünf ihrer Zähne abgebrochen waren, hatten die Männer tatsächlich Erfolg.

»... wird verurteilt zu sieben Jahren in einem Arbeitslager unter strengem Vollzug... zusätzlich drei Jahre Verbannung.«

An diesem Abend besuchten wir die Ajrikjans. Die Mutter lag auf ihrem Bett mit tränenverschmiertem, aber frohem Gesicht. Ihr Sohn würde überleben.

Während wir in Eriwan waren, gab der KGB eine faszinierende Vorstellung. Daß schwarze Wolgas, vollgepackt mit armenischen Tschekisten, uns verfolgten, indem sie nicht hinter, sondern neben uns herfuhren – wir auf dem Bürgersteig, sie auf der Straße –, war nichts Besonderes. Auch daß sie in der Aula saßen, als ich im Institut für Physik einen wissenschaftlichen Bericht vortrug, und daß sie vor der Tür des Büros patrouillierten, in dem ich mit meinem alten Freund Garik ein gemeinsames Forschungsvorhaben diskutierte, war nichts Besonderes. Ganz und gar ungewöhnlich jedoch war, daß sie die Telefonverbindungen zwischen Eriwan und Moskau vollständig unterbrachen, nachdem sie die unangenehmen Nachrichten aufgeschnappt hatten, die Tanja Chodorowitsch nach Moskau weitergeben wollte. »Die Leitungen nach Moskau sind außer Betrieb«, erklärte die Telefonvermittlung den Bürgern einen ganzen Tag lang. Ich hätte auch damals noch nicht geglaubt, daß der KGB solche simplen, aufwendigen und wirksamen Entscheidungen treffen kann, hätte es nicht einen analogen Fall gegeben, damals, als Tanja Pljuschtsch versucht hatte, von Kiew aus besonders empörende Nachrichten über die Quälereien, denen ihr Mann, der Dissident Leonid, in einer psychiatrischen Spezialklinik ausgesetzt war, nach Moskau zu bringen. Am Bahnhof gab es einfach keine Fahrkarten nach Moskau. Das kam ihr merkwürdig vor, also ging sie zu jedem Schalter und fragte jeden Schalterbeamten. Einer von ihnen sagte ihr schließlich im Vertrauen: »Es gibt Karten – aber wir haben Anweisung, im Moment keine zu verkaufen.« Tanja eilte zum Busbahnhof. Dort gab es Fahrkarten. Aber an der ersten Haltestelle zwang sie der ukrainische KGB auszusteigen und brachte sie nach Kiew zurück.

Und was war der Sinn einer solchen Operation, wenn man wußte, daß die unliebsamen Nachrichten später ihr Ziel doch erreichen würden?

Man tat das für alle Fälle. Nachrichten, die verspätet eintreffen, sind nicht so gefährlich. Vielleicht fand man ja auch eine Möglichkeit, den Boten noch zu verhaften – und dann würden die Nachrichten überhaupt nicht bekannt.

Aber warum dann den Boten nicht sofort verhaften? Weil man ihn oder sie bisher noch nicht verhaftet hat. Das klingt lächerlich? Ist es aber nicht. Die Ermittlungen haben ja gerade erst begonnen, die Akte ist noch nicht sehr dick. Doch sie verspricht, viel dicker zu werden. Und was man braucht, das sind ganz dicke Akten, ganz große Fälle. Große Fälle bedeuten große Beförderungen. Deshalb wartet man besser ab.

Auch wenn wir Dissidenten in unserem praktischen Kampf gegen das Sowjetregime vollständig einig waren, sobald es aber darum ging, die Frage »Was tun?« zu beantworten, waren wir es ganz und gar nicht. Keiner meiner Freunde schien meine Meinung zu teilen, daß politische Reformen in der Sowjetunion von ganz oben eingeleitet werden könnten: als Antwort auf unseren Druck. Nicht einmal Gorbatschow wird damals bereits dieser Meinung gewesen sein. Am 10. Dezember 1974, dem Internationalen Tag der Menschenrechte, verteilte ich einen Aufruf an die Regierung, doch mit den für das Staatswesen dringend notwendigen Reformen »von oben« zu beginnen. Für eine Regierung, die über einen unbegrenzten Repressionsapparat verfügt, könne darin keine Gefahr liegen. Notwendig seien unter anderem politische Amnestie, Freizügigkeit für Bürger innerhalb und auch außerhalb des Landes, unabhängige Verlagshäuser und die Legalisierung von Streiks. Einige meiner Freunde hielten diesen letzten Punkt für inakzeptabel. Valentin Turtschin und Andrej Sacharow zum Beispiel behaupteten, Streiks ruinierten die Wirtschaft. Ich stimmte ihnen zu, betrachtete aber Streiks dennoch als die einzige Waffe der Arbeiter, wenn sie ihr Los verbessern wollen. Darum müssen Streiks in einer normalen Gesellschaft als etwas ganz normales betrachtet werden.

Ende Dezember wurde Sergej Kowaljow, der unter den Dissidenten größte Achtung genoß, verhaftet.

Später, im Lager, sollte ich mich an das Jahr 1975 als das letzte erinnern, das ich glücklich und friedlich erlebt habe. Die Kinder waren gesund und kamen oft zu Besuch. Ich beendete drei Aufsätze zu physikalischen Problemen, und meinen Mitverfassern gelang es, zwei davon in sowjetischen Zeitschriften unterzubringen (der dritte wurde von Makarow-Zemljanskij und Genossen zurückgehalten). Das Institut für Philosophie schickte, ohne Rücksprache mit dem KGB, meinen ersten Artikel über die Wellenlogik an eine internationale Konferenz, die in Kanada zu Fragen der Methodologie, Logik und Philosophie der Naturwissenschaften abgehalten wurde; er wurde in den Konferenzprotokollen veröffentlicht. Ich hatte zu einem festen Arbeitsrhythmus gefunden, teilte meine Zeit gleichmäßig auf zwischen Wissenschaft, Privatunterricht und meinen Aktivitäten in der Menschenrechtsbewegung. Niemand durchsuchte meine Wohnung, niemand verhörte oder verhaftete mich. Und um mich herum waren nur zehn Geheimdienstler in Zivil. Die schwarzen Wolga-Limousinen, besetzt mit jeweils vier Tschekisten plus Fahrer, hatten ihren Schichtdienst unter unseren Fenstern noch nicht aufgenommen. (Das alles sollte erst im folgenden Jahr beginnen – Motoren ohne Schalldämpfer, quietschende Bremsen, quäkende Funksprechgeräte rund um die Uhr, sieben Tage in der Woche.)

Die Geheimdienstler in Zivil zogen ihre Runden durch unseren Mikrodistrikt.* Irina trat auf sie zu, bohrte ihnen den Finger in den Bauch und sagte: »Sag deinem Boss, er soll dich auswechseln!«

Dieser Posten setzte sich ab und erschien nie wieder bei uns. Er wurde durch einen anderen ersetzt, aber ihren Gesichtern nach waren alle von der gleichen Firma. So konnte Irina zum nächsten gehen und verkünden: »Wir haben dich erkannt!«

Und auch er würde nicht wieder auftauchen. Es ist ohne weiteres möglich, daß man die ganze Studentenschaft der Rechtsfakultät zur praktischen Ausbildung zu uns geschickt hat.

Noch begleiteten sie uns nicht bei unseren regelmäßigen Sonntagsausflügen aufs Land und in die Wälder – nicht einmal während des Sommers, als wir die Bryksins in dem Haus, das sie auf dem Land gemietet hatten, oft besuchten. Der unermüdliche und einfallsreiche Iwan Jemeljanowitsch hatte am Haus

* Ein Neubaugebiet aus etwa zwanzig Wohnhäusern, zu dem auch eine Schule, ein Fernheizwerk und einige Läden gehörten.

ständig etwas auszubessern, und ich half ihm ein wenig dabei. Eineinhalb Jahre später wurden wir für immer getrennt: Zunächst wurde ich vom KGB verhaftet, im darauffolgenden Sommer wurde er von Verbrechern, die man immer noch nicht gefaßt hat, auf freiem Feld ermordet, auf dem Weg vom Landhaus zum Bahnhof. Aber im Jahr 1975 hatten wir beide noch unseren Frieden. Auch Anja ließ der KGB in Ruhe.

Im vorangegangenen Herbst war sie in die Kusnetskij Nr. 24, einem KGB-Gebäude, bestellt worden. Gegenstand der Unterhaltung war eine Sommerreise, die sie gemeinsam mit Iwan Jemeljanowitsch und Solschenizyn unternommen hatte, um Iwans Bruder zu besuchen, der in einem Dorf in der Provinz Tambow lebte. Solschenizyn wollte die Sprache der Leute dort aufzeichnen. Die Familie des Bruders war hocherfreut und scheute den Kontakt mit Solschenizyn überhaupt nicht. Samogon (illegal gebrannter Wodka) wurde nicht nur einmal am Tag, sondern zu jeder Stunde aufgetischt. Anja und ihr Vater tranken für drei; Solschenizyn trank gar nicht. Und offenbar schien Anja von dieser Reise nichts im Gedächtnis behalten zu haben. Sie hatte sogar die Namen der Leute vergessen.

»Wir wissen über Ihre Beziehungen zu Solschenizyn genau Bescheid«, sagte der Tschekist zu ihr. »Soll ich Ihnen Fotos zeigen?«

Er wühlte in seinem Schreibtisch herum und beobachtete sie währenddessen mit kaltem Blick. Langsam zog er eine Schublade auf und holte etwas hervor: ein weißes Blatt Papier. Er drehte es um – ein weißes Blatt.

»Hören Sie! Würden Sie gerne ins Ausland reisen?«

Einige Tage später rief man sie wieder an und bestellte sie nochmals in die Kusnetskij Nr. 24.

»Welch ein Unsinn! Ignorier das einfach«, sagten wir während eines Familienrats zu ihr. »Sie sollen eine offizielle Vorladung schicken. Nur dann bist du verpflichtet, zu erscheinen.«

Sie ignorierte den Telefonanruf, und man ließ von ihr ab. Man hatte aufs Geratewohl versucht, etwas aus ihr herauszuholen.

Obwohl der KGB unablässig versuchte, sie daran zu hindern, gelang es Tanja Pljuschtsch immer wieder, uns Nachrichten über ihren Mann nach Moskau zu schmuggeln. Leonid Pljuschtsch,

Mathematiker aus Kiew und Mitglied einer der ältesten Dissidenten-Organisationen – der Initiativgruppe zur Verteidigung der Menschenrechte in der Sowjetunion –, war in eine psychiatrische Klinik eingeliefert worden, unter anderem weil er eine Petition unterzeichnet hatte, die den politischen Mißbrauch der Psychiatrie kritisierte. Der KGB benutzte Zwangsaufenthalte in solchen Spezialkliniken als Strafe für aktive Dissidenten und zur Abschreckung von potentiellen Dissidenten. Die Menschen fürchteten diese Krankenhäuser weit mehr als die Arbeitslager; den aus politischen Gründen dort Internierten wurden gewaltsam neuroleptische Drogen, die qualvolle Wirkungen haben, eingeflößt, sie wurden willkürlich von Aufsehern geschlagen und mit aggressiven Geisteskranken in eine Zelle gesperrt. Diese fürchterliche Perversion der Medizin war nur zu bekämpfen, wenn es gelang, Informationen darüber ins Ausland zu schicken. Dieser Kampf war einige Jahre zuvor von Wladimir Bukowski und dem Psychiater Semjon Glusman aus Kiew eröffnet worden.* Mitte der siebziger Jahre hatten sich auch andere Dissidenten in dieses Problem verbissen.

Eine zentrale Figur war für uns Pjotr Grigorenko, ein Generalmajor und hochdekorierter Veteran des Zweiten Weltkriegs. Er war in den frühen sechziger Jahren zum Kritiker der Partei geworden und später ein führender Menschenrechtsaktivist, der auf den Pluralismus der Ideen setzte und Terror und Untergrundarbeit ablehnte. Er wurde zur Strafe degradiert, ihm wurde die Rente aberkannt, und er wurde zweimal in eine psychiatrische Klinik eingewiesen. Seiner mutigen Frau Sinaida Michailowna, Sacharow, Igor Shafarewitsch und anderen Dissidenten gelang es, die internationale Öffentlichkeit zu informieren, und nur unter deren Druck wurde General Grigorenko im Juni 1974 aus seinem zweiten Zwangsaufenthalt in der Psychiatrie entlassen. Er hat ihn überstanden als der Mensch, der er auch zuvor war: als ein leidenschaftlicher und freundlicher Mann, voller Edelmut und innerlich ganz und gar frei.

Ich konzentrierte meine Energie auf den Fall Pljuschtsch und arbeitete mit Tanja Chodorowitsch zusammen: Wir gaben ausländischen Korrespondenten Interviews und verfaßten Appelle

* Bukowski und Glusman landeten im selben Arbeitslager, von wo aus sie ihre Zusammenarbeit fortsetzten.

an die internationalen Berufsverbände von Mathematikern, Psychiatern und Juristen. Unsere Informationen erhielten wir vorwiegend von Tanja Pljuschtsch. Im Frühling 1975 begleitete ich sie zu Professor Sneschnewskij, dem führenden Psychiater in der Sowjetunion; die Begegnung fand statt in dessen riesengroßer Wohnung in Moskau. Eher gegen seinen Willen hatte er sich zum verbrecherischen Mißbrauch der Psychiatrie bereitgefunden; der wahre Verbrecher aber war der Leiter des berühmten Serbsky-Instituts, Professor Georgij Morosow, seit seiner Studentenzeit Mitarbeiter des KGB: Sich an ihn zu wenden, wäre von vorneherein aussichtslos gewesen.

Sobald Sneschnewskij Tanja erblickt hatte, wußte er, weshalb wir gekommen waren, aber nun gab es kein Zurück mehr. Ich kam sofort zur Sache. »Wir bitten Sie, gegen die Behandlung einzuschreiten, der Pljuschtsch von Professor Blochina im Krankenhaus bzw. Gefängnis von Dnjepropetrowsk ausgesetzt wird. Nach jeder Überprüfung des Falles werden ihre Berichte noch haarsträubender. Er wurde eingeliefert mit ›schleichender Schizophrenie‹, nach Ihrer Diagnose, und jetzt wird ›Schizophrenie des paranoiden Typus‹ diagnostiziert.« Das Krankheitsbild einer »schleichenden Schizophrenie«, irgend etwas zwischen normalem und pathologischem Zustand, war eine Kreation von Professor Sneschnewskij.

»Ihr Mann ist krank«, sagte er höflich, aber bestimmt, indem er Tanja und nicht mir antwortete. »Bevor wir zu dieser Diagnose gelangten, haben wir ihn beobachtet.«

»Ja, aber die Leute, die ihn beobachteten, waren gewöhnliche Kriminelle«, unterbrach ich ihn.

Ich meinte, was ich sagte: Kriminelle. Pljuschtsch wurde zunächst in einem normalen Gefängnis beobachtet, und wer außer seinen Mitgefangenen, gewöhnlichen Kriminellen, hätte diese Beobachtungen machen können? Sneschnewskij bezog meine Bemerkungen jedoch auf sich, und sein Gesicht rötete sich.

»Ich habe keinen Anlaß, an der Qualifikation der Ärzte von Dnjepropetrowsk zu zweifeln«, sagte er. »Sie stehen in ständigem Erfahrungsaustausch mit mir.«

»Das ist sehr interessant«, sagte ich. »Ich weiß nicht, ob *Sie* Ihr Lehrbuch der Psychiatrie gelesen haben... ich habe es gelesen. Es steht dort schwarz auf weiß, daß die von Ihnen so genannte schleichende Schizophrenie sich *nie* zu einer paranoiden Schizophrenie entwickelt!«

Darauf schwieg er. Tanja blickte den grauhaarigen »Chef-Psychiater« an, voller Kummer und Zorn.

»Was meinen Sie«, fragte er schließlich, »wäre es besser, wenn Pljuschtsch in einem Lager inhaftiert wäre?«

»Natürlich!« riefen wir beide gleichzeitig.

»Sie haben seine menschliche Würde mit Füßen getreten«, sagte Tanja voller Haß. »Sie haben ihn zu endlosen Qualen verdammt, anstatt zu sieben Jahren Lagerhaft. Und was für Qualen! Er ist ganz aufgedunsen von all den Injektionen. Sie spritzen ihm Triftazin; man kann danach wahnsinnig werden vor Schmerzen. Sie sperren ihn mit gewalttätigen Geisteskranken zusammen. Sie ...«

Sneschnewskij erhob sich. Wir auch.

Ich sagte: »Wem immer Sie Bericht erstatten müssen: Erklären Sie den Leuten, daß psychiatrische Repressalien das Prestige des Staates untergraben.«

Sneschnewskij wurde blaß. »Sie beleidigen mich zum zweiten Mal!«

Wir gingen. »Er hätte dir fast den Kopf abgerissen«, sagte Tanja.

Als mir der Prozeß gemacht wurde, bat ich darum, Sneschnewskij als Zeugen laden zu lassen; er sollte dieses Gespräch wiedergeben. Immerhin waren die fünf Appelle, die ich zur Verteidigung von Pljuschtsch geschrieben hatte, als Beleidigung des Systems der Sowjetunion Bestandteil der Anklage. Sneschnewskij verweigerte die Aussage, indem er behauptete, ausgerechnet zu Beginn meines Prozesses sei ihm eine dienstliche Reise befohlen worden.

Die Wende in der Verteidigung von Pljuschtsch führte eine Massenkundgebung in Paris herbei, die von nicht-kommunistischen Linken, den »Linken ohne Illusionen«, im Herbst 1975 organisiert wurde. Am Telefon diktierte ich einen Redebeitrag für die Versammlung. Die französische Kommunistische Partei weigerte sich teilzunehmen, aber sie erkannte gleich diesen taktischen Fehler. Georges Marchais, ihr Generalsekretär, sprach mit Breschnew über Pljuschtsch, und kurz darauf wurde er, der sich gerade noch in einer Phase unaufhaltsamen Versinkens in der Schizophrenie befunden hatte, gewissermaßen über Nacht gesund. Im Januar 1976 wurde er mit seiner Familie ins Ausland abgeschoben; er ließ sich in Paris nieder. Nach seiner Abschiebung trieben wir Scherze damit, daß tatsächlich nur ein Verrückter in Rußland mit dem Trotzkismus liebäugeln würde. Pljuschtsch war wahrscheinlich der einzige Trotzkist, den es in der Sowjetunion noch gab. In Paris rückte er allmählich davon ab.

Kurz nach Tanjas und meinem Besuch bei Sneschnewskij machte der KGB Ernst mit unserer Amnesty-Gruppe. Das war nur eine Frage der Zeit gewesen. Sie durchsuchten Turtschins Wohnung und veranstalteten eine Durchsuchung nach der anderen in der Ein-Zimmer-Wohnung von Twerdochlebow, dem Sekretär der Gruppe, nahmen Papiere und Akten mit, welche die Gruppe für ihre Arbeit brauchte. Sacharow, Turtschin und ich waren während der letzten Durchsuchung bei Twerdochlebow anwesend. Genauso wie Dissidenten zu den Prozessen ihrer Freunde gingen, beobachteten sie Hausdurchsuchungen, indem sie die KGB-Vorschrift ausnutzten, wonach ein normaler Bürger, der während einer Durchsuchung die Wohnung betritt, diese nicht wieder verlassen darf, bis die Durchsuchung beendet ist. Der KGB konnte keine Durchsuchung durchführen, ohne daß jemand von uns zur moralischen Unterstützung und als unabhängiger Zeuge anwesend war. Diese letzte Durchsuchung bei Twerdochlebow begann nachmittags und dauerte bis spät in die Nacht. Irina und Anja Bryksina schoben uns belegte Brote durch das Oberlicht. Am 18. April wurde Twerdochlebow verhaftet. Am selben Tag verhafteten die Behörden Mikola Rudenko und versuchten, ihn zum Austritt aus der Gruppe zu zwingen. Er weigerte sich. Wir schrieben einen Protestbrief gegen all das an Podgorny, den damaligen Vorsitzenden des Präsidiums des Obersten Sowjet, und setzten unsere Arbeit fort. Als Wladimir Albrecht die Aufgaben des Sekretärs der Gruppe übernahm, begannen die schwarzen Wolgas, ihn zu verfolgen, aber Wolodja war noch nicht an der Reihe. Der KGB machte erst einmal Sommerferien.

In diesem Sommer schrieb ich *Ist ein nicht-totalitärer Sozialismus möglich?*, im wesentlichen eine vertiefende Darstellung der Gedanken in den *Dreizehn Fragen* und auch der Rede, die ich 1956 vor dem ITEP gehalten hatte. Mit meinem Aufsatz wollte ich westliche Linke davor warnen, die potentiellen Gefahren einer Planwirtschaft zu unterschätzen: Wenn unter bestimmten, kritischen Umständen die Zentralisierung der politischen Macht vorübergehend notwendig erschiene, so könnte das Zusammenwirken von wirtschaftlicher und politischer Zentralisierung ein unwiderruflich supra-totalitäres System ins Leben rufen – eine Falle, aus der es kaum ein Entrinnen geben würde. Denen, die an der Idee des Sozialismus festhalten wollten, schlug ich ein Übergangssystem vor, das der Form nach sozialistisch, in der Praxis aber kapitalistisch sein sollte. Produktionsmittel der großen Industrie sollten Staatseigentum bleiben, während, um den notwendigen Anreiz zu geben, leitende Angestellte über sie verfügen könnten, als seien sie private Eigentümer; ihre Gehälter wären am Gewinn der von ihnen geführten Unternehmen auszurichten. Die Arbeiter sollten alle demokratischen Rechte haben, einschließlich freier Gewerkschaften, unzensierter Zeitungen und des Streikrechts. Dies würde wie von selbst den Druck erzeugen, der zu einer vollständigen Demokratisierung dieser Gesellschaft »privater Initiativen ohne privates Eigentum« führen könnte.

Ich ließ einen Entwurf dieses Samisdat-Aufsatzes unter meinen Freunden zirkulieren und bat sie um Kommentare und Kritik. Der erste Leser war Andrej Amalrik. Ihm gefiel der Aufsatz, aber ihm gefiel alles, was von mir kam; vielleicht weil mir alles gefiel, was von ihm kam. Sein wohl berühmtester, mit großer Eleganz verfaßter Essay *Wird die Sowjetunion bis 1984 überleben?* prophezeite den raschen Zusammenbruch des sowjetischen Systems, und er lag nicht ganz falsch damit. Der KGB haßte Amalrik für seine Unabhängigkeit, seine geistige Beweglichkeit und für seinen erbitterten Haß auf das Regime – der immer leicht und spöttisch zum Ausdruck kam. Er war gerade aus der Verbannung zurückgekehrt, davor war er im Lager gewesen, und davor in der Verbannung. Da es ihm verboten war, in Moskau zu wohnen, konnte er nur für drei aufeinanderfolgende Tage legal in der Wohnung seiner Frau bleiben. Gewöhnlich weckte ihn die Miliz mitten in der dritten Nacht auf und sperrte ihn zu Kleinkriminellen und Landstreichern in eine stinkende, mit Erbrochenem verdreckte Zelle des Untersuchungsgefängnisses. Andrej und Gjusel fanden schließlich ein illegales Appartement ganz in unserer Nähe, tauchten unter, ihre Spaziergänge unternahmen sie nur nach Mitternacht. Irina und ich besuchten sie, liefen Zickzack zwischen Wohnblocks und Bäumen. Sie verließen ihr Versteck erst 1976, als die holländische Regierung für sie das Recht, in die Niederlande auszureisen, erwirkt hatte. Um sich auf seine Abreise vorzubereiten, nahm Amalrik Englischunterricht, den Anatolij Schtscharanskij in meiner Wohnung erteilte: Wir brauchten Englisch, und Tolja eine offiziell registrierte Einnahmequelle.

Im Dezember 1975 reisten Dutzende von Dissidenten aus Moskau, Leningrad und aus dem Baltikum in die litauische Stadt Wilna, um dem Prozeß von Sergej Kowaljow beizuwohnen. Er war ein Jahr zuvor als Herausgeber der *Chronik der laufenden Ereignisse* verhaftet worden, und ihm wurde jetzt wegen »antisowjetischer Agitation und Propaganda« der Prozeß gemacht. Während Sacharow in Wilna war, hielt Jelena Bonner seine Nobelpreis-Rede in Oslo. Nur Sergejs Frau und sein Sohn durften in den Gerichtssaal – und sogar das war erstaunlich. Die Verhandlung war »öffentlich«, aber es war bei Verhandlungen gegen bekannte Dissidenten üblich, ein ausgesuchtes »Publikum« in Bussen heranzukarren, damit man verkünden konnte, daß im Saal keine Plätze mehr frei seien. Für gewöhnlich versammelten wir uns abends in den Wohnungen von Dissidenten, die am Gerichtsort lebten, und versuchten, nach den Berichten von Verwandten des Angeklagten, ein Protokoll der Verhandlungen zu erstellen. Die offiziellen Protokolle waren stets geheim, und sie waren sowieso gefälscht. Tagsüber versammelten wir uns vor dem Gerichtsgebäude, umringt von Geheimdienstlern in Zivil und Tschekisten, diskutierten mit den Milizsoldaten vor den Eingängen, unterschrieben Appelle und Petitionen, sammelten Geldspenden, debattierten die Ereignisse, machten uns Sorgen, versuchten, den Angeklagten irgendwo zu entdecken und ihm zuzuwinken. Und wir riefen »Serjoscha! Serjoscha!«, sobald ein gepanzerter Gefangenentransporter vorbeifuhr, in dem man möglicherweise (wir wußten es ja nicht ganz genau) gerade Sergej Kowaljow abtransportierte. Wir liefen, um unseren Kameraden moralisch zu unterstützen, hinter dem Transporter her, riefen »Serjoscha!«, bis er davongefahren war.

Kein Intellektueller, die eine sichere Position innerhalb des sowjetischen Systems hatte, trat öffentlich für die Verteidigung Sergejs ein. Da war nicht nur Angst. »Es gibt keinen Zweifel, die Leute an der Spitze sind eine Mafia«, sagte der Physiker Igor Kobsarew zu mir, »aber ich unterstütze sie, denn vor denen da draußen« – er deutete hinaus auf die Straße – »habe ich noch mehr Angst«. Das war eine gängige Begründung. Intellektuelle sympathisierten mit den Dissidenten und befürchteten gleichzeitig, daß die Propaganda der Dissidenten gegen die Regierung die dunklen Instinkte der Massen wecken würde. Aber die Intellektuellen, die davor Angst hatten, die Machthaber »aus dem Inneren des Systems heraus« zu raschen demokratischen Reformen zu zwingen, gerieten damit auf einen selbstmörderischen Weg. Denn ohne Reformen drohte erst recht ein Ausbruch solch dunkler Instinkte. Ich schrieb darüber in dringlichen persönlichen Briefen an einige Akademie-Mitglieder der älteren Generation – an Witaly Lasarewitsch Ginsburg, Nicolaj Nicolajewitsch Bogoljubow und andere – und bat sie, ihren Einfluß einzusetzen, um die verfolgten Wissenschaftler Pljuschtsch und Kowaljow zu befreien, und ich versuchte, sie davon zu überzeugen, daß sie uns, bevor es zu spät wäre, dabei helfen sollten, die Regierung zu einer demokratischen Humanisierung des Systems zu bewegen.

An einem Donnerstag im März 1976, als ich mit Amalriks Katze, einem wahren Genie, sprach und Irina Kartoffeln abkochte für die Teilnehmer des wissenschaftlichen Seminars, das ich alle zwei Wochen zu Hause abhielt, erschien Tolja Schtscharanskij. Er wollte einen Vorschlag mit uns diskutieren. Laßt uns doch, sagte er, an die Menschen in anderen Ländern appellieren, daß sie Komitees gründen, die darüber wachen, daß die Menschenrechte beachtet werden, wie es die Konferenz über Sicherheit und Zusammenarbeit in Europa in Helsinki in ihrer Schlußakte erklärt hat – auch die Sowjetunion, die mitunterzeichnet hat. Wenn dies geschähe und es im Westen zur Norm würde, dann könnten wir auch hier ähnliche Komitees bilden und das Risiko, verfolgt zu werden, wäre verringert.

Seit am 1. August 1975 die Verträge von Helsinki unterschrieben worden waren, haben viele Dissidenten, auch einige religiöse Aktivisten und sogar eine Gruppe politischer Gefangener in den mordwinischen Lagern, sich auf die Schlußakte berufen, wenn sie, in Appellen an den Westen, sowjetische Verstöße gegen die Menschenrechte anprangerten. Und als Millicent Fenwick, die amerikanische Kongreßabgeordnete, sich im August 1975 mit Turtschin, Lewitsch und mir in Turtschins Wohnung traf, da hatten wir dafür plädiert, daß der Westen die Verträge von Helsinki nutzen sollte, um die sowjetische Regierung unter Druck zu setzen, ihren menschenrechtlichen Verpflichtungen nachzukommen, und daß der Westen diesen Prozeß auch überwachen sollte. Deswegen waren Amalrik und ich uns einig, daß es Zeit sei für Schtscharanskis Idee.

Zu dritt redigierten wir schnell den Entwurf eines Appells, den Tolja vorbereitet hatte, und kamen überein, Unterschriften von Moskauer Intellektuellen zu sammeln. Dazu ist es dann doch nicht gekommen, denn wir verloren das Interesse an unserem Appell, von dem wir nicht mehr glaubten, daß er im Westen wirklich Beachtung finden würde. Ich begriff jedoch sehr wohl die Bedeutung, welche die Verträge von Helsinki für die Sowjetunion hatten, waren sie doch ein Ersatz für einen Friedensvertrag. Und sie schrieben, als Gegenleistung für die Einhaltung der Menschenrechte und anderer Verpflichtungen, die Nachkriegsgrenzen in Europa fest, und zwar auf eine für den sowjetischen Block vorteilhafte Weise. Zu einem späteren Zeitpunkt habe ich diese Idee im *Dokument Nr. 10* unserer Helsinki Watch Group weiterentwickelt. Die Verträge verlagerten die Frage der Menschenrechte aus der Sphäre der »Innenpolitik« und gutgemeinter Wünsche anderer Regierungen in die Sphäre konkreter internationaler Politik, auch wenn die sowjetische Regierung dies nicht zugeben wollte und westliche Regierungen es damals nicht ausgenutzt haben. Bloße Appelle an die Öffentlichkeit hätten uns dennoch nicht weitergeholfen. Wir mußten ein eigenes Komitee gründen und den westlichen Regierungen Gutachten schicken, in denen die Verstöße der Sowjetunion gegen von ihr unterzeichnete politische Verträge genau beschrieben wurden.

Also entschloß ich mich, dort anzusetzen, wo Schtscharanskijs Vorschlag geendet hatte. In den nächsten zwei Monaten diskutierte ich mit Alexejewa Ginsburg, Larissa Bogoras, Witali Rubin und Schtscharanskij über die Idee einer solchen Gruppe und verfaßte eine knappe Erklärung. Sie legte fest, daß die Gruppe alle Dokumente an die Regierungschefs der Länder übergeben würde, welche die Verträge unterzeichnet hatten, und forderte die Öffentlichkeit im Westen auf, ähnliche Gruppen zu gründen, welche die Einhaltung der Menschenrechte in ihren eigenen Ländern überwachen sollten. Ich nannte die Gruppe »Gruppe zur Förderung der Erfüllung der Beschlüsse von Helsinki in der Sowjetunion«.

Was nun noch zu tun blieb, war die endgültige Auswahl der Mitglieder. Ich forderte Tanja Chodorowitsch auf, aber sie lehnte kategorisch ab: »Alles, was mit dem Vertrag von Helsinki geschieht, ist Angelegenheit der Sowjetregierung und wird nur der sowjetischen Regierung nützen! Schon der Name Ihres Komitees ist unmöglich. Wen wollen Sie fördern? Die Förderung dieser Verträge heißt, das sowjetische Regime zu fördern. Nein, da mache ich nicht mit.«

»Ich bin nicht Ihrer Meinung«, antwortete ich. »Das sind politische Verträge; das mag ihr Manko sein, aber es ist auch ein Vorteil. Man kann politische Hebel benutzen, um Menschenrechte zu verteidigen.«

»Das ist ja gerade der Fehler, daß Sie Politik machen wollen. Sie werden das Regime auch politisch nicht ausspielen können. Man wird Sie ausspielen.« Tanja Chodorowitsch dachte, wie Sacharow zu jener Zeit auch, daß in Rußland nichts verändert werden könne. Das war wahrscheinlich ein weiterer Grund, weshalb sie politisches Taktieren ablehnte.

Malwa Landa, eine Geologin und eine leidenschaftliche Anwältin der Menschenrechte, lehnte mit fast denselben Worten ab. Sie kochte vor Entrüstung. »Eine Förderungsgruppe! Förderung der Regierung?« Sie schaute mich mitleidig an.

»Meine liebe Malwa«, sagte ich zu ihr, »nicht der Name ist wichtig. Wichtig ist, *wer* die Gruppe leitet.«

Noch ein mitleidiger Blick, und sie war gegangen.

Schließlich hatte ich die Gruppe fast zusammen, die meisten Mitglieder waren Veteranen der Menschenrechtsbewegung: Ludmilla Alexejewa, Michail Bernschtam, Alexander Ginsburg, Alexander Kortschak, Anatolij Martschenko, Vitali Rubin und Anatolij Schtscharanskij. Martschenko hatte in der sibirischen Verbannung aus Berichten seiner Frau Larissa Bogoras von der Gruppe erfahren. Ich habe ihn nie kennengelernt, hatte aber Appelle zu seiner Verteidigung geschrieben und seine Aufzeichnungen über das Lagerleben, *Meine Aussagen*, gelesen. Er hat keine Gelegenheit gehabt, lange die Schule zu besuchen, und er hat viele Jahre seines Lebens im Lager verbracht. Aber dieses, sein erstes Buch, war in seiner Schlichtheit, seinem Mut und seiner Klugheit ein Meisterwerk. Beim Lesen war mir, als ob ich Martschenko leibhaftig vor mir sähe. Ihn in unserer Gruppe zu haben, war eine Ehre.

Ich hatte es nicht eilig, die Gründung der Gruppe bekanntzugeben, denn der endgültige Entwurf unserer Erklärung war noch nicht von allen diskutiert worden. Aber am 12. Mai 1976 entdeckte ich in meinem Briefkasten eine amtliche Mitteilung: Ich solle um elf Uhr im KGB-Bezirksbüro erscheinen. Es gab keine öffentlichen Gesetze über die Beziehungen zwischen Bürgern und dem KGB, also war es kein Verstoß, diese Mitteilung zu ignorieren.

Um ein Uhr mittags fuhr ein Jeep vor, und zwei junge Männer näherten sich meinem Balkon, von dem ich ihnen entgegensah.

»Jurij Fjodorowitsch...«

»Entschuldigen Sie, ich habe zu tun.«

»Also gut. Hier ist eine offizielle Mitteilung für Sie. Sie haben heute nachmittag um vier Uhr zu erscheinen. Kommen Sie nicht zu spät. Die Adresse steht drauf.« Ich nahm die Karte, damit sie mich nicht mitnahmen. Sie fuhren davon.

Der KGB wußte von meinen Plänen und wollte sie blockieren. Ich mußte die Gründung der Gruppe sofort bekanntgeben, bevor die KGB-Maschinerie in Gang kam. Glücklicherweise befand sich der tatkräftige junge Dissident Michail Bernschtam in meiner Wohnung. Es war notwendig, daß wir alle fragten, mit denen ich eine Übereinkunft getroffen hatte, ob sie mit einer sofortigen Bekanntgabe ihrer Namen als Gründungsmitglieder einverstanden waren. Wir vereinbarten ein Treffen für abends halb elf in Sacharows Wohnung.

Bis zu diesem Treffen hatten wir nur mit Schtscharanskij nicht sprechen können. Alle anderen waren einverstanden, und auch General Grigorenko war unserer Gruppe noch beigetreten. Ich gab Sacharow den Text unserer Erklärung und fragte, ob er nicht den Vorsitz der Gruppe übernehmen wolle.

»Jura, die Erfahrungen, die ich mit Gruppen gemacht habe, sind eher negativ. Ich werde nicht beitreten. Aber Ihr Aufruf zeugt von großer Ernsthaftigkeit, und ich unterstütze ihn.« Ich drang nicht weiter in ihn. Um ehrlich zu sein, ich war auch der Meinung, daß ich der bessere Organisator sei.

»Ich werde beitreten«, sagte Jelena Bonner, und sie begann sogleich, den Text der Erklärung samt den Namen der Unterzeichner, ihren Adressen und, sofern vorhanden, Telefonnummern neu zu tippen.

Andrej Dmitrijewitsch hatte einen Korrespondenten einer englischen Zeitung eingeladen. Sobald dieser eingetroffen war, las ich die Erklärung laut vor:

> »Die Gruppe zur Förderung der Erfüllung der Beschlüsse von Helsinki in der Sowjetunion ist am 12. Mai 1976 in Moskau gegründet worden. Ziel der Gruppe ist die Förderung der Einhaltung der Menschenrechtsartikel gemäß der Schlußakte der Konferenz über Sicherheit und Zusammenarbeit in Europa...
>
> Vordringliches Ziel der Gruppe ist es, alle Regierungschefs der Unterzeichnerstaaten der Schlußakte vom 1. August 1975 sowie die Öffentlichkeit über alle direkten Verstöße gegen die oben genannten Artikel zu unterrichten. Um dieses Ziel zu erreichen, wird die Gruppe:
>
> 1. *schriftlich verfaßte* Beschwerden von sowjetischen Bürgern entgegennehmen, in denen Bürger auf Verstöße gegen die oben genannten Artikel hinweisen, die sie persönlich betreffen, und diese Beschwerden zusammengefaßt an alle Regierungschefs der Unterzeichnerstaaten der Schlußakte sowie an die Öffentlichkeit weiterleiten. Die Gruppe wird das vom Autor unterzeichnete Original des Beschwerdeschreibens aufbewahren;
>
> 2. mit Unterstützung der Öffentlichkeit weitere Informationen über Verstöße gegen die oben genannten Artikel sammeln, diese zusammenstellen und zusammen mit einer Einschätzung ihrer Zuverlässigkeit an die entsprechenden Staatschefs und die Öffentlichkeit weiterleiten.
>
> Sollte die Gruppe besondere Kenntnis erhalten von Akten extremer Unmenschlichkeit, wie zum Beispiel
>
> – die Entfernung von Kindern aus der Obhut gläubiger Eltern, die ihre Kinder ihrem Glauben gemäß erziehen wollen;

– erzwungene psychiatrische Behandlung, die darauf abzielt, die Überzeugungen, das Gewissen, die Religion oder den Glauben einer Person zu verändern;
– besonders dramatische Trennung von Familien;
– extrem unmenschliche Behandlung von Gefangenen;
dann beabsichtigt die Gruppe, Staatschefs und Öffentlichkeit zu bitten, internationale Kommissionen zu bilden, die solche Nachrichten vor Ort überprüfen ...«*

Nachdem ich die Namen der Unterzeichner verlesen hatte, übergab ich dem Korrespondenten unsere Erklärung. Es war nun Mitternacht.

Es war ein Uhr morgens, als ich nach Hause zurückkehrte. In wenigen Stunden würde der KGB kommen und mich möglicherweise verhaften. Die Korrespondenten würden meiner Verhaftung wahrscheinlich mehr Beachtung schenken als der wichtigen Nachricht von der Gründung unserer Gruppe. Es wäre besser, wenn zwei, drei Tage ohne Zwischenfälle vergingen, damit *nur* über die Gruppe berichtet würde.

Ich zog mich so warm wie möglich an. Irina schaltete das Licht aus. Es gab Abhörwanzen in der Wohnung, also taten wir so, als gingen wir zu Bett. Irina öffnete das Fenster. Ich kletterte zuerst hinaus. Dichte Sträucher und Bäume verbargen uns, solange wir an der Mauer entlangschlichen. Sie küßte mich, und ich verschwand. Für die nächsten zwei Tage machte ich mich aus dem Staub.

* Die Erklärung ist im Anhang 2 dieses Buches in vollem Wortlaut wiedergegeben.

15
Die Helsinki Watch Group

Ich lebte, ganz von der Außenwelt abgeschnitten, in der Wohnung meiner Freunde, den Kortschaks, in einer kleinen Stadt vor Moskau. Der Astrophysiker Kortschak, ein Kriegsveteran und ein Nachkomme der Orenburger Kosaken, war ein Neuling unter den Dissidenten; er arbeitete in ebenjenem Institut, das mich vor zweieinhalb Jahren ausgeschlossen hatte. Er verfolgte regelmäßig die Sendungen von *Voice of America* und andere »Stimmen« aus dem Ausland. Am 14. Mai hörte er Kommentare zu ausländischen Zeitungsberichten über die Gründung unserer Gruppe. Darauf hatte ich gewartet, und am 15. Mai, kurz vor Sonnenaufgang, kehrte ich nach Hause zurück. Anstatt auf Posten zu sein, dösten die Aufpasser vor sich hin.

An diesem Morgen kamen Malwa Landa und einige andere vorbei, um mich zu besuchen. Um zehn Uhr verließen wir alle die Wohnung. Als wir die Straße überquerten, wurde ich von hinten gepackt und in ein Auto gezerrt, das uns geräuschlos gefolgt war und nun mit hoher Geschwindigkeit davonfuhr. Man brachte mich zum örtlichen KGB-Hauptquartier und ließ mich in einem leeren Raum allein zurück.

Ein Büro, ganz offensichtlich. In den Regalen lagen Berichte, die mit einem Stempel »Nur für Dienstzwecke« versehen waren. Wenn ihr mich hier reinsteckt, dann ist es euer Problem, dachte ich und begann zu blättern. Es waren Berichte über China, und was ich überflog, hatte nichts mit den üblichen Phantastereien der Sowjetpresse über die Allianz Chinas mit dem Weltimperialismus gemein. Hier ging es um wirkliche Nachrichten.

Schließlich brachte man mich zum ranghöchsten Offizier des örtlichen KGB, der übliche Oberst in Zivil. In gelangweiltem Ton verlas er irgendeine Verordnung des Präsidiums des Obersten Sowjet und erteilte mir dann eine offizielle Warnung: Sollte die von mir organisierte Gruppe mit ihrer Arbeit beginnen, würde die Sache an die Staatsanwaltschaft weitergeleitet werden. Also hatte ich die erste Runde gewonnen, die Angelegenheit war eine Stufe nach oben gerückt. Vor drei Tagen hätten sie mich nicht davor gewarnt, mit der Arbeit zu beginnen, sondern davor, die Gruppe zu gründen. Ich weigerte mich, mit meiner Unterschrift zu bestätigen, daß ich verwarnt worden sei. Die Verordnung des Präsidiums, die der Oberst vorgetragen hatte, war noch nicht veröffentlicht worden und war deshalb, wieder einer anderen Verordnung nach, noch keine Verordnung. »Diese Verordnung ist Samisdat«, sagte ich, »genauso wie Ihre Warnung. Ich bin nicht gegen Ihre Samisdat, aber Sie haben meine Erklärungen auch nicht unterschrieben.«

Politisch hatten wir also mehr gewonnen, als ich erwartet hatte. Zur selben Zeit, als der KGB herausfand, daß ich nicht zurückweichen würde, veröffentlichte die Nachrichtenagentur TASS eine nur für den Westen bestimmte Erklärung zur Gründung der Gruppe: Die Regierung der Sowjetunion habe nichts gegen die Überwachung der Verträge von Helsinki einzuwenden. (Das war eine Lüge.) Wichtig war, daß Namen genannt wurden. (Diese entsprachen der Wahrheit.) Zur beteiligten Person Orlow hieß es, er sei von Beruf »Anti-Sowjetschik«, mit der Wissenschaft habe er seit langem nichts mehr zu tun. (Das war eine Lüge.) Die Gruppe verstoße gegen die Verfassung. (Das war die reine Wahrheit: Gemäß der sowjetischen Verfassung mußte sich jede Organisation der Leitung der Kommunistischen Partei unterordnen.) Die Gruppe sei gegründet worden, um die Entspannung zu verhindern und um Zweifel an der Verläßlichkeit der Sowjetunion gegenüber ihren internationalen Verpflichtungen zu säen.

Was das Säen von Zweifeln an der Vertragstreue anging, die westlichen Regierungschefs hatten *nicht* bezweifelt, daß es die Sowjetunion *versäumen* würde, ihren Verpflichtungen im Hinblick auf die Menschenrechte nachzukommen, aber sie betrachteten das eben nur als unvermeidliches Übel. Absicht unserer Gruppe war vor allem, das Verhalten des Westens nach dem Muster des »Münchener Abkommens« zu ändern.

Was die Entspannung anging, so war sie genau das Ziel, für dessen Verwirklichung der Westen bereit war, Menschenrechte in der Sowjetunion zu opfern. Tatsache war jedoch, daß der Westen während der Ära Breschnew keinerlei Fortschritt in der Entspannung erreichte. Noch während dieser Entspannungsgespräche wurde die Zahl der in Europa stationierten sowjetischen Mittelstreckenraketen rapide erhöht, und die sowjetische

Militärpräsenz in Lateinamerika, Afrika und Asien nahm deutlich zu. Gleichzeitig wurden die Dissidenten nicht nur daran gehindert, gegen die leichtfertige Gefährdung der Entspannungspolitik durch die Sowjetregierung zu protestieren, sondern sie hatten auch keine Möglichkeit, die für einen solchen Protest notwendigen Informationen zu erhalten. Alle demokratischen Dissidenten hatten erkannt, daß nur eine Demokratisierung der Sowjetunion – was Informationsfreiheit und das Recht auf Widerspruch ebenso einschließen mußte wie die Öffnung der Grenzen – gegenseitige Sicherheit gewährleisten würde. Das jedoch verstanden nur wenige Menschen im Westen; noch weniger glaubten daran, daß eine Demokratisierung der Sowjetunion möglich sei. Die Moskauer Helsinki Watch Group agierte, als sei dies zumindest prinzipiell möglich – und erst zehn Jahre später war zu erkennen, daß wir nicht unrecht hatten.

In jedem Fall verhalf uns die TASS-Erklärung vom 14. Mai zu der Publizität, die unseren Veröffentlichungen den Weg bis in westliche Regierungsstellen bahnte. Dank der ausländischen Radio-»stimmen« suchten zur selben Zeit immer mehr Menschen aus der Sowjetunion die Hilfe unserer Gruppe, um der Verteidigung ihrer Rechte eine internationale Plattform zu verschaffen. Die Praxis, internationale Organisationen um Unterstützung zu bitten, so geläufig sie in der zivilisierten Welt von heute sein mag, in der abgeschotteten Sowjetunion war sie bis dahin nicht üblich gewesen.

Da sie nicht wußten, wie meine Verhaftung durch den KGB enden würde, trafen sich, bis auf den verbannten Anatolij Martschenko, alle Mitglieder unserer Gruppe bei den Sacharows und beschlossen, die Aufnahme unserer Tätigkeit bekanntzugeben. Die Gruppe lud ausländische Korrespondenten ein. Malwa erklärte, daß sie es in dieser Situation als ihre moralische Pflicht betrachtete, der Gruppe nun doch beizutreten. Nachdem der KGB mich schließlich auf freien Fuß setzte, ging ich direkt nach Hause, erfuhr vom Treffen in der Wohnung der Sacharows und eilte herbei, um eine offizielle Stellungnahme abzugeben: Mit dem heutigen Tag, am 15. Mai 1976, nimmt die Helsinki Watch Group ihre Arbeit auf. Was mich damals am meisten erstaunte, war die Überraschung der Korrespondenten. Sie fragten ständig, ob wir trotz der Warnung des KGB und der TASS-Erklärung wirklich mit unserer Arbeit beginnen würden. Einer von ihnen schickte sogar einen Bericht ab, in dem es hieß, wir hätten unsere Gruppe aufgelöst.

Die Adventisten verfügten über eine sehr gut ausgestattete Untergrunddruckerei, in der sie Bücher mit ihrer Auslegung des Christentums und über das Terrorregime des sowjetischen Staatsatheismus veröffentlichten, der den Anordnungen Lenins widerspreche. Ihr Haupt, Wladimir Schelkow, ein sehr alter Mann, sollte deshalb verhaftet werden und einige Jahre später in einem sibirischen Lager südlich von Jakutsk umkommen. Die Adventisten stellten eine Verbindung zu Ginsburg und mir her und druckten auf der Basis unserer Entwürfe Bögen mit unserem Briefkopf für unsere Veröffentlichungen. Sie waren sogar bereit, unsere Schriften selbst zu drucken, aber das hätte das extrem schnelle Tempo herabgesetzt, das wir uns für unsere »Veröffentlichung« vorgenommen hatten.

Fast neun Monate lang wartete der KGB, bis jemand aus der Gruppe verhaftet wurde: Man war mit den Vorbereitungen großer Prozesse gegen uns beschäftigt. Keiner von uns sprach davon, daß wir uns beeilen müßten, während wir noch auf freiem Fuß seien, und vielleicht sahen auch nur Alexander Ginsburg und ich die Verhaftungen voraus. Der ziemlich dramatische Start der Gruppe, die Angst, den Schwung zu verlieren, und die starken Persönlichkeiten der Mitglieder, all das beschleunigte unser Arbeitstempo noch. Alle zwei Wochen gaben wir in numerierter Folge ein großes Informationspapier heraus, unsere *Dokumente*, daneben Ankündigungen. Jeder Text war peinlich genau, bewußt akademisch, wenn nicht pedantisch abgefaßt und bezog sich auf einzeln belegbare Verstöße gegen die Verträge von Helsinki. Alle Dokumentationen wurden von Ludmilla Alexejewa redigiert und getippt. Ich führte die flexibel zu handhabende Regelung ein, daß jedes Mitglied nur das unterschrieb, was er oder sie unterschreiben wollte, denn die Forderung, einen Konsens herzustellen, hätte die schnelle Erstellung nützlicher Dokumentationen verzögert.

Unsere allererste Schrift stellten wir am 18. Mai auf einer Pressekonferenz in Sacharows Wohnung vor. Von Grigorenko und Bernschtam verfaßt und von allen Mitgliedern der Gruppe unterzeichnet, beschrieb *Dokument Nr. 1* den dramatischen

Prozeß gegen Mustafa Dschemiljow in der sibirischen Stadt Omsk. Sacharow reiste dorthin, aber ihm wurde der Zutritt zum Gerichtssaal verwehrt; seine Frau wurde von der Miliz rüde herumgestoßen – weswegen Sacharow einen Milizbeamten ohrfeigte. Der Hauptzeuge gegen Dschemiljow, selbst ein Gefangener, erklärte vor Gericht, daß er seine Aussage, die er vor dem Prozeß gemacht hatte, widerrufe. Sie sei ihm unter physischem und moralischem Druck vom KGB abgezwungen worden. Der Richter verurteilte Dschemiljow gleichwohl auf der Basis dieser widerrufenen Zeugenaussage wegen anti-sowjetischer Propaganda.

Dschemiljow war Anführer der gewaltlosen Bewegung, die die Rücksiedlung der Krimtataren auf die Krim unterstützte. 1944 war das ganze Volk, die Neugeborenen ebenso wie die Uralten, von der Krim nach Osten deportiert worden, und man sagt, die Hälfte von ihnen sei dabei umgekommen. 1967, vierzehn Jahre nach Stalins Tod, wurde der Vorwurf, die Krimtataren hätten während des Zweiten Weltkrieges mit den Nazis kollaboriert, offiziell für haltlos erklärt, aber es wurde ihnen nicht erlaubt, in ihre Heimat zurückzukehren. Diese Einschränkung der Freizügigkeit und des Rechts auf freie Wahl des Wohnorts sowie der Gleichheit aller Nationalitäten vor dem Gesetz, verstieß gegen Bestimmungen, die in den Verträgen von Helsinki niedergelegt worden waren.

Dokument Nr. 2 handelte von der politisch motivierten Störung von Brief- und Telefonverkehr zwischen der Sowjetunion und dem Westen durch die Sowjetregierung und war von Schtscharanskij, Vitali Rubin und mir verfaßt. Wir berichteten darüber, daß Telefonverbindungen unterbrochen worden waren und Telegramme, Briefe und andere Sendungen nicht zugestellt wurden, und bewiesen damit, daß weder die Praxis noch die offiziellen Regeln des sowjetischen Kommunikationssystems den Verpflichtungen aus den Verträgen von Helsinki entsprachen.

Die Teilnahme von *Refuseniks* wie Schtscharanskij und Rubin an unserer Gruppe war äußerst wichtig; Dissidenten, die wie ich nicht zu emigrieren beabsichtigten, waren nicht vertraut mit der sowjetischen Handhabung der Freiheit, das Land, insbesondere aus familiären oder beruflichen Gründen, zu verlassen oder dorthin zurückzukehren. Natürlich beschränkten sich Schtscharanskij, Rubin und Wladimir Slepak, der später an Rubins Stelle treten sollte, nicht auf dieses Thema. Sie waren wahre Dissidenten, die für die Menschenrechte aller Völker kämpften.

Vitali Rubin, der sich als Sinologe vor allem mit Konfuzius beschäftigt hatte, war ein alter Bekannter meiner Frau Irina, wie Schtscharanskij ein intelligenter, mutiger und mitfühlender Mensch, aber eher ein Stubengelehrter, als zur politischen Arbeit geboren. Eines Tages, kurz nachdem Rubin seine Ausreiseerlaubnis erhalten hatte, schaute ich aus meinen Küchenfenster und sah, wie er zusammen mit einem Fremden auf meine Wohnung zugelaufen kam. Da ich von meiner Mutter Vorsicht geerbt hatte, öffnete ich zwar die Tür, ließ die beiden aber nicht in die Wohnung. Das war Rubin gegenüber, den ich sehr mochte, äußerst unhöflich; aber ich konnte seinen Begleiter einfach nicht hereinbitten. Mir gefiel sein Gesicht nicht.

»Jura«, sagte Rubin, »das ist Sanja Lipawskij, ein hervorragender Mensch, er wird mich als Leiter des Seminars zur jüdischen Kultur ersetzen. Aber er ist auch bereit, Ihnen zu helfen. Er ist Arzt und hat ein Auto – zwei Tugenden vorneweg.«

»Na gut«, sagte ich. »Haben Sie Telefon?«

Lipawskij gab mir Telefonnummer und Anschrift und lobte unsere Arbeit, aber ich gab trotzdem die Tür nicht frei. Schließlich gingen sie.

Lipawskij, ein Doppelagent des KGB und der CIA, hatte sich Schtscharanskijs Vertrauen erschlichen und mit ihm in Moskau eine Wohnung angemietet. Ein Jahr später hat er gegen ihn falsch ausgesagt, so daß der KGB Schtscharanskij des Hochverrats anklagen konnte. Ich selbst sah den Mann nie wieder und habe ihn nie um etwas gebeten, sondern ihn einfach aus meinem Gedächtnis gestrichen. Vitali Rubin, den ich zum Auslandsvertreter unserer Gruppe ernannte, kam bei einem Autounfall in Israel ums Leben.

Amalrik war der Gruppe nicht beigetreten, da er und Gjusel ins Ausland gehen wollten. Ihr Abschiedsfest fand in unserer Wohnung statt. Sie verteilten alles, was sie besaßen, an ihre Freunde – wir bekamen einen Flügel und riesige Bücherregale – und machten sich, nur mit einem Satz Leintücher und ihrer genialen Katze, auf den Weg in die Niederlande. Einige Jahre später war Andrej Amalrik auf dem Weg nach Madrid zur 3. Konferenz über Sicherheit und Zusammenarbeit in Europa. Er saß am Steuer. Neben ihm saß Gjusel; befreundete Dissidenten saßen hinten. Ihrem Wagen kam ein LKW entgegen, beladen mit dünnen Rohren, wovon eines seitlich herausragte. Die Windschutzscheibe ging zu Bruch, und das Auto kam zum Stehen. Gjusel lachte, dann schrie sie. Alle saßen noch auf ihren Plätzen. Das Stahlrohr hatte Andrejs Kehle durchbohrt.

Der KGB war mir immer dicht auf den Fersen – zu Fuß, mit dem Auto oder mit dem Zug; in Großstädten, in Kleinstädten, in Dörfern; im Wald und auch auf den Wellen des Meeres. Für die Kinder unserer Freunde war das ein faszinierendes Spiel. Eines Tages gingen wir mit der Familie des Psychiaters Marat Weksler im Wald spazieren. Seine Tochter Katja, von der Verfolgung hingerissen, rief ununterbrochen: »Da ist einer! Da ist einer!«, als sie die dunklen Jacken der Tschekisten mal hinter der einen, mal hinter einer anderen Birke erspähte. Es waren einfach zu viele, die, wie für einen Auftrag in der Stadt gekleidet, hinter den Bäumen hin und her sprangen. Offensichtlich waren sie uns aus Moskau gefolgt. Dennoch, so viele waren es auch wieder nicht, und als dieses Spiel uns zu langweilen begann, führte ich unsere Gruppe geschwind von dannen. Warum sollte ich sie im Wald nicht abschütteln können?

Aber es war eine wahre Kunst, sie anderswo abzuhängen. Irina und ich fuhren einmal mit dem Bus zum Pilzesuchen, als mir zweihundert Meter hinter uns ein Auto auffiel. Es fuhr an und hielt, genauso wie der Bus. Sogar ein Holzklotz hätte gewußt, was gespielt wurde. Ab und an ein Schichtwechsel, und die Farbe des Autos änderte sich, der neue Wagen vollführte jedoch genau dieselben Manöver. Wir hatten nicht vor, die Pilze in Begleitung suchen zu gehen. An einer Haltestelle, kurz bevor die Tür sich schloß, flüsterte ich Irina zu: »Spring raus!« Wir sprangen ab, der Bus fuhr los, und wir hockten hinter dem Wartehäuschen. Auch vier Tschekisten sprangen aus dem Auto, liefen, die Augen auf den Boden geheftet, an uns vorbei rechts auf die Häuser zu. Es war schwer für diese wilden Eber, die Köpfe zu heben, und deshalb bemerkten sie uns auch nicht. Als sie verschwunden waren, erhoben wir uns, winkten ihrem Fahrer zu – er hatte uns gesehen, aber sein Funksprechgerät funktionierte offensichtlich nicht –, überquerten die Straße und gingen in den Wald. Wir hatten uns den freien Sonntag zurückerobert.

Manchmal mischten sich Tschekisten unter meine nun zahlreichen Besucher. Einer von ihnen war so naiv zu versuchen, mir eine dicke Aktenmappe anzudrehen, gefüllt mit, wie er sagte, Korrespondenz mit dem Verteidigungsministerium über die illegale Schließung eines Kindergartens. Ein anderer hinterließ seine Kamera, die noch den Film enthielt; Irina bemerkte es, ergriff die Kamera und eilte dem Wohltäter nach. Der Film, sagte er, enthalte Aufnahmen, die zeigten, wie die Milizsoldaten Leute zusammenschlagen. Natürlich werden Leute von der Volksmiliz zusammengeschlagen, das sei ja bekannt. Aber, so fügte er hinzu, die wichtigsten Schnappschüsse lägen noch vergraben; und er nannte einen Ort, von dem wir zufällig wußten, daß er sich genau gegenüber vom KGB-Bezirksbüro befand. Er glaubte tatsächlich, daß wir mit einem kleinen Spaten dorthin eilen würden. Im KGB mußte es von Narren nur so wimmeln.

Auch wirklich verrückte Leute tauchten bei uns auf. Die meisten meiner Besucher waren jedoch weder Tschekisten noch Verrückte, sondern ganz normale Menschen, die mir von ihrem Schicksal berichten wollten. Aus entlegenen Provinzen brachten sie haarsträubende Geschichten von Verstößen gegen das Gesetz und davon verursachtem Leid mit. Das Muster war immer dasselbe: Sie erzählten von einem Versuch, die örtliche Korruption aufzudecken, gefolgt von der Kündigung einer guten Stelle; dann kam der Besuch bei den Moskauer Bürokraten auf der Suche nach Gerechtigkeit, gefolgt vom Ausschluß aus der Partei; Inhaftierung in einer psychiatrischen Klinik war die nächste Station; Zerfall der Familie, Zerfall von allem anderen; dann ein Versuch, zur amerikanischen Botschaft vorzudringen, um dort um Asyl zu bitten; und zuletzt kam noch einmal die psychiatrische Klinik.

Unter den Arbeitern, die mich besuchten, war Dubow, ein Kranführer aus dem Ural. Er hatte Auszüge aus dem *Programm der KPdSU* verteilt, und zwar hatte er solche Stellen ausgewählt, in denen ein besseres Leben in naher Zukunft versprochen wurde. Diese Blätter hatte Dubow mit dem Stempel »Versprechen nicht eingelöst« versehen. Dafür bekam er ein Jahr in einer psychiatrischen Spezialklinik. Ein anderer war der bemerkenswerte Wladimir Klebanow, ein ehemaliger Bergarbeiter, der wegen der Unabhängigkeit seiner Arbeit als Gewerkschaftsführer in eine psychiatrische Klinik geschickt wurde. Jetzt wollte er eine unabhängige Gewerkschaft organisieren. Nach meiner Verhaftung wurde er zum zweitenmal in eine psychiatrische Klinik eingewiesen.

Am regelmäßigsten besuchten uns Aktivisten der religiösen Minderheiten, deren Probleme sich direkt auf die Menschenrechtsartikel der Verträge von Helsinki bezogen. Unsere Gruppe sammelte Unmengen von Nachrichten über die Verfolgung von religiösen Familien: Geldstrafen, Zerstörung ihrer Häuser und Wegnahme ihrer Kinder, gedeckt durch ein Familien- und Eherecht, das von der unausgesprochenen Forderung ausgeht, Kinder seien von ihren Eltern »im Geiste des Moralkodex der Gründer des Kommunismus« zu erziehen. Die Praxis, Familien aus ideologischen Gründen die Kinder wegzunehmen, hat es in Rußland schon vor den Bolschewiki gegeben; Lew Tolstoj hat bereits im letzten Jahrhundert dagegen gekämpft. Irina und ich hatten von unserem Freund, dem Arbeiter Anatolij Wlassow, einem Mitglied der Pfingstbewegung, schon einiges über die Lage dieser Kinder erfahren.

Das Recht auf eine geistige Bindung zwischen Eltern und Kindern ist meiner Meinung nach das fundamentalste aller Rechte; es mußte also mit größtem Nachdruck verteidigt werden. Ich verfaßte ein detailliertes Exposé (*Dokument Nr. 5*). Es gelang dem KGB auch später, nachdem etliche Dutzend religiöser Zeugen verhört worden waren, nicht, diese Dokumentation in einem einzigen Punkt zu widerlegen. Eine der typischen Episoden, deren Veröffentlichung der KGB gerne verhindert hätte, wurde in einem Appell von Bauern eines ukrainischen Dorfes beschrieben, der uns von Mitgliedern der Adventistengemeinde übergeben wurde. Die Volksmiliz war in das Dorf gekommen, um einer Familie die Tochter wegzunehmen und sie in ein Waisenhaus zu bringen, aber das kleine Mädchen flüchtete in den Wald. Die Miliz zog mit leeren Händen ab, und die Mutter war gezwungen, ihr Kind zu verstecken. Ohne offizielle Dokumente war das heranwachsende Mädchen zur Vogelfreiheit verdammt.

Leider protestierten nur wenige Atheisten in der Sowjetunion gegen diese abscheuliche Politik des Kinderraubs. Aber die Proteste und Informationen, die von Dissidenten und christlichen Gruppen in den Westen geschickt wurden, zeigten eindeutig Wirkung; die Situation von Kindern religiöser Familien verbesserte sich bereits vor Gorbatschow.

In den neun Monaten vor meiner Verhaftung hat die Gruppe achtzehn Dokumentationen produziert, darunter auch meine Überlegungen dazu, wie die Verträge von Helsinki im Kampf für die Menschenrechte genutzt werden könnten (*Dokument Nr. 10*). Die Dokumentationen bezogen sich auf viele Themen – auf die Situation Gefangener und den Mißbrauch der Psychiatrie ebenso wie auf die Verfolgung von religiösen und nationalen Minderheiten oder das fehlende Recht zur Auswanderung. Die Dokumentationen zur Lage von Gefangenen wurden von Malwa Landa, Ludmilla Alexejewa und Alexander Ginsburg – der mittlerweile zum Verwalter von Solschenizyns Russischem Sozialfonds zur Unterstützung politischer Gefangener und ihrer Familien geworden war – vorbereitet. Da die drei über vielfältige Kontakte zu Gefangenen und Dissidenten in Rußland, den baltischen Staaten und der Ukraine verfügten, erhielten sie geheime Informationen aus den Lagern und Auszüge aus Verordnungen, die den Stempel »Nur für Dienstzwecke« trugen. (Daß die Regierung solche Informationen als geheim einstufte, war an sich schon ein Verstoß gegen die Menschenrechte.) *Dokument Nr. 3* beschrieb sehr präzise die Verpflegung, die Arbeit und den kriminellen medizinischen Versorgungsnotstand in den Lagern und Gefängnissen, sowie Bestrafungen durch Hunger und Kälte in Isolationszellen. Andere Dokumentationen zeigten die Verfolgung der Familien von Gefangenen sowie die behördlichen Verfolgungen von Gefangenen nach ihrer Freilassung, sie enthielten außerdem Listen aktueller Verhaftungen.

Ein Dokument (*Nr. 9*) war speziell der russischen Bevölkerung eines Dorfes gewidmet, von denen ein Teil nach Israel auswandern wollte. Ein Mitglied des Ältestenrates des Dorfes Ilinka in der Provinz Woronesch war auf der Suche nach aktiven *Refuseniks* in der Moskauer Synagoge erschienen. Anstelle eines Passes hatte er eine Bescheinigung seines Dorfsowjets bei sich, die ihm erlaubte, für genau fünf Tage abwesend zu sein. Er erzählte, daß es in seinem Dorf Leute gebe, die seit langem die Gesetze der jüdischen Religion befolgten; das war immer schwierig gewesen, aber jetzt wollten sie Rußland verlassen, um nach Israel auszuwandern. Die Einladungen, die man ihnen geschickt hatte, waren jedoch vom Vorsitzenden des Dorfsowjets konfisziert worden. Ob sie vielleicht neue erhalten könnten?

Schtscharanskij und Slepak organisierten Einladungen und fuhren mit Lipawskij nach Ilinka, um sie dort auszuhändigen – und gleichzeitig die Informationen über das Dorf zu überprüfen. Acht Monate später beschuldigte der KGB Schtscharanskij, diese Reise mit der Absicht zur Spionage unternommen zu haben, und mir wurde Mittäterschaft vorgeworfen.

Solche Reisen, die dazu dienen sollten, Nachrichten zu überprüfen und Menschen zu helfen, wurden von Mitgliedern unserer Gruppe ständig unternommen. Ludmilla Alexejewa reiste wegen der Vorfälle um zwei verfolgte römisch-katholische Priester und mehrere Schüler, die wegen Teilnahme an einem religiösen Zirkel von der Schule verwiesen worden waren, nach Litauen. Lidija Woronina reiste bis in den fernen Osten der Sowjetunion, um vor Ort die Lage einer großen, von etwa zweitausend Mitgliedern gebildeten Gemeinde der Pfingstbewegung zu überprüfen, die sich zusammen mit Mitgliedern der Pfingstbewegung aus dem Nordkaukasus entschlossen hatten, aus einem Land zu emigrieren, in dem sie jahrzehntelang unterdrückt worden waren. Alexander Ginsburg und Valentin Turtschin reisten nach Lwow, Schtscharanskij und Slepak nach Leningrad.

Ich besuchte mit Irina und meinem Sohn Sascha die westliche Ukraine, um die Stimmung und die Probleme dort besser verstehen zu können; ich wollte die Horijns treffen – Intellektuelle, ehemalige (und zukünftige) Gefangene, die damals als Heizer arbeiteten; und ich wollte die Familie des Gefangenen Hell unterstützen. Unnötig zu erwähnen, daß der ukrainische Staatssicherheitsdienst uns unter massiver Beobachtung hielt, was Sascha zunächst amüsierte, schließlich aber sogar ihn langweilte. Nachdem wir die Familien besucht und uns in Lwow umgesehen hatten, fuhren Irina und ich mit dem Bus in die Siedlung Pustomytij zu Iwan Kandyba; Sascha ließen wir sicherheitshalber in Lwow zurück. Kandyba, ein Rechtsanwalt, hatte mit seinem Kollegen Lukjanenko gerade fünfzehn Jahre in einem Lager mit besonderem Vollzug zugebracht, weil sie sich auf das gesetzliche Recht der Ukraine auf Unabhängigkeit berufen hatten; jetzt lebte er unter behördlicher Überwachung, eine Art Bewährung. Wir kannten ihn bereits, denn unmittelbar nach dem Lager kam er uns in Moskau besuchen. Er war ein kleinerer Mann mit einem müden, dennoch lebhaften Gesicht. Wir brachten Geschenke, tranken etwas mit ihm und gingen spazieren. Wie schon Ginsburg und Turtschin, versuchten wir ihn davon abzubringen, der Helsinki Watch Group beizutreten (nach meiner Verhaftung schloß er sich zusammen mit den Horijns der ukrainischen Gruppe an). Abends um acht Uhr gingen wir, denn später durfte er sich nicht mehr auf der Straße blicken lassen. Aber als er kurz vor sein Tor trat, um uns noch einmal zu umarmen, wurde er von der Miliz gegriffen und weggezerrt. Sie stellten ihn wieder unter Anklage und verlängerten seine Überwachung um ein halbes Jahr. Ein weiterer Verstoß hätte einen Prozeß zur Folge gehabt und Lager oder Verbannung, wie bei Anatolij Martschenko. Auch Irina und mich hielten sie die halbe Nacht in ihrem Hauptquartier fest.

Dann gingen wir betrübten Herzens in die Ferien. Eine ukrainische Frau brachte uns drei von Lwow aus in ein abgelegenes Karpatendorf, wo es uns mit ihrer Empfehlung – »Die drei sind Russen, aber nett« – möglich war, ein Haus zu mieten. Unser ostentativ sichtbarer Schatten war nicht da, also spazierten wir frei in den Birkenwäldern, sammelten Pilze und beobachteten zierliche schwarze Salamander mit leuchtend gelben Flecken. Einem klugen Wurm schaute ich genauer dabei zu, wie er sich von einem zehn Zentimeter hohen Stein herabließ, indem er sich in zweieinhalb Spiralen von einem Zentimeter Durchmesser zusammenwickelte und dann zu Boden rollte. Nach einem Monat der Ruhe kehrten wir nach Moskau zurück.

Im Spätherbst und im Winter 1976/77 begann die Helsinki Watch-Bewegung.* Sie entwickelte sich schnell. Im November wurden mit Hilfe unserer Gruppe die ukrainischen und litauischen Gruppen gegründet. Im Dezember gründete Gleb Jakunin mit unserer Unterstützung das Christliche Komitee zur Verteidigung der Rechte von Gläubigen in Moskau. Im Januar wurde die georgische Gruppe ins Leben gerufen, im Februar eine Gruppe in England und eine weitere, zu der sich Parlamentarier aus neun europäischen Staaten zusammenschlossen. Die armenische Gruppe wurde im April, nach meiner Verhaftung, gegründet.

* In diesem Herbst und Winter wurden auch in Osteuropa bedeutende Menschenrechtsgruppen gegründet: das Arbeiterverteidigungskomitee in Polen (September) und Charta 77 in der Tschechoslowakei (Januar).

Die Helsinki Watch Groups in den Provinzen konnten nicht ohne unsere Hilfe arbeiten, da sich auch ihre Dokumentationen an die Regierungschefs der fünfunddreißig Unterzeichnerstaaten von Helsinki richteten, die mit Botschaften in Moskau vertreten waren. Wir übernahmen die Weiterleitung dieser Schriften. Zu Beginn unserer Arbeit hatte ich versucht, unsere Dokumentationen per Post an Breschnew und an die Botschaften zu schicken. Aus Breschnews Büro kam eine Empfangsbestätigung; von den Botschaften kam nichts. Ich hatte nichts anderes erwartet, aber der Versuch hatte unternommen werden müssen. Nach dieser Erfahrung kündigten wir bei einer unserer zweiwöchentlichen Pressekonferenzen an, daß wir uns auf den Postweg nicht verlassen könnten und unsere Dokumentationen den Botschaften darum durch ausländische Korrespondenten zustellen müßten. In der Praxis war das gar nicht einfach. Obwohl mehrere westliche Korrespondenten bei unserer Pressekonferenz bereitwillig Unterlagen mitnahmen, waren nicht alle westlichen Botschaften bereit, sie in Empfang zu nehmen; die Journalisten des sozialistischen Blocks gaben vor, nicht das geringste Interesse an uns zu haben.

»Man hat Ihre Gruppe für illegal erklärt«, erklärte ein Vertreter der westdeutschen Botschaft, ein Sozialdemokrat. »Wir können mit Ihnen nicht in Kontakt treten.« Regelmäßig in Empfang genommen wurden unsere Dokumentationen von den Amerikanern (die sie an die Briten und an die Kanadier weiterleiteten), den Italienern und den Belgiern, manchmal von den Franzosen und den Skandinaviern. In dem Band meiner Gerichtsakten, der der Belgrader Konferenz gewidmet war, fand ich ausschließlich die englische und die italienische Übersetzung aller Dokumentationen der Moskauer Gruppe.

Nach dem 18. Dezember 1976, jenem Tag, an dem der mutige Gefangene Wladimir Bukowski gegen den gefangenen Führer der chilenischen Kommunisten, Luis Corvalán, ausgetauscht wurde, startete der KGB seine Generaloffensive. Im allgemeinen Trubel um den Austausch begann der KGB mit intensiven Hausdurchsuchungen bei Mitgliedern der Helsinki Watch Groups.

Am 24. Dezember durchsuchten sie die Wohnung von Mikola Rudenko, dem Leiter der ukrainischen Gruppe, schoben ihm einige Dollarnoten unter, um ihn des Verstoßes gegen die Devisengesetze beschuldigen zu können. (Er wehrte diesen Vorwurf ab, und dieser Anklagepunkt wurde nicht in sein Urteil aufgenommen.) Am selben Tag durchsuchten sie die Wohnungen von zwei anderen Mitgliedern seiner Gruppe, beim Schriftsteller Oles Berdnyk wollten sie pornographische Schriften, in der Gartenhütte des Landschullehrers Oleksij Tichy ein deutsches Gewehr aus der Kriegszeit gefunden haben. Am 4. Januar durchsuchten sie die Wohnungen von Mitgliedern der Moskauer Gruppe – Ljuda Alexejewa, Lidija Woronina und Alexander Ginsburg – und versteckten ausländisches Geld in Ginsburgs Toilette. (Sie mußten auch hier die Vorwürfe fallenlassen.)

Im Verlauf dieses Tages durchsuchten sie auch unsere Wohnung. Gegen zehn Uhr abends hörten wir ein gebieterisches Klopfen an der Tür. »Mach nicht auf, Irina«, sagte ich. »Verbrenn diese Papiere, ich werde den Rest in der Toilette runterspülen.« Das Klopfen hörte auf; dann erschien jemand mit Werkzeug und machte sich daran, die Tür aufzubrechen. Es gelang uns nur, all jene Papiere zu vernichten, die andere Menschen in Schwierigkeiten gebracht hätten. Als sie die Tür aufgebrochen hatten, stand die Küche voller Rauch, und wir saßen ruhig und traurig nebeneinander auf unseren Stühlen. »Mit welcher Begründung sind Sie hier eingebrochen?« verlangte ich zu wissen. Sie waren zu viert: ein Staatsanwalt namens Tichonow, zwei Vernehmungsbeamte und ein Zeuge. Sie zeigten mir den Durchsuchungsbefehl des Staatsanwalts und ihre Ausweise. In diesem Augenblick erschien Alexander Podrabinek; er hatte mit einer Wohnungsdurchsuchung bei uns gerechnet. Sie leerten auch seine Taschen und hielten ihn fest – genau das hatte er ja beabsichtigt.

Drei der Männer durchstöberten alles, legten verdächtige Papiere und Bücher zur Seite. Gedichte der Achmatowa und der Zwetajewa, in westlichen Ausgaben, wurden ohne Zögern beschlagnahmt. Tichonow legte Andrej Belijs Roman *Petersburg*, in der sowjetischen Ausgabe aus den dreißiger Jahren, die mir sehr viel bedeutete, auf seinen Stapel; dann legte er sie zurück ins Regal, nochmal auf den Stapel und wieder ins Regal – dies Hin und Her endete damit, daß das Buch im Regal liegenblieb. Der Mann tat mir leid. Es war schwer, ohne Vorschriften Entscheidungen zu fällen; Intuition war im Klassenkampf ein unsicherer Ratgeber. Der Zeuge, ein etwas verlegener junger Mann, stand mitten im Zimmer. »Bleiben Sie von den Sachen weg«, sagte ich zu ihm. Wir drei überwachten die anderen drei – keine Sekunde lang auch nur einen Schritt zurückweichend. »Es wird Ihnen nicht gelingen, uns in dieser Wohnung irgend etwas unterzujubeln!« warnte ich. Die Männer sagten nichts, ihre Bewegungen verrieten Nervosität. Den Grund verstanden wir, als Irina das Radio einschaltete und wir über BBC die Meldung hörten, der Nachrichtenagentur TASS zufolge habe eine Durchsuchung bei Orlow stattgefunden, es seien Schriftstücke entdeckt worden, die auf eine Verbindung zwischen ihm und der NTS hinwiesen. (Die NTS ist tatsächlich eine Organisation von Emigranten im Westen, aber damals glaubte ich, sie sei eine Erfindung des KGB.) Die Vernehmungsbeamten, die noch nicht einmal die Hälfte unserer Sachen durchsucht hatten, unterbrachen ihre Suche und hörten ebenfalls aufmerksam zu. »Bei euch muß man mit allem rechnen, ihr habt kein Gewissen!« schrie Irina, »aber mit uns werdet ihr kein Ding drehen!« Und sie taten es auch nicht, denn es hätte einen Sturm ausgelöst. Diese giftigen Orlows hätten nämlich Korrespondenten von der unprofessionellen Arbeitsweise des KGB unterrichtet und darum gebeten, beim nächsten Mal doch kompetentere Leute zu schicken.

Die Durchsuchung dauerte etwa acht Stunden.

Am nächsten Tag, als einige Mitglieder der Gruppe Turtschins Wohnung verließen, um zu einer Pressekonferenz zu gehen, rannten zwei Männer auf uns zu und versuchten, mich zu packen. Die Frauen – Malwa, Ljuda und Lidija – erinnerten sich an Solschenizyns Anweisungen im *Archipel Gulag*, bildeten einen Kreis um mich und riefen: »Hilfe! Hilfe!«, um die Aufmerksamkeit von Passanten auf uns zu lenken. Ich sagte ihnen rasch, was ich auf der Pressekonferenz hatte vortragen wollen. Aus allen Richtungen kamen weitere Tschekisten gelaufen, sie zerrten mich weg, stießen mich in ein Auto und fuhren davon.

Gebracht wurde ich in das Büro des Moskauer Staatsanwalts, wieder zu jenem Tichonow; offiziell war ich dort zur Zeugenvernehmung in der Untersuchung gegen die *Chronik der laufenden Ereignisse*. So machte man es immer mit einem Menschen, dessen Schicksal längst besiegelt war: Zuerst verhörten sie einen als Zeugen in irgendeiner anderen Untersuchung, dann als Verdächtigen in eigener Sache und erst zuletzt als Angeklagten. In der Rolle eines »Zeugen« würde man vielleicht über sich selbst sprechen. Ein Angeklagter hatte das gesetzliche Recht, die Aussage zu verweigern; ein Zeuge nicht. Die Strafe für Aussageverweigerung ist vergleichsweise gering, aber Vernehmungsbeamte täuschen den Zeugen und drohen mit schweren Strafen. Tichonow fragte nach den bei der Durchsuchung beschlagnahmten Papieren, unter denen sich kein einziges Exemplar der *Chronik* befunden hatte. Ich entgegnete, die Verfolgung von Menschen aufgrund ihres Glaubens und des Besitzes von Informationen über Verstöße gegen die Menschenrechte verletze die Verträge von Helsinki, die auch von der sowjetischen Regierung unterzeichnet worden seien.

Staatsanwalt Tichonow war lediglich eine Marionette. Er führte das Verhör ohne besonderes Engagement, ging schließlich zum Telefon und fragte jemanden: »Was sollen wir mit Orlow machen?« Offensichtlich erhielt er die Anweisung, mich vorerst zu entlassen. Er brachte mich selbst hinaus auf die Straße. Unterwegs begann er eine Diskussion über die Gewaltenteilung zwischen Legislative, Exekutive und Justiz. Wenn man diese Funktionen vereine, sagte er, würde es möglich, ein gegebenes Ziel schneller zu erreichen.

»Mittel sind wichtiger als Zwecke«, wandte ich ein.

»Wollen Sie damit sagen, daß die Mittel den Zweck zerstören können?« fragte er. Sein Verständnis für das Problem versetzte mich in Erstaunen.

Am selben Tag, es war der 5. Januar 1977, erklärte Alexander Podrabineks Kommission die Aufnahme ihrer Tätigkeit: Die Arbeitskommission zur Untersuchung des Einsatzes der Psychiatrie für politische Zwecke war unserer Helsinki Watch Group formal angegliedert, und ihre Arbeit war ausgezeichnet dank ihres hohen medizinischen und juristischen Standards. Unter ihren Mitgliedern waren zwei Psychiater und ein Rechtsanwalt. Daß sie es damals gewagt haben, solch eine Gruppe zu gründen!

Am 8. Januar gab es eine Explosion in einem Wagen der Moskauer Untergrundbahn. TASS berichtete, daß viele Menschen ums Leben gekommen seien, und der sowjetische Journalist Victor Louis, der bekanntermaßen Verbindungen zum KGB unterhielt, informierte sofort westliche Beobachter: Der Sprengstoff sei von Dissidenten und Nationalisten gelegt worden. Es gab Gerüchte über weitere Explosionen in Geschäften. In Gesprächen mit Journalisten wies ich darauf hin, daß die Explosionen wohl Provokationen des KGB seien, und verglich sie mit dem Reichstagsbrand in Deutschland im Jahr 1933, den die Nazis für ihren Kampf gegen die Kommunisten benutzt hatten. Der KGB, sagte ich, wollte die Dissidentenbewegung mit den Explosionen zerschmettern.

Ein paar Tage später, während einer weiteren Pressekonferenz in meiner Wohnung, verfaßten alle Helsinki Watch Groups und andere Menschenrechtsorganisationen eine gemeinsame Erklärung, die den Terrorismus verurteilte. Wiederum ein paar Tage später wurde der Sekretär unserer Amnesty International-Gruppe, Wladimir Albrecht, wegen der Explosion verhört. Ich wurde noch zweimal »als Zeuge« vernommen, bei diesen Verhören war davon keine Rede. Jetzt begleiteten mich auf der Straße ständig Autos ohne Nummernschilder. In der Zeit zwischen den Verhören starb mein alter Lehrer, Professor Berestetskij. Ich war schon so von der wissenschaftlichen Welt abgeschnitten, daß ich nicht einmal davon gehört hatte. Seine Frau Olesja bat mich über Schenja Tarasow, dem Trauergottesdienst im ITEP beizuwohnen, und Lew Okun verschaffte mir Einlaß. Als ich Olesja erzählte, daß Wladimir Borisowitsch als moralisches Vorbild eine Schlüsselrolle in meinem Leben gespielt habe, weinte sie.

Am Tag des Begräbnisses warnten mich einige Freunde aus dem Verlagswesen, daß bei *Literaturnaja Gaseta* ein Artikel mit einem Angriff auf mich vorbereitet würde. Er war dem Zentralkomitee der KPdSU zur Prüfung vorgelegt worden, er war korrigiert und wiederum dem Zentralkomitee vorgelegt worden; einige Male ging das hin und her. Der Artikel erschien schließlich am 2. Februar – eine äußerst primitive Verleumdung: Ich sollte meine Kinder ohne finanzielle Unterstützung sitzengelassen und Alexander Ginsburg von Priestern der Pfingstgemeinde antisowjetische Informationen gekauft haben. Am selben Nachmittag erzählte mir Walja Turtschin, ein Mann sei bei ihm mit der Nachricht aufgetaucht, daß meine Verhaftung am nächsten Tag erfolgen solle. Ich habe Walja nicht nach Einzelheiten gefragt. Ich hatte seit langem das Gefühl gehabt, daß man meine Verhaftung vorbereitete.

»Zu Stalins Zeiten«, sagte Walja, »sind die Leute für eine

Weile untergetaucht, und manchmal wurde der Haftbefehl aufgehoben. Vielleicht solltest du das versuchen? Du könntest solange bei meinem Bruder unterkommen, er steht nicht unter Verdacht.« Ich überlegte: Wenn ich, wie Amalrik das einmal getan hatte, untertauchen würde, könnte ich im Prinzip weiterhin mit der Gruppe zusammenarbeiten und regelmäßig Auslandskorrespondenten an wechselnden Orten treffen. Emigration kam nicht in Frage. Wie ich Korrespondenten gegenüber mehrfach erklärt hatte, würde ich das Land nur verlassen, wenn man mich dazu zwingen würde.*

Am selben Abend organisierten wir in Ginsburgs Wohnung eine Pressekonferenz zu dem Angriff in der *Literaturnaja Gaseta*. Zeugen, darunter auch Anatolij Wlassow und seine Frau, die mit ihren drei kleinen Kindern quer durch Moskau gefahren waren, sprachen über den »Autor« des Artikels – nicht über das Zentralkomitee, sondern über den Mann, den man vorgeschickt hatte. Er war ein bekannter Betrüger, dem es einst gelungen war, eine gutgläubige Versammlung der Pfingstgemeinde auszunehmen, indem er sich als verfolgtes Mitglied der Kirche ausgab. (Zehn Jahre später begegnete ich seinem Namen wieder: Wegen Betrugs in einem Lager im Norden saß er erneut im Gefängnis. Der verleumderische Artikel hatte ihm offensichtlich nicht geholfen.) Nachdem die Wlassows geredet hatten, gab Ginsburg einen Bericht über den »Russischen Sozialfonds«. Ich fragte mich, warum er diesen Bericht ausgerechnet auf dieser Pressekonferenz verlas, bis mir dämmerte, daß auch er mit seiner Verhaftung rechnete. Er wurde schon seit Jahren mit Durchsuchungen und Festnahmen schikaniert. Als ehemaligem Gefangenen war es ihm nicht gestattet, mehr als drei aufeinanderfolgende Tage mit seiner Frau und seinen zwei Kindern in Moskau zu verbringen. Nur seine engen Verbindungen zu Solschenizyn und Sacharow hielten den KGB in Schranken. Und das wußte Ginsburg.

Als wir nach Hause kamen, sagte ich nur, daß ich für einige

* Obwohl der KGB seit der Gründung unserer Helsinki Watch Group meine Post und meine Telefonleitung blockiert hatte, war kurz zuvor die Einladung, vor dem norwegischen Parlament zu sprechen, »durchgekommen«. Offensichtlich hoffte man, daß ich das Land verlassen würde. Genauso offensichtlich war, daß sie meine Rückkehr verhindert hätten – aus diesem Grund lehnte ich die Einladung ab.

Zeit verschwinden müsse. Ich brachte es nicht übers Herz, Irina ohne Umschweife zu erklären, daß ich mit meiner Verhaftung rechnete, aber sie verstand. Um zehn Uhr abends, ich war gerade im Begriff, die Wohnung zu verlassen, läutete die Türglocke. Wir hatten in die neue Tür ein Guckloch einsetzen lassen; ein Arbeiter in der Reparaturwerkstatt hatte es gratis getan. (»Leute haben mir gesagt, ich solle Orlow helfen«, sagte er.) Irina spähte durch das Guckloch. Ein Beamter der Volksmiliz. Alleine. Also keine Verhaftung. Ich ging ins Hinterzimmer und löschte das Licht. Der sehr höfliche Hauptmann hatte eine Vorladung abzugeben; am nächsten Morgen sollte ich zum Verhör kommen. Also würden sie mich dort verhaften. So war es Sergej Kowaljow ergangen. Irina weigerte sich, die Vorladung entgegenzunehmen. Das Schreiben war nicht an sie adressiert. »Und Ihr Mann?« – »Weg!« – »Wo?« – »Weiß ich nicht. Er ist weg.« Der Hauptmann ging. Ihm war es gleichgültig.

Jetzt mußte ich sofort verschwinden; sie würden bald nach mir suchen. Marat Weksler war gerade zu Besuch bei uns. Ich tauschte Mantel und Mütze mit ihm, umarmte Irina und kletterte aus dem Fenster. Ich sollte meine Wohnung nicht wiedersehen.

Zuerst beobachtete ich lange Zeit den Eingang des Nachbargebäudes. Als niemand mehr zu sehen war, trat ich ins Freie und ging mit verstelltem Schritt in eine Richtung, die vom Stadtzentrum Moskaus wegführte. An der ersten Kreuzung erblickte ich einen schwarzen Wolga voller Leute, die Ausschau hielten. An jeder großen Straße: ein weiterer schwarzer Wolga. Sie haben doch keinen Alarm auslösen können in der Zeit, in der ich mich zu Hause umgezogen hatte, dachte ich. Trotzdem, irgendeine große KGB-Operation mußte im Gange sein, und es spielte keine Rolle, gegen wen: In diesem Netz könnte ich mich leicht verfangen. Nachdem ich eine Stunde gelaufen war, sprang ich in einen leeren Bus, der Richtung Stadtmitte fuhr, und stieg irgendwo hinter der Ringbahn aus. Auf dem kleinen Hof irgendeines Industrieinstitutes war ein LKW mit der Aufschrift BROT abgestellt. Es gab keine Bäcker dort in der Nähe. Zwei Leute, vier Augen sahen mir aus dem Führerhaus entgegen. Es war zwei Uhr morgens. Sobald ich aus ihrem Blickfeld war, begann ich zu laufen, so schnell ich konnte. Ich drehte mich um und sah, daß der LKW sein Versteck verlassen hatte, aber nicht in meine

Richtung fuhr. Auf der gegenüberliegenden Fahrbahn der Allee bog gerade ein schwarzer Wolga um die Ecke. Ich war in eine Art Mikrodistrikt gelangt. Auf halbem Weg in einer Gasse zwischen den Gebäuden wurde ich plötzlich von den Scheinwerfern eines Autos geblendet, das am Ende der Gasse stand. Ich sprang seitwärts in den Schatten. Am Ende der nächsten Gasse blendeten mich die Scheinwerfer eines weiteren Autos. Ich floh wieder in die Dunkelheit zurück.

Eine breite, gut beleuchtete Straße verlief entlang der Seite des Mikrodistrikts. In der Nähe der Bushaltestelle gab es keine schwarzen Wolgas. Als sich ein Bus näherte, trat ich aus dem Schatten heraus und sprang auf. Es war genau die Linie, die ich brauchte – was für ein Glück! Ich stieg in der Nähe des Wohnblocks aus, in dem Tarasow und meine Söhne Dima und Sascha wohnten, schlüpfte durch den Zaun, betrat das Gebäude und klingelte bei Tarasow. Schenja öffnete die Tür. Alle anderen schliefen. Flüsternd erklärte ich ihm die Lage. Er gab mir seine gefütterte Jacke, eine Mütze und eine Adresse. Ich schlüpfte zurück durch den Zaun und fuhr mit dem Bus zum Kursker Bahnhof. Es war drei Uhr morgens.

Der Fernzug über Tula fuhr um fünf Uhr morgens. Der Wagen dritter Klasse war voll besetzt, Leute saßen und lagen auf Bänken und Ablagen. Eine Seitenablage war nicht belegt. Sie war ziemlich verdreckt, aber das war jetzt egal. Ohne sie abzuwischen, legte ich mich hin, um zu schlafen.

16
Verhaftung

KGB-Hauptmann Victor Orechow hat es dem Dissidenten Mark Morosow erzählt, als sie zusammen in dessen Wohnung saßen, und Morosow selbst hat es mir fünf Jahre später erzählt, als wir zusammen im Lager saßen: Tag und Nacht haben die KGB-Generäle, die die Suche nach Orlow befehligten, ins Telefon gebrüllt. Aber hatte ich denn jemandem versprochen, ruhig in meiner Wohnung abzuwarten? Es hatte mich schließlich niemand darum gebeten.

Am 3. Februar morgens stieg ich in Tula aus dem Zug, lief durch die Außenbezirke der Stadt und blieb schließlich vor einem alten Holzhaus in der Schlosserstraße stehen, das von einem stabilen Holzzaun mit Gartentor umgeben war. Ich klopfte. Schenjas Mutter, eine kleine Frau mit einem freundlichen faltigen Gesicht, öffnete die Tür.

»Sinaida Afanasjewna, können Sie mich für einige Tage unterbringen?« Sie begriff sofort, daß ich Moskau hatte verlassen müssen.

»Komm rein, komm rein, Jura, du brauchst doch nicht zu bitten. Du kannst so lange bleiben, wie du willst. Wir haben genug Platz.« Sie verriegelte die Tür hinter mir.

Ich war nie zuvor dort gewesen. Es war ein typisches Bauernhaus mitten in einer modernen Stadt: drei kleine Zimmer und Küche, ein russischer Ofen, die Toilette draußen im Garten. Die Tarasows haben das Haus vor der Revolution gebaut. Schenjas Vater, ein Arbeiter, war gestorben, die Mutter lebte jetzt alleine. Ich kannte sie ungefähr so lange, wie ich Schenja kannte; seit Anfang der fünfziger Jahre war ich mit Schenja befreundet.

Die Straße hieß Schlosserstraße, denn früher, so erzählte mir Sinaida Afanasjewna, wurden in allen Häusern entlang der Straße Schlösser hergestellt, nach der Fabrikarbeit, dem Hauptlebenserwerb in dieser alten Industriestadt. Später stellten sich die Leute aus der Schlosserstraße auf Ziehharmonikas um. Jeder Haushalt fabrizierte bestimmte Teile, den Gewinn teilte man untereinander auf. Leider war die Vermarktung ein Problem: Nach sowjetischem Gesetz war gewinnorientierte Heimarbeit strafbar. Als Schenja noch ein kleiner Junge war, hatte ihn Sinaida Afanasjewna auf den Markt geschickt, um eine Ziehharmonika zu verkaufen, und ein Beamter der Volksmiliz hat ihn festgenommen. Er steckte Schenja in eine Bude, bis er den Jungen in vorläufigen Gewahrsam einer Gefängniszelle nehmen konnte, aber hinter seinem Rücken war Schenja entwischt. Die Ziehharmonika blieb bei der Miliz. Damals schwor sich Sinaida Afanasjewna, ihren Sohn nie wieder auf den Markt zu schicken – durch ihr Verschulden wäre er fast im Gefängnis gelandet! Aber das gehörte inzwischen alles der Vergangenheit an. Seit Jahren hatten die Arbeiter nichts Ernsthaftes mehr in ihrer Freizeit getrieben; ihr Wunsch, etwas Sinnvolles zu tun, war erstickt worden. Sie arbeiteten in der Fabrik und soffen.

Als wäre ich ein gewöhnlicher Gast und als wäre nichts geschehen, setzte sich Schenjas Mutter mit mir zum Tee an den Tisch und begann, von den alten Zeiten in Tula zu erzählen. Es war wohltuend, ihrer weichen ruhigen Stimme, ihrem schönen Russisch zuzuhören. Ich versuchte auch, mich wie ein alltäglicher Gast zu verhalten. Aber was geschah unterdessen in Moskau? Wie lange konnte ich hier in Tula warten? Und worauf sollte ich warten? Es gab kein Radio im Haus, keine Nachrichten.

Dann stellte sich heraus, daß Schenjas Schwester manchmal ausländische Radiosendungen hörte; sie lebte mit ihrem Mann und zwei Kindern in einer Wohnung nur fünf Minuten Fußweg entfernt. Am 8. Februar hörte sie, daß das amerikanische Außenministerium Bedenken angemeldet habe wegen der Verhaftung Ginsburgs. Das war am 3. Februar geschehen. Damit veränderte sich die Lage. Es wäre unwürdig gewesen, wenn der Vorsitzende in seinem Versteck geblieben wäre, nachdem ein Mitglied der Gruppe verhaftet worden war. Und nicht nur das. Ein verdächtig schwarzer, vollbesetzter Wolga tauchte in der Schlosserstraße auf, stand immer ungefähr an derselben Stelle am Ende der Straße herum. Zweimal verspürte ich auf der Straße allzu aufdringliche Blicke auf mich gerichtet. Mich hier verhaften zu lassen, wäre den Tarasows gegenüber unanständig gewesen. Ich mußte sofort nach Moskau zurückkehren.

In der Nacht vom 8. Februar, ich wollte gerade verschwinden, kam Schenjas Frau Mila mit einer Nachricht von Turtschin und

Alexejewa: Ich solle nach Moskau zurückkehren, rieten sie. Ich begann, Abschied zu nehmen. »Du hast dir das überlegt?« fragte Sinaida Afanasjewna. – »Natürlich«, antwortete ich. – »Gut überlegt?« – »Ja, gut.« Ihre weisen alten Augen sahen mich prüfend an. Wir küßten uns. Ich wurde wieder neu eingekleidet und bekam auch ihre Brille – was mich gänzlich unkenntlich machte. Jedenfalls ich konnte nun nichts mehr erkennen.

Als mich der Zug in die südwestlichen Außenbezirke Moskaus gebracht hatte, fuhren bereits Busse in Richtung Stadtmitte. Im Zentrum stieg ich um in einen Trolleybus und fuhr denselben Weg zurück in den Südwesten zur Wohnung von Ljuda Alexejewa. Am liebsten wäre ich nach Hause gegangen, aber Mila hatte mich gewarnt, daß Sicherheitsbeamte vor unserer Wohnungstür postiert seien. Mein Sohn Sascha war zu unserer Wohnung gekommen, und sie hatten sich auf ihn gestürzt; erst als sie ihn erkannten, zogen sie sich wieder zurück.

Es war acht Uhr morgens, die Geschäfte waren schon geöffnet. Ich kaufte Brot, ein tiefgekühltes Hähnchen und Käse, versteckte mein Gesicht hinter den Paketen, als ich Ljudas Wohnblock betrat – ein Bewohner, der vom Einkaufen zurückkehrt. Der Aufzug konnte von der Straße aus beobachtet werden, nur das Treppenhaus nicht. Ich stieg die fünfzehn Stockwerke zu Fuß hinauf. Ljudas Mutter öffnete die Tür. Alle waren zu Hause, nur Ljuda nicht: Sie wurde gerade von der Polizei verhört.

Die Zeit lief uns davon. Ich mußte auf Ljuda warten, um die Pressekonferenz einzuberufen, denn man würde meine Stimme am Telefon erkennen. In der Zwischenzeit entwarf ich persönliche Appelle, die den Auslandskorrespondenten zu übergeben wären. Vor allem war die sofortige Unterstützung für Ginsburg zu organisieren. Ich schrieb einen Appell an die sowjetische Regierung, in dem ich gegen seine Verhaftung protestierte: Man täte besser daran, das Volk mit Lebensmitteln zu versorgen, anstatt Dissidenten zu jagen. Als nächstes schrieb ich eine Vorlage für die Konferenz über Sicherheit und Zusammenarbeit in Europa in Belgrad; in diesem Brief erläuterte ich meine alte Idee, im Rahmen der Verträge von Helsinki eine Folge internationaler Konferenzen zu veranstalten mit dem Ziel, die Freigabe geheimgehaltener Nachrichten zu humanitären Belangen zu erreichen: über Krankheiten, Rechtsbrüche, Ernährung, Zustand der Gefangenen und so weiter. Derlei war in der Sowjetunion Verschlußsache. Ganz gleich, dachte ich, ob diese Appelle Wirkung zeigen oder nicht, ich muß sie einfach verfassen.

Nach zehn Stunden kehrte Ljuda von der Vernehmung zurück. Ich bat sie, unsere Freunde und dann die Korrespondenten anzurufen. Sicherheitshalber ging sie in eine Telefonzelle unten auf der Straße. Turtschin und Tolja Schtscharanskij erschienen auch bald, um die Lage zu besprechen. Aber zuerst ging ich mit Walja und Ljudas Sohn Mischa noch oben, um den Dachboden zu inspizieren; wenn es einen Weg gäbe, auf die andere Seite des Gebäudes zu gelangen, könnte ich das Haus durch ein anderes Treppenhaus verlassen. Es gab diesen Weg. Als wir zu Ljudas Wohnung zurückkehrten, machte ich den Vorschlag, mich wieder zu verstecken, die Gruppe vom Versteck aus weiter zu leiten und von dort aus mit Korrespondenten zusammenzutreffen. Ljuda, Walja und Tolja widersprachen entschieden. Der Vorsitzende der Helsinki Watch Group, sagte Walja, dürfe sich nicht verstecken. Das würde dem Konzept der Gruppe zuwiderlaufen, die aus prinzipiellen Gründen offen agieren müsse.

Er hatte recht. Offenheit war unser Prinzip – obwohl wir darüber nie gründlich diskutiert hatten. Ich hatte nur zwei Möglichkeiten: mich vor dem KGB zu verstecken oder dem KGB zu ermöglichen, mich in einem Lager zu verstecken. Die einzig mögliche, nicht-verdeckte Aktion war, mich verhaften zu lassen.

»Es scheint mir irgendwie lächerlich, mich jetzt verhaften zu lassen«, sagte ich.

»Natürlich. Aber warum diese Panik?« fragte Tolja.

»Nein, nicht Panik. Es ist Vernunft«, antwortete ich.

»Sie werden Sie nicht verhaften«, sagte Ljuda, »man wird Sie zum Verhör holen. Das schon, aber mehr auch nicht.«

Tolja und Ljuda waren völlig davon überzeugt, daß ich nicht verhaftet werden würde. Tolja glaubte auch nicht, daß er jemals verhaftet werden würde. Es war erstaunlich. Ginsburg, Rudenko und Tichy waren bereits verhaftet, und es war ganz offensichtlich, daß der KGB beschlossen hatte, uns das Handwerk zu legen. Aber das war nicht das eigentliche Problem. Wenn wir uns tatsächlich versteckten, dann würde die offizielle Desinformation die Menschen davon überzeugen, daß wir Kriminelle seien. Also war mein Vorschlag doch falsch gewesen. Und ich hatte auch kein moralisches Recht, gegen den erklärten Willen der Gruppenmitglieder zu handeln. Ich wollte aber dennoch Ljudas Wohnung über den Dachboden verlassen und die Nacht in einer den Behörden unbekannten Wohnung verbringen. Ich teilte den anderen meine Absicht mit.

Die Zeitungskorrespondenten erschienen, zwei Amerikaner und ein Engländer. Sie erklärten, daß durch die Verhaftungswelle das Interesse an unserer Gruppe enorm gestiegen sei (was wir nicht so gerne hörten), stellten ihre Fragen, erhielten Antworten, nahmen meine Appelle mit und gingen. Unmittelbar danach wurde Ljudas Telefon stillgelegt, und drei schwarze Wolgas fuhren vor. Ihr Sohn öffnete die Tür und sah dort einen Mann stehen, einen weiteren auf der Treppe und noch einen am Eingang zum Dachboden.

»Es ist zu spät«, flüsterte ich Ljuda vorwurfsvoll zu. Sie schaute mich ebenfalls vorwurfsvoll an. Schon die Idee, in den Untergrund zu gehen, war ihr zuwider.

Aber der KGB sah davon ab, in die Wohnung einzudringen, und Tolja und Walja wurden nicht verhaftet, als sie weggingen. Ich notierte die Reihenfolge, in der die Mitglieder unserer Gruppe die Leitung übernehmen sollten, wenn die nächsten verhaftet würden, und übergab Ljuda die Liste. Das ist meine letzte Nacht in Freiheit, dachte ich, als ich mich auf einem Feldbett schlafen legte, ich bin umzingelt... Es wäre wirklich besser gewesen, nach Hause zu gehen, dann hätte ich mich wenigstens von Irina verabschieden können. Aber ich wäre ja gar nicht bis zu ihr gekommen...

Um zehn Uhr morgens klopften sie. Als Ljuda die Tür öffnete, kamen acht Männer in die Wohnung gestürmt. Einer von ihnen eilte zum Garderobenschrank und suchte mich darin. Dieser Idiot. Ich saß vor seiner Nase auf einem Stuhl.

Alle zusammen führten mich hinaus, zwei von ihnen stiegen mit mir in den engen Aufzug. Einer fragte den anderen: »Was ist mit der Alexejewa?«

»Laß sie doch im Westen verfaulen!« erwiderte der andere. Ich lächelte.

»Und was ist daran so lustig?« Ich antwortete nicht. Sie glaubten tatsächlich, daß die Leute im Westen nur verfaulen konnten.

Unten in der Eingangshalle hatten sich zwanzig Straßenspitzel der niederen Dienstränge versammelt, manche gekleidet wie Studenten, manche wie Hippies. Außerdem waren dort sieben oder acht alte Rentnerinnen mit abgewetzten Einkaufstaschen; »Pilze«, wie Irina sie nannte, die sich mit ihrer Arbeit für den KGB zwanzig oder dreißig Rubel monatlich dazuverdienten.

Man brachte mich zunächst zur Bezirksmiliz, wo mich der Staatsanwalt Tichonow steif begrüßte und bat, das Protokoll der Festnahme zu unterschreiben. Ich nahm das Protokoll entgegen, um darauf festzuhalten, daß Tichonow Ginsburg während der Hausdurchsuchung im vorigen Monat Devisen untergeschoben hatte. Vielleicht würden sowjetische Historiker nach fünfzig oder hundert Jahren eine Aufzeichnung der Wahrheit gut gebrauchen können. Danach geschah nichts; sie warteten auf irgend etwas. Ich bat, zur Toilette gehen zu dürfen, und ein gleichgültiger Milizbeamter zeigte mir den Weg. Ich stand dort alleine, grübelnd vor einem unvergitterten Fenster. Es wäre immer noch möglich...

Nein. Ljuda hatte recht.

Sie kamen mit einem schwarzen Wolga. Mich steckte man im Fond zwischen zwei Tschekisten. Ein dritter saß vorne neben dem Fahrer. Ein weiterer vollbesetzter Wolga fuhr hinter uns her. Sie brachten mich in das Lefortowo-Gefängnis, ins Untersuchungsgefängnis des KGB. Es war der 10. Februar 1977. Ich registrierte alles, so, als ob es jemand anderem widerfahren würde, als sei ich überhaupt nicht beteiligt.

Die Aussicht auf die Straße der Roten Kasernen, der Straße, die zum Gefängnis führte, war um einiges interessanter als der Anblick von Ljudas Eingangshalle. Im Abstand von einem Kilometer standen vollbesetzte schwarze Wolgas, Schlachtschiffen gleich, am rechten Straßenrand. Nach jedem Kilometer ein Wagen. Das hatte etwas sehr Beeindruckendes.

Mütterchen Rußland ist unerschöpflich. KGB-Generäle fangen mit tausend gehorsamen Händen Intellektuelle, damit sie ihre Meinung äußern. Generalsekretäre trainieren tausend gehorsame Köpfe, die Bürger jagen, die selbstgebaute Ziehharmonikas verkaufen. Ingenieure im Generalsrang rufen tausendmal mit schnarrender Stimme: »Gefangener Koroljow!« und »Gefangener Tupolew!« Und beim tausendundersten Mal werden sie plötzlich freigelassen, und – Schau! Da sind sie! – Koroljows Raketen fliegen in den Weltraum, und Tupolews Flugzeuge ziehen am Himmel entlang... Aber das ist eine Illusion. Nichts ist unerschöpflich. Rußland ist fast aufgebraucht.

Nach zahllosen Fragen und nachdem mein Körper in jeder Hautfalte durchsucht und auch kein Zahn ausgelassen war, wurden mir schließlich meine Kleider zurückgegeben, und man brachte mich in eine Zelle, in der sich zwei eiserne Bettgestelle mit Bettzeug, ein leeres Bettgestell und ein Mann befanden. Die Eisentür schlug hinter mir zu. Das Guckloch wurde geöffnet. Das Guckloch wurde geschlossen.

Ich legte mich auf eines der Betten und streckte mich aus. Die wissenschaftliche Arbeit, die Hetzerei, um Dokumentationen fertigzustellen, die Spielchen des KGB... das alles war nun vorbei. Endlich konnte ich mich ausruhen, auch wenn es im Gefängnis war.

Lefortowo ist ein gut ausgestattetes Gefängnis. Die Betten sind nicht verwanzt. In den Zellen sind zwei, drei oder vier Menschen untergebracht und nicht zwei-, drei- oder vierundfünfzig. Wecken ist um sechs Uhr morgens, und so hatte ich Zeit, zusammen mit dem Spitzel in meiner Zelle, den der KGB regelmäßig auswechselte, Gymnastik zu treiben. Manchmal erschien ein Beamter mit einem Arzt. Dessen Hauptsorge war, daß wir unsere Socken nicht auf dem Heizkörper trockneten. Der Heizkörper, mit Sperrholz massiv verkleidet, hatte an der Oberseite eine kleine vergitterte Öffnung, und es befand sich, wie jeder in Moskau wußte, ein Mikrofon unter dem Gitter. Mein Zellengenosse wollte deshalb über politische Themen mit mir sprechen und mich dazu bringen, etwas zu enthüllen. Ich benutzte dieselben Methoden, um Bemerkungen über meine Vernehmungsbeamten loszuwerden. Einmal sagte ich sehr laut: »Dieses Arschloch Jakowlew äfft den Psychopathen Dsershinskij nach. Er sitzt mir gegenüber, Auge in Auge, und versucht, mich mit einem wilden Blick zu hypnotisieren.« Danach hielt Jakowlew Distanz bei den Verhören.

Frühstück gab es um sieben Uhr, es war widerlich – Brot wie Lehm und sehr zweifelhafte Nudeln oder *Kascha* wurden uns durch die kleine Klappe in der Tür hereingereicht, welche die Gefangenen *Kormuschka* oder »Futtertrog« nannten. Die Veteranen unter den Insassen schworen, dies Essen sei fürstlich im Vergleich zu anderen Moskauer Gefängnissen und den Lagern. Nach dem Frühstück hatte man eine Stunde Hofgang, die jederzeit ausgerufen werden konnte. Zehn hallende Schritte vom Ausgang des Gefängnisblocks über den Gefängnishof zu einem Spazierhof. Der Gefängnishof war umgeben von vierstöckigen Mauern mit vergitterten und mit Läden verschlossenen Fenstern. Aber ich hatte den freien Himmel über mir, und so erschienen mir diese zehn Schritte fast wie die Freiheit. Die eigentlichen Spazierhöfe waren eigentlich nur Zellen ohne Dach, knapp drei auf viereinhalb Meter groß. Darin wurde man eingeschlossen, und ein Wächter beaufsichtigte einen von oben. Ich lief von Mauer zu Mauer, richtete meinen Blick in den Himmel oder beobachtete die Spatzen. Vor meinen Augen wurden Vogelfamilien gegründet oder zerstört. Ein alter Ehemann hatte sich unvorsichtigerweise von seiner Frau entfernt, und ein neuer Liebhaber saß nun in seinem Nest unter dem Dach des Gefängnisblocks. Der alte Kerl kam angeflogen und begann einen Kampf, während die Dame dabeisaß und bewundernd zuschaute. Selbstverständlich gewann der junge Liebhaber.

Gewöhnlich um neun Uhr kam ein Wärter in meine Zelle, filzte mich und führte mich hinaus. In der Grabesstille dieses lautlosen dunklen Gefängnisblocks gingen wir von Stockwerk zu Stockwerk, von Korridor zu Korridor, ich, Hände auf dem Rücken, voraus, und er hinter mir, mit der Zunge schnalzend oder mit den Fingern schnipsend, so daß entgegenkommende Menschen wußten, daß wir kamen, und uns nicht über den Weg liefen. Es dauerte fünfzehn Minuten, bis wir den hell erleuchteten Block erreichten, in dem die Vernehmungsbeamten ihre Büros hatten.

In den langen Monaten, in denen man mich zum Verhör an den großen unvergitterten Fenstern dieses Blocks entlangführte, habe ich einiges darangesetzt, herauszufinden, wie es draußen aussah: Was wäre, wenn ich durch das Glas brechen und hinausspringen würde? Sieh nur, dort unten ist ein zweistöckiger Anbau, du würdest dich nicht in den Tod stürzen, und jenseits des Anbaus ist kein Zaun zu sehen. Also? Aber ich war nicht mutig oder nicht verrückt genug.

Während der ersten zehn Monate verhörten sie mich zu meiner eigenen Sache und zu den anderen Helsinki Watch Groups, sieben oder acht Stunden am Tag, von neun oder zehn Uhr morgens bis fünf, sechs oder sogar sieben Uhr abends, mit einer Unterbrechung zum Mittagessen, sechs Tage pro Woche. Sonntags war »frei«. Abends und sonntags spielte ich oft Schach mit meinen Zellengenossen oder las Bücher aus der Gefängnisbücherei. Es war eine gute Bücherei, reich sortiert mit klassischer russischer Literatur, die man in den dreißiger Jahren bei den Intellektuellen konfisziert hatte. Wir erhielten jeden Tag ein Exemplar der *Prawda*, die las ich auch.

In den folgenden zwei Monaten fanden zusätzliche Abendverhöre statt, insbesondere zum Fall Schtscharanskij, von sechs oder sieben bis zehn, elf Uhr, manchmal Verhöre auch sonntags. Gegen Ende dieser Zeit wurde ich von sechs Uhr morgens bis zehn Uhr abends verhört, unterbrochen wurde nur fürs Mittag- und Abendessen. Tag für Tag, Woche für Woche, Monat für Monat ein Kampf. Aber Wut und Verachtung sowie meine Überzeugung, daß sie schuldig waren und ich unschuldig, verliehen mir eine Art Gleichgewicht.

Die Vernehmungsbeamten arbeiteten alleine oder zu zweit, und alle Vernehmungen folgten demselben Schema. Ein Vernehmungsbeamter diktierte eine an mich gerichtete Frage und schrieb meine Antwort auf, so wie ich sie ihm diktierte. Sobald es Abweichungen davon gab, weigerte ich mich, die Seite zu unterschreiben. In den ersten sechs Monaten lauteten meine Antworten meistens: »Ich erinnere mich nicht«;oder: »Das ist eine Suggestivfrage«; oder: »Ich beantworte keine Fragen über andere Leute«. In meinen Antworten nannte ich niemals Namen und, ausgenommen einige besondere Fälle (wenn die Person zum Beispiel nicht mehr in der UdSSR war), bestätigte ich keine Geschehnisse in Zusammenhang mit anderen. Die Vernehmungsbeamten griffen diese Vorgehensweise wiederholt an, ohne Erfolg.

»Sie behaupten, Ihre Aktivitäten und die Ihrer Gruppe seien offen gewesen, aber gleichzeitig verbergen Sie Fakten vor dieser Untersuchung. Sie beantworten die Fragen nicht, die direkt an Sie gerichtet werden. Erklären Sie Ihr Handeln.«

»Weil der KGB«, diktierte ich ins Protokoll, »jede Antwort, die ich zur Verteidigung anderer Personen gebe, als Vorwurf gegen sie und auch gegen mich benutzen wird. Würde ich die Rechtmäßigkeit der Handlungen von irgend jemandem erklären oder verteidigen, würden Sie in sein oder ihr Urteil schreiben, ich hätte die tatsächliche Existenz dieser ›illegalen‹ Handlungen zugegeben und bestätigt. Sie betreiben keine Untersuchung, sondern eine Exekution.«

Manchmal gab ich lange, mit Nebensätzen gespickte, verschachtelte Antworten und zählte dann die grammatikalischen Fehler des Vernehmungsbeamten – zehn oder fünfzehn pro Seite etwa waren es bei Jurij Sergejewitsch Jakowlew.

»Der Sozialismus ruht auf den Schultern des KGB, auf unseren Schultern!« schrie der beleidigte Vernehmungsbeamte. Er traf den Nagel auf den Kopf. »Das ist ganz klar, Jurij Sergejewitsch«, sagte ich. »Je mehr wir uns dem Kommunismus nähern, um so zahlreicher wird das Personal des KGB. Worauf sonst soll der Sozialismus ruhen?« Aber normalerweise vermied ich solche Gespräche außerhalb des Protokolls.

Ich wies darauf hin, wenn die Vernehmungsbeamten und der KGB im allgemeinen gegen die Gesetze und die Interessen des Staates verstießen. Und ich rauchte. Einer der Vernehmungsbeamten hatte mir mitgeteilt, daß er Nichtraucher sei. Ich rauchte normalerweise auch nicht. Hier begann ich zu rauchen.

»Warum?« fragte der Beamte und hustete.

»Um Sie zu vergiften.«

Nach sechs Monaten solcher Vernehmungen war ich überzeugt, daß es nichts mehr zu besprechen gab, wartete die Fragen ab und antwortete: »Vergleiche Antwort auf die vorhergehende Frage.« Auf die allererste Frage hatte ich erwidert: »Ich weigere mich, auf Ihre Frage zu antworten.« Viele Seiten in den achtundfünfzig Aktenordnern zu meinem Fall wurden gefüllt mit dieser Formel. Achtundfünfzig Bände zu erstellen, war für Jakowlew nicht schwer gewesen: Einige bestanden nur aus erbeutetem Briefpapier, ein Stapel solcher Blankoblätter mit dem Briefkopf der Gruppe ergab gleich mehrere Bände.

Als die Verhöre in Sachen Schtscharanskij begannen, änderte ich meine Formel, um den Vernehmungsbeamten zu ausführlicheren Antworten zu bewegen; ich hoffte auf mehr Informationen. Ich mußte wissen, warum der KGB die so plump gefälschten Beweise gegen Schtscharanskij auch gegen unsere Gruppe verwenden wollte, um versuchen zu können, diesen Schlag gegen die Gruppe und Tolja selbst abzuwehren. Einer dieser Vorwürfe war, die Gruppe und die Menschenrechtsaktivitäten im allgemeinen hätten dazu gedient, Spionage zu verschleiern. Natürlich glaubten sie ihrem eigenen Vorwurf nicht eine Sekunde lang...

»Hat Schtscharanskij seine landesverräterischen Informationen nicht einfach bei Ihren Pressekonferenzen zusammen mit den Schriften der Gruppe an Ausländer weitergegeben?« fragte der Vernehmungsbeamte. Und er führte vor, wie das hätte vor sich gegen können.

Ich erwiderte, daß niemand die Papiere von Hand zu Hand weitergereicht habe – diese hätten einfach auf den Tischen ausgelegen.

»Wer hat sie dorthin gelegt und wie? Wer nahm Ihre Dokumentationen und wie?«

»Ich habe sie selbst ausgelegt. Wer wollte, konnte sie sich nehmen.«

Und immer so weiter. Aber wenn man sich erst einmal darauf eingelassen hatte zu antworten, wird ein erfahrener Vernehmungsbeamter jene Art Fragen stellen, die es gefährlich machen, wenn man dann wieder schweigt. Man fühlt sich, als ginge man auf der Schneide von Rasierklingen. Diese gerissenen nächtlichen Verhöre brachten mich ans Ende meiner körperlichen Kräfte.

Zu meiner eigenen Sache wurde ich damals so verhört, als habe der KGB bereits nachgewiesen, daß ich »das Vaterland verraten« hätte: daß ich die Helsinki Watch Group als Deckmantel benutzt hätte, um »ausländischen Staaten« zu helfen, »feindselige Handlungen gegen die Sowjetunion vorzunehmen«.

»Erkennen Sie die Schwere der von Ihnen begangenen Straftaten an?«

»Vergleichen Sie bitte die Antwort zu der vorhergehenden Frage.«

»Sind Sie bereit, Ihre Schuld gegen den sowjetischen Staat und das sowjetische Volk zu sühnen?«

»Vergleichen Sie die vorhergehende Antwort.«

»Noch können Sie lachen«, warnte mich Jakowlew, »aber hier in dieser Akte sind die Beweise für Ihren Landesverrat.«

Die sogenannten »Beweise« bestanden aus einem Brief, den mir Dante B. Fascell geschrieben hatte in seiner Eigenschaft als Abgeordneter des amerikanischen Kongresses und als Vorsitzender der Kommission für Sicherheit und Zusammenarbeit in Europa, die auf Vorschlag von Millicent Fenwick vom Kongreß im Mai 1976 ins Leben gerufen worden war. Im Brief stand, daß einer Delegation der Kommission die Visa zur Einreise in die Sowjetunion verweigert worden waren, daß er mich also nicht besuchen könne, mir aber viel Erfolg wünsche. Der KGB interpretierte diese Wünsche als eine »Weisung«. Ich interpretierte ihre Interpretation wiederum als Einschüchterung, konnte aber nicht ausschließen, daß sie noch Schlimmeres im Schilde führten. Dem KGB war alles zuzutrauen.

Während all jener Monate in Lefortowo erhielt ich nicht die geringsten Nachrichten von meiner Familie, und sie erhielten keine über mich. Ich wußte nur, daß Irina nicht verhaftet worden war: Sie schrieb und unterzeichnete die Inhaltslisten der Lebensmittelpakete, die sie einmal pro Monat für mich abgeben durfte; ich hatte das Recht, die mir ausgehändigten Lebensmittel mit diesen Listen zu vergleichen. Wäre ich schlauer gewesen, hätte ich vorher eine Art Lebensmittelcode mit ihr vereinbart, um von ihr zu erfahren, was außerhalb der Mauern von Lefortowo vor sich ging. Zu Beginn war Irina gesagt worden, ich sei lediglich »festgenommen« worden – das heißt, nicht verhaftet –, mein Fall sollte kein Aufsehen erregen. Dann wurde ihr erzählt, ich sei gemäß Artikel 190-1 angeklagt, der harmloseste aller politischen Paragraphen des Strafgesetzes. Die Vernehmungen in Lefortowo wurden mit der Erklärung eröffnet: »Man wird Anklage in vielen Punkten gegen Sie erheben, von Devisenspekulation bis zum Landesverrat.« Ich konnte mir zu Beginn nicht vorstellen, was sie meinten. Acht Monate später war nur noch von Landesverrat die Rede.

Mein Hauptproblem war jedoch nicht die Anklage wegen Landesverrats, sondern meine Verdauung. Das Essen im Gefängnis und ein Leben fast ausschließlich im Sitzen hatten meinen Leib anschwellen lassen, und ich fand es unerträglich peinlich, mich in der Zelle in Gegenwart anderer Leute auf die Schüssel zu setzen. Manchmal ging ich zu den Verhören, als seien sie eine Erlösung, denn dort konnte mich der Wärter in die Privattoiletten der Vernehmungsbeamten führen.

Obwohl ich in einem Gefängnis eingesperrt war, konnte mich niemand des Parasitismus bezichtigen. In Lefortowo rechtfertigte ich die Gehälter einer ganzen Truppe von Vernehmungsbeamten, die rund um die Uhr mit meinem Fall beschäftigt waren. Ich ernährte ihre Kinder, kleidete ihre Frauen ein und schickte sie alle in die Ferien ans Schwarze Meer. Die Vernehmungsbeamten selbst enthüllten sehr viel über ihre heroischen Aufgaben, und ich erfuhr noch mehr von ihren Leistungen, als ich am Ende der Untersuchung meine Akte durchlas. Gewissenhafte Arbeiter verbrachten das ganze Jahr 1977 damit, Wege zu suchen, mich und Irina wegen krimineller »Devisentransaktionen« und »Spekulation« anzuklagen. Sie verhörten Dutzende unserer Bekannten und durchkämmten die staatlichen Kommissionsläden (Läden, die Gebrauchtwaren in Kommission nehmen und weiterverkaufen), ob wir etwas in Kommission gegeben hätten. Und tatsächlich: Orlow hatte etwas Wolle zum Verkauf angeboten! Es existierten sogar drei Quittungen – da hatten sie es: »Spekulation!« Drei solcher Geschäfte waren zwar nach dem Gesetz ebenso zulässig wie eines, aber die Gesetze waren nicht für den KGB formuliert. Glücklicherweise erinnerte ich mich, daß es sich tatsächlich nur um ein einziges Kommissionsgeschäft gehandelt hatte. Nachdem ich schriftlich Widerspruch eingelegt und die Vernehmungsbeamten Jakowlew und seinen Vorgesetzten Trofimow als herausragende Erfinder neuer Methoden, um Bürger der Spekulation zu bezichtigen, gepriesen hatte, mußten sie die Angestellte vernehmen, die die Ware angenommen hatte. »Ich war es, die die Wolle in drei Teile aufgeteilt und drei Quittungen für Orlow ausgestellt hat«, gestand sie, »so war die Wolle viel leichter zu verkaufen. Aber es war eine Kommission. Ich wiederhole noch einmal, eine einzige Kommission.« Sie vernahmen gleich noch weitere vierzig Angestellte aus staatlichen Kommissionsläden und scheiterten kläglich daran, Beweise für »Spekulation« aus ihnen herauszuquetschen.

Sie verhörten auch Akademiemitglieder: Roald Sagdejew, Lew Okun, Alichanjan, Wadim Belotserkowskij, Michail Leontowitsch, Wladimir Migulin. Nein, Orlow habe keine antisowjetischen Gespräche mit ihnen geführt. Akademiemitglied Leontowitsch, einer der Erfinder der Isotopentrennung durch Thermodiffusion, bat sie, ins Protokoll aufzunehmen, ich sei ein produktiver Physiker und hätte zahlreiche Artikel veröffentlicht. Aber in einem gesonderten Bericht, der dem KGB übermittelt wurde, hat W. W. Migulin, korrespondierendes Mitglied der Sowjetischen Akademie, Leontowitsch widersprochen, indem er schrieb, ich hätte seit langem nicht mehr im Bereich der Physik gearbeitet und seit 1963 nichts mehr veröffentlicht. Tatsächlich hatte ich mehr Aufsätze in Zeitschriften veröffentlicht als Migulin selbst. Aber er war einer meiner Lehrer, und ich wollte seinen Namen nicht in Verruf bringen, indem ich mich gegen die Anschuldigung des KGB verteidigte, ich sei seit langem kein Wissenschaftler mehr. »Danach wird ihn die Akademie nie zum Vollmitglied wählen«, erklärte ich Jakowlew und bat ihn, Migulins Bericht aus meiner Akte herauszunehmen. Aber Jakowlew kam dieser Bitte nicht nach, so daß ich in meinem Prozeß auch nicht dazu geschwiegen habe, und Migulin wurde nie in die Akademie gewählt. Das Akademiemitglied Budker wurde nicht verhört. Nach meiner Verhaftung hatte er ein Telegramm an Irina geschickt und sie gebeten, nach Nowosibirsk zu kommen, um mit ihr über mich zu sprechen. Leider war das Telegramm vom KGB abgefangen und meiner Akte beigefügt worden. Budker starb kurz darauf.

Natürlich wurde meine Familie, wurden Galja und Ira ebenfalls verhört. Galja widersprach entschieden den moralischen Vorwürfen, ich würde nicht für den finanziellen Unterhalt unserer Kinder sorgen. Ja, ich hätte sie weit großzügiger unterstützt, als gesetzlich vorgeschrieben. Ira widerlegte denselben Vorwurf. Lew wurde nicht verhört, da er noch nicht volljährig war. Sascha sprach nur von meinen positiven Eigenschaften. Mit der Erklärung: »Ich liebe meinen Vater«, verweigerte Dima die Aussage. Irina verlangte, ihre Antworten selbst ins Protokoll schreiben zu können. Ihre Aussage bestand aus den Worten »Karottenkopf, ich liebe Dich«. Der letzte Buchstabe ihrer Mitteilung lief aus in einem Strich quer über die ganze Seite. Der Vernehmungsbeamte hatte ihr das Blatt unter der Hand weggezogen.

Abends verfaßte ich oft Beschwerdebriefe an das Büro des Staatsanwalts. Nachdem sie mich über die »verbotenen« Bücher verhört hatten, die während der Durchsuchung meiner Wohnung beschlagnahmt worden waren, beschwerte ich mich, der KGB habe noch nicht einmal den Standard der Heiligen Inquisition erreicht: Diese habe, im Gegensatz zum KGB, wenigstens den Index der verbotenen Bücher erstellt, so daß die

Leute wußten, woran sie waren... Ich schrieb auch: Wenn Pljuschtsch wirklich schizophren sei, dann müsse auch der Staat schizophren sein, denn Schtscharanskij war verurteilt worden, weil er angeblich Staatsgeheimnisse über sowjetische Parapsychologie exportiert hatte, während man Pljuschtsch aufgrund seines Interesses für genau dieselbe Parapsychologie für schizophren erklärt habe. Ich forderte eine Überprüfung der intellektuellen Fähigkeiten der Vernehmungsbeamten... Ein ganzer Ordner füllte sich mit Beschwerdebriefen. Obwohl der Staatsanwalt sie alle mit der Formel »Kein Verstoß gegen das Gesetz ersichtlich« zu den Akten gab, haben sie als eine unangenehme Bestandsaufnahme von Widersprüchlichkeit und Willkür beim KGB dazu beigetragen, dessen Vorsatz zu vereiteln: »Man wird viele Anklagen gegen Sie erheben, von Devisenspekulation bis zum Landesverrat.«

Die »Untersuchung« war im Februar 1978, ein Jahr nach meiner Verhaftung, zu Ende. Mit stockender, zitternder Stimme, die sich zu einem Kreischen entwickelte, verkündete Jakowlew die Revision der Anklage, die nun nicht gemäß Artikel 190-1 (eine mildere Version von Artikel 70), sondern direkt nach Artikel 70 erhoben wurde: *»Anti-sowjetische Agitation und Propaganda mit dem Ziel, die Macht der Sowjetunion zu unterminieren oder zu schwächen. Verleumderische Erfindungen zur Diffamierung des sowjetischen Sozial- und Staatssystems.«* Ich erkannte Jakowlew kaum wieder. Er hatte ein Jahr lang ausgehalten und war nun plötzlich zusammengebrochen. War dies eine schwierige Untersuchung gewesen? Hatte er die Nerven verloren? Ich erinnerte mich daran, wie er einmal, wirklich gekränkt, bemerkt hatte: »Sie sind jemand, der sich für einen Humanisten hält, und doch schreiben Sie solch fürchterliche Beschwerdebriefe gegen mich!« Damals fürchtete ich nur, mir vor Lachen den Kiefer auszurenken, wie es meinem Stiefvater oft passiert war. (Daher wußte ich allerdings auch, wie man das Problem löste: Man schlägt den Kiefer mit der Handinnenfläche einfach wieder zurück.) Bei Jakowlew war es offensichtlich der reinste Ärger, denn an Stelle des erhofften Spektrums der Anklagen »von Spekulation bis zum Landesverrat« war lediglich der eine saubere und ehrenwerte Artikel 70 übriggeblieben. Hatte ich ihm die Karriere vermasselt?

Einige Tage später brachte man mir einen Aufsatz in die Zelle, den er nach allen Regeln der Kunst verfaßt hatte, sein Titel: »Anklageerhebung«. Dann tippten die Vernehmungsbeamten alle achtundfünfzig Ordner meiner Akte eigenhändig nochmals ab.

»Warum beschäftigen Sie keine Schreibkraft?« fragte ich den Vernehmungsbeamten Katalikow.

»Aber das wäre doch Weiterverbreitung!«

»Weiterverbreitung – wovon?«

»Von anti-sowjetischer Propaganda – Ihre Dokumentationen und Erklärungen.«

»Weiterverbreitung meiner Propaganda – unter Ihren eigenen Schreibkräften?«

Es war Katalikow gewesen, der mich einst, aufgeregt und fast errötend, gefragt hatte: »Jurij Fjodorowitsch... Sagen Sie mir... ist es wahr? Sie müssen nicht antworten... Verurteilen die Dissidenten tatsächlich Pawlik Morosows Verhalten?« Pawlik Morosow, Held des kommunistischen Jugendverbandes, hat seinen Vater verraten, der, Zeitungsberichten zufolge, Weizen der Kulaken (in Wirklichkeit war es Weizen der Kolchose) versteckt hatte. Mit Pawliks Hilfe fanden die Behörden den Weizen, beschlagnahmten ihn und verhafteten Pawliks Vater. Die aufgebrachten Kulaken (in Wirklichkeit waren es Bauern der Kolchose) brachten Pawlik daraufhin um. In meiner Kindheit wurde uns Pawlik Morosow als das Vorbild eines ehrlichen und mutigen Leninisten hingestellt.

Man gewährte mir zwei Monate Zeit, um mich mit den schließlich vollständigen Bänden meiner Akte vertraut zu machen, und für diese Tätigkeit wurde ich jeden Tag aus meiner Zelle geholt. In einem besonderen Raum füllte ich, unter der Aufsicht des Vernehmungsbeamten Kapajew vier Notizbücher mit Auszügen aus den Ordnern und aus dem Strafgesetzbuch. Normalerweise verweigerte man Gefangenen Einsicht in das Gesetz, aber aus irgendeinem Grund machte man bei mir eine Ausnahme. Bis zu diesem Stadium der Prozeßvorbereitung durfte ich nach dem Gesetz meinen Anwalt nicht sehen. Jetzt gesellte er sich in diesem Zimmer jeden Tag zu mir. Es war unmöglich, einen Verteidiger zu finden, der gleichermaßen ehrenwert und in politischen Verfahren erfahren war und dem dennoch nicht verboten war zu praktizieren. Jewgenij Schalman war ein ehrenwerter Mann – aber bisher war er nur mit gewöhnlichen Strafsachen befaßt gewesen.

Einmal, als Kapajew das Zimmer verlassen hatte, schrieb Schalman »NOBEL« auf ein Stück Papier und sagte laut: »Sie werden ihn natürlich nicht vergeben, aber...« Unsere Helsinki Watch Group war also für den Friedens-Nobelpreis nominiert worden. Ich freute mich, war aber nicht überrascht. Gewiß hatten wir den Preis verdient, und ebenso gewiß würden wir ihn nicht bekommen.

Nachdem er die Akte studiert hatte, schrieb Schalman seine offizielle Stellungnahme: Er plädierte auf unschuldig. Die Vernehmungsbeamten gerieten außer sich, denn sie hatten offensichtlich nicht erwartet, daß dieser ruhige besonnene Jurist, der literarische Aufsätze über Puschkin schrieb, wie ein wirklicher Rechtsanwalt für seinen Klienten eintreten würde. Der KGB lud ihn, und zwar mehrfach, zu Gesprächen auf höchster Ebene.

»Jurij Fjodorowitsch«, sagte er danach zu mir, »ich übernehme die Verteidigung Ihrer Ehre, aber den politischen Teil dieses Prozesses werden Sie ganz alleine bestreiten müssen.«

17
»Schreiben Sie ein Buch über uns!«

In der guten alten Stalinzeit hatte man noch gewußt, wie man einen Fall abzuwickeln hatte. Schauprozesse funkelten wie geschliffene Steine. Aber jetzt, mit diesen neuen Dissidenten geriet alles durcheinander. Die Verteidiger hielten sich nicht ans Drehbuch, die Inspizienten waren schlampig, die Zeugen vergaßen ihren Text, sogar die Richter kannten ihre Rolle nicht mehr – und bis sie vom Souffleurkasten zurück zu ihren Stühlen gerannt waren, hatten sie schon wieder alles vergessen.

Meine Gerichtsverhandlung wurde am 15. Mai 1978 eröffnet, fast auf den Tag genau zwei Jahre nach Gründung der Moskauer Helsinki Watch Group, eine lieblose Erinnerung an das, was zur Verhandlung stand. Vor dem Gerichtsgebäude versammelten sich etwa hundert Dissidenten und Sympathisanten, auch Sacharow war gekommen, dann Korrespondenten aus dem Ausland und als Beobachter ein Mitarbeiter der amerikanischen Botschaft. Man hatte mich fünfzehn Monate lang von der Außenwelt abgeschnitten, und wir sollten uns auch jetzt nicht sehen können. Aber diese Rechnung ging nicht auf. Um sechs Uhr morgens steckten mich die Wärter in einen Gefangenentransporter, fuhren eine ganze Stunde lang quer durch Moskau und rangierten den Wagen zuletzt rückwärts bis dicht an die Tür des Gerichtsgebäudes heran. Doch genügte die kurze Strecke zwischen dem Transporter und der Tür, und es gelang mir, meine Freunde zweihundert Meter entfernt hinter einer Kette von Milizsoldaten zu erblicken und meinen Arm zum Gruß zu erheben. Sofort stieß mir ein Milizionär in Nacken und Rücken, und ich flog durch die Tür. Dann sperrten sie mich in eine nach Erbrochenem stinkende Untersuchungszelle und ließen mich dort zwei oder drei Stunden im kalten Halbdunkel, bis die Sitzung begann. Danach wurde ich in den Gerichtssaal geführt, wo ich Irina, Dima und Sascha wenigstens aus der Entfernung sehen konnte.

Wegen der internationalen Aufmerksamkeit, die die Verhandlung auf sich gezogen hatte, sollte sie für jedermann zugänglich gemacht werden. Die Rolle der Öffentlichkeit wurde aber von Leuten gespielt, die mit einem Bus herangekarrt und mit speziellen Ausweisen ausgestattet worden waren. Die wirkliche Öffentlichkeit blieb vor der Tür – der Saal sei besetzt, hieß es. Drinnen waren also außer mir, meiner Familie und meinem Rechtsanwalt nur Schauspieler, die für sich selbst und die Autoren spielten. Einer von diesen Autoren stand die erste Vorstellung bis zur Mittagszeit durch: der in dezentes Zivil gekleidete General Semjon Kusmitsch Tswigun, stellvertretender Vorsitzender des KGB und Schwager von Generalsekretär Breschnew. Die anderen Akteure wußten es noch nicht, aber Tswigun war einer der größten Schauspieler der Nation. Zusammen mit Schtscholokow, Innenminister und Breschnews Schwiegersohn, mit Tschurbanow und Hunderten anderer hochrangiger Beamter aus Partei, KGB, Miliz und Staatsanwaltschaft fraß er sich am Staatstrog fett. Es war der größte Fall von Korruption der Sowjetuntion in diesem Jahrhundert, vielleicht seit Beginn der Neuzeit. Einige Jahre später verschwand Tswigun unter mysteriösen Umständen; man munkelte, er habe sich erschossen. Aber an jenem Gerichtstag war er noch auf dem Höhepunkt seiner Macht und brauchte, um die Aufmerksamkeit von seinen Betrügereien abzulenken, politische Prozesse wie die Luft zum Atmen. Natürlich hatte er den besten Platz im Saal, in der ersten Reihe, dem Richtertisch direkt gegenüber.

Dieser war sehr eindrucksvoll dekoriert mit den schwarzen Bänden meiner Akte, deren Zahl sich mittlerweile auf stattliche neunundfünfzig belief und die sich mit dem Verhandlungsprotokoll auf sechzig erhöhen würde – dies war zweifellos die magische Zahl. Alle Bände waren mit auf wundersame Weise plötzlich gesprossenen weißen Etiketten mit der Aufschrift »Geheim« versehen. Hinter dem Tisch saß W. G. Lubentsowa, Richterin am Moskauer Stadtgericht. Neben ihr saßen zwei »Volksassessoren«, die man als »Kopfnicker« tituliert, weil ihre Rolle sehr einfach ist: immer dem Richter zustimmen. Es gab einmal eine Zeit, da gab es in Rußland richtige Schöffen, sogar unter dem Zaren... Ich saß hinter einer hüfthohen Schranke, bewacht von zwei Soldaten. Mein Gegenüber war Jemeljanow, der Staatsanwalt, und zwischen mir und Tswigun saß mein Anwalt Schalman. Erst jetzt und nur aus der Entfernung bekam ich ihn zu Gesicht. Der KGB hatte ihn gründlich eingeschüchtert.

Ich hatte ja einen Anwalt, der keine Angst gehabt hätte, mich wirklich zu verteidigen, aber der lebte in London – es war John Macdonald, Kronanwalt, ein bekannter liberaler Jurist. Die sowjetischen Behörden verweigerten ihm die Erlaubnis, das Land auch nur zu betreten.*

Meine Bewacher rückten ihre Pistolen zurecht, und das Spiel konnte beginnen.

Die Lubentsowa begann mit ihrem Text. Während sie sprach, suchte sie in Tswiguns ehrlichem Gesicht nervös nach Bestätigung; die Kopfnicker begannen zu nicken. Zuerst lehnte sie ab, die Zeugen vorzuladen, die zu hören ich verlangt hatte – gar nicht zu reden von den vielen anderen, von denen ich nichts wußte, Menschen, die aus Lagern und aus dem Ausland an die Behörden geschrieben und ihre Zeugenaussage angeboten hatten. Diese Ablehnung lag im Ermessen der Richterin und war ein kluger Schachzug. Als nächstes verbot sie der »Öffentlichkeit«, aus den Fenstern zu sehen: Die Zuschauer sollten durch den Anblick der Protestierenden auf der Straße nicht in Verwirrung gebracht werden. Ein weiterer kluger Schachzug. Aber dann erklärte sie, daß die Helsinki Watch Group nichts mit dem Fall Orlow zu tun habe,** und verbot es sowohl der Staatsanwaltschaft als auch der Verteidigung, aus den Dokumenten der neunundfünfzig Bände auf dem Tisch zu zitieren oder auch nur auf ihre Titel Bezug zu nehmen. Ihre Anordnung bezog sich nicht nur auf meine Appelle und die Dokumentationen von

* Während ich in Lefortowo war, emigrierte Ljuda Alexejewa in die Vereinigten Staaten. Unterwegs wurde sie vom Vorsitzenden der britischen Liberalen Partei, David Steel, nach London eingeladen, der ihr den Kontakt zu Macdonald vermittelte. Mit Ljudas Vermittlung hat Irina Macdonald gebeten, mich zu verteidigen. Ohne seine Dienste zu berechnen, arbeitete er unermüdlich an meinem Fall und unternahm alle Schritte, die ein sowjetischer Verteidiger hätte unternehmen sollen – und mehr noch. Während meiner Verhandlung führte er eine Parallelverteidigung in London, mit Aussagen von Emigranten in Europa und den Vereinigten Staaten über all diejenigen Dokumente der Helsinki Group, die als »verleumderisch« verfolgt wurden. Nach meiner Verhandlung schickte er aus London eine formelle Berufungsvorlage nach Moskau. Die Behörden haben nicht darauf geantwortet.

** Der Londoner *Times* (19. Mai 1978) zufolge warf *Tass* dem britischen Außenministerium drei Tage später vor, durch die Äußerung von Bedenken in bezug auf die Gerichtsverhandlung gegen die Verträge von Helsinki zu verstoßen!

Helsinki Watch, sondern auch auf die Beweismaterialien, die der KGB gegen mich zusammengetragen hatte – offensichtlich fürchtete sich der KGB vor all dem. Sogar Wischinskij, Stalins Generalstaatsanwalt, hätte sich bei einem solchen Mangel an Finesse im Grabe umgedreht. Immerhin *bedeutet* ein Prozeß laut Gesetz die Untersuchung der Beweismittel, auf denen die Anklageschrift basiert. Wirklich kompetente Leute, hätte er wohl gesagt, kleben in einer öffentlichen Verhandlung keine »GEHEIM«-Etiketten auf die Prozeßakten. Wenn deren Inhalt so beunruhigend ist, muß man eigene Beweismittel produzieren oder aber den Gerichtssaal räumen lassen.

Ich mußte mich entscheiden, ob ich an solch einer Verhandlung überhaupt teilnehmen sollte. Nun wollte ich meinen Kindern, den ausländischen Journalisten und der wirklichen Öffentlichkeit aber die absolute Wahrheit der Dokumentationen der Helsinki Watch Group und die eindeutige Dummheit des KGB demonstrieren. Also blieb ich.

Bevor mich der Staatsanwalt an diesem ersten Verhandlungstag verhörte, wurde mir gestattet, vor dem Gericht eine Erklärung abzugeben: »Um keine Zeit zu vergeuden, machen Sie bitte dem Staatsanwalt klar, daß ich für den Inhalt der Dokumentationen der Öffentlichen Moskauer Gruppe zur Förderung der Erfüllung der Verträge von Helsinki in der Sowjetunion die volle Verantwortung übernehme – daß ich mich aber weigere, Fragen darüber zu beantworten, wo, wann und an wen sie weitergereicht wurden.« Auch sonst wollte niemand Zeit vergeuden. Um ganz sicherzugehen, lief die Richterin alle fünf Minuten zum Telefon, um sich Anweisungen zu holen, und sie und der Staatsanwalt fielen mir ständig ins Wort. Doch brauchten sie immer noch drei Tage für die Verhandlung. Die Vernehmung der Zeugen dauerte insgesamt sechs Stunden. Sechs Stunden für die Zeugen mußte, nach fünfzehn Monaten Untersuchung und angesichts der neunundfünfzig Bände mit Beweismaterial, dem KGB wohl immer noch sehr lang vorgekommen sein.

Und schließlich hatten sie ja auch sonst noch genug zu tun. Während der Verhandlung haben sie meine Söhne und Irina viermal täglich durchsucht und sie sogar geschlagen, als sie die Kassettenrecorder konfiszierten, die Dima und Sascha unter ihren Hemden versteckt hatten. (Von da an rekonstruierten

Irina, Dima und Sascha die Verhandlung täglich nach ihrer Erinnerung. Die Richterin hatte jegliche Aufzeichnung von Notizen untersagt.) Am dritten Tag, während der Durchsuchung, hatte eine Polizeibeamtin Irina vor den Augen mehrerer Männer bis auf den Büstenhalter ausgezogen. Wenn sie Widerstand geleistet hätte, wäre sie gemäß Artikel 190-3 des Strafgesetzbuches verhaftet und verurteilt worden. Sie leistete keinen Widerstand, aber sie hat der Beamtin auch nicht geholfen. Die Dummköpfe kleideten sie nachlässig wieder an und dachten, nun würde sie weinend nach Hause laufen, aber Irina marschierte in ihrem derangierten Zustand nach draußen, um allen zu zeigen, was bei dem Prozeß vor sich ging. Als Präsident Carter das ganze Prozeßgeschehen öffentlich verurteilte, erwähnte er diese Episode mit Irina.

Ich war ebenfalls sehr beschäftigt hinter meiner Schranke, deren Brüstung ich als Pult für meine vier dicken Notizbücher mit Auszügen aus der Akte und dem Strafgesetzbuch benutzte. Wie Schalman mir in Lefortowo klargemacht hatte, hing meine Verteidigung weitgehend von mir selbst ab. Also habe ich die Zeugen am zweiten Tag der Verhandlung ins Kreuzverhör genommen. In der sowjetischen Justiz wird nicht unterschieden zwischen Zeugen »des Staatsanwalts« und denen »der Verteidigung«, schließlich hat jeder Fall auch nur eine Seite – die Seite der Wahrheit. Staatsanwaltschaft und Verteidigung nominieren Zeugen; der Richter entscheidet, welche davon der Sache der Wahrheit dienen werden. Die Lubentsowa hatte entschieden, daß nur die vom KGB nominierten Zeugen zu diesem Dienst qualifiziert waren.

Die Zeugen waren unglaublich schlecht vorbereitet, besonders diejenigen, die vor dem Mittagessen erschienen. Zugegeben, es war nicht einfach zu beweisen, daß meine verschiedenen öffentlichen Appelle und die Dokumentationen von Helsinki Watch verleumderisch waren, wenn diese mit keinem Wort erwähnt werden durften. Die Zeugen gaben ihr Bestes. An jenem Morgen fragte ich die als Zeugin geladene Psychiatrieprofessorin Blochina, warum Leonid Pljuschtsch aus der psychiatrischen Spezialklinik entlassen worden war, und sie erwiderte mit erschreckender Selbstsicherheit, seine Gesundheit habe sich von Tag zu Tag verbessert. Meine Akte enthielt jedoch eine eidesstattliche Erklärung der Blochina, worin sie bestätigte, daß sich Pljuschtschs geistige Gesundheit ständig verschlechtert habe. Der KGB hatte die Erklärung in die Akte aufgenommen, um meinen alten Vorwurf zu widerlegen, Pljuschtsch würde nur aus politischen Gründen im Krankenhaus festgehalten. Trotz der schrillen Einwände der Richterin – »Es ist verboten, aus der Prozeßakte zu zitieren! Verboten!« – zitierte ich diese Erklärung aus meinen Notizbüchern. Hochrot im Gesicht und zornig schwieg Blochina. Ein weiterer Zeuge an jenem Morgen war ein Mann namens Warna. Seine Aufgabe war es zu beweisen, daß im Hafen von Riga niemals gestreikt worden war, wie in einer unserer Dokumentationen behauptet wurde. Seine Beweise? Er hatte nie von einem Streik gehört. Ich nahm ihn ins Kreuzverhör, und es stellte sich heraus, daß er weder im Hafen gearbeitet noch in der Gegend von Riga gelebt hatte. »Weshalb sind Sie dann hier?« fragte ich. Wie der Blochina blieben auch ihm plötzlich die Worte weg.

Am Nachmittag begannen alle Zeugen ihre Aussage mit genau den gleichen Worten: »Erstens bestätige ich alle Aussagen, die ich während der einleitenden Untersuchung gemacht habe.« Es gab keinen Punkt »Zweitens«. Der Satz unter Ziffer Eins war alles, was sie von der mittäglichen Einstudierung mit dem KGB behalten hatten. Die Aussagen all dieser Zeugen waren so idiotisch, daß die Hälfte von ihnen in der Urteilsbegründung nicht erwähnt wurde, während die anderen gerade mit Namen genannt wurden.

Am dritten Tag mußten Staatsanwalt Jemeljanow und ich die unseren Beweisanträgen zugrunde liegenden Beweismittel vorlegen. Aber wie sollten wir das tun, wenn sich die Beweismaterialien beider Seiten in diesen neunundfünfzig Bänden auf dem Tisch befanden und es uns noch nicht einmal erlaubt war, auch nur Titel anzuführen? Jemeljanow nannte einfach Band-Nummer und Seitenzahl. Ich berief mich auf praktisch dieselben – nannte aber dazu die Titel. Danach plädierte er für die Staatsanwaltschaft: »Genossen! Vor sechzig Jahren fand die größte Revolution der Welt statt. Die Arbeiter und Bauern ergriffen unter der Führung der Kommunistischen Partei die Macht... Jetzt hat das sowjetische Volk begonnen, den Kommunismus aufzubauen... Um unsere Gesellschaft zu verleumden, wurden Lügenmärchen über ›verschiedene Versionen von Sozialismus‹

erfunden, zum Beispiel über den ›demokratischen Sozialismus‹... Die Imperialisten sind besser als alle anderen darüber informiert, wie gut es dem sowjetischen Volk tatsächlich geht, und das ruft ihren Haß hervor...«*

Nachdem Jemeljanow die letzte Note seiner ziemlich hysterischen Arie hervorgebracht hatte, entband ich meinen Rechtsanwalt von seinen Pflichten: Ich wollte das Recht haben, meine Verteidigungsrede selbst zu halten. Bis zu diesem Augenblick hatte sich die »Öffentlichkeit« mehr oder weniger still verhalten. Aber das Drehbuch schrieb jetzt eine Kakophonie vor. Vom ersten Satz meines Plädoyers bis zum letzten – ich sprach fast zwei Stunden – schrien sie: »Erzählen Sie uns lieber von Ihren Verbrechen!« oder: »Sogar hier setzen Sie Ihre Propaganda fort!« und dergleichen mehr; ich habe nicht alles verstehen können. Während der routinemäßigen Unterbrechungen durch Richterin und Staatsanwalt schöpfte die »Öffentlichkeit« Atem. Dann begann ich mit der abschließenden Erklärung, die jedem Angeklagten gestattet ist: »Sie können mich zu sieben Jahren Gefängnis verurteilen oder zu fünf Jahren Verbannung, Sie können mich erschießen lassen, aber ich bin sicher, daß solche Prozesse nicht dazu beitragen werden, die gesellschaftlichen Mißstände und Probleme zu beseitigen, von denen die Dokumentationen der Helsinki Watch Groups Zeugnis ablegen und über die ich hier zu sprechen versucht habe. Und wenn –« An diesem Punkt verließen Richterin und Kopfnicker den Gerichtssaal, und auch mich entfernten die Wachen aus dem Saal. Als ich verschwand, legte Dima seine Hände wie einen Trichter an den Mund und rief: »Vater, du hast den Prozeß gewonnen!«

Am vierten Tag wurden Urteil und Strafmaß verkündet. Weil sie der Prozeßführung die Anerkennung verweigerten, weigerten sich Irina und Dima auch, sich zur Urteilsverkündung zu erheben. Richterin Lubentsowa forderte Irina dreimal auf, sich von ihrem Platz zu erheben. »Ich habe keine Achtung vor Ihrem sowjetischen Gericht«, antwortete Irina, kauerte sich dann plötzlich auf die Bank und klammerte sich mit den Armen fest. Drei Männer versuchten, sie von der Bank herunterzuzerren. Dima versuchte, die Männer von Irina wegzuziehen, und ich

* Diese Rede gegen demokratischen Sozialismus verhinderte jedoch nicht, daß Jemeljanow unter Gorbatschow Chef der Staatsanwaltschaft in Moskau wurde.

mußte mich zurückhalten, um nicht über die Schranken zu springen und mich auf sie zu stürzen. Dann ergriffen zwei grobschlächtige Männer Dima an den Armen und schleppten ihn aus dem Gerichtssaal. Sascha war im Institut gewesen, um sich auf seine mündliche Prüfung vorzubereiten. Als er den Gerichtssaal betrat, stand Irina aufrecht zwischen zwei riesigen Männern.*

Nach der Urteilsverkündung applaudierte die »Öffentlichkeit« enthusiastisch, es wurde geschrien: »Sie hätten ihm mehr geben sollen!« Das Urteil lautete: sieben Jahre Lagerhaft mit strengem Vollzug und fünf Jahre Verbannung.

KGB-Hauptmann Orechow hatte schon vor der Verhandlung gewußt, daß der KGB »Sieben plus fünf« beschlossen hatte, und die Dissidenten der Moskauer Helsinki Watch Group und in Sacharows Kreis durch Mark Morosow vorwarnen lassen. Sie sollten, sagte er, öffentlich erklären, daß die Verhandlung nur ein Schwindel sei. Aber niemand glaubte ihm.

Kaum einer hat ihm je geglaubt.

Über Morosow hatte er Turtschin auf meine drohende Verhaftung hingewiesen. Nur ich glaubte seiner Warnung. Ich wurde verhaftet. Nach meiner ersten Verhaftung kündigte er an, daß Podrabineks Wohnung durchsucht werden würde. Niemand glaubte ihm. Die Wohnung wurde durchsucht, und Podrabinek einen Tag vor meiner Verhandlung verhaftet.

Die Dissidenten fanden es nicht einfach schwierig, jemandem wie Orechow Glauben zu schenken. Sie verweigerten es aus prinzipiellen Gründen, sich auf jegliche geheime Kollaboration einzulassen, besonders mit jemandem vom KGB. Die Dissidenten benutzten nicht einmal die Passierscheine, die ihnen Orechow für die Verhandlung besorgt hatte. Zu so unglücklichen Mißverständnissen gehört auch, daß Orechow seinerseits

* Erst 1989 erfuhr ich, daß die Sacharows versucht hatten, sich einen Weg in den Gerichtssaal zu bahnen, während Dima hinausexpediert wurde. »Der große, fast kahlköpfige Sacharow rief: ›Lassen Sie mich hinein! Laut sowjetischem Gesetz sind alle sowjetischen Bürger zur Urteilsverkündung zugelassen.‹ Es schien, als ob die Polizei versuchte, die Situation zu beruhigen. Aber nach Aussagen von Zeugen gab es einen Zwischenfall. Frau Sacharow ohrfeigte einen Polizisten, und ihr Mann schlug einen Polizisten, der versuchte ihn zurückzuhalten. Die Polizei ergriff Sacharow daraufhin an den Armen, drängte ihn und seine Frau in einen Bus und fuhr mit ihnen davon. ›Den Nobelpreis für Orlow!‹ rief Sacharow, als der Bus sich in Bewegung setzte. [Sie] wurden fünf Stunden später wieder freigelassen.« (*International Herald Tribune,* 19. Mai 1978.)

nicht erkannte, wie grundlegend sich seine Vorstellungen von Widerstand von den ihren unterschieden. Ihm schien der Weg des Widerstands im Untergrund wohl ganz selbstverständlich. Der KGB und die oberste Ebene der Parteibürokratie sind »Untergrund«-Organisationen, sie sind abgeschnitten vom Volk, und die Geschichte des Widerstands, dessen Hohelied die sowjetische Regierung immer wieder verkündete, war die Geschichte der russischen Untergrundbewegung vor der Revolution. Die friedliche und offene Tätigkeit der Liberalen in der vor-revolutionären Zeit, die Tradition, die jetzt von den demokratischen Dissidenten fortgesetzt wurde, war entweder in vollkommenem Stillschweigen begraben oder nach der Revolution lächerlich gemacht worden.

Das Unglück rührte auch daher, daß viele Dissidenten in der Überzeugung, Orechow sei ein Provokateur, trotz der Mikrophone, die es in der Wohnung jedes Dissidenten gab, mehr oder weniger offen über den mysteriösen KGB-Hauptmann diskutierten. Zweifellos traf den halb tauben Morosow selbst die meiste Schuld, denn er hatte so wenig Gefühl für die Lautstärke seiner Stimme, daß die Dissidenten dachten, *er* sei ein Provokateur. Leider war er die einzige Person, über die Orechow seine Information weiterleiten konnte, ohne Verdacht zu wecken: Seine offizielle Aufgabe war es, sich um den Dissidenten Morosow zu »kümmern«.

Im Herbst 1978 wurden sie verhaftet, zuerst Morosow, dann Orechow. Morosow wurde zuerst in die Verbannung geschickt und danach für acht Jahre ins Lager. Orechow bekam zehn Jahre Lagerhaft und sollte 1988 freigelassen werden. Leider scheint niemand zu wissen, ob mein unbekannter Freund tatsächlich freigekommen ist.

Ich blieb bis Ende Juli in Lefortowo. Es dauerte ein paar Wochen, bis ich eine Antwort auf meine förmliche Berufung erhielt, die ich selbst hatte schreiben und einreichen müssen, da mir Schalman mitteilen ließ, daß er anderweitig beschäftigt sei. Er hätte es bestimmt viel besser gemacht. Ich hatte die ganze Angelegenheit satt. Dann brauchte der KGB zwei Monate, um meinen Transport zu arrangieren. In der Zwischenzeit beschäftigte ich mich mit physikalischen Berechnungen und skizzierte einen Aufsatz zur Wellenlogik. Als mich Schalman schließlich besuchen kam, war er zu verängstigt, um die Notizen zur Aufbewahrung an Irina weiterzuleiten, und ich hatte sie nicht bei mir, als Irina, kurz bevor ich ins Lager verlegt wurde, unerwartet ein kurzer Besuch gestattet wurde. Zwei Beamte beschlagnahmten sie am Tag meines Abtransports.

»Wohin werde ich jetzt gebracht?« fragte ich den Leiter des Gefängnisses Lefortowo. Es war eine dumme Frage, aber ich hoffte, damit die Auswirkungen der Nobelpreis-Nominierung und der Proteste im Westen ausloten zu können, von denen mir Irina während unseres kurzen Treffens erzählt hatte.

»Von hier aus kommt man nur nach Sibirien!« antwortete er. »Aber ich nehme an, Sie und ich werden uns wiedersehen...«

Der Transport von Lefortowo zum Lager 35 in Perm im Ural dauerte nur eine Woche. Auf der Reise hatte ich eine Zelle für mich allein, aber es war mir nicht möglich, mich vollständig von den übrigen Gefangenen fernzuhalten. Sie wußten bereits, wer ich war. »Orlow! Schreiben Sie ein Buch über uns!« – »Ja, schreiben Sie über uns, Orlow!« riefen sie aus den Nachbarzellen des Stolypin-Waggons,* in den so viele Menschen hineingezwängt wurden, daß sie vierundzwanzig Stunden aneinandergedrängt im Stehen verbringen mußten.

Als ich ankam, wurde ich nicht direkt ins Lager gebracht, sondern in ein außerhalb des Lagerbereichs gelegenes Krankenhaus, das mehreren politischen Lagern zugeordnet war, ein Glücksfall, denn ich litt an einer starken Erkältung und hatte Fieber. Normalerweise kommt ein Neuankömmling, ob gesund oder nicht, direkt in eine Einzelzelle – eine besondere Bestrafungszelle im Lagergefängnis –, gewissermaßen zur Eingewöhnung in sein neues Leben. Aber die Tschekisten behandelten mich mit Vorsicht, denn noch war die Entscheidung des Nobelpreis-Komitees nicht gefallen. Auch die Tatsache, daß ich korrespondierendes Mitglied der Armenischen Akademie der Wissenschaften war, war hilfreich. Leiter des Hospitals war ausgerechnet ein Mann namens Schelija, der bei meiner Verhandlung als Zeuge fungiert hatte; er sollte gegen unsere Dokumentatio-

* Ein Eisenbahnwaggon zum Gefangenentransport, benannt nach dem zaristischen Premierminister Pjotr Stolypin (1862–1911). Der Waggon wird in der Regel an normale Personenzüge angehängt.

nen zur medizinischen Behandlung in den Lagern aussagen. Schelija vertraute mir nun an, daß er darum gebeten hatte, nach Abschluß seiner medizinischen Ausbildung hierher geschickt zu werden, da es zweckmäßig sei, chirurgische Kunstfertigkeit an Gefangenen zu erlernen. Nachdem ich sein Krankenhaus verlassen hatte, erfuhr ich, daß dort im vorangegangenen Jahr sechs Gefangene gestorben waren.

Während der zweistündigen Spaziergänge im Hof des Krankenhauses fühlte ich mich glücklich – es wuchs Gras auf diesem Hof, und jenseits des Zauns konnte man Wälder sehen, die sich bis zum Horizont hinzogen. Der für das Lager 35 zuständige KGB-Beamte spazierte eines Tages mit mir im Hof herum und fragte mich, was ich mit dem Nobelpreis anfangen würde. »Sie werden nichts abbekommen. Ich werde den Preis unter den Gefangenen Ihres Lagers aufteilen«, sagte ich.

Mitte August wurde ich aus dem Krankenhaus entlassen und ins Lager gebracht. Nun mußte ich achtundvierzig Stunden die Woche an der Drehbank arbeiten, Gewindebohrer schneiden. Wie andere Lager war auch das Lager 35 in Perm aufgeteilt in einen Wohnbereich mit Baracken, den Arbeitsbereich mit einer Fabrik, und den Gefängnisbereich mit Gefängniszellen, den Zellen für Einzelhaft und Arbeitszellen. Die Bereiche waren durch Stacheldraht und Zäune voneinander getrennt. Die Gefangenen nannten oft das ganze Lager, manchmal auch nur das Lager ohne Gefängnis, den »Bereich«. Ich war überrascht, wie gut die politischen Gefangenen organisiert waren. Viele von ihnen kannte ich schon durch Samisdat, und erstaunlicherweise war auch ich vielen – trotz ihrer Isolation – bekannt. Wir trafen einander wie alte Freunde. Die ukrainischen Nationalisten bildeten die größte Gruppe, angeführt von Valerij Martschenko, der sechs oder sieben Jahre später im Gefängnis ums Leben kam. Fast alle hatten in schriftlichen Erklärungen auf ihre sowjetische Staatsbürgerschaft verzichtet; dies war der Grund, weshalb der KGB sie von all den politischen Gefangenen am meisten haßte. Die Ukrainer und die anderen Gefangenen halfen mir, mich schnell einzugewöhnen. Pidgorodetskij und Wercholjak – zwei alte *Banderisten*, die zu fünfundzwanzig Jahren verurteilt waren – haben meine schwarze Lageruniform und meine Mütze so umgenäht, daß sie menschlich aussahen und nicht erniedrigend. So etwas taten sie nur für ihre Freunde.

Ich verbrachte nur einen Monat in diesem Lager, aber das war lange genug, um mit eigenen Augen die Dokumentationen unserer Helsinki-Gruppe über Gefangene im Lager bestätigt zu sehen. Weil ich dies festhalten und über Aspekte des Gefängnis- und Lagerlebens berichten wollte, welche die Gruppe bislang nicht beschrieben hatte, kam ich auf die Idee, eine Dokumentation, die von Gefangenen selbst verfaßt sein sollte, an die bevorstehende Madrider Konferenz über Sicherheit und Zusammenarbeit in Europa zu senden.

Wir machten uns an die Arbeit. Die Ukrainer Martschenko, Antonuk und Marinowitsch, der Litauer Plumpa, der Este Kijrend und ich teilten die Themen untereinander auf. Jeder Abschnitt der Dokumentation trug die Unterschrift seines Verfassers. Im Vorwort analysierte ich die Gründe dafür, daß es in der Sowjetunion so viele Gefangene verschiedener Art gab, einschließlich derer, die zwar nicht eingesperrt waren, aber dennoch Zwangsarbeit leisten mußten – drei bis fünf Millionen Gefangene waren es. Die Arbeitskraft dieser Millionen von Sklaven, so schrieb ich, scheine billig und gewinnbringend zu sein, sie garantiere den vielen Angestellten des Innenministeriums den Lebensunterhalt. Aber im Grunde verliere der Staat nur dabei, denn mit dieser Methode werden überholte Technologien und Formen der Arbeitsorganisation aufrechterhalten.

Solch ein Dokument in einem Arbeitslager zu verfassen ist ein großes Unterfangen. Einer schreibt, während drei oder vier andere an verschiedenen Orten Wache schieben, um vor einer Razzia durch einen Beamten oder Spitzel zu warnen. Der Entwurf des Dokuments muß versteckt werden, am besten im Boden vergraben. Dann muß der Text sauber auf Zigarettenpapier abgeschrieben werden; in dieser Phase des Unternehmens ist eine noch aufmerksamere Wache notwendig. Der endgültige Text muß dann in ein Bonbon verwandelt, das heißt, in etwas verpackt werden, das im Magen unverdaut bleibt. Das Bonbon muß versteckt werden, bis einer der *Seks** die Vergünstigung eines Besuchs erhält. Es gibt auch noch andere Methoden, die der KGB immer noch nicht kennt und die ich auch nicht verraten werde. Meine Freunde brauchten ein ganzes Jahr, bis sie unsere

* *Sek* bedeutet im Gefängnisjargon »Gefangener«.

Dokumentation Stück für Stück aus dem Lager 35 in die Freiheit geschmuggelt hatten.

Irina kam drei Wochen nach meiner Ankunft zu Besuch. In sowjetischen Lagern mit strengem Vollzug bekommt man bestenfalls drei Tage persönlichen Besuch pro Jahr. Für politische Gefangene gibt es normalerweise null Tage. Der erste Besuch jedoch kann dem Gesetz zufolge nicht verweigert werden. Die Lagerleitung vereinbarte mit Irina einen Termin. Als sie, nach annähernd 1500 Kilometern Fahrt, am Lager eintraf, sagte man ihr, es würden gerade Reparaturarbeiten durchgeführt. Ob sie nicht ein anderes Mal wiederkommen wolle? Irina weigerte sich: Wenn sie nach Hause fahren müsse, werde sie auf einer Pressekonferenz berichten, daß ihr erster Besuch gesetzwidrig verhindert worden sei. Man bot ihr ein Zimmer an in einem anderen Lager, aber nur für zwei Tage. »Dem Gesetz zufolge sind es drei«, sagte sie. »Ich werde zurückkehren und auf einer Pressekonferenz...«

Die Sache mit dem Nobelpreis war immer noch nicht entschieden. Also hielt man die Bedingungen ein.

Der Aufseher kam zu meiner Drehbank.

»Machen Sie sich fertig zum Gehen.«

»Wohin?«

»Weiß ich nicht.«

Er führte mich ab. In eine Einzelzelle? Nein, wir wendeten uns dem Ausgang zu. Ein Gefangenentransport? Warum brachte er mich ohne meine Sachen weg? In einem Gefangenentransporter, in einer Zelle mit den Abmessungen 60 × 60 × 130 cm wie in einem senkrecht stehenden Sarg sitzend, wurde ich in ein anderes Lager gebracht, in eine Baracke. Besuch!

»Ausziehen. Bücken. Los... Zeig es. Los... Spreizen. Los... Nochmal. Los... Hinhocken. Los... Zeig es. Los... Anziehen. Nein, nicht die, die anderen. Nein, wart einen Moment. Bücken. Ja, ja, nochmal. Nicht sprechen! Los... Zeig es. Los...«

Eine solche Durchsuchung dauert länger als eine Stunde, und die Besuchszeit verrinnt, deine Zeit. In der Zwischenzeit wird auch deine Frau durchsucht. Schließlich wirst du in einen lächerlichen Anzug gesteckt, den man, um dich zu erniedrigen, speziell für dich, den politischen Gefangenen, ausgewählt hat, zu kurze Hosenbeine, zu kurze Ärmel, zwei fehlende Knöpfe. Da du von der Drehbank kommst, bist du müde. Du bist ungewaschen. Dein Kopf ist kahl geschoren. Sie schließen dich zu deiner Frau. Sie umarmt dich. Vielleicht liebt sie dich noch. Aber du bist nicht der Mensch, den sie in Erinnerung hat.

Irina erzählte mir, daß unsere Wohnung noch zweimal durchsucht worden war; daß die Helsinki Watch Groups ihre Arbeit fortsetzten; daß neue Mitglieder versuchten, an die Stelle derjenigen zu treten, die verhaftet wurden oder emigriert waren. Voller Bewunderung beschrieb sie die Arbeit der neuen Mitglieder in Moskau – Tatjana Osipowa, eine Computertechnikerin, Victor Nekipelow, ein Dichter, und Sergej Polikanow, Physiker und korrespondierendes Mitglied der Sowjetischen Akademie. Ich bat sie, öffentlich zu erklären, daß ich auch im Lager Mitglied der Moskauer Gruppe bliebe, wenn auch nur mit dem Status eines Beobachters. Und ich überreichte ihr das »Bonbon«, das meine *Sek*-Kollegen schon vor Wochen vorbereitet hatten, in der Hoffnung, einer von uns würde Besuch bekommen.

Kurze Zeit später wurde ich ins Lager 37 verlegt. Dieses Lager hatte zwei Wohnbereiche, einen großen und einen kleinen. Eingewiesen wurde ich in Bereich Nr. 2, das war der kleine: etwa fünfzig auf einhundert Meter, eingeschlossen von fünf Stacheldrahtzäunen, die zum Teil elektrisch geladen waren, und zwei hohen Holzzäunen, einem Wachturm an jeder Ecke, einem Ultraschall-Signalsystem und kläffenden Hunden hinter den Holzzäunen. All das umgab eine einzige Wohnbaracke, einen kleinen Holzabtritt, den wir das Weiße Haus nannten, und einen kleinen Geräteschuppen. In der Baracke wohnten dreißig bis vierzig Männer, überwiegend Kriegsverbrecher – viele Expolizisten, Männer, die während des Krieges als Hilfspolizei für die Nazis gearbeitet hatten. Die meisten von ihnen waren einfache Bauern, die wegen Kriegsverbrechen einsaßen und jetzt für den KGB arbeiteten. Wegen Artikel 70 (Propaganda) war außer mir nur noch eine weitere Person in diesem kleinen Bereich: Kusma Dasiw, ein Ingenieur aus der Ukraine. Sobald Dasiw von einem der ehemaligen Kriegsverbrecher, der es von einem Wärter wußte, erfahren hatte, daß man mich in dieses Lager verlegen würde, arrangierte er ein kurzes Treffen mit Paruir Ajrikjan. Ajrikjan sollte gerade vom Lager zu einem Gefangenentransport gebracht werden. Als ich ankam, stieß mich Dasiw buchstäblich in einen kleinen Lagerraum hinein. Dort traf ich auf Ajrikjan. Es war zu dunkel, als daß ich hätte sehen können, wie er sich seit seinem Prozeß in Eriwan vor vier Jahren verändert hatte. »Dasiw ist einer von uns«, flüsterte er. »Die Kriegsverbrecher arbeiten alle für den KGB. Aber hab keine Angst vor den Letten – sie waren wirklich Partisanen, keine Kriegsverbrecher.« Drei Minuten später stieß ein Aufseher die Tür auf und zerrte ihn weg.

Ich mußte wieder an einer Drehbank arbeiten. Meine Erfahrungen aus den Kriegsjahren halfen mir, aber die Arbeit war eine Qual. Wenn du kein Ex-Nazi warst, war es dir untersagt, während der Arbeitszeit auszuruhen, dich nach der Arbeit gar hinzulegen oder auch nur im Sitzen die Augen zu schließen. Während der ersten Monate gelang es mir nicht, die Norm zu erfüllen – deshalb durfte ich im folgenden Jahr meine Familie nur einen Tag lang sehen; danach gab es während meiner Lagerhaft überhaupt keine Besuchserlaubnis mehr. Immerhin hatte ich noch das Recht, innerhalb des Wohnbereichs herumzulaufen. Der Anblick des Waldes jenseits des Zauns, der Himmel, die Vögel, das Gras innerhalb des Bereichs – das war schön. Manchmal rupfte ich Gras, wegen der Vitamine, und sammelte ein paar »bekömmlich unbekömmliche Pilze«, wie ich sie nannte, und kochte sie sorgfältig ab. Leider wurde später ein großer Teil des kleinen Grasfleckens in einen von Stacheldraht umgebenen Kaninchenstall verwandelt. Die Kriegsverbrecher waren für ihn verantwortlich. Jeden Samstag kam der für das Lager zuständige Tschekist Gadejew mit einer geräumigen dünnen Aktentasche zum Kaninchenstall und ging mit einer geräumigen dicken Aktentasche wieder davon. Der Offizier für politische Erziehung kam freitags.

Auch nachdem der Friedens-Nobelpreis 1978 an Sadat und Begin verliehen worden war, behandelte mich das Lagerpersonal weiterhin mit einer gewissen Vorsicht. Ich war immer noch korrespondierendes Mitglied der Armenischen Akademie. Obwohl man mir die Notizen, die ich nur in meiner Freizeit zu physikalischen oder logischen Problemen machte, immer noch wegnahm, erhielt ich sie manchmal zurück. Und ich wurde auch für zwei Hungerstreiks aus politischen Gründen nicht bestraft. Der erste, den ich ein paar Tage durchhielt, begann am 30. Oktober, dem Tag der politischen Gefangenen in der Sowjetunion, dem Tag, an dem die politischen Gefangenen in Lager 37 traditionell in den Hungerstreik traten. Mehrere Wochen zuvor hatte ich Irina heimlich – zur Übermittlung an sowjetische Dissidenten und den Westen – eine Vorankündigung des Streiks und die Forderung nach Freilassung aller inhaftierten Mitglieder der Helsinki Watch Groups geschickt. Am 10. Dezember, dem Internationalen Tag der Menschenrechte, einem weiteren traditionellen Streiktag, verweigerte ich fünf Tage lang die Nahrung. Auch diesmal hatte ich Irina vorher gebeten, eine Vorankündigung des Streiks weiterzuleiten, und zwar zusammen mit einem Appell an die sowjetischen Führer, in dem ich erklärte: »Das Streben nach wachsendem Einfluß in der Welt wäre akzeptabel, wenn es auf den Vorstellungen des demokratischen Sozialismus basieren würde. Aber Sie unterstützen die Entwicklung totalitärer Systeme. Das ist ein riskantes Spiel, gefährlich für das Land und für die Welt...« Kurze Zeit später marschierten die Sowjets in Afghanistan ein.

Im Februar 1979 spürte ich, daß ein entscheidender Umschwung stattgefunden hatte. Zwei Jahre später erfuhr Irina, daß mich die Armenische Akademie just zu diesem Zeitpunkt ausgeschlossen hatte. Die Lagerleitung gab mir meine Notizen nicht mehr zurück und verbot die Verwendung *jeglicher* Begriffe oder Symbole aus der Wissenschaft in Briefen, die ich schrieb oder empfing, sogar solche, deren Entzifferung allenfalls einen höheren Schulabschluß voraussetzten.

Das war ein empfindlicher Schlag. Ich trat in einen Streik, verweigerte Arbeit und Essen – und wurde sofort für fünf Tage in Einzelhaft gesteckt. Ein Aufseher begleitete mich zu einer alten, von Stacheldraht umzäunten Holzbaracke und gab mir andere Kleider – die gleiche schwarze Uniform wie im normalen Bereich, aber vollkommen abgetragen, die gleiche dünne Unterwäsche (wollene Wäsche ist im Lager nicht erlaubt), ebenfalls in schlechtem Zustand, und uralte schmutzige Pantoffel. Behalten durfte ich mein eigenes Paar Socken, ein Taschentuch und einen Metallbecher. Mehr durfte man in die Einzelzelle nicht mitnehmen. Das und ein Latrineneimer, rostig und durchsiebt von winzigen Löchern.

Die Zelle maß einen mal dreieinhalb Meter, hatte ein kleines

Außenfenster und zwei Betonpfosten, die wie Baumstümpfe aus dem Boden ragten. Über diese Pfosten wurde nachts zum Schlafen ein Bord aus rohen Holzbrettern gelegt; es konnte nur von außen hoch- und heruntergeklappt werden. Ich setzte mich auf einen der Stümpfe. Durch die Ritzen in den Wänden zog es. Die Temperatur draußen betrug minus zehn Grad Celsius. Ich begann zu zittern. Viel später lernte ich verschiedene Gefängnistricks, um mich aufzuwärmen. Du konntest zum Beispiel eine Zeitung vor dem Aufseher verstecken und sie dann hinten unter das Hemd schieben. Auch dann frorst du noch. Du konntest dich nicht mit Essen aufwärmen, weil es kaum etwas zu essen gab, und das sogenannte »warme« Essen sowieso nur jeden zweiten Tag.

Die Zelle hatte kein Waschbecken. Damit ich den Latrineneimer leeren und mich waschen konnte, wurde ich ein- oder zweimal täglich aus der Zelle hinausgeführt. Wirklich sauberhalten konnte man sich nicht. Das, sagte der Lagerarzt, sei Teil der Strafe.

Ich schrie ihn an: »Chef, geben Sie mir ein Stück Zeitung!«

»Wofür?«

»Was meinen Sie: Wofür? Um mich abzuwischen, natürlich.«

»Einen Augenblick, ich werde den wachhabenden Offizier anrufen... einen Augenblick... Nein, der wachhabende Offizier erlaubt es nicht.«

»Womit soll ich mich dann abwischen?«

»Mit dem Finger.«

»In dem Fall geben Sie mir Papier und Bleistift. Ich werde eine Beschwerde schreiben.« (Man hatte das Recht, Beschwerden zu schreiben.)

»Einen Augenblick.«

Er gab mir ein Blatt Notizpapier. Man konnte es in der Mitte durchreißen, die eine Hälfte zum Abwischen benutzen und die andere Hälfte, um eine Beschwerde zu schreiben.

Am schwierigsten war es zu schlafen. Nachts rieb ich das Holz des Bretterbetts, legte mich dann zehn Minuten hin, bis die Bretter wieder abkühlten, rieb wieder das Holz, legte mich hin und so weiter, die ganze Nacht lang. Gewöhnlich steckte ich mir die Pantoffeln hinten ins Hemd, und wenn der Aufseher wohlwollend war, konnte ich meinen Kopf mit dem Taschentuch bedecken. Tagsüber lehnte das Bretterbett an der Wand; es war verboten zu schlafen, auch im Stehen. Bei Verstößen konnte die Einzelhaft verlängert werden.

Nach Ablauf meiner fünf Tage in der Einzelzelle wurden mir meine Papiere zurückgegeben, und ich marschierte wieder an die Drehbank. Jetzt konnte ich nur noch heimlich wissenschaftlich arbeiten. Deckung erhielt ich von einem Gefangenen namens Alexander Nilow – woraus ich hätte schließen müssen, daß er mit dem KGB kollaborierte. Er war von Natur aus ein Doppelagent, ein sehr netter, gebildeter und umgänglicher Abenteurer. Der KGB hatte ihn erwischt, als er, ein Physiker des Lumumba-Instituts in Moskau, sich darauf vorbereitete, für die CIA zu spionieren, und er bekam zehn Jahre dafür. Nach einer unruhigen Nacht, in der er wohl zur Überzeugung gelangt sein mußte, daß ich ihn durchschaut hätte, gestand mir Nilow eines Morgens, daß die Tschekisten ihn angewiesen hätten, Orlow zu bespitzeln. Ich nickte wissend, obwohl ich nie auf diesen Gedanken gekommen wäre. Von da an versuchte er mir zu helfen. Die Kriegsverbrecher und Spitzel glaubten, daß Nilow kein Gefangener, sondern ein KGB-Mann sei, ins Lager geschickt, um Orlow nachzuspionieren. Wenn er also bei mir war, was angenehmerweise oft der Fall war, ließen uns die Dummköpfe allein, um ihn bei seiner Arbeit nicht zu stören. Er paßte auf, während ich meine letzten Berechnungen (oder die letzten Erklärungen) auf Zigarettenpapier übertrug, um sie dann heimlich an Irina weiterzuleiten.

Ich nutzte jede Gelegenheit, sie zu erreichen. In unserem Wohnbereich gab es auch eine kleine Bibliothek, die einer Bibliothekarin unterstellt war – einer jungen unverheirateten Frau mit einem Kind. Wir freundeten uns an, obwohl dies dem Personal verboten war. Sie wollte einen jungen *Sek* heiraten, der bald entlassen werden sollte. Ein Spitzel sah sie eines Tages mit ihm zusammen, der KGB holte sie zu einem Verhör, und sie wurde entlassen. Ich bat sie, wenn sie das Lager verließe, doch meine logischen Kalküle an Irina weiterzuleiten. Aber zwei Expolizisten, die sich in der Küche hinter der dünnen Wand zur Bibliothek aufhielten, belauschten unsere Unterhaltung. Die Tschekisten verhörten die Bibliothekarin umgehend, und sie lieferte die erste Seite meiner mathematischen Aufzeichnungen ab. Den Rest gab sie eine Woche später an Irina. Ich wurde für sechs Monate ins Lagergefängnis gesteckt: »Wegen versuchten gesetzwidrigen anti-sowjetischen Briefwechsels.«

Ich kam in dieselbe Zelle, in der ich zuvor gesteckt hatte, aber jetzt war der Vollzug ein anderer – einerseits leichter, in anderer Hinsicht härter. Nachts erhielt ich Matratze, Decke und Kopfkissen und während des Tages durfte ich eine Stunde lang spazieren. Papiere und Bücher waren erlaubt. Es gab täglich »warmes Essen«, denn außer sonntags wurde ich jeden Tag in eine Arbeitszelle nebenan gebracht. Ich mußte die Kurbel einer Maschine drehen, mit der Maschendraht geflochten wurde. Das war noch härter als die Fabrikarbeit an der Drehbank, und es gelang mir nicht, die Produktionsnorm zu erfüllen. Während einem dieser Aufenthalte im Lagergefängnis rettete mich Anatolij Korjagin, der in einer anderen Schicht arbeitete. Korjagin, ein Psychiater und promovierter Mediziner, war zu sieben Jahren unter strengem Vollzug und zu fünf Jahren Verbannung verurteilt worden, weil er gegen den Einsatz der Psychiatrie für politische Zwecke gekämpft hatte. Er legte heimlich Maschendraht von seinem eigenen auf meinen Stapel. Und als ich einmal anfing, Blut zu husten, besorgte er irgendwie die Medizin, die ich brauchte, und spielte sie mir zu – womit er ein hohes persönliches Risiko einging. Wir hatten uns noch nie von Angesicht zu Angesicht gesehen, und auch im Lager trafen wir uns nie.

Drei Viertel meiner Lagerhaft verbrachte ich in solchen Zellen – und insgesamt mehr als ein halbes Jahr in Isolation. Die übrige Zeit lebte ich im gewöhnlichen Vollzugsbereich. Aber gleichgültig, wo ich gerade war, die Möglichkeiten einer Flucht malte ich mir überall aus. Mit Marspet Arutjunjan, meinem besten Freund, dem Führer der armenischen nationalistischen Jugendorganisation, der wegen Propaganda ebenfalls zu »Sieben plus fünf« verurteilt worden war, schmiedete ich Pläne. Sein Bruder Schagen befand sich zur gleichen Zeit in einem anderen Lager, weil er sich an der Organisation der armenischen Helsinki Watch Group beteiligt hatte. Wir sprachen darüber, einen Tunnel von der Baracke nach draußen vors Lager zu graben – etwa fünfzig Meter lang. Oder wir wollten fliehen, indem wir uns in einem Laster versteckten, der die Metallspäne von unseren Drehbänken fortfuhr; sogar im Jeep des Lagers, der einmal in unserer Fabrik repariert worden war, wollten wir uns verstekken. (Ein Jeep ist klein, aber wir waren es auch.) Wenn ich nur einmal für mindestens sechs Monate ununterbrochen im allgemeinen Vollzugsbereich gewesen wäre, wir hätten es versucht.

18
Briefe von Irina

Die Frauen mehrerer Dissidenten waren bereits verhaftet worden, weil sie ihren Männern geholfen hatten, und Irina kannte diese Frauen sehr gut. Außerdem haßte sie die Politik. Und dennoch setzte sie ihren Kampf um mich fort. Ich schickte ihr heimlich Nachrichten und politische Aufrufe, die sie wiederum heimlich ins Ausland weiterleitete, ungeachtet der Gefahr, in die sie sich damit brachte. Und mit Briefen an Walja Turtschin und Ljuda Alexejewa, die damals bereits in den Vereinigten Staaten lebten, schickte sie ihre eigenen Nachrichten und Aufrufe – an Journalisten und Wissenschaftler, an Menschenrechtsorganisationen und westliche Regierungen. Zehn Jahre später überreichte mir Walja einen dicken Ordner mit ihren Briefen. Hier sind einige Auszüge daraus.

27. August 1979
Am 21. August 1979 durfte ich meinen Mann besuchen... Anstelle der gesetzlich vorgeschriebenen drei Tage... wurde mir und seinem Sohn Alexander nur ein Tag gestattet. »Ihr Mann erfüllt seine Norm an der Drehbank nicht.«

Mein Mann wirkte äußerst erschöpft und abgemagert. Da er in zwei Schichten arbeitete, ohne eine Pause dazwischen, konnte er überhaupt nicht mehr richtig schlafen. Mein Mann ist dreimal in Hungerstreik getreten.

Er kam zweimal in Einzelhaft. In der Isolationszelle konnte er nicht schlafen, weil es so kalt war... Er rieb die nackten Bretter des Bettgestells mit seinen Händen, um die Bretter etwas anzuwärmen... Es wurde ihm verboten, wissenschaftliche Korrespondenz zu führen...

Er bittet darum, daß Wissenschaftler versuchen, die Freilassung von Sergei Kowaljow zu erreichen.

Am 12. Mai [1979] hat er einen Appell verfaßt: »Zum Jahrestag der Helsinki Watch Group: Ich glaube, daß unsere Opfer nicht umsonst sind...«

Mein Mann hat mich gebeten, bekanntzugeben, daß er die Unterzeichnung der SALT II-Verträge befürwortet.

30. November 1979
Ich will davon berichten, wie unsere Regierung meinen Mann als Wissenschaftler erledigt. Die Verwaltung hat ihm verboten ... in seinen Briefen irgend etwas über seine wissenschaftlichen Ideen zu erwähnen ... Wegen des Versuchs, einen wissenschaftlichen Aufsatz nach draußen in die Freiheit zu befördern, wurde er am 22. Oktober [1979] in das lagerinterne Gefängnis gesteckt, wo er jetzt ein halbes Jahr verbringen muß ... Die Behörden hassen meinen Mann, und gleichzeitig fürchtet man ihn ... weil man ihn nicht zum Schweigen bringen kann.

Ich appelliere an die wissenschaftliche Welt – in das Schicksal meines Mannes einzugreifen, zu verhindern, daß er vor Ablauf seiner Haft umkommt. Die Unterdrückung seines Geistes, seine allmähliche körperliche Zerstörung – das ist das Urteil, das gegen Orlow vollstreckt wird.

15. Mai 1980
Der Gründer der Moskauer Helsinki Watch Group ... tritt ... heute, am 15. Mai 1980 ... in einen zweitägigen Hungerstreik. Er fordert: Amnestie für alle politischen Gefangenen. Ein Ende der Repressalien gegen öffentliche Organisationen, die zur Verteidigung der Menschenrechte aufrufen.

Orlows Appell an die Madrider Konferenz [über Sicherheit und Zusammenarbeit in Europa] lautet wie folgt: »Wir alle, die wir für die Verteidigung der Menschenrechte eintreten, sind an der Entspannung interessiert, aber nur dann, wenn die öffentliche Kontrolle der Regierungen als ein wichtiger Faktor des Friedens anerkannt wird ... Wenn ein Staat sein Gesellschaftsmodell zum wahren Modell für andere erklärt, dann sollte dieser Staat internationale Kritik an diesem Modell nicht als Einmischung in innere Angelegenheiten interpretieren.«

5. September 1980
Erklärung: Ich, die Frau von Jurij Orlow, appelliere immer wieder an Sie, die Wissenschaftler, die Öffentlichkeit, die Teilnehmer der bevorstehenden Madrider Konferenz – lassen Sie nicht zu, daß mein Mann im Lager umkommt. Von Oktober 1979 bis April 1980 wurde Orlow mit Haft im Lagergefängnis bestraft, und ihm wurden sämtliche Besuche untersagt. Kurze Zeit, nachdem er das Gefängnis im Sommer verlassen hatte ... wurde

er abermals bestraft, indem man ihm Besuche untersagte... den [Zugang zum] Lagerladen verwehrte und ein Lebensmittelpaket vorenthielt, das einzige Paket [das ihm laut Gesetz] in dreieinhalb Jahren [zusteht] ... Im August wurde Orlow wiederum [durch Inhaftierung] bestraft, sechs Monate im Lagergefängnis, und... für ein weiteres Jahr darf er nicht von seiner Familie besucht werden.

Die Behörden haben meinem Mann schon einmal angekündigt: »Vergessen Sie, daß Sie Wissenschaftler sind, Orlow. Sie werden das Lager nie wieder verlassen!«

Ich bin verzweifelt.

17. Januar 1981

Ich bitte Sie darum, meine Nachrichten weiterzuleiten... Es gibt hartnäckige Gerüchte, Jurij sei sein Status als korrespondierendes Mitglied der Armenischen Akademie der Wissenschaften aberkannt worden. Es ist absolut unmöglich, Genaueres zu erfahren. Die Akademie weigert sich, mir zu antworten. Vielleicht kann das Verteidigungskomitee bei der Akademie nachfragen? Versuchen Sie es...

An die Madrider Konferenz:

Am Tag, an dem die Konferenz wieder zusammentritt, wird Jurij Orlow in den Hungerstreik treten, wie er es am Eröffnungstag auch getan hat. Noch einmal appelliert er, ... eine Entscheidung über die Amnestie politischer Gefangener in allen Ländern zu fällen, die die Verträge von Helsinki unterzeichnet haben...

Jurij Orlow ist der Meinung, daß wahre Entspannung und Vertrauen zwischen den Völkern eine große Offenheit und einen Informationsaustausch in allen Bereichen des öffentlichen Lebens – im sozialen, wirtschaftlichen, militärischen ... voraussetzt...

Er wiederholt den Vorschlag, den er schon vor vier Jahren unterbreitet hat, nämlich Vorbereitungen zu treffen für eine internationale Konferenz zur Freigabe von Staatsgeheimnissen...

Ich appelliere nochmals an die Konferenz mit der Aufforderung, meinen Mann vor der barbarischen Behandlung zu retten... Als er sich im Sitzen ausruhen wollte, wurde ihm verboten, den Kopf auf die Arme zu stützen. Am 15. Oktober [1980] hatte Orlow deswegen eine bittere Auseinandersetzung mit dem

Offizier Salachow. Am 25. Oktober wurde mein Mann krank und bekam hohes Fieber. Am 30. Oktober wurde er wegen dieses Gespräches mit dem Offizier... hinausgezerrt, obwohl er krank war, und in eine Isolationszelle geworfen...

8. Januar 1983
Ein erneutes Urteil ist zu befürchten. Jura wurde das Recht auf JEGLICHE Korrespondenz entzogen, und seit Ende Oktober oder Anfang November 1982 ist er im Lagergefängnis... Ich schreibe gerade eine Beschwerde an die Staatsanwaltschaft in Perm und bitte darum, mir mitzuteilen, warum es keine Briefe von meinem Mann gibt... Ich werde etwa Anfang Januar weiter nachforschen... Es gibt einfach keine Antwort... Ich habe Mr. Kampelman* in Madrid über Jurijs Situation informiert.

Dem kann ich jetzt folgendes hinzufügen. Im Lagergefängnis wurde Jurij gezwungen, Schwerstarbeit zu verrichten... Man hat seine Produktionsnorm erhöht... Und während [Jurij] noch im Gefängnisbereich war, drohte der Kriminelle Tarasenko [der Mongole], der bereits zwei Gefangene zusammengeschlagen hat, Orlow Nase und Ohren abzuschneiden...

Die Beschwerden der Gefangenen gelangen nie über die Grenzen des Lagers hinaus... Es herrscht totale Überwachung. [Die Gefangenen werden] brutal bestraft, wenn sie Informationen aus dem Lager hinausschicken...

Wenn Jura erneut verurteilt wird, wird er dies nicht überleben. Er ist immerhin schon 58 Jahre alt... Der Vollzug im Gefängnis wird immer brutaler. Ich bin verzweifelt, ich weiß nicht, was ich tun soll...

* Max Kampelman, US-Botschafter der Madrider Konferenz über Sicherheit und Zusammenarbeit in Europa (KSZE), 1981–83.

19
Schwere Zeiten

Nichts ist schlimmer, als das seelische Gleichgewicht zu verlieren.

Im März 1983, in der Einzelzelle vom Hunger, von der Kälte und vom Schlafmangel fast um den Verstand gebracht, war ich der festen Überzeugung, daß ich meine Freunde draußen durch eine Unvorsichtigkeit in Gefahr gebracht hatte und daß ich mich umbringen müßte, um sie zu retten. Ich hatte mein inneres Gleichgewicht verloren und beging einen ernsthaften Fehler. Es waren schwere Zeiten.

Aber ich muß früher beginnen, mit dem Sommer 1982. Damals, zwei Jahre vor Ablauf meiner Zeit, befand der KGB, es sei an der Zeit, neue Vorwürfe gegen mich auszuhecken; um jeden Preis sollte ich moralisch zermürbt werden. Es war ihnen nicht gelungen, mich mit den üblichen Mitteln – schwere Arbeit und Bestrafungen – zum Schweigen zu bringen. Also verwandelten sie unseren Wohntrakt in ein Irrenhaus.

Davor war das Leben im Lager schwierig genug gewesen, aber es verlief in vertrauten Bahnen. Im Herbst, wenn die Offiziere aus den Ferien zurückkamen und mit frischem Eifer an ihre Arbeit gingen, sperrten sie mich einfach unter irgendeinem Vorwand in eine Einzelzelle. Insgesamt verbrachte ich bis zu acht Monaten pro Jahr in Isolationshaft. Darauf war ich vorbereitet. Schon während meiner ersten Tage in den Lagern hatte mich Nilow vor solchen Plänen gewarnt. »In meinem Beisein debattierten die KGB-Männer, wo man Orlow am besten unterbringt«, erzählte er mir in seiner geschäftigen Art. »Und sie waren der Meinung, Isolation sei am besten. Zwei stammten von hier, der dritte kam aus Moskau.« Nun war ich gar nicht zu Isolationshaft verurteilt worden, also war diese Entscheidung illegal, und Nilow hatte ihnen dies, waghalsig genug, angedeutet. Diese interessante Eröffnung reizte die KGB-Männer zu schallendem Gelächter.

»Aber warum Isolationshaft?« fragte ich etwas dümmlich.

»Sie üben großen Einfluß auf Leute aus«, antwortete Nilow. »Im Wohntrakt könnte man Sie nicht im Auge behalten. Sie könnten ja einen Briefwechsel mit der Außenwelt aufnehmen.«

»Der KGB übertreibt«, sagte ich nach einer Pause.

Der KGB übertrieb tatsächlich, nicht bezüglich meiner Fähigkeiten, sondern im Hinblick auf seine eigenen. Sie verboten mir, in meinen Briefen über das Leben im Lager, über Wissenschaft, über Politik zu schreiben. Ich schrieb heimlich, und meine geheime Korrespondenz ist nie ganz abgerissen. Die Tscheka-Leute konnten sich nicht vorstellen, daß dies in Isolationshaft einfacher war, wo es nur mich und einen Aufseher gab. Der Aufseher wurde nicht bewacht. Wenn er einem Dissidenten wohlgesonnen war...

Auch im Wohntrakt verlief nicht alles genau so, wie der KGB es sich vorstellte. Obwohl manche der Expolizisten für die Tscheka arbeiteten – so wie sie einst für die Nazis gearbeitet hatten: nicht aus Furcht, sondern aus Hingabe –, waren nicht alle von ihnen von Natur aus sadistisch; sie waren zuerst in die fürchterlichen Mühlen der Stalinisten und dann in die der Nazis geraten. Es fehlte ihnen an Pflichtgefühl. Die jüngeren Spitzel waren noch nachlässiger. Viele wurden von Zweifeln gequält und wollten unbedingt, zumindest nach außen, unschuldig bleiben. Und dann gab es Männer wie Nilow, die sich zu ihren *Sek*-Kameraden bekannten und ihnen sogar halfen; sie spielten ein doppeltes Spiel. Das Netz des KGB war nicht sehr fein gesponnen.

Also hielten sie mich die meiste Zeit in Isolationshaft. Als ich 1982 nach einer Zeit in der Einzelzelle wieder in den Wohntrakt zurückgebracht wurde, ging der Mai bereits zu Ende. Es war mein sechster Frühling in Gefangenschaft. Ein alter *Sek* hatte mich gewarnt: Fünf Jahre kann man aushalten, aber alles darüber ist zuviel, deine Seele wird anfangen zu schmoren. Meine Seele schmorte nicht. Der Wohntrakt kam mir riesig vor, hundert Schritte von Stacheldraht zu Stacheldraht, und nicht nur wie in meiner Zelle zwei Schritte von Wand zu Wand; Wolken über meinem Kopf anstatt der Flecken an der Decke; der Wechsel von Tag und Nacht an Stelle der niemals verlöschenden 40 Watt-Birne. Freiheit. Aber die Freude über die Befreiung war geschwunden. Alles erschien nun doch vertraut, vorhersehbar.

Ziemlich langweilig. Das ist gefährlich hier drin, dachte ich. Es war nur eine Illusion.

Der traditionelle Tee zur Feier der Rückkehr war so angenehm wie immer. Unter den vielen neuen Leuten entdeckte ich den halbtauben, halbtoten Morosow, der das sichere Gefühl hatte, die Freiheit nicht wieder zu erleben (und tatsächlich starb er 1986 im Gefängnis). Von meinen alten Freunden im Wohnbereich waren nur noch Marspet Arutjunjan, Karpenok und Tschitawa übriggeblieben. Wir vier saßen an einem Tisch in der Kantine und teilten, ganz gleich was wir zum Essen hatten, unter uns auf. Mischa Karpenok war ein fröhlicher, witziger Kosake, der nicht zur Armee, sondern über die türkische Grenze gegangen war. Die Türken brachten ihn zurück, denn sie konnten nicht glauben, daß es möglich sei, einfach so durch die aus Paranoia vielfach gesicherten russischen Grenzen hindurchzuschlüpfen. »Aber es war ein Feiertag, Tag der Grenzposten«, erzählte Mischa lachend. »Die Wächter waren betrunken. Die Alarmanlagen funktionierten auch nicht.« Wachtang Tschitawa war ein Journalist, der die Russifizierung Georgiens kritisiert hatte.

Nach dem Tee nahm mich Tschitawa beiseite, etwas weiter weg von den Spitzeln. »Nilow hat mich dringend gebeten, Ihnen zu sagen«, flüsterte er, »daß ein KGB-Mann aus Moskau hier ist und versucht hat, ihn dazu zu überreden, gegen Sie vorzugehen. Er hat sich geweigert, und sie haben ihn in einen anderen Wohntrakt gebracht.«

»Ich verstehe das nicht«, sagte ich. »Nilow hat doch sowieso für die gearbeitet.«

»Das ist etwas anderes. Er schien sehr aufgeregt zu sein. Da geht etwas anderes vor. Sie hätten sehen sollen, wie er aussah! Das ist etwas Neues«, beharrte Tschitawa. Was sollte das alles bedeuten? Was hatte Nilow unerwähnt gelassen? Was hatte er zu tun verweigert?

Wir erfuhren sehr bald, was das alles zu bedeuten hatte. Aus der kriminellen Unterwelt zerrten sie zwei verwilderte junge Männer – einen Gangster und einen Dieb – ans Licht und sperrten sie zu uns. In der Tat etwas Neues; Kriminelle gab es sonst keine in unserem Wohntrakt. Der KGB erfand eine politische Vergangenheit für sie, aber die beiden verstanden die Geschichten gar nicht und brachten sie durcheinander. Der Gangster war nicht im geringsten gebildet. Er war der berüchtigte »Mongole«* der ebenso berüchtigten Moskauer Bande, die friedliche dicke Männer, die irgendwoher Geld hatten, ohne arbeiten zu müssen, überwältigte, in Särge nagelte und dann nichts anderes zu tun hatte, als diese mit einer großen Holzfällersäge durchzusägen. Wenn ein Mann gestand, wo er seine Reichtümer aufbewahrt, schön, dann sollte er sein Leben behalten, man hatte ja auch das seine. Wenn er es nicht tat, sägten sie weiter, die Arbeit war nicht staubig. Ein einfaches Geschäft, und es lief reibungslos. Später hörte ich allerdings in einem der Gefangenentransporte, daß der Mongole, als die Bande geschnappt wurde, dem Genossen Vernehmungsbeamten ein bißchen zuviel erzählt haben mußte. Er rettete seine eigene Haut, und um seine Kumpel kümmerte sich das Erschießungskommando. Folglich hatte er womöglich nur noch kurze Zeit zu leben. Das mußte der Grund sein, warum er und der KGB einen Handel geschlossen hatten. Im politischen Bereich würde es niemanden geben, der alte Schulden mit ihm zu begleichen hatte. Die Tscheka versteckte ihn bei uns. Er arbeitete im Latrinendienst. Der Bereich war klein, die Leute sauber, nicht viel Ärger. Da das Säubern von Toiletten ein hygienisches Problem ist, war es logisch, daß sie seine Pritsche nicht in unserer Baracke, sondern abseits von uns aufstellten, in der Krankenstation, zwischen den sauberen Reagenzgläsern. Der Mongole badete nur an wichtigen Feiertagen.

Eines Tages lag Marspet Arutjunjan dort auf der Krankenstation; er erholte sich von brutalen Prügeln, die er von Offizieren im Gefängnis Rostow bezogen hatte, weil seine zwei Zellengenossen geflohen waren. Der diensthabende Offizier, adrett und ernsthaft, kam herein und fragte den Mongolen gereizt: »Warum warst du nicht beim Appell?«

»Ich warte darauf, daß sie mir Orlow bringen«, vertraute ihm der Gangster an.

»Orlow? Wozu?«

»Ich werde eine Tunte aus ihm machen!«

Der Offizier brüllte vor Lachen, setzte sich auf eine Pritsche

* Der richtige Name des »Mongolen« lautet Viktor Tarasenko. Einer sowjetischen Zeitschrift zufolge wurde er nach 14 Jahren Lagerhaft entlassen und begann, sein Geld zu »waschen«, indem er es in Kooperativen investierte (*Chelovek i Zakon*, Nr. 3, 1989).

und schaute hinüber zu Marspet. Er fragte den Gangster: »Das heißt, du machst dir Hoffnungen?«

»Und ob!«

Das beunruhigte mich zunächst nicht besonders. Aber langsam entwickelte sich das Szenario. Sie verlegten wieder einen Neuen in den Wohnbereich, auch ihn mit einer angeblich politischen Geschichte, diesmal einen Homosexuellen. Ich hielt mich fern von ihm, denn ein Kassiber aus einer anderen Baracke hatte uns informiert, daß der Mann für den KGB arbeite. Aber wozu nur brauchten sie einen Homosexuellen?

In der Sowjetunion ist Homosexualität verboten und kann mit bis zu fünf Jahren Lagerhaft bestraft werden. In Sachen Homosexualität stimmt die Moralvorstellung der Nation mit dem Gesetz überein. Es wäre also ein Triumph für den KGB, wenn es gelingen sollte, einen bekannten Dissidenten als Homosexuellen vorzuführen. Ich hatte persönlich nie von Homosexualität in den politischen Wohntrakten gehört. In den kriminellen ist sie jedoch gang und gäbe. Sowohl offiziell als auch inoffiziell wird nur der »weibliche« Teil des Paares als »Tunte« betrachtet. Die Lage der »Weiblichen« ist schrecklich. Sie werden offiziell von den anderen *Seks* abgesondert, und diese sprechen mit ihnen nicht wie mit Menschen; sie bilden die niedrigste Kaste, sie sind Sklaven der Sklaven. Es gibt verschiedene Wege, um in eine solche Lage zu geraten. Zum Beispiel: Ein Mann verliert beim Kartenspiel und kann seine Schulden nicht bezahlen – also wird er »zu einer Tunte gemacht«. Es ist unmöglich, danach in die ehrbare Gesellschaft zurückzukehren. Kriminelle sind gnadenlos. Wie erst wäre die Lage eines politischen *Sek* in einem Wohntrakt der Kriminellen, wenn man ihn dorthin brächte, nachdem man ihn als »Tunte« gebrandmarkt hatte!

Als dieser neue *Sek* in unserem Wohntrakt erschien, setzte ihn die Verwaltung an einen separaten Tisch in der Kantine und ritzte seine Initialen in eine primitive Aluminiumschüssel. Dieser markierte Napf, der »Tunten-Napf«, war sein persönliches Geschirr; alle anderen aßen von gemeinschaftlichem Geschirr. Wegen seiner KGB-Verbindungen zog ich es vor, nicht mit ihm zu sprechen, aber sie hatten ihren eigenen Fahrplan. Der Homosexuelle versuchte, mit mir ins Gespräch zu kommen, die Offiziere schickten uns zusammen zu Arbeitsdiensten, die Spitzel ließen Zettel in den Wohntrakten kursieren, auf denen zu lesen stand: »Orlow küßt wie eine Tunte«. Wir alle wußten, wie schwierig das war, wie riskant, Kassiber in andere Wohnbereiche zu schicken. Aber für sie war es kein Problem – ein Offizier rief einen *Sek* aus einem anderen Wohntrakt zu sich und gab ihm den Zettel von seinem »Freund« in unserem.

Es wurde immer schwieriger. Jetzt schrie der Gangster jeden Tag »Tunte!« Das wiederholte sich häufiger, und die Spitzel und Expolizisten kicherten nach Plan, was mich an einen Hundechor erinnerte. Vor langer Zeit, kurz nach dem Krieg, hatte ich eine deutsche Platte mit solch einem Chor gehört; jeder Hund kläffte seine eigene Melodie. (Einige Jahre später erfuhr ich, daß sie das Weihnachtslied »Jingle Bells« gebellt hatten.) Ich hielt es noch einige Zeit aus, glaubte sogar, daß ich gelassen war. Aber was würden sie sich noch einfallen lassen?

Das nächste war Diebstahl – das hatte es in den Lagern noch nie gegeben. Lange Unterwäsche und Zahnbürsten der Expolizisten verschwanden und tauchten zwischen meinen Sachen, manchmal in meiner Kiste, manchmal unter meinem Kopfkissen, wieder auf. Der KGB ging bis zum Äußersten. Sie hatten ein paar diffamierende Artikel des Strafgesetzbuches in petto, ein Dutzend »Zeugen« würde bestätigen, daß ich mit einem Homosexuellen »verkehre«, und das gleiche Dutzend würde bestätigen, daß ich lange Unterwäsche stehle. Professoren stehlen keine lange Unterwäsche? Sie sind lustig, Jurij Fjodorowitsch. Sie haben Theorien, aber wir haben – Fakten.

»Tunte!« wieherte die Expolizei. »Sie bringen den Wohntrakt in Aufruhr, wo ist der Anwalt?«

»Sie sind alle schwul«, rief der Mongole. »Hauptmann! Geben Sie denen auch markierte Näpfe!«

Im Wohntrakt der Kriminellen mußt du jemanden, der so etwas sagt, umbringen. Andernfalls, so will es der Kodex der Kriminellen, zeigst du, daß du eine »Tunte« bist, und wirst auch entsprechend behandelt. Aber wie soll sich ein politischer Gefangener verteidigen? Ich hätte ihn umbringen können. (»Alle denken, daß du unendlich freundlich bist«, sagte Irina oft lachend, »aber ich weiß es besser.«) Schon weil ich es nicht mehr aushielt, hätte ich den Mann umbringen können. Das wäre jedoch ein gefundenes Fressen für den KGB gewesen.

Als wir einmal aus der Fabrik in die Kantine traten, sahen wir, daß der Tisch des Homosexuellen genau neben unseren gerückt worden war. Wir vier befreundeten Dissidenten waren zusammen mit dem Homosexuellen von den anderen getrennt! Ekel und Zorn packte uns. Genauso – ich habe es an mir selbst gespürt – bringt man bislang friedliche Leute dazu, abzuzählen, ob es zwischen Moskau und Wladiwostok genügend Telefonmasten gibt, um sämtliche Kommunisten daran aufzuknüpfen. Niedertracht erzeugt Niedertracht. Natürlich haben wir keine Masten gezählt. Aber was sollten wir tun? Unser Tisch in der Kantine war bis dahin dem Pult des politischen Offiziers am nächsten gewesen. Jetzt war es der Tisch des Homosexuellen, der dem Pult am nächsten stand. »Genosse Major«, sagte ich zu dem politischen Offizier, »Sie haben die richtige politische Entscheidung getroffen, den Tisch des Homosexuellen direkt unter Ihr Pult zu stellen! Nun sind Sie mit ihm zusammen separiert.«

»Was?«

Sie schoben seinen Tisch zurück. Die Initiative lag, wenigstens in diesem Augenblick, bei uns. Wenn keine Aufseher in der Nähe waren, konnten wir nicht anders als zu lachen, obwohl uns gar nicht zum Lachen zumute war. Die Spitzel wußten nicht, wie sie reagieren sollten, diesem unvorhergesehenen Problem waren die geistigen Fähigkeiten des Lager-Tschekisten Gadajew nicht gewachsen, und für kurze Zeit hatten wir den Fahrplan des KGB durcheinandergebracht.

Ein Jahr später, als sie mir nach Ablauf meiner Haft im Lager die offizielle Warnung des KGB vorlasen, zitierten sie »Berichte von Gefangenen«. Nun war die Rede davon, daß »Orlow Tische verrückt, Diebstähle von persönlichen Dingen und Schlägereien organisiert« habe, mit dem »Ziel, Aufruhr zu stiften« – dafür ist ein strenger Artikel im Strafgesetz zuständig. Homosexualität und lange Unterwäsche wurden nicht direkt erwähnt.

Schlägereien! Schlägereien, das heißt das Zusammenschlagen der politischen Gefangenen, gehörten, wie wir erwartet hatten, auch zu den Plänen des KGB. Die Kriminellen sollten uns zusammenschlagen, und wir sollten dafür ins Lagergefängnis gesteckt werden. Der schwächste von uns war Mark Morosow, der aussah, als könne ihn ein Luftzug buchstäblich umwerfen. Mit ihm fingen sie an. Der Mongole schlug ihn zusammen, während wir in der Fabrik waren, einfach so, ohne Grund. Dann hat er den Marxisten Anatolij Tschurganow mit einem Stuhl verprügelt. Tschurganow, ein Kriegsveteran, hatte in der Provinz Krasnodar gegen Korruption gekämpft. Natürlich war ihm Verleumdung vorgeworfen worden, und 1982 bekam er fünf Jahre mit strengem Vollzug und Verbannung noch dazu. Ein Jahr später, 1983, wurde der Sekretär des Parteikomitees von Krasnodar wegen Korruption degradiert. (Auf Anatolis Schicksal hatte das natürlich keine Auswirkungen. Er saß seine gesamte Strafe ab und wurde erst 1989 »rehabilitiert«.)

Als die »Oberen« einen Moment außer Reichweite waren, berief ich eine Versammlung der *Seks* ein. »Paß auf!« sagte ich zu dem Mongolen. »Wir werden eine Petition schreiben. Sie werden dich zurück zu den Kriminellen schicken. Anscheinend ist es hier zu sicher für dich.«

»Ha!« erwiderte der Gangster selbstsicher. »Wenn ich will, kann ich umbringen, wen ich will, und nichts wird mir geschehen. Ich habe eine Bescheinigung. Ich bin verrückt, verstanden?« Diese Antwort war mehr als logisch. Im richtigen Leben funktioniert die Lehrbuch-Logik nicht.

»Es gibt überall viele Verrückte«, bemerkte ich etwas rätselhaft. Er dachte, wir führten etwas im Schilde, würden aber nicht darüber sprechen, und eine Weile war Ruhe. Bis jetzt hatte ihm Gadejew nur samstags seine Instruktionen erteilt, wenn er sein Kaninchen von der Expolizei abholte. Jetzt besprachen sie ihr gemeinsames Projekt täglich.

Auch wir berieten uns oft. »Sie bereiten eine neue Gefängnisstrafe für dich vor«, sagte Tschitawa, »eine strafrechtliche Anklage um jeden Preis. Sie wollen keinen zweiten politischen Prozeß gegen dich, sie haben sich beim ersten schon die Finger verbrannt. Ich sehe nur einen Ausweg: den Dieb fassen. Dann werden wir die Situation in den Griff bekommen.«

Und Tschitawa faßte den Dieb. Es war der zweite Kriminelle. Bis zu diesem Augenblick hatte er stillgehalten, als habe er nichts mit dem ganzen zu tun. Er praktizierte gerade lange Unterwäsche von einer Kiste in eine andere – in meine –, Tschitawa ertappte ihn dabei. »Laß uns darüber reden«, sagte Tschitawa leise. Er sprach immer leise. Marspet und Morosow kamen als Zeugen hinzu. Mischa Karpenok war nicht dabei, er saß gerade den Rest seiner sieben Jahre ab, und sie hielten ihn in Einzelhaft, so daß wir durch ihn nichts nach draußen schicken konnten. (Es half jedoch nichts. Es gelang mir, ihm meine Arbeit über Logik zukommen zu lassen.) Tschitawa packte den Verbrecher an den Schultern und schüttelte ihn. Er schaute ihm in die Augen »Was ist los mit dir, du Abschaum! Warum tust du das? Wer hat dir Anweisungen gegeben? Wer befiehlt dir? KGB? Der KGB?« Die Brille des Verbrechers fiel herunter. Tschitawa, ein georgischer Intellektueller, bückte sich, um sie aufzuheben, und der Verbrecher ergriff eine schwere Teekanne aus Steingut, holte aus und zerschlug sie auf seinem Kopf...

Ich war draußen, als einer der Expolizisten aus der Baracke stürzte und hysterisch heulte. »Sie schlagen unsere Leute zusammen!« Sofort eilte der Mongole mit einem frisch geschnitzten Knüppel zur Baracke. (Knüppel sind verboten, ging es mir durch den Kopf.) »Was stehst du herum, du Dummkopf?« rief ein Expolizist dem Tataren auf dem Wachturm zu. »Ruf den diensthabenden Offizier! Mord!« Ich eilte zur Baracke und fand den Mongolen, der wie ein Berserker auf Morosow und den Homosexuellen eindrosch. Als ich dazwischensprang, richtete der Mongole seinen Knüppel gegen mich. Neben ihm stand ein schweigsamer Feldwebel, der aufmerksam zusah. (Hebe nicht deine Arme! sagte ich zu mir.) Jemand schrie: »Holt diesen Verfechter der Rechte!«, und der zweite Kriminelle, der Dieb, tauchte plötzlich neben dem Feldwebel und dem Mongolen auf. Erst dann sah ich Tschitawa.

Ich rannte zu ihm. Marspet und ich brachten ihn in Sicherheit und deckten ihn mit einer gefütterten Jacke zu. Schon kamen Offiziere herein – »Morosow, ab in die Einzelzelle!« – Weshalb er? Sie hoben ihn hoch, aber er zog eine Rasierklinge hervor, schlitzte sich auf und fiel um. »Arutjunjan – ab in die Einzelzelle!« – Weshalb? – Marspet leistete keinen Widerstand. Immer mehr Dienstgrade kamen in die Baracke gelaufen. Tschitawa wurde auf die Krankenstation gebracht. Die »Untersuchung« begann umgehend.

Sie hatten tatsächlich vor, eidesstattliche Erklärungen als gefälschte Zeugenaussagen über eine Straftat zu produzieren: »Prügeleien und Aufstände begangen von einer Gruppe Gefangener«, bestehend aus Tschitawa, Arutjunjan, Morosow und dem Homosexuellen, »organisiert und angeführt von dem Gefangenen Orlow«. Diese Erklärungen wurden dem Expolizisten und den beiden Kriminellen noch am gleichen Tag diktiert.

Um damit keine überflüssige Verwirrung zu stiften, zogen sie keinen aus der »Gruppe« hinzu, ausgenommen natürlich den Homosexuellen, ihren Agenten.

Aber die Tschekisten waren noch nicht zufrieden, es fehlte ihnen noch etwas. Sie brauchten direkte Beweise dafür, daß ich der »Anführer« der Aufstände war. Wo war Orlow, als er die Schlägerei »leitete«? Was tat er? Und hier schlug die Sache fehl. Die alten Letten, die wegen verschiedener Vorfälle während des Krieges einsaßen und nach Meinung des KGB schon längst umerzogen waren, also ohne Anweisung wissen mußten, was wahr ist und was falsch – »jeder Russe weiß das« –, die Letten verweigerten die Falschaussage, bestätigten vielmehr, daß sich Orlow während der Schlägerei draußen mit ihnen unterhalten habe und am Aufruhr nicht beteiligt gewesen sei.

»Worüber haben Sie mit Orlow gesprochen?«

»Über dies und das. Über Pilze«, antworteten die alten Männer.

Kondors, ein ehemaliger antisowjetischer Partisan, fügte hinzu: »Und ich ging mit ihm zusammen in die Baracke. Dann schlugen sie Orlow mit einem Knüppel, grundlos.«

»Wer schlug Orlow? Mit welchem Knüppel? Haben Sie ihn *persönlich* gesehen?«

»Warum nur ich? Ich bin ein Gefangener. Fragen Sie doch Ihren eigenen Mann, den Feldwebel.«

»Niemand hat Orlow angerührt. Es sah nur so aus. Sie waren nicht an der Schlägerei beteiligt. Oder doch, hm? Gehen Sie jetzt.« Der KGB mußte die Letten aus dem Fall heraushalten, der somit fürs erste nicht abgeschlossen werden konnte.

Es schien mir, als sei ich verletzt worden, und deshalb ging ich zu den Ärztinnen. »Sie bilden sich wieder etwas ein, Orlo-o-w!« sangen sie im Duett. Eine der beiden war die Frau des Offiziers im Gefängnisbereich und die andere die Frau eines Tscheka-Beamten. »Auf Ihrem Rücken sind keine Striemen, übertreiben Sie nicht. Sie haben Grippe. Sie werden von der Arbeit freigestellt.« Alle im Bereich hatten die blutigen Striemen auf meinem Rücken gesehen.

Wir durften Tschitawa nicht besuchen. Er wurde bewacht, ausgerechnet vom Mongolen, der sich auch hingelegt hatte, um seine Nerven zu beruhigen. Der zweite Kriminelle, der Dieb, spazierte im Gefängnishof umher.

Ich trat in Hungerstreik. »Werfen Sie die Kriminellen hinaus«, schrieb ich in meiner Erklärung. »Bestrafen Sie die Provokateure.« Die Ärzte hoben natürlich sofort meine Freistellung von der Arbeit auf, und ich wurde in die Einzelzelle gesperrt, wegen »Ausrufung eines Hungerstreiks und Beleidigung von Gefangenen«. So kam es, daß ich mich am Ende des Sommers 1982 wieder in Isolationshaft befand, zwei Wochen in Einzelhaft und danach im normalen Gefängnisvollzug. Alles war normal. Eine Zelle, 1,25 mal 3,3 Meter. Essensrationen wie für einen Spatz. Ständig die 40 Watt-Birne. Wind, der durch die Ritzen pfeift. Eiskalte Nächte. Aber die Hatz war unterbrochen. Hier gab es keine Spitzel, keine Verbrecher, keine Expolizisten. Es gab nur mich und einen Aufseher und zwischen uns ein Guckloch. Ich konnte endlich durchatmen.

Wenn das Lager schon eine körperliche Strapaze ist, psychologisch ist es noch schwerer zu ertragen, weil der KGB niemanden auch nur eine Minute in Ruhe läßt. Wenn du deine Meinung nicht änderst, und das wird in deiner Personalakte festgehalten, werden sie versuchen, deine Persönlichkeit zu zerbrechen. Du kannst den meisten Leuten um dich herum nicht trauen und mußt ständig vor Provokationen auf der Hut sein. So gesehen ist Isolationshaft leichter zu ertragen als das Leben im Bereich.

Tschitawa lag einen Monat lang im Gefängnishospital und wurde dann wegen der »Schlägerei« in eine Einzelzelle gebracht. Danach brachte man ihn in einen anderen Bereich. Marspet war mal in Einzelhaft, mal war er draußen. Morosow wurde in das Gefängnis von Tschistopol gebracht. Wir haben nie erfahren, wie er an die Rasierklinge gekommen ist. Offensichtlich sollten der Kriminelle und der Homosexuelle woanders eingesetzt werden, sie wurden verlegt. So oder so hatte Tschitawa den Plan der Tschekisten für unseren Bereich zunichte gemacht; sie brauchten einen neuen. Zwischenzeitlich ließen sie mich im Lagergefängnis hungern. Aber ich lebte und betrieb Wissenschaft.

Was bedeutet es, im Lager Wissenschaft zu betreiben? Denken ist gut, Denken ist eine Freude, sogar dann, wenn du dich nach der Arbeit vor Erschöpfung in der Zelle nebenan auf den Boden legen möchtest – was verboten ist. Wenn du dich jedoch entschließt, deine Ideen aufzuschreiben und sie nach draußen zu schmuggeln, weil unklar ist, ob du die Welt draußen nochmal sehen wirst, dann wirst du dich verfluchen! Du schreibst heimlich auf Zigarettenpapier mit mikroskopisch kleiner Schrift, »Wellenfunktion *f* ist gleich . . .« und jeden Moment rechnest du damit: Jetzt werden sie dich schnappen, bestrafen, die Arbeit wird verlorengehen. Dann schluckt dein Freund deine Arbeit hinunter: zusammengerollt zu einer kleinen Kugel und in Plastik eingewickelt. Er hofft auf ein privates Treffen mit seiner Frau. Während dieses Treffens wird seine Frau die kleine Kugel waschen, sie schlucken und nach draußen bringen. Dein Freund wartet auf das Treffen. Man weiß nie, wann sie den Besuch gestatten werden... Er schluckt, wäscht, schluckt, wäscht und schluckt deine Arbeit immer wieder. Und – sie gestatten ihm keinen Besuch, so wie sie dir in den ganzen fünf Jahren keinen gestattet haben.

Du fängst wieder von vorne an. Fast alles ist bereit. Wo ist das Plastik? Aber da kommt jemand, und hastig vernichtest du alles. Fängst du nochmal von vorne an und vertraust deine Arbeit – leider – unzuverlässigen Händen an. Aber vielleicht wirst du dennoch Glück haben. Die unzuverlässigen Hände schicken die Arbeit an den KGB, und du kommst in Isolationshaft. Dort nimmst du deine Gedanken wieder auf. Es stellt sich heraus, daß du vorschnell warst, weil du eine Chance gesehen hast, deine Arbeit nach draußen zu schicken. Wellenfunktion *f* ist nicht mit der Gleichung zu beschreiben, die du notiert hast!

Um Neujahr 1983 begannen sie eine erneute Hetze. Wir im Lagergefängnis verrichteten sowieso schon die schwerste Arbeit, in drei Schichten. Plötzlich wurde unsere Produktionsnorm genau verdoppelt, um es uns unmöglich zu machen, die Norm zu erfüllen. Warum Faktor 2 und nicht 1,8 oder sagen wir 2,3? »Systematische schwerwiegende Nichterfüllung der Norm«, erklärte der politische Offizier, »ist ein böswilliger Verstoß gegen die Lagerordnung.« Sich aufzuregen wäre sinnlos gewesen, also regte ich mich nicht auf – wenigstens kam es mir so vor. Aber genau das durchkreuzte ihre Pläne. Also entfernten sie aus der Arbeitszelle alles, worauf ich hätte sitzen können. »Orlow, Sie sind hier nicht zur Kur. Sie müssen im Stehen arbeiten, acht Stunden lang, an sechs Tagen in der Woche. Sie wollen sich auf den Boden setzen? Sie wissen doch, daß das ein Verstoß ist!« Ich dachte darüber nach. Welchen Sinn hatte es zu arbeiten? So oder so: auf Bestrafung lief es immer hinaus. Ich trat in einen Arbeitsstreik. Pater Gleb Jakunin, der in einer anderen Schicht arbeitete – er war einige Monate nach mir verhaftet worden –, trat auch in den Streik. Die politischen Gefangenen in den Trakten befanden sich bereits seit vielen Wochen im Streik; sie forderten ein Ende des Terrors durch die kriminellen Gefangenen im Lager. Die Einzelzellen waren überfüllt, aber die Streikenden waren standhaft. Pater Gleb und ich schlossen uns dem Streik gerne an.

Ich wurde für eine Dauer von fünfzehn Tagen in Einzelhaft genommen, eine Frist, die ständig aufs neue verhängt wurde, weil ich mich weiterhin weigerte zu arbeiten. Wochen vergingen, der Frühling 1983 begann. Obwohl ich nur noch weniger als ein Jahr bis zum Ende meiner siebenjährigen Haftstrafe abzusitzen hatte, kam ich auf die dumme Idee, meinen Streik fortzusetzen und bis zum Ende der Haftzeit in Einzelhaft zu bleiben. Ich dachte, ich könnte es aushalten. Aber inzwischen hatte ich die gefährliche Angewohnheit entwickelt, zwanghaft über Fluchtmöglichkeiten nachzusinnen. Flucht aus der anstehenden Verbannung. Flucht aus dem Lager, wenn sie meine Haftstrafe verlängern sollten. Flucht sogar aus der Einzelhaft. Solche süßen narkotisierenden Träume haben meinem Hunger, meiner Schlaflosigkeit und meinem Dauer-Kopfschmerz die Schärfe genommen. Ich überschätzte meine Kraft. Schließlich konnte ich mich nicht mehr beherrschen.

Ich hatte das Oberlicht meines kleinen Fensters geöffnet, um die Zelle zu lüften, und eine Meise kam hereingeflogen. Ich erstarrte vor Glück. Wir freundeten uns schnell an. Sie kam hereingeflogen, um sich aufzuwärmen und mit mir zu schwatzen, hockte auf meiner Schulter und hüpfte dort herum. Es konnte nicht lange gutgehen.

Eines Tages flog sie in den Korridor auf die Wachen zu. »Jagt sie raus, das verstößt gegen die Gefängnisordnung«, sagte der Ranghöhere, und sie jagten die Meise. Vollkommen verängstigt flog sie gegen ein Fenster und prallte gegen das Glas. Genau in diesem Augenblick brachten sie mich zurück in meine Zelle. Der Vogel flatterte am Boden, die Flügel gespreizt, auf dem Rücken liegend. Ich hob die Meise auf. Die Aufseher waren stumm, verlegen. Wieder in der Zelle zog ich mein Unterhemd aus und legte die Meise darauf. Blut war keins zu sehen. Bis zum Abend konnte sie wieder fliegen, setzte sich auf meine Schulter und zwitscherte ihr *nu kak*. Aber sie fraß keinen Krümel, sondern trank nur ein bißchen aus meinem Becher. Am nächsten Tag trank sie nicht einmal mehr und flog nicht nach draußen. Ich hob sie mit meinen Händen auf – sie zwitscherte wie eine verängstigte Elster – und warf sie durch das Oberlicht in die Luft. Sie kehrte sofort zurück und setzte sich beleidigt etwas weiter von mir weg. In dieser Nacht kauerte sie in einer Ecke unter dem Hemd, dort konnte sie niemand sehen, und sie sah auch niemanden, dort konnte sie ruhig und mit sich allein sterben. Zum ersten Mal in all den Jahren begann ich zu weinen. Die Tränen liefen und liefen.

In der Einzelzelle bekam man nur ein Pfund Brot am Tag, und wenn man nicht arbeitete, bekam man jeden zweiten Tag das übrige Essen – drei Portionen, etwa dreißig Eßlöffel wäßriger Suppe; eine Portion, etwa acht Eßlöffel Kascha zu Mittag; und abends ein Stück Hering in Daumengröße. Kein Fleisch, kein Fett, keinen Zucker, keinen Tee. Ich begann, die Suppe vom Abend der Essenstage für die noch magereren Vormittage aufzuheben. Ein oder zwei Tage nachdem der Vogel gestorben war, konnte ich, nachdem ich meinen Latrineneimer geleert hatte und in meine Zelle zurückgekehrt war, den Becher mit der kostbaren Suppe nicht mehr finden.

»Sie sind verpflichtet, das Essen zur vorgesehenen Zeit zu sich zu nehmen. Zweitens ist es verboten, das Essen lange aufzuheben. Der Arzt hat gesagt, höchstens drei Stunden«, behauptete der ranghöhere Wärter. Sie sorgten sich um meine Gesundheit.

»Faschisten«, sagte ich – ruhig, wie ich dachte. »Ihr Faschisten, gebt die Suppe zurück.«

»Aber sofort, und zwar doppelt soviel«, erwiderte der zweite, derselbe Feldwebel, der neben dem Mongolen gestanden hatte, als der mich zusammenschlug. »Und für die ›Faschisten‹ wirst du bezahlen.« Er verriegelte die Zelle, klappte mein Bretterbett herunter und ging.

Ich schrie. Trommelte mit Fäusten und Latrineneimer gegen die Eisentür. Zertrümmerte die 40 Watt-Birne. Schrie abermals... Schließlich ließ ich mich auf die Bretter fallen. Die ungewohnte Dunkelheit war angenehm. Kein Geräusch war zu hören in der Baracke. Die Streikenden hatten einige Zugeständnisse durchgesetzt, und die Einzelzellen waren zur Zeit leer. Schließlich überfiel mich Depression. Wie konnte ich mich nur so gehenlassen? Nun hatten sie, was sie wollten, und ich selbst habe ihnen noch dabei geholfen! Scham quälte mich.

Fünf Tage später wurde ich zu einem Verhör gerufen, über diesen neuen, diesmal strafrechtlich relevanten Vorfall. »Gemäß Artikel ... werden Sie beschuldigt«, verlas der Vernehmungsbeamte mit gelangweilter Stimme. »Gewalttätiger Widerstand ... grobe Beleidigung des diensthabenden Wachpersonals ... Beschädigungen der elektrischen Anlage ... Erste Frage: ...« Es wäre sinnlos gewesen, beweisen zu wollen, daß es keinen »Widerstand« gegeben hatte, daß das Zerstören einer Glühbirne keine »Beschädigung der elektrischen Anlage« war. Zeugen waren die Wärter. »Im Lauf des Sommers 1982«, stand in ihrem Bericht, »organisierte Orlow drei Diebstähle ... drei Schlägereien ... wiederholt ... trotz mehrmaliger Verwarnungen ...«

So vergingen drei Wochen. »Orlow, hier unterschreiben.« Die Zensorin, zugleich die stellvertretende Direktorin des Gefängnisbereichs, guckte durch die winzige Essensklappe in meiner Zellentür. Vor einiger Zeit hatte ich beantragt, einen wissenschaftlichen Artikel, den ich im Lager verfaßt hatte und der von den Wärtern beschlagnahmt worden war, an die Akademie zu schicken. Die Antwort war eingetroffen, ich sollte den Bescheid unterschreiben: Der Artikel ist an den KGB weitergeleitet worden und wird überprüft. Eigentlich hatte ich nichts anderes erwartet. Ich wollte nur die offizielle Reaktion testen. Meine Freunde draußen waren bereits im Besitz des gleichen Artikels.

Ich hatte in meiner Eingabe erwähnt, daß es unmöglich sei, meine Gedanken zu bremsen, zwei Artikel, die ich im Lager geschrieben hätte, seien bereits in wissenschaftlichen Zeitschriften im Westen erschienen ... »Für wen schreiben Sie Ihre Artikel, Orlow?« fragte die Zensorin zuckersüß durch die Essensklappe.

»Für die CIA«, antwortete der sie begleitende Offizier, und sie lachten.

In dieser Nacht lag ich auf den blanken Brettern in der Einzelzelle und dachte: Was hast du nur getan? Du hast mit eigener Hand geschrieben, daß deine wissenschaftlichen Artikel in den Westen geschickt werden. Sowjetische »Experten« werden deine Arbeit als »geheim« klassifizieren. Sie wird auf ihrem Weg zu einer westlichen Zeitschrift abgefangen. Kein Wissenschaftler wird sie je sehen, und also ist nie nachzuweisen, daß die Bewertung durch die »Sachverständigen« völlig absurd ist. Und sogar im Westen werden einige Journalisten schreiben: »Die Möglichkeit, daß Orlow tatsächlich.... kann nicht ausgeschlossen werden.« Alle Beteiligten werden wegen Hochverrats angeklagt werden. Der Strafprozeß, den sie gegen dich vorbereiten, richtet sich nur gegen dich. Aber das ist nur der Anfang. Beim nächsten geht es um die Weitergabe eines wissenschaftlichen Artikels, und er wird sich gegen andere Leute richten. Du hast sie um deiner selbst willen geopfert!

Später, als ich die Details analysierte, erkannte ich, daß der KGB nichts derartiges planen konnte. Sie hätten damit anerkannt, daß ich Wissenschaftler bin, und haben doch seit sechs Jahren erklärt, ich sei seit langem kein Wissenschaftler mehr. Aber dies wurde mir erst später klar. Damals schien es nur einen Ausweg zu geben. Die Untersuchung mußte abgebrochen werden. Sie brauchten mich. Gäbe es mich nicht mehr, gäbe es auch keine Untersuchung. Morgen war Duschtag. Nach dem Duschen gaben sie uns die große Schere, damit wir unsere Nägel schneiden konnten. Es gab keinen anderen Ausweg. Die ganze Nacht übte ich, auf der Pritsche liegend, den Stich in meine Brust, den Stich in mein Herz. Es durfte nicht mißlingen. Wenn ich mich nicht umbringen würde, würde ich die anderen vernichten. Ich durfte nicht versagen.

Am nächsten Morgen stellte sich heraus, daß die Schere in der Wachstube verlorengegangen war.

Darum schrieb ich also die Erklärung: Ziehen Sie die Anklage gegen mich zurück, und ich werde zur Arbeit gehen.Ich würde bis zum Ende meiner Strafe vermeiden, gegen die Lagerordnung zu verstoßen, wenn – wenn, verlangte ich – es auch von seiten der Lagerverwaltung selbst keine Provokationen oder Verstöße mehr gäbe.

Sowjetische Dissidenten sollten solche Erklärungen nicht schreiben. Sogar mein bedingtes Versprechen war ein Fehler. Nicht weil Kompromisse unzulässig sind, gewiß nicht. Nein, der KGB wird sofort versuchen, mit einer Erklärung wie der meinen die Menschenrechtsbewegung zu spalten. Das zeigte sich sofort. Schon nach drei Tagen wurde ein Tschekist aus Moskau eingeflogen. »Ihre Stellungnahme bietet uns nichts«, sagte er. »Auch ohne das sind Sie verpflichtet, sich dem Reglement zu unterwerfen. Schreiben Sie einen offenen Brief an Jelena Bonner in Moskau und an Ihre Freunde im Westen: Sie sollen Ihren Namen nicht mehr erwähnen.«

»Nein«, erwiderte ich. So viele Jahre lang hatte ich sie behandelt, als wären sie Luft, als gäbe es sie gar nicht, und jetzt hörte ich mir so etwas an! Ich hätte es wissen müssen.

»Aber Sie haben verstanden«, sagte der Mann aus Moskau.

»Ich habe verstanden.«

»Wir werden Maßnahmen ergreifen.«

»Wir auch.«

»Aber nein! Nicht doch!«, rief der Chef des regionalen KGB aus, der ebenfalls erschienen war. »Wir werden es anders machen.«

Sie stellten die Untersuchung ein, und ich wußte, daß sie nicht wiederaufgenommen würde. Bürokraten mögen so etwas nicht. Falls erforderlich, würden sie einen neuen Anlaß zurechtbasteln. Aber warum hatten sie die Untersuchung eingestellt? Das zeigte sich schnell. Eine Woche vor meiner Rückkehr in den Trakt, ich war noch in Einzelhaft und konnte nicht sofort widerrufen, ließen sie die *Seks* antreten und verlasen feierlich eine getippte Fälschung: Ich würde, so hieß es, auf »jegliche weiteren politischen Aktivitäten verzichten«. Sogar Orlow habe diese hoffnungslose Tätigkeit aufgegeben, sagten sie: folgt seinem Beispiel...

Niemand glaubte das, obwohl die Untersuchung eingestellt worden war. Als ich Anfang Juli 1983 in den Trakt zurückkehrte, umarmten mich Marspet Arutjunjan, Oles Schertschenko und meine anderen Dissidenten-Freunde. Ich erklärte ihnen, was geschehen und wie es vor sich gegangen war. Am 10. Juli, nachdem ich mich etwas erholt hatte, trat ich in Hungerstreik. In meiner Streikerklärung forderte ich, was wir so oft gefordert hatten, eine Generalamnestie für alle politischen Gefangenen. Schon aus der Einzelhaft hatte ich die Außenwelt auf den Streik aufmerksam gemacht.

Am zwölften und am sechzehnten Tag wurde ich zwangsernährt. Ich bekam Durchfall und mein Rektum schwoll an, aber meine Seele war wieder rein. Der Sinn für innere Freiheit verließ mich nie wieder.

Am 18. Tag wurde ich ins Krankenhaus eingewiesen.

20
Transport

In der Isolation des Krankenhauses würde mein Hungerstreik nichts erreichen, deshalb entschloß ich mich zum Abbruch; ich wollte Kräfte sammeln und nachdenken. Offensichtlich hatte ich mir mit meinen neunundfünfzig Jahren zuviel zugemutet. Der ständige Kampf mit dem KGB, die physischen Drangsalierungen, das heimliche Schreiben und wiederholte Abschreiben der wissenschaftlichen Papiere und der Appelle jeden Tag überstieg meine Kräfte. Jetzt begriff ich, daß sich Menschen manchmal nicht aus Liebe oder aus Kummer das Leben nehmen, sondern einfach, weil sie die Grenzen der Erschöpfung erreicht haben.

Nach zwei Wochen brachte man mich zurück ins Lager, und dann, im September, wurde ich wie gewöhnlich aus dem Lagerbereich wieder herausgenommen, zuerst in die Einzelzelle und dann ins Gefängnis gesteckt. Offensichtlich hoffte man, den von Andropow eingeführten, neuen Artikel 188-3 gegen mich verwenden zu können. Jeder Verstoß gegen die Lagerordnung konnte danach strafrechtlich verfolgt werden, und ein Hungerstreik stellte einen solchen »Verstoß« dar. Es war nun, wie unter Stalin, wieder möglich, unbegrenzt zusätzliche Gefängnisstrafen im Lager zu verhängen, denn nach diesem Gesetz war die Lagerverwaltung Kläger und Zeuge zugleich.

Im November bestellte mich Gadejew ins Dienstbüro des Lagergefängnisses. Ich stand vor seinem Schreibtisch. Hinter mir stand ein Aufseher.

»Sie haben uns eingewickelt«, sagte Gadejew. »Wir haben die Untersuchung eingestellt, aber Sie haben mit Ihrer Sache sofort weitergemacht. So verhält sich kein wirklicher Mann.«

»Der Zug ist abgefahren.«

»Der Zug ist abgefahren, aber wir werden ihn einholen!«

»Sind Sie fertig?« fragte ich.

Gadejew erstarrte wie eine Viper, suchte nach einer Erwiderung. Ich blickte mit wirklichem Gleichmut aus dem Fenster. Ich konnte den winzigen Exerzierhof sehen – einen Stacheldrahtkäfig für Menschen. Jenseits des Käfigs gruben alte

Männer mit Pickeln und Schaufeln eine Grube für einen neuen Holzabort. Er hätte längst gebaut werden müssen, der alte lief schon lange über. Im vergangenen Winter war der Berg gefrorener, mit Essensresten der Aufseher vermischter Exkremente bis über den Rand gewachsen. Zweifellos würde ich den Rest meines Lebens mit solchen Verhältnissen konfrontiert sein. Nun gut, wenn es so kommen mußte...

»Schafft ihn raus.«

Der Aufseher brachte mich zurück in die Zelle. Die Riegel wurden polternd zugeschoben.

Jedes Jahr am 10. Dezember, dem Internationalen Tag der Menschenrechte, traten die politischen Gefangenen in Hungerstreik. Ihre einzige Forderung: eine allgemeine Amnestie für politische Gefangene. Diesmal schlugen Oles Schewtschenko, ein ukrainischer Demokrat und Nationalist, Marspet Arutjunjan und andere vor, nicht in Streik zu treten. Oles verstieß vorsätzlich gegen die Lagerordnung, um in Isolationshaft zu kommen und uns den Beschluß mitteilen zu können.

»Jurij Fjodorowitsch!« rief er, als der Aufseher nach draußen gegangen war. Die Aufseher urinierten gewöhnlich in unserem Exerzierhof in den Schnee. »Bitte streiken Sie nicht, wir werden es auch nicht tun. Man wird Sie beschuldigen, den Hungerstreik organisiert zu haben, und, bevor Sie entlassen werden, neue Anklage erheben. Das sind sehr gefährliche Tage für Sie. Pater Gleb, haben Sie mich gehört?«

Wir murmelten ein »Ja«, die Außentür knarrte, und wir verstummten. Es war absolut verboten, sich von Zelle zu Zelle zu unterhalten.

Das war ein Opfer mir zuliebe. Es gehörte sich eigentlich nicht, am 10. Dezember nicht in den Hungerstreik zu treten.

Am 11. Dezember rief Gadejew Jakunin zu sich. »Wer hat den Nicht-Streik am 10. organisiert?« Nur ein Vollidiot mit Kaninchen in der Aktentasche konnte eine solche Frage stellen.

»Niemand«, sagte Jakunin mit unschuldiger Miene. »Im Einklang mit der Vollzugsordnung wurde für den 10. Dezember kein Hungerstreik angeordnet.«

Meine Verbindung zur Welt draußen hatte lange Zeit nur in einer Richtung bestanden, nämlich von innen nach außen. Ich wußte nichts von den mutigen Appellen, die Irina im Herzen von Moskau formuliert hatte, nichts von den ungeheuren Anstrengungen Walja Turtschins und Ljuda Alexejewas in Amerika. Ich wußte nichts von der Entschlossenheit, mit der Hunderte von Menschen, insbesondere Wissenschaftler, mich im Westen verteidigten. Ich hatte mich mit dem Gedanken abgefunden, daß der Westen mich, ja uns alle vergessen hatte. Zur Hölle mit ihnen.

Aber vielleicht, weil dem nicht so war, vielleicht, weil sich innerhalb des Kremls bereits ein Machtwechsel zusammenbraute, vielleicht auch, weil den Tschekisten klar geworden war, daß ich mich eingeigelt hatte und sie jetzt keine neue und ruhmversprechende Anklage gegen mich konstruieren konnten, wurde ich nach Ablauf meiner Gefängnisstrafe aus dem Lager entlassen und nach Sibirien transportiert.

Am späten Abend des 6. Februar 1984 brachte man mich von der Arbeitszelle in das Dienstzimmer des Lagergefängnisses. Zwei Stunden lang wurde ich durchsucht, abgetastet und überprüft. Schließlich waren sie fertig, und ich rief: »Lebt wohl!« – Gleb und Marspet waren wieder einmal in der Einzelzelle nebenan gelandet. »Bis wir uns wiedersehen!« riefen sie zurück. (»Ich werde das als Regelverletzung eintragen!« knurrte der diensthabende Aufseher.)

Ich wurde aus dem Bereich hinaus zu einem Lagerhaus gebracht, in dem meine Bücher in meinem zweiten Koffer aufbewahrt wurden. Der Koffer wurde mir zusammen mit einer neuen Lageruniform ausgehändigt, nur für den Fall, daß es mir gelungen sein sollte, Informationen über das Lager oder irgendwelche Appelle oder irgendeine andere Scheußlichkeit in meine alte Uniform einzunähen – der Gedanke, daß ich für all das in meinem Kopf Platz hätte, ist ihnen nicht gekommen. Sie steckten mich in einen Gefangenentransporter und fuhren mich ein Stück weit, dann gingen wir zu Fuß weiter: ein Offizier mit einer Pistole, zwei Soldaten mit Maschinenpistolen, ein deutscher Schäferhund, der an seiner Leine zerrte, und ich, zwei schwere Koffer voller Bücher schleppend. All die Jahre hatte mir mein Sohn Sascha diese wertvollen Bücher geschickt. Vor meinem Ausschluß aus der Akademie wurden sie mir noch ausgehändigt. Danach stapelten sie sich im Lagerhaus, weil wir nicht berechtigt waren, Bücher von Freunden oder Verwandten zu empfangen. Im Lager durften wir nur fünf Bücher besitzen, und die

Offiziere für politische Erziehung stürzten sich auf alle weiteren Bücher, als seien sie feindliche MG-Nester. Es war natürlich auch verboten, Bücher an jemanden irgendwohin zu schicken.

Ich schleppte meine Koffer mühsam dahin, keuchte, während meine Begleiter schnell vorausschritten. Offensichtlich waren wir sehr spät dran für den Zug. Der Offizier sagte zu einem der Soldaten: »Nimm einen Koffer«, und ich war dankbar dafür.

Wegen des dichten schrägen Schneefalls kaum sichtbar, tauchte der Zug aus der stürmischen Nacht auf. Der Kommandeur der Wachtruppen des Stolypin-Waggons übernahm das Paket mit meiner Akte, ich wurde in eine schmale Ein-Mann-Zelle gesperrt, und der Zug fuhr los. Endlich! Aber wohin werden sie mich bringen? Der Kommandeur der Wachmannschaft, ein älterer Offizier, schien ein anständiger Mensch zu sein, nicht bösartig. Also fragte ich ihn. »Zunächst nach Swerdlowsk. Danach weiter nach Krasnojarsk. Dort können Sie nochmal fragen«, erwiderte er und entfernte sich vom Gitter. Jede Zelle in einem Stolypin-Waggon hat anstelle der Wand ein Gitter zum Gang; die Zelle hat keine Fenster nach draußen. Auf der Seite des Gangs, in dem die Soldaten auf und ab gehen, gibt es weiß gestrichene, unvergitterte Fenster. Eine gewöhnliche Zelle im Stolypin-Waggon hat zwei Bänke unten. Darüber sind Bretterkojen, die, wenn sie heruntergelassen werden, eine durchgehende zweite Ebene bilden; dorthin gelangt man, wenn man durch ein enges, in die Bretter gesägtes Loch klettert. Etwa fünfzig Zentimeter höher, dreißig Zentimeter unter der Wagendecke, sind an beiden Seiten der Zelle die Schlafkojen angebracht.

Die Stimmung während des Transports hängt ab vom Kommandeur. Zum ersten und einzigen Mal in meinem Leben erlebte ich einen ruhigen Transport, auf dem mir weder Wasser noch der Gang zur Toilette verwehrt wurden. Das war außergewöhnlich. In Swerdlowsk normalisierten sich die Verhältnisse wieder. In der Zelle des Transit- und Untersuchungsgefängnisses, in das sie mich eine Woche lang sperrten – obwohl ich eigentlich schon dem Regime der Verbannung unterstand –, waren die Fenster zweifach vergittert, aber nicht verglast. Draußen der sibirische Februar. Und auch auf dem weiteren Weg, bis zum Ende meiner fünfwöchigen, mehr als sechstausend Kilometer langen Reise: kein Glas in den Fenstern, Bretter statt dessen, die kein Licht, sondern nur Luft und Kälte durchließen; sie schützten nur vor direktem Wind. Die Kriminellen zerbrachen das Glas, und schrien und schickten geheime Briefe von Fenster zu Fenster; Fenster waren ihre Hauptkommunikationsader. Dazu dienten ihnen auch die sanitären Anlagen, die Toilettenschüsseln machten sie zu Megaphonen. Und da waren noch die Wände. Wenn man in einer winzigen (ein Meter auf sechsundsechzig Zentimeter), nach Urin stinkenden Wartezelle eingesperrt eine, zwei, drei oder vier Stunden absitzt, kann man genug Nachrichten sammeln, um Amnesty International ein ganzes Jahr lang zu beschäftigen – Nachrichten, die wahrscheinlich nie in den Westen gelangen würden. Gekritzel, Gekritzel, Gekritzel: »Erschossen. Wanja Petrow. Datum.« – »Erschossen. Pjotr Iwanow. Datum.« – »10 Jahre für Sorokin. Datum.« – »Pike aus Lager Nr. 22 war hier.« – »Weitersagen: Cholopow ist eine Schwuchtel namens Mascha.«

Die Aufseher konnten gegen solche Nachrichten nicht ankommen. Zehntausende von Gefangenen wurden Jahr für Jahr durch jedes große Transitgefängnis geschleust, und jedes Transitgefängnis war gleichzeitig Untersuchungsgefängnis. Angesichts dieser unablässigen Flut von Gefangenen wurden hier sogar aus Engeln wilde Tiere; und Gefängniswärter sind keine Engel. Sie sind eingesperrt in denselben Groß- und Kleinstädten, leiden am gleichen Unbehagen wie alle Sowjetbürger, und sie haben von klein auf gelernt, daß alles auf der Welt Betrug ist, nur eines scheint sicher: Zweihundert Rubel, gleichgültig woher sie stammen, sind mehr als einer ...

Seit einer geschlagenen Stunde trommelte ich an die Tür der Wartezelle im Gefängnis Swerdlowsk, in die man mich vor fünf Stunden gestoßen hatte, um drei Uhr morgens, trommelte und rief nach dem Aufseher. In der Zelle gab es kein Wasser, und es gab keine Toilette. Schließlich eine Frauenstimme: »Was soll dieser Krach? Willst du in die Strafzelle?«

»Eine Toilette! Ich muß pinkeln!« Sie geht weg. Ich schlage wieder gegen die Tür, und ich rufe wieder.

Eine Stunde später, dieselbe Stimme: »Was gibts?«

»Ich muß pinkeln.«

»Pinkel in deinen Stiefel.« Sie geht weg. Nur Idioten wie ich leiden dermaßen. Die Zelle hat vier Ecken, also wozu eine Toilette? In einer Ecke liegen einige blutige Lappen: Auch Frauen hatte man hier eingesperrt.

Eine halbe Stunde später höre ich ein vertrautes Geräusch: Essensverteilung. Das Frühstück wird durch die Tür gereicht – ein Stück Brot, Hirsebrei in einem zerbeulten Blechnapf, dazu ein Löffel mit einem dicken glatten Griff, nur einen halben Finger lang, damit man ihn nicht in den eigenen Hals oder in den eines anderen stoßen kann.

Schließlich führt man mich hinaus zur Toilette und von dort in eine große Halle angefüllt mit Gefangenen und Soldaten. Hier findet die Durchsuchung statt, bevor wir wieder in den Gefangenen-Transportzug steigen. Die Soldaten suchen vor allem nach Dingen, die sie brauchen könnten. Der Hauptmann, der meine Akte in den Händen hält, deutet aus der Entfernung auf mich, und ein Feldwebel kommt auf mich zu. »Du anti-sowjetische Hure! Sieh mal an, was für schöne Koffer du hast! Belohnung für Spionage? Öffnen!« Ohne abzuwarten, zerrt er mit aller Kraft am Deckel des zweiten Koffers, und Bücher und Papiere, die mir noch nicht weggenommen worden waren, und alles andere fallen zu Boden.

»Bücher! Du Hure, hast du vergessen? Fünf Bücher – mehr nicht!«

»Das war im Lager. Aber das hier ist ein Gefangenentransport. Ich gehe in die Verbannung.«

»Du weißt überhaupt nicht, wo du hingehst. Fünf Bücher!«

Ich rufe nach dem Hauptmann und erkläre ihm das Gesetz. Er geht schweigend davon.

»Na warte, du Hure, wart nur!« zischt der Feldwebel, während er meinen Spiegel in seine Taschen steckt und sich einen Arm voll der unersetzlichen persönlichen Briefe greift, die durch die Lagerzensur gegangen waren, sowie ein Päckchen mit schwer erhältlichen Klebstoffpulvern für Zahnkronen aus Kunststoff. Irina hatte mir, beim Versuch, meine Zähne zu retten, den Klebstoff ins Lager geschickt. Er hatte die ganze Zeit über im Lagerhaus gelegen; ich wollte ihn mitnehmen in die Verbannung.

»Raus mit dir! Schneller!«

Ich stopfe hastig alles in die Koffer, erhalte einen Laib Brot, ein kleines Päckchen Zucker und ein Häufchen gesalzener

Sprotten und wickle sie in meine Zeitung. Da ich Gefangenentransportzüge kenne, habe ich Zeitungen mitgebracht.

Sie stoßen uns in die Gefängniswagen, die Männer in ein Abteil und die Frauen in ein anderes. Die beiden Frauen, die mitfahren, passen einfach nicht in diese Transportkisten, fünfundsiebzig Zentimeter im Quadrat und einen Meter fünfzig hoch. Die Soldaten quetschen eine nach der anderen hinein, drücken die Tür zu und verschließen sie mit einem Vorhängeschloß. Wir Männer sind in einem großen Kasten, anderthalb auf zwei Meter Grundfläche. Manche haben das Glück, den Platz auf einer Seitenbank zu erwischen; wir anderen fallen über sie, während wir versuchen, an den Wänden Halt zu finden; die Mitte ist so dichtgepackt wie weiße Zwergsterne mit Neutronen, wir können also nicht umfallen. Sie schließen uns ein. Zwischen uns und dem Fahrerhaus sind Wärter mit Maschinenpistolen und einem deutschen Schäferhund. Einer der Kriminellen bittet um eine Zigarettenkippe, und ein Soldat gibt ihm eine. Wir taumeln gegeneinander, von einer Seite auf die andere, während der Gefängniswagen uns rappelnd über die Gleise hinweg zum Güterbahnhof bringt. Später im Bahnhof werden uns die Fahrgäste in den normalen Abteilwagen nicht sehen. Ihre Türen werden geschlossen sein, während wir in den Stolypin-Waggon verladen werden.

»Alles raus! Hinsetzen!« In einer großen Kolonne, in Viererreihen, hocken wir da, die Hände hinter dem Kopf gefaltet. Um uns herum überall Maschinenpistolen. Die deutschen Schäferhunde bellen heiser.

»Und jetzt auf! Los, los! Zusammenbleiben! Schneller! Anschluß halten, ihr Arschlöcher!«

Ein Soldat schlägt mir ins Genick. Ich falle, ich stehe auf. Die Hunde bellen. Schnaufend und keuchend versuche ich, trotz meiner Koffer mitzukommen. Die Kolonne marschiert die Gleise entlang. Offensichtlich kommen wir wieder zu spät zu unserem Zug.

»Hinsetzen!« Nach Luft ringend, hocke ich mich hin. Welch ein Unsinn, die Bücher mitzuschleppen. Aber was würde ich ohne meine Bücher machen?

Sie stopfen die Zellen des Stolypin-Waggons voll, wie sie den Gefängniswagen vollgestopft hatten. Dieser Transportzug ist normal. Es ist bereits Mitternacht, es gibt kein Wasser, es gibt keine Toilette. Die Nieren und Blasen aller *Seks* sind unterkühlt. Aus den Zellen dringen Rufe von Leuten, die zur Toilette gehen müssen.

»Ihr könnt mich mal!« antwortet ein Soldat gleichgültig.

»Kippt den Waggon um!« rufen die *Seks* schließlich. Es scheint, als könne ihnen das gelingen; es wird eine Katastrophe geben. Der Kommandeur kommt aus dem für die Wachmannschaft reservierten Abteil des Wagens, und die Wachen verteilen Wasser aus Tanks und führen uns nacheinander zur Toilette.

Ich bin krank geworden. Meine Nase läuft, ich werde vom Husten geschüttelt und fühle mich, als hätte ich hohes Fieber. Meine Zellengenossen haben Mitleid mit mir und geben mir die oberste Koje; die anderen stehen und sitzen abwechselnd zwei Tage lang. Etwa fünfundzwanzig Gefangene sind in ein Abteil gepfercht worden, das für vier Personen gebaut ist.

Die Stadt Krasnojarsk. Wiederum eine Woche lang Warten, wieder in einem riesigen Transit- und Untersuchungsgefängnis. Das Übliche: »Schneller, ihr Huren!«, Hetze vom Stolypin-Waggon zum Gefängniswagen, die Enge im Transporter, die endlosen Überprüfungen, Durchsuchungen, Warten, und dann eine Dusche; es ist eine humane Regelung, daß jeder Gefangene in jedem Transitgefängnis einmal duschen muß. Im allgemeinen sind die Duschen gar nicht so schlecht. Die *Seks* versuchen nicht, sich zu drücken. So gut es geht, versuchen sie sich sauberzuhalten. Da ich die Duschregelung kenne, habe ich einen Vorrat an Zeitungen zur Seite gelegt, damit ich meine Sachen nicht auf die schmierigen Zementböden legen muß. Hier gibt es mehrere Brauseköpfe in einem Raum. Im Vorraum, unter Aufsicht eines Wärters, wird jeder kahlgeschoren, einer nach dem anderen, mit größter Geschwindigkeit und mit ein und derselben Haarschneidemaschine, und jedem wird das gleiche, graue, verdreckte und mit Haaren übersäte Tuch unter den Kragen geschoben.

»Ich muß nicht geschoren werden«, sage ich, »ich werde in die Verbannung transportiert.«

»Davon weiß ich nichts. Der Offizier vom Dienst hat mich beauftragt, alle zu scheren.«

»Ich habe meine Gefängnisstrafe abgesessen, das ist vorbei!«

»Wenn du hier im Gefängnis bist, dann ist noch gar nichts vorbei.«

Nach all diesen Prozeduren bringen sie mich schließlich in eine große Zelle. Eisenpritschen übereinander, zweimal sechsundzwanzig Schlafplätze ohne jegliches Bettzeug, die Zelle ist vollgestellt. Es gibt keine Sprungfedern, nur Eisenbänder, und darauf sitzen oder liegen ungefähr einhundertundzwanzig Männer. Aber mir kommt das schon wie das Paradies vor. In der Ecke ist ein offener Abtritt mit einem Abfluß; der Zementboden ist nicht schmutzig. An der Wand steht ein großer Tisch, dort spielen Gefangene mit selbstgemachten Karten. Es gibt kaum junge Leute. Wiederholungstäter, sage ich mir. Sie sind immer ordentlicher.

Auf einer Pritsche liegt ein Junge, höchstens fünfundzwanzig Jahre alt, mit übel zugerichtetem Gesicht und, wie mir erzählt wird, gebrochenen Rippen. Die Wärter hätten ihn gerade zu Brei geschlagen, weil er ihnen widersprochen habe. In den Korridor hätten sie ihn gezerrt, wie ein Rudel seien sie über ihn hergefallen und hätten ihn dann zurück in die Zelle geworfen. Das sollte ihm eine Lehre sein. Er blutet immer noch, seine Kameraden helfen ihm. Auch die Wände sind voller *Sek*-Blut – zerdrückte Wanzen. Wie jeder Neuankömmling werde ich ausgefragt. Welcher Artikel? Weswegen? Wie lange inhaftiert und wo? Mein Artikel findet Anerkennung, das Urteil ist in Ordnung, die Strafe lang genug. Ich werde in die Gemeinschaft aufgenommen, und da ich krank bin, darf ich mich hinlegen, sie breiten sogar eine gefütterte Jacke auf meinem Bett aus. Gefangene haben gegen »anti-sowjetische Propaganda« keine Einwände.

Eine weitere Woche vergeht. Dem Buchstaben des Gesetzes nach endete meine Gefängnisstrafe am 10. Februar 1984; an diesem Tag hätte die Zeit meiner Verbannung beginnen sollen, aber ich bin immer noch hier und werde von Gefängnis zu Gefängnis geschleppt. Jetzt transportiert man mich nach Irkutsk. Ich liege in der obersten Koje im Stolypin-Waggon. Wie immer haben wir viele, viele Stunden kein Wasser bekommen. Ich habe immer noch Fieber, mein Hals ist ausgetrocknet. Die anderen Gefangenen, die Salzhering gegessen haben – auf Gefangenentransporten wird immer nur gesalzener Fisch ausgegeben –, halten das Warten nicht mehr aus und fangen wie üblich an zu schreien.

»Wer schreit hier?« Ein Feldwebel taucht auf.

»Was bleibt uns übrig? Sollen wir abkratzen ohne Wasser?« protestiert ein junger Kerl.

»Du wirst gleich abkratzen«, sagt der blauäugige Feldwebel bestimmt. Er ruft einen Soldaten herbei. Sie sperren die Tür auf und schleppen den Kerl hinaus; der Soldat führt ihn zum Abteil der Bewacher. Ich sehe ihn nie wieder und weiß nicht, was sie mit ihm gemacht haben.

»Und nun zu euch«, sagt der Feldwebel, »wer hat noch geschrien? Niemand? Also alle. Also werden alle nach oben klettern, wenn ich: Hoch! befehle, alle, einer nach dem anderen. Und wenn ich: Runter! befehle, klettern alle runter. Wer zu langsam ist, dem werde ich mit meinem Holzhammer auf die Sprünge helfen. Noch Fragen? *Hoch!*«

Er hat einen dieser schweren Holzhämmer in der Hand, mit denen die Wärter immer auf die Pritschen klopfen – warum, habe ich nie herausgefunden. Durch die offene Zellentür schlägt er einem *Sek* mit diesem Holzhammer auf den Rücken, bis der durch das Loch nach oben geklettert ist. Atemlos rollen sich die *Seks* zur Seite, um dem Nachfolgenden Platz zu machen, der nun wieder mit dem Holzhammer geschlagen wird.

»Runter!«

»Hoch!«

»Runter!«

»Hoch!«

Ich muß vergessen, daß ich krank bin. Ich muß in Bewegung bleiben. Wir sind völlig in der Hand des Feldwebels. Ich schaue in seine Augen; da ist nichts, nur himmelblaue Leere. Aber er schlägt mich nicht.

Neunzehnmal jagt er uns hinauf und hinunter.

»So geht das! Und jetzt holt euch euer Wasser.«

In Irkutsk werden wir von dem Hauptmann, der unsere Gruppe in Empfang nimmt, fröhlich gewarnt: »Denkt immer daran. Ihr seid im Transitgefängnis von Irkutsk – ein schlimmeres gibt es nicht. Klar?«

»Im Moment haben wir keinen Platz für Sie«, teilt mir ein Leutnant mit, nachdem ich die übliche Abfertigung hinter mir habe. »Wir werden Sie vorübergehend in die Einzelzelle stekken. Alles klar? Nur bis zum Morgen. Ein Bett, dort? Es ist mitten in der Nacht, das Magazin ist geschlossen. Keine Chance. Ich habe auch kein Bett«, lacht er. »Sie haben doch eine gefütterte Jacke. Und morgen werden Sie alles bekommen.«

Er führt mich in einen tiefen Keller, hinunter zu den Einzelzellen. Der Boden ist zementiert, die Bretterkojen sind mit Blech gepolstert, die Kellerfenster natürlich unverglast. Aber ich habe Glück, es gibt einen Abtritt mit Wasser.

»Kalt hier?« fragt der Leutnant neugierig. »Mir ist nicht kalt. In meinem Haus ist es noch kälter.« Er lacht wieder. »Also dann, gute Nacht. Morgen früh werden wir Sie hier rausholen.«

Natürlich holen sie mich weder am nächsten Morgen noch am Abend des darauffolgenden Tages aus der Zelle. Die ganze Woche behalten sie mich dort, ich muß darum kämpfen, daß ich die im Gefängnisvollzug übliche Tagesration bekomme und nicht nur die Ration für die Isolationszellen, alle zwei Tage. Und ich muß eineinhalb Stunden an die Tür trommeln, bis der Wärter kommt. Er droht mir Schläge an wegen dieser Störung und blickt dann zum zehnten Mal erstaunt auf all die Dinge, die ich immer noch bei mir habe – Koffer, gefütterte Jacke, Stiefel, Mütze –, alles verboten, in der Isolationszelle. Er verschwindet, um zu telefonieren, und endlich bringt er mir dann etwas zu essen...

Am Ende meiner Woche in Irkutsk werde ich mit Handschellen an einen anderen Gefangenen gefesselt, und wir, sieben solche Paare und ein paar Milizionäre, steigen in ein normales Verkehrsflugzeug, das nach Jakutsk fliegt. Die gewöhnlichen Passagiere bemühen sich, unsere Handschellen zu übersehen. Ich starre sie an, wirklich neugierig, gierig nach Neuem: Seit sieben Jahren habe ich keine »normalen« Menschen mehr gesehen. Die Flugbegleiter bieten uns höflich Wasser an.

Im Gefängnis von Jakutsk, nach Körperdurchsuchungen, Warterei und all den üblichen Ritualen, werde ich schließlich von einer Ärztin untersucht, weil dies fast das Ende der Reise ist. Sie diagnostizierte Lungenentzündung und brachte mich in die TB-Abteilung des Gefängniskrankenhauses. Dort, im Vierbett-Zimmer, gab es natürlich kein Fensterglas, aber meine Nachbarn hatten mit Hilfe einer selbstgemachten Paste aus schwarzem Brot Zeitungen über das Fensterloch geklebt. Sie befanden sich alle in Untersuchungshaft. Der Sporttrainer aus Mirnij, Mitglied in einem landesweiten Netzwerk, das sich mit Diebstahl und Verkauf von ungeschliffenen Diamanten befaßte, hatte nur zwei Möglichkeiten: entweder einige der übrigen Bandenmitglieder zu verraten und von seinen Kameraden umgelegt zu werden oder keinen von ihnen zu verraten und nach dem Prozeß erschossen zu werden. Er entschied sich für die erste Möglichkeit. Der Journalist behauptete, daß eine Anklage gegen ihn konstruiert worden sei, weil er Vorgesetzte kritisiert hatte. Der Rentierzüchter, ein Tunguse, hatte im Verlauf einer Blutracheaktion zum x-ten Mal einen Jakuten getötet.

Die Ärztin tat, was sie konnte, behielt mich mehrere Tage im Gefängniskrankenhaus, und ich erholte mich ein wenig.

»Sie werden in den Bezirk Kobjaj geschickt«, sagte sie eines Tages wie nebenbei. »Ein guter Bezirk, es gibt dort besseres Essen als in Jakutsk.« Aber ich hatte keine Ahnung, wie es um das Essen in Jakutsk bestellt war.

Am 6. März wurde ich wieder in Handschellen gelegt, in ein Flugzeug gesetzt, und nach einstündigem Flug Richtung Norden lud man mich in einer Siedlung aus.

»So, da wären wir«, sagte der Milizionär und nahm mir die Handschellen ab. »Das ist jetzt dein Wohnort. Sangar, das Zentrum des Bezirks Kobjaj. Von hier aus kannst du zum Polarkreis spucken.«

»Das ist noch nicht sein Ort«, korrigierte ihn ein Beamter in Zivil. »Er soll noch weitergeschickt werden, bis zum Dorf Kobjaj.«

Der Beamte brachte mich zunächst zur Bezirksmiliz und dann zum örtlichen Baubüro. Dort ließ er mich alleine zurück. Ich spazierte im Büro auf und ab. Es war niemand da, der mich bewachte!

21
Verbannung

Ich erhielt einen Vorschuß auf meinen Lohn, Arbeitskleidung und fünf Wolldecken. Ich kletterte auf einen Laster, dessen Ladefläche mit einer Plane abgedeckt war, wickelte mich in die Decken und lehnte mich gegen das Fahrerhaus. Es war vier Uhr nachmittags und ziemlich dunkel, aber nicht außergewöhnlich kalt, vielleicht minus 18 Grad Celsius. Vor einem halben Monat sei die Temperatur auf minus 45 Grad gefallen, sagte der Fahrer, wenn man dann die Nase hinausstrecke, falle sie sofort ab. »Aber Ihre ist immer noch an ihrem Platz«, sagte ich. »Ja, ich trinke auch täglich einen Liter Frostschutzmittel.« Der leitende Bauingenieur stieg ein, setzte sich neben den Fahrer, und wir fuhren in das Jakutendorf Kobjaj, den Ort meiner Verbannung. Es war nur 100 Kilometer entfernt, die ersten fünfundzwanzig Kilometer fuhren wir auf der gefrorenen Lena und ihren Nebenflüssen. Dies waren die Straßen der Jakuten. Der Motor heulte auf, wenn der Laster durch tiefe Schneewehen brach und über gefrorene Rillen holperte, die Ladefläche schwankte hin und her, jaulende Reifen suchten Bodenhaftung, schmolzen beim Durchdrehen das Eis, versanken immer tiefer, so daß der Fahrer anhalten und junge Lärchen fällen mußte, deren Äste er unter die Reifen schob, damit sie wieder greifen konnten. Gegen vier Uhr morgens kamen wir schließlich an. »Gerade rechtzeitig«, keuchte der Fahrer und zwinkerte mir mit seinem linken Auge zu, das bestimmt schon vorher gezwinkert hatte.

Der Ingenieur brachte mich zu einem Wohnwagen – ein Schlafraum mit drei Kojen für je vier Mann und eine Küche mit einem Herd, Tisch und Bänken –, in dem die Zimmerleute der motorisierten Maschinenkolonne von Sangar untergebracht waren. Sie bauten gerade einen Kindergarten auf der anderen Straßenseite. Meine Aufgabe würde es sein, die Baustelle zu bewachen, um Diebstahl von Materialien und insbesondere Brandstiftung durch betrunkene jugendliche Jakuten zu verhindern. »Leute, hier ist euer Wächter«, verkündete der Ingenieur den schläfrigen Arbeitern. »Wir hätten nichts einzuwenden gegen etwas Warmes zum Essen.« Augenblicklich gab es heißen

Tee, dazu Brot und Butter, Buchweizenbrei, Konservenfleisch und Wodka.

Wir schrieben den 6. März 1984. Mein Leben in der Verbannung hatte begonnen.

Der Kindergarten, nicht größer als ein durchschnittliches westliches Einfamilienhaus, war vor zwei Jahren, bevor Generalsekretär Andropow starb, begonnen worden, also mußte die Baustelle unbedingt bewacht werden. (Die Mauern wurden hochgezogen, als Generalsekretär Tschernenko starb, und das Dach wurde erfolgreich gedeckt, als Gorbatschows Perestrojka geboren wurde.) Trotz anderslautender gesetzlicher Bestimmungen war ich rund um die Uhr für die Baustelle verantwortlich. Tagsüber mußte die Baustelle nur dann beaufsichtigt werden, wenn die Zimmerleute Kobjaj verließen, weil sie kein Material mehr hatten, was ständig vorkam; ansonsten aber schlief ich tagsüber ein paar Stunden und beschäftigte mich dann und wann mit physikalischen Problemen und dem Aufsatz über Wellenlogik, über den ich mir bereits im Lager Gedanken gemacht hatte. In den Nächten jedoch drehte ich ununterbrochen meine Runden um das unvollendete Gebäude, bekleidet mit Filzstiefeln, einer Wolfspelzmütze und einem Schaffellmantel, den mir Irina durch Sascha Barabanow, meinen Freund und ehemaligen Schüler, hatte aus Moskau bringen lassen. Jeder Diebstahl, jede Brandstiftung hätte einen willkommenen Vorwand geboten, mich zurück ins Gefängnis zu schicken.

Die ersten zwei Wochen schwirrte mir der Kopf, und meine Beine schlotterten, aber nach und nach sorgten die Bewegung an der frischen Luft, ein gefüllter Magen, die Landschaft ohne Aufseher, Stacheldraht und Zäune dafür, daß ich auflebte. Der örtliche Milizbeamte, Feldwebel Ochlopkow, ein Herz und eine Seele mit dem KGB, hatte mir – gegen die Bestimmungen – verboten, außerhalb der Siedlungsgrenzen spazierenzugehen. Aber anfangs schien mir dieses Dorf mit seinen dreitausend Einwohnern ein riesengroßer Ort zu sein. In Kobjaj, der ehemaligen Kreisstadt, gab es alles: Läden, eine Bäckerei, ein Fernsprechamt, zwei Kinos, eine Grundschule bis zur 10. Klasse, ein Internat für Kinder aus kleineren Taigadörfern in der Umgebung und sogar eine Musikschule. Wie hätte man auch schon die Grenzen einer Siedlung definieren sollen, die sich ausbreitete wie ein großer Krake, der Seen und Wald und große Scheunen mit dem ewig hungrigen Vieh der Sowchosen zwischen seine Fangarme nahm?* Die äußersten Spitzen der Tentakel schoben sich vor bis in die weitläufige Taiga – Sümpfe mit Heidelbeersträuchern und Lärchenwälder mit jungen Bäumen, die so dicht beieinander standen, daß man kein Bein zwischen ihnen hindurchschieben konnte; während eines Sturms rissen sich ihre flachen Wurzeln aus dem morastigen Boden, und Hunderte fielen, wie Soldaten vor einem Hinrichtungskommando.

Entlang der Tentakel schlängelten sich holprige Straßen an sauberen, geräumigen Holzhäusern vorbei, Holzstöße und Eisblöcke lagerten vor den Türen. Mehrere Dutzend Kühe und Pferde, die Privatbesitz waren, liefen im Dorf umher, die herrlichen Pferde der Jakuten, klein gewachsen, mit glänzendem Fell und ziemlich kurzen Hälsen, um die eine Mähne wehte aus so feinem Haar wie von den Bärten alter Damen. Von meinem Kindergarten aus konnte ich beobachten, wie die Kühe gelassen über die Seen zu den Wasserlöchern trotteten, die in das Eis gehackt worden waren, während ein Rudel Pferde mit langen wehenden Schweifen an ihnen vorbeigaloppierte. Ich war gern allein, ich hatte die Menschen satt, ich fühlte mich frei.

Dennoch, die Ruhe war trügerisch.

Einige Tage nach meiner Ankunft vertrauten mir zwei freundliche Jakuten, junge Holzfäller, an, daß das Bezirksparteikomitee ein paar Redner ins Dorf vorausgeschickt hatte, um alle zu warnen: Orlow, der bald ankommen würde, sei ein amerikanischer Spion; im Buchladen sei das Buch *Das Ziel der CIA: die UdSSR* von Nikolai Jakowlew ausgestellt (in dem Sacharow und ich als CIA-Agenten bezeichnet werden); und einige Schullehrer hätten ihren jüngeren Zöglingen erklärt, wer ich sei. Schon bald startete eine Truppe von acht- und neunjährigen Mädchen und Jungen, geleitet von einer mutigen Elfjährigen, einen Feldzug gegen den Spion. Fast jeden Tag sprangen und krochen die Kinder, die sich gut getarnt wähnten, von weitem sichtbar von Hügel zu Hügel und von Baum zu Baum auf den Kindergarten zu, bis ich eingekreist war. Dann, auf einen Ruf ihrer Befehlshaberin hin, sprangen sie alle auf, warfen einen Steinhagel nach

* Eine Sowchose ist ein staatlicher Landwirtschaftsbetrieb.

mir und liefen stumm davon. Meistens hatte ich mich vorsorglich außer Reichweite begeben. Sie waren natürlich nicht gefährlich; nur einmal fuchtelte ein nicht mehr ganz so kleiner Schuljunge in einiger Entfernung mit einem Messer. Aber es gab schlimmere Dinge als ein Messer.

Die Zimmerleute der Maschinenkolonne von Sangar waren mir von Anfang an wohlgesonnen; einer erzählte mir, daß der leitende Bauingenieur seine Arbeiter befragt habe, ob ich antisowjetische Propaganda verbreite. Ein Vernehmungsbeamter aus Sangar hatte dann zwei von ihnen gezwungen, gegen mich auszusagen, weil er Material für einen neuen Prozeß gegen mich sammelte. Als ich die Miliz fragte, warum Leute zu Falschaussagen genötigt würden, drohte man, einen neuen Prozeß wegen Verleumdung des Staates gegen mich zu eröffnen. Aber mit seinem Einverständnis konnte ich meinen Freund als Zeugen nennen. »Wir werden ja sehen«, murrte Feldwebel Ochlopkow. Danach hörte ich nichts mehr von dieser Sache.

Sicherheitshalber verließ mein Freund Kobjaj.

Diese Spiele der Behörden hatten einen unerwarteten Effekt: Die Zimmerleute begannen, mir politische Fragen zu stellen. Ich prüfte ihre Gesichter sorgfältig, hörte ihren Stimmen zu, um herauszufinden, wer sie wirklich waren. Ein einziges leichtsinniges Gespräch, und eine neue Anklage würde vorbereitet werden. Auch die jungen Jakuten aus dem Dorf, in deren Gesichtern ich nie zu lesen lernte, wollten mit mir immer über Politik diskutieren. Meistens betrunken, manchmal gewalttätig, arbeiteten sie als Lastwagenfahrer, Jäger, Sowchosen-Fischer und Holzfäller. Ihre politischen Ansichten waren ziemlich differenziert, vielleicht weil viele von ihnen wegen Rowdytums (niemals wegen Diebstahls) in Lagern für Kriminelle gewesen waren und dort sowohl politischen als auch religiösen Gefangenen begegnet sind. Die Fischer konnten, sobald sie sich etwas weiter von dem starken Störsender in Sangar entfernt hatten, ausländische Rundfunksendungen hören und wußten einiges über die Dissidenten. Sie erzählten mir Interessantes aus ihrem Leben – und auch aus meinem. Sie berichteten mir, bevor ich in Kobjaj angekommen sei, sei bereits ein Tscheka-Mann »aus Moskau« hier gewesen, um die Bedingungen meiner Verbannung zu regeln, und Teil dieser Regelung war, daß ich nach Ablauf dieser Verbannung eine weitere verpaßt bekommen sollte.

Leider wollten die jungen Jakuten oft mit mir trinken; wenn sie sich einmal zu einem Besuch im Wohnwagen hingesetzt hatten, war es schwierig, sie zum Aufbrechen zu bewegen, und gefährlich, es allzu nachdrücklich zu versuchen. Noch gefährlicher wäre es gewesen, die Zimmerleute um Hilfe zu rufen.

Zu mir waren die Jakuten freundlich, denn ich hatte wie sie gesessen; im allgemeinen hegten die jungen Arbeiter den Russen gegenüber feindselige Gefühle, die russischen Arbeiter aus Sangar haßten sie mit Leidenschaft. Diese Liebe war gegenseitig. Spät eines Nachts folgten mir zwei junge, attraktive, sturzbesoffene Jakutenmädchen in den Wohnwagen, wo ich mich aufwärmen wollte. Eine fiel sofort auf den Boden, die andere torkelte gegen mich und fragte, wo die Männer seien. »Sie schlafen«, antwortete ich. »Gut! Ich brauche Männer!« verkündete sie. »Viele!« Und sie stolperte in den Schlafraum. Schreiend und fluchend sprangen die Arbeiter aus ihren Kojen, hoben das Mädchen an Armen und Beinen hoch und warfen sie hinaus. Ihre Freundin landete neben ihr. Am nächsten Tag, als die Zimmerleute zum Mittagessen in den Wohnwagen gingen, versuchten die jungen Jakuten, eine Schlägerei mit ihnen anzuzetteln. Aber die Zimmerleute hatten Äxte.

»Am besten, du verschwindest, Fjodorowitsch«, rieten sie mir. Es war geboten, jeglichen Konflikt zu vermeiden, also setzte ich mich ab in Richtung Volksmiliz. Dort hatte man mich aufgefordert, mich anstatt einmal pro Woche jeden zweiten Tag zu melden, und ich mußte mir weiterhin dort die schriftliche Erlaubnis holen, eingeschriebene Postsendungen in Empfang nehmen zu dürfen, denn sie drehten es so, daß ich nie Ausweispapiere ausgehändigt bekam. Auch das widersprach den gesetzlichen Regelungen. Auf dem Postamt gab man mir wenigstens die nicht eingeschriebene Post, jeden Tag traf eine Sendung ein, jedoch keine aus dem Ausland – dieser Kanal war verstopft.

Ich saß auf der Milizwache mit dem selbstgefälligen Feldwebel Ochlopkow, der sich über den Fehler ausließ, das Gerücht zu verbreiten, ich sei ein Professor. – Paß auf, Orlow, wir werden dich in eine Irrenanstalt abschieben. Da wurde er telefonisch benachrichtigt, daß die jungen Jakuten, mit Äxten und Jagdmessern bewaffnet, den Wohnwagen umstellt hätten. Die Zimmerleute hätten sie mit Holzstämmen abwehren können.

»Du hast Glück, daß du nicht dabei warst, Orlow«, sagte Ochlopkow und legte widerlich grinsend den Telefonhörer auf. »Pro-fes-sor. Du glaubst also, du seist klüger als ich? Ich werde herausfinden, wer diese Schlägerei provoziert hat.«

Feldwebel Ochlopkow war ein hartnäckiger und erfinderischer Mann. Schon bald nach seiner Drohung versuchte er, mir Pflichtversäumnisse anzuhängen, und zwar mit Hilfe des ehemaligen Kriminellen und Verbannten, den der leitende Ingenieur beauftragt hatte, meine Arbeit zu überprüfen – er war, mit anderen Worten, mein inoffizieller Vorgesetzter. Der Traktoranhänger dieses ehemaligen Kriminellen war nicht weit von meinem Kindergarten gestohlen worden, und sowohl er als auch Ochlopkow behaupteten, ich sei in der Nacht des Diebstahls nicht auf meinem Posten gewesen. Das hätte für einen neuen Prozeß gereicht. Aber ich konnte nachweisen, daß Ochlopkow in dieser Nacht selbst nicht auf seinem Posten war, und die Zimmerleute bestätigten, sie hätten mich jede Nacht im Dienst gesehen. Ich schrieb eine Beschwerde und schickte sie nach Moskau. Ochlopkows Plan fiel in sich zusammen. Natürlich stellte sich heraus, daß der Anhänger überhaupt nicht gestohlen worden war.

Die Dinge standen schlecht. Die Gesetzesverstöße seitens der Behörden waren unangenehm, aber der unternehmungslustige Ochlopkow – mittlerweile zum Leutnant avanciert – war wirklich gefährlich. Ebenso einige der jungen Jakuten. Nach ihrer Niederlage gegen die Zimmerleute hatten sie damit begonnen, in meinem Kindergarten zu essen, zu trinken und ihre Notdurft zu verrichten, wenn ich gerade nicht dort war. Ihren Dreck wegzukehren bedeutete nichts, verglichen mit der ständigen Angst, sie würden irgendwann einmal eine brennende Zigarette zu irgendwelchem Abfall werfen, und dann ...

Zum ersten Mal dachte ich ernsthaft darüber nach, aus der Verbannung zu fliehen. Es war Mitte April. Die Straßen würden sich erst im Mai in einen matschigen Sumpf verwandeln, also könnte ich versuchen, per Anhalter bis nach Jakutsk zu kommen, dort in einen anderen Lkw umzusteigen und auf der Hauptstraße weiter Richtung Süden zu fahren bis zur Baikal-Amur-Eisenbahn. Laut Zeitungsberichten war dieser Teil der Strecke in Betrieb, und vielleicht schrieben sie in diesem Fall wunderbarerweise die Wahrheit. Wenn dem so wäre, könnte ich auf einen Güterzug Richtung Westen aufspringen und dann über die Grenze nach Afghanistan gehen. Aber die Wahrscheinlichkeit, daß mir dies wirklich gelingen würde, schien gleich Null; es war besser, so lange abzuwarten, bis meine Verhaftung bevorstand. Bis dahin konnte ich mir andere Möglichkeiten ausdenken und mich vorbereiten.

Also blieb ich und wehrte mich gegen die Verstöße gegen das Arbeitsrecht und unternahm heimlich lange Wanderungen im Wald, um meine Kondition zu verbessern und mögliche Fluchtwege auszukundschaften. Es war die Idee meines Sohnes Sascha gewesen, im Wald zu trainieren. Weil sie durch die Unterstützung, die ich von den Zimmerleuten bei der Episode mit dem Traktoranhänger erhalten hatte, beunruhigt waren, ließen mich meine Chefs vorübergehend, bis das neue Wohnheim für Bauarbeiter fertiggestellt war, in einer guten Einzelwohnung in der Nähe des Flughafens unterbringen. Ich berichtete Irina sofort in einem Brief von der Wohnung, und Ende April kam sie zusammen mit Schenja Tarasow und dem befreundeten Physiker Lew Ponomarjow für eine Woche zu Besuch. Es war ein schönes Wiedersehen, aber was sie mir über die vergangenen fünf Jahre berichtete, war fürchterlich.

Fast alle alten und neuen Mitglieder der Helsinki Watch Groups, die Mitglieder von Amnesty International, die Herausgeber der *Chronik der laufenden Ereignisse*, die Verwalter des Russischen Sozialfonds, und an die tausend weitere Dissidenten waren entweder in die Emigration gezwungen worden oder befanden sich in Gefängnissen, Lagern, psychiatrischen Kliniken oder in Verbannung. Viele meiner engsten Freunde – Tanja Welichanowa und Sergej Kowaljow, Sergejs Sohn Iwan und Tanja Osipowa (die jetzt Iwans Frau war), Viktor Nekipelow und Tolja Schtscharanski, Wladimir Albrecht und Sergej Chodorowitsch, Pater Gleb Jakunin und Malwa Landa, Jelena Georgijewna Bonner und sogar Andrej Dmitrijewitsch Sacharow selbst – einige der besten Menschen aus dieser Generation – hatten ihr Martyrium antreten müssen.

»Die Lage ist entsetzlich bedrückend«, sagte Irina. »Vor eineinhalb Jahren hat Jelena Georgjewna die Moskauer Helsinki Watch Group aufgelöst, weil der KGB damit gedroht hatte, Sofia Kalistratowa zu verhaften. Zu dem Zeitpunkt waren nur noch drei Mitglieder auf freiem Fuß, Sofia, Jelena und Naum Meiman. Aber stell dir vor, eine Internationale Helsinki-Vereinigung ist gegründet worden! Du hast das in Gang gesetzt. Seit vielen Jahren versucht Walja Turtschin, bei Wissenschaftlern in den Vereinigten Staaten um Unterstützung für dich zu werben. Tausende von Freunden und Unbekannten auf der ganzen Welt kämpfen weiterhin: *Amnesty*; das *SOS-Komitee* – das heißt für Sacharow, Orlow, Schtscharanski – in den Vereinigten Staaten; besondere Komitees in Toronto, Paris und Genf. Bei CERN tragen Leute sogar T-Shirts mit deinem Namen. Viele Wissenschaftler boykottieren deinetwegen und wegen der Verbannung Sacharows weiterhin Kontakte zur Sowjetischen Akademie. Darunter auch einige Nobelpreisträger.* Und der Leiter des DESY-Laboratoriums in Hamburg hat dich eingeladen, dort zu arbeiten. Hast du nicht einmal Deutsch studiert?«

Ich war also nicht in Vergessenheit geraten. Wir waren nicht in Vergessenheit geraten. Obwohl die sowjetischen Behörden sich gegen alle immer noch wie eine Betonmauer verhielten, der Druck aus dem Westen würde irgendwann helfen, wenn nicht mir, dann wenigstens der Zukunft unseres idiotischen Landes.

»Und du glaubst wirklich, unser Land werde sich irgendwann ändern?« fragte Irina.

»Nicht zu meinen Lebzeiten. Aber ich bin sicher, daß es eine Zukunft hat. Wenn ich dessen nicht sicher wäre, hätte ich nie etwas unternommen.«

»Du bist ein Optimist! Niemand glaubt daran. Aber wie dem auch sei, wenn der KGB dich nicht ganz verschlingt, dann wird dies nur den Wissenschaftlern zu verdanken sein.«

Bald nachdem Irina, Tarasow und Ponomarjow nach Hause gefahren waren, wurde ich ins Arbeiterwohnheim verlegt. Dort war es zwar laut, aber ich hatte wenigstens ein eigenes Schlafzimmer – um es mir zu erschweren, Propaganda unter den Bewohnern zu verbreiten. Ich konnte dort wissenschaftlicher Arbeit nachgehen und meinen Sohn Sascha, der mich für ein paar Wochen besuchen kam, unterbringen. Aus dem schlanken,

* Wir wußten damals nicht, daß Pjotr Kapiza Andropow einen langen Brief geschickt hatte, in dem er Sacharow und mich verteidigte.

glattrasierten Doktoranden, den ich zuletzt vor fünf Jahren gesehen hatte, war ein kräftiger, bärtiger Wissenschaftler geworden. Aber er war immer noch der charmante zerstreute Junge, den ich in Erinnerung hatte. Seit Jahren ermutigte er ausländische Wissenschaftler, die er in der UdSSR kennenlernte, Kontakte in die Sowjetunion zu boykottieren, um meine Freilassung durchzusetzen. Für den Fall, daß ich nie mehr freigelassen werden würde, trainierte er jetzt auf heimlichen Märschen durch die Taiga mit mir für die Flucht. Um sechs Uhr morgens brachen wir auf, marschierten Kilometer um Kilometer über Feldwege, bis ich nicht mehr konnte. Kurze Zeit nach Saschas Abreise habe ich diese Übungen aufgegeben: Sie waren zu anstrengend.

Dank der Appelle Irinas und wegen des Drucks von befreundeten Wissenschaftlern und Emigranten im Ausland stellten die Behörden von Kobjaj im Frühsommer 1984 ihre eklatanten Gesetzesverstöße mehr oder weniger ein. So durfte ich also nach Sangar fliegen, um einen Zahnarzt aufzusuchen. Im Lager hatte man meine Zähne bis auf Stümpfe abgeschliffen, unter dem Vorwand, sie mit Kronen zu versehen; diese allerdings zerbrachen rasch. Der ganze Vorgang wurde wiederholt, und inzwischen schnitten die Zahn- und Kronenreste mir so in den Mund, daß es blutete. Der Zahnarzt in Sangar hat meine Zähne endgültig ruiniert. Der Zahntechniker, der mich behandelt hatte, wurde vom KGB verhört, die Frau, die mir geholfen hatte, ihn zu finden, wurde ebenfalls verhört, und ihr Mann verprügelte sie, weil sie vom KGB verhört worden war. Aber trotz all dem, ich lernte dadurch Mischa Gornostajew kennen.

Mischa, ein selbständig denkender Weißrusse, der für einige Zeit nach Sibirien gegangen war, fand mich im Hotel.

»Woher wußten Sie, daß ich hier bin?« fragte ich ihn.

»Ganz einfach. Die Frau eines KGB-Chefs hat es ihren Freundinnen bei der Arbeit erzählt, streng vertraulich: Orlow ist in Sangar.« Mischa und seine Familie wurden meine ersten engen Freunde während meiner Verbannung.

Ungefähr in dieser Zeit hielt mich ein Jakute auf der Straße in Kobjaj an und trug eine leidenschaftliche, vom Alkohol beschwingte Rede vor: »Wo befindet sich Sacharow? Wo befindet sich Orlow? Wo befindet sich Twerdochlebow? Vergessen Sie es nie!«

»Nein, ich werde nie vergessen, wo ich mich befinde«, antwortete ich lächelnd. Es war erstaunlich, dies in einer abgelegenen Jakutensiedlung zu hören. Er stellte sich vor, und danach pflegte er auf der Straße auf mich zu deuten und auserwählten Bekannten in Kobjaj zu erzählen: »Ihr müßt ihm helfen.« Alle wußten, wovon er sprach. Seit langem versuchte ich, eine eigene Wohnung zu mieten oder zu kaufen, aber jedesmal, wenn ich glaubte, etwas gefunden zu haben, trat der Eigentümer am nächsten Tag mit dieser oder jener verlegen vorgetragenen Ausrede von unserem Handel zurück. Einige jakutische Eigentümer hatten mir bereits erklärt, nach Vertragsabschluß Besuch erhalten zu haben von einem Tschekisten oder einem Volksmilizionär, der sie dann darauf hingewiesen habe, daß der örtliche Staatsanwalt den Handel verboten habe – was man mir aber nicht mitteilen solle.

Die Bemühungen meines beschwipsten Bekannten hatten Erfolg, ein russisches Paar, das bei der staatlichen Gas-Pipeline arbeitete, entschloß sich, mir zu helfen. Sie mißachteten eine eindeutige Drohung von Leutnant Ochlopkow und überließen mir ein kleines Haus: ein Zimmer mit ein paar Betten und einem Porträt Stalins, sowie eine winzige Küche mit einem eisernen Herd und einem Tisch, nebenan waren ein Treibhaus, ein Abort und ein Stall für Tiere. Der Besitzer, Jurij Pawlowitsch, nüchtern ein netter Mann mit blauen Augen, betrunken aber ziemlich furchterregend weißäugig, war schon oft – insgesamt zwanzig Jahre – in Lagern gewesen, anfangs wegen Nichtigkeiten, aber danach wegen Mordes. Der erste Mord geschah aus Notwehr im Lager, und danach wurde es ihm zur Gewohnheit. Nach seiner Rechnung hatte er sieben Morde begangen, aber ich glaube, es waren nur fünf. Tamara Alexejewna, eine Gastechnikerin, geschieden, mit drei Kindern, hatte ihn geheiratet, als er noch im Lager war – sie kannte lediglich ein Bild von ihm. Sie war eine mutige Frau; vielleicht deshalb, weil sie während des Krieges in einem Waisenhaus aufgewachsen war. Und vielleicht aus demselben Grund hatte sie Leutnant Ochlopkows Warnung einfach überhört. Weder Tamara noch Jurij liebten die Miliz sonderlich.

Jurij lehnte es kategorisch ab, von mir Geld für die Miete anzunehmen. Als Gegenleistung für ihre Freundlichkeit kümmerte ich mich um ihr mit Plastik gedecktes Treibhaus, um die zwei Schweine, die achtzehn Hühner und zwei Hähne. Sie wiederum schenkten mir eine junge Hündin namens Dina, überließen mir sechs der Hühner und Petka, einen stolzen Hahn, zum persönlichen Gebrauch, sowie Gurken und Tomaten aus dem Treibhaus. Als Gegenleistung dafür übernahm ich es wiederum, das Haus instandzusetzen, das sie selbst aus minderwertigen Brettern, Dachziegeln und Teerpappe gebaut hatten. Und als Gegenleistung für all das haben die Behörden das Haus konfisziert und Tamara aus Kobjaj vertrieben. Aber das geschah erst später.

Endlich konnte ich Gäste empfangen. Leider war eine Reise zu mir eine zermürbende und kostspielige Sache: Man mußte fast 6500 Kilometer mit dem Flugzeug von Moskau nach Jakutsk fliegen, dann weitere 320 von Jakutsk nach Sangar und schließlich die 100 Kilometer von Sangar nach Kobjaj, eine Reise in drei Etappen, die oft eine Woche dauerte; manchmal wurde man auf den Flughäfen durchsucht, und, was für Irina am schlimmsten war, das Grauen vor den Abtritten im Freien – Berge von Fäkalien, schlimmer als das, was ich im Lager erlebt hatte. Dennoch war ich selten allein. Den ganzen glücklichen Sommer 1984 lang wohnte Irina in dem Häuschen, und es waren der eine oder andere meiner Söhne und Freunde zu Besuch, unter ihnen der Physiker Jurij Golfand, der einzige begeisterte Anhänger meiner Ideen zur Wellenlogik.

Es gab jetzt einen Arbeiter, der sich mit mir die Bewachung teilte, wir lösten einander ab, in Schichten von jeweils zwölf Stunden umrundeten wir abwechselnd den immer noch unvollendeten Kindergarten. Ich hatte mich für die ruhige Nachtschicht entschieden. Vom Haus bis zum Kindergarten ging man fünfzehn Minuten zu Fuß am Ufer eines der Seen entlang. Ich kam gegen sechs Uhr abends auf der Baustelle an und prüfte, ob Baustoffe fehlten oder ob irgendwo auf dem torfigen Boden eine Zigarettenkippe qualmte. Würde man sie nicht entdecken, würde der Boden in ein oder zwei Tagen zu schwelen beginnen; mein Abort war auf diese Weise eines Tages fast abgebrannt. Ein wenig später kamen Irina und mit ihr, wer gerade zu Besuch war, vorbei. Sie schleppten einen mit Wasser gefüllten Kessel, eine Bratpfanne und Essen zum Wohnwagen der Zimmerleute, in dem ich eine Heizplatte hatte. Nachdem wir mit dem Abendessen fertig waren, umrundete ich zusammen mit meinen Gästen stundenlang den Kindergarten, während wir Fragen der Physik und der Logik, der Politik und der Psychologie diskutierten. Nach sieben Jahren Isolation, nach dem Gestank der Zellen und der Rüpelhaftigkeit der Aufseher waren diese Gespräche wie Sauerstoff für mich. Sie ließen Hoffnung wiederaufkeimen – aber Hoffnung worauf? Ich schob diese Frage vorerst beiseite. Nachdem meine Freunde nach Hause gegangen waren, um zu schlafen, legte ich mich auf einem Bretterstapel nieder, um auszuruhen, eingehüllt in meinen Schaffellmantel. Aber meistens las ich: Mein Sohn Sascha und Sascha Barabanow hatten mir riesige Mengen von Büchern mitgebracht, alles, worum ich gebeten hatte – und im Sommer ging die Sonne hier draußen gegen zwei Uhr morgens auf, kurz nach Sonnenuntergang.

Um sechs Uhr morgens endete mein Arbeitstag, und ich lief nach Hause, wo ich ein großes Frühstück zu mir nahm und dann bis zum Mittag schlief. Tamara und Jurij, unsere Vermieter, leisteten uns oft Gesellschaft und manchmal auch meine neuen, gutherzigen Freunde von gegenüber – Nina Iwanowna, die Handarbeit und Hauswirtschaft unterrichtete, und ihr Mann, ein Jakute, der als Buchhalter auf einer Sowchose arbeitete. Nach dem Mittagessen begann die Arbeit am Haus. Es gab sehr viel zu tun: Das Dach mußte neu gedeckt werden und Dachrinnen waren anzubringen, um Regenwasser zum Trinken und Kochen aufzufangen, das Haus mußte isoliert werden, Brennholz für den neunmonatigen Winter war vorzubereiten. (Sogar als wir Brennholz aufsetzten, unterhielten wir uns über Fragen der Wissenschaft.) Tarasow hatte unvorstellbar viel Werkzeug aus Moskau mitgebracht, sogar eine elektrisch betriebene Säge – eine Seltenheit –, sowie spezielle Nägel und eine Schubkarre, um schwere Gegenstände zu befördern. Ich hatte auch einiges an Werkzeug im Laden im Dorf gekauft. Abwechselnd trugen wir Eimer voller Gießwasser zum Treibhaus und fütterten die Tiere. Abends ging ich wieder zur Arbeit, und wenn Lew, mein jüngster Sohn, bei uns war, besuchte er die Musikschule, um dort Klavier zu üben. Auch Lew war mittlerweile erwachsener geworden, ein Jazzmusiker; er sah so außergewöhnlich gut aus, daß ihn eine junge Jakutin, während er mir bei der Reparatur des Dachs half, einen halben Tag lang aus der Ferne ehrfurchtsvoll anstarrte.

Mitte August wurde ich sechzig Jahre alt und ging mit einer Rente von siebenundsechzig Rubel in den Ruhestand: Während der letzten zehn Jahre hatte man mich als »arbeitslos« eingestuft – Schwerstarbeit im Lager zählt nicht als Arbeit! Dadurch, daß unzählige Freunde im In- und Ausland Geld und Lebensmittel schickten, ermöglichten sie mir das Überleben. Der Ruhestand war eine unglaubliche Erlösung: Er befreite mich von der ständigen Sorge, der Kindergarten könnte in Brand gesteckt werden, und ich hatte auch ein bißchen mehr Zeit zum Schlafen und zum Spazierengehen, sowie mehr Zeit für die Wissenschaft oder das kostbare Zusammensein mit meinen Gästen. Die allgemeine Stimmung im Dorf war inzwischen deutlich freundlicher geworden als zu Beginn meiner Verbannung. Ich glaube, nur der alte Lehrer der jüngeren Kinder glaubte noch, ich sei ein amerikanischer Agent. Sogar die kleine Feldherrin hatte während meiner letzten Wochen auf der Baustelle ihre Steine werfende Truppe zurückgepfiffen. Alle konnten sehen, daß ich lange und hart arbeitete, und das wurde anerkannt. Aber es waren die Besuche meiner Frau, meiner Kinder und meiner Gäste in jenem Sommer, welche die mißtrauische Feindseligkeit, mit der man mir begegnete, endgültig auflösten. Das ganze Dorf wußte genau über die Besucher Bescheid, denn sie hatten sich beim Dorfsowjet* und der Volksmiliz zu melden, wo ihre Dokumente eingehend überprüft wurden. Nein, man konnte nichts einwenden: Doktoren, Professoren, wissenschaftliche Arbeiter – angesehene Bürger. Vielleicht ist er doch kein solcher Volksfeind? Folglich hatten die meisten Einheimischen keine Angst mehr vor mir. Eine junge Jakutin vertraute mir sogar an, daß sie und ihre Freundinnen einen meiner »Artikel über Religion« (sie muß Dokument Nr. 5 der Helsinki Watch Group gemeint haben) gelesen hätten: auf der Toilette, als sie in Irkutsk an einer Berufsschule studierten.

Nina, Tamara und deren Männer blieben meine engsten Freunde. Da ich zu spät eingezogen war, um den Garten zu bestellen, überhäuften sie mich mit frischem Gemüse aus den großen Gartenparzellen, die beide Familien in der Nähe ihrer Häuser bewirtschafteten. Ohne diese Gärten hätten sie nicht

* Die Ortsversammlung, die vom Volk gewählt und von der Partei kontrolliert wurde.

überleben können. Nach sowjetischen Maßstäben ging es der Bevölkerung Kobjajs bestimmt verhältnismäßig gut. Sie verdienten zweieinhalbmal soviel wie Leute auf dem »Festland«, die Arbeit im Norden wurde mit einem Lohnzuschlag vergütet; alle besaßen hier ein Fernsehgerät, und viele hatten ein Motorrad. Aber die Läden verteilten nur zweimal im Jahr sechs Eier pro Person, und pro Monat und pro Kopf gab es gerade ein Kilo Fleisch – was nicht erstaunlich war, denn die Sowchosen unterhielten mehr kleine Bürokraten als Milchkühe. Die Sowchosen-Kälber verhungerten oft, sie wurden von den wilden Hunden in der Umgebung gerissen, oder sie blieben in den Sümpfen stekken und verendeten dort. Weißkohl war die einzige Gemüsesorte, die man von den Sowchosen kaufen konnte – und auch das nur einige Tage lang im Herbst.

Um die Weihnachtszeit herum, in Rußland ist das im Januar, ist irgend jemand irgendwo plötzlich aufgewacht, und ein Tschekist stattete der Zentrale von Tamaras Arbeitgeber einen Besuch ab und verlangte, daß man sie aus Kobjaj entferne, schließlich helfe sie dem Volksfeind Orlow zu überleben. Tamara war mutig entschlossen, gegen diese Anklage zu kämpfen, anstatt mich zum Auszug zu zwingen. Ich konnte das Haus nicht freiwillig räumen, denn es gab absolut keine Ausweichmöglichkeit. Die Kräfte in diesem Kampf waren sehr ungleich verteilt. Tamara wurde umgehend und fälschlicherweise einiger Unterschlagungen bezichtigt, eine gravierender als die andere – und ihr wurde vorgeworfen, daß sie mich ohne Genehmigung des Dorfsowjets in ihrem Haus hat wohnen lassen. Zermürbende, unablässige Untersuchungen begannen. Als sie bemerkten, daß man Tamara herumschikanierte, begannen einige der Dorfbewohner immer unwahrscheinlichere Denunziationen zu schreiben. Sie und Jurij Pawlowitsch hätten in ihrem Garten einen tragbaren Rundfunksender zwecks Kommunikation mit der CIA vergraben, und sie besäßen zu viele Schweine. Eine Überprüfung der Zahl der Schweine erfolgte. Ich half Tamara eiligst, ihre Ferkel zu verkaufen, die erst im September zur Welt gekommen waren. Einer der örtlichen Bürokraten sagte tatsächlich zu mir: »Wenn jeder seine Schweine so liebt wie sie, werden wir den Kommunismus nie aufbauen können.« Das bedeutete, daß Kobjaj sehr weit vom Kommunismus entfernt war, denn unsere monatlichen Fleischrationen waren höher als die in fast allen anderen Teilen des Landes. Dieser Nervenkrieg währte den ganzen Frühling. Die Behörden behaupteten, das Haus sei illegal und außerdem mit gestohlenem Baumaterial gebaut worden. Schließlich erklärten sie, das Haus müsse dem Erdboden gleichgemacht werden, um Platz für ein Kriegerdenkmal zu schaffen.

Offensichtlich als Teil dieser Vertreibungskampagne wurde ich im Frühling, Ende April 1985, schwer zusammengeschlagen. Mein Sohn Sascha mußte nach Nowosibirsk abreisen, und die Flughäfen in Kobjaj und Sangar, die beide Pistenrollbahnen hatten, konnten jeden Augenblick wegen des Einbruchs von Tauwetter geschlossen werden. Einige Fahrer der schweren Lastzüge haben den Befehlen zuwidergehandelt und Fracht über die langsam auftauenden Sümpfe und Flüsse nach Jakutsk gefahren. Jurij Pawlowitsch hatte mit einem Fahrer gesprochen, der bereit war, Sascha mitzunehmen. Sascha kletterte ins Fahrerhaus, schwer beladen mit einem Sack gemahlenem Buchweizen für seine Freunde in Nowosibirsk und Piroggen, die Tamara für ihn gebacken hatte. Ich verabschiedete mich und machte mich auf den Heimweg. Um Mitternacht, nicht weit vom Revier der Volksmiliz, folgten mir drei Männer, während ein vierter etwas abseits stand. Sie fragten mich, wer ich sei, streckten mich mit einem Schlag ins Gesicht nieder und traten mir an den Kopf und in die Rippen. Ich hielt die Hände vor den Kopf und verlor dennoch ein paarmal das Bewußtsein. Schließlich liefen sie davon, und ich torkelte nach Hause; es war das dritte Mal in meinem Leben, daß meinem Kopf schwer zugesetzt worden war. Noch zwei Monate später hatte ich Probleme mit meinen Augen.

Wer hatte mich zusammengeschlagen und warum?

Leutnant Ochlopkow war befördert und im Januar nach Sangar versetzt worden. Sein Nachfolger hat einen der Männer, die mich zusammengeschlagen haben, preisgegeben, aber die anderen sorgfältig gedeckt. Offensichtlich waren sie die Haupttäter, wahrscheinlich einige der etwa zehn forschen jungen Männer in der Siedlung, die für den KGB arbeiteten und sich kaum die Mühe machten, dies zu verbergen: An den Tagen, an denen meine Gäste ankamen oder abflogen, lungerten sie am Flughafen herum und machten nie einen Hehl aus ihrer Funktion. Und was den einen Kerl betrifft, so stellte sich schnell heraus, daß er irregeführt worden war. Sichtlich aufgebracht, klagte er, er hätte nie einen »Freund Sacharows« zusammengeschlagen; er habe nicht gewußt, wer ich sei.

Im Sommer 1985, ein Jahr nachdem sie und ihr Mann mich eingeladen hatten, in ihrem Haus zu wohnen, wurde Tamara gezwungen, Kobjaj zu verlassen. Das war die Strafe des KGB für ihre allzu offenkundige Freundschaft zu mir und meinen ausgefallenen Freunden. Die ganzen furchtbaren Anklagen gegen sie ließ man schnell fallen, die Behörden gaben ihr großzügigerweise eine neue Stelle irgendwo südlich von Jakutsk. Tamara lebte dort mit ihrem neuen Freund; ihre Ehe mit Jurij, schon zuvor nicht gerade fest gefügt, war nun auch ruiniert. Der neue Freund war Schiffsführer auf der Lena. Zwei Monate nach Tamaras Vertreibung aus Kobjaj wurde er von einem KGB-Hauptmann zum Verhör bestellt: »Sie haben früher auf Ozeandampfern im Ausland gearbeitet und jetzt leben Sie mit Tamara zusammen. Aber Tamara war früher mit Orlow befreundet. Und Orlow ist... Sie wissen schon. Sie verstehen die Verbindung, die ich da sehe, oder?« Zwei Jahre später wurde Tamaras Kapitän auf offener Straße ermordet, und keiner weiß warum.

Die Prügel und Tamaras tragisches Schicksal zeigten mir deutlich, wie unsicher meine eigene Zukunft war. Mit Hilfe meiner Moskauer Freunde begann ich, neue Vorkehrungen für eine Fluchtaktion im Sommer zu treffen: immer längere Wanderungen durch die Taiga, um meine Kräfte aufzubauen; mögliche Routen von Kobjaj nach Jakutsk aufzeichnen; Kompaß besorgen; auch Schwimmflossen, um die Seen durchschwimmen zu können; Vorräte an Eiweißkonzentrat, Salz und Streichhölzern anlegen; Telefonnummern und Codierungen aufzeichnen, um einige dem KGB noch nicht bekannte Freunde in Moskau erreichen zu können – sollte sich meine Lage verschlimmern, ich war vorbereitet. Es schien mir fast unmöglich, einen Weg durch die Taiga zu finden, aber immer noch besser, in den Wäldern den Geist aufzugeben, als, ihnen wieder ausgeliefert, eine weitere Strafe im Lager abzusitzen.

Das unmittelbar dringendste Problem war, eine neue Unterkunft zu finden – eine schier unmögliche Aufgabe, denn die Bewohner Kobjajs hatten Angst. Aber im Herbst 1985 vermittelte mir der geschäftstüchtige Chefingenieur der Sowchose, ein

Freund von Nina Iwanowna, ganz unerwartet die Möglichkeit, ein Haus zu benutzen, das Verwandten von ihm gehörte: zu einem ziemlich hohen Mietpreis. Es war ein gut erhaltenes jakutisches Blockhaus nahe am Wald, es gab zwei kleine Zimmer und eine Küche mit einem kleinen Backsteinherd, das Ganze stand auf einem Grundstück mit fruchtbarem Boden. Der Vermieter wies mir einen Teil des Grundstücks als Garten zu. Meine Hühner überließ ich Nina Iwanowna, denn ich hatte jetzt keinen Stall mehr; sie versorgte mich mit Eiern – und mit vielen anderen Lebensmitteln. Irina und Sascha Barabanow halfen mir beim Umzug, gemeinsam verstopften wir die Ritzen zwischen den Balken des Blockhauses, gemeinsam schleppten wir riesige Baumstämme: dreißig bis vierzig Kubikmeter Brennholz waren für den Winter nötig, gemeinsam richteten wir das neue Haus ein. Das kostete viel Zeit. Vom alten Haus karrten wir Bretter für zukünftige Reparaturen, Brennholz und sogar Mutterboden aus dem jetzt zerstörten Treibhaus heran. Ich baute ein Bücherregal für meine wissenschaftlichen Bücher und die russischen Klassiker, die ich im wohlsortierten Buchladen des Dorfs gekauft hatte. Irina nähte aus schönem Stoff Vorhänge für die Fenster, Bezüge für die zwei Eisenbetten und Decken für die zwei Tische in der Küche. Nachdem meine Gäste abgereist waren, kümmerte ich mich selbst darum, Eis zur Wassergewinnung im Winter zu besorgen.

Es gibt unzählige Seen in der Gegend von Kobjaj, aber Brunnen können wegen des Dauerfrosts nicht angelegt werden; auch die Sowchose schien nicht in der Lage zu sein, eine Pumpwasserversorgung zu organisieren. Deshalb fuhren im Sommer Tankwagen den ganzen Tag durchs Dorf und lieferten Wasser – eine teure Angelegenheit. Im Winter legten alle Lager aus Eisblökken an, die im Oktober, solange die Eisschicht nicht dicker als fünfzig Zentimeter ist, aus den Seen geschnitten wurden. Im vorherigen Winter hatte mich Tamara mit Eis versorgt. Diesen Winter nahmen mich Iwanownas Mann und ein befreundeter Ingenieur mit zum Eisschneiden. Wir fuhren mit einem Lkw zu dem See, der uns am saubersten zu sein schien, markierten ein Stück mit einem Peschnja – einem Holzspieß mit einem Haken an einem Ende, mit dem wir auch ein Loch hackten, das groß genug war, um eine handbetriebene Eissäge anzusetzen. Dann schnitten wir einen Meter lange Rechtecke heraus, zogen sie mit den Peschnjas aus dem Wasser und luden sie auf den Lkw. Eine schwere Arbeit. Ich stapelte diese großen Eisblöcke vor meinem Haus, und während des Winters hackte ich kleine Stücke los, die ich dann drinnen in drei Fässern zu Koch- und Trinkwasser schmelzen ließ. Zum Waschen oder Baden sammelte ich Schnee und taute ihn auf dem Herd auf. Bei warmem Wetter konnte ich die Dusche benutzen, die mir Tarasow aus einem Eimer mit einem Sieb im Boden gemacht und den ganzen Weg von Moskau hierher geschleppt hatte. Sonst badete ich in einem großen Zuber nahe beim Herd, so daß der Holzboden nicht naß wurde, unter dem meine Kartoffeln lagerten. Es dauerte sehr lange, bis man genügend Schnee geschmolzen hatte, um baden zu können, aber die öffentliche Badeanstalt war in einem unbeschreiblichen Zustand.

Nachdem ich meine Eisblöcke geschnitten und gelagert hatte, konnte ich mich auf die wissenschaftliche Arbeit konzentrieren, freilich mit ständigen Unterbrechungen: Holzklötze mußten gesägt oder gespalten werden, immer wieder mußte Eis losgehackt werden, ich mußte einkaufen gehen und kochen. Das war alles sehr ermüdend, aber ich hatte wenigstens nicht mehr die vielen Tiere zu füttern; da waren nur Dina, mein Hund, und Barachlo, ein Kätzchen, das ich erworben hatte. Ich kaufte für jeden von uns eine Tüte kleiner gefrorener Karpfen und kochte den Fisch auf dem Herd. Wenn es keine Karpfen zu kaufen gab, gingen Dina und ich im Dorf auf Knochensuche; die Knochen zerhackte ich mit einer Axt. Barachlo begnügte sich mit Kascha und den Mäusen im Keller. Dina war eine Jakutenhündin und verstand nichts von Kascha. Sie verstand etwas von Fleisch. Gelegentlich besorgte sie es sich selbst, indem sie kleine Tiere im Wald riß, aber aus irgendeinem Grund weigerte sie sich zu fressen, bevor ich die Kadaver nicht in kleine Stücke geschnitten hatte.

Eines Tages im November erhielt ich ein Telegramm von Marat Weksler. Darin stand, der amerikanische Biologe George Wald habe Gorbatschow aufgefordert, mich freizulassen.* Marat hatte auf Walds Pressekonferenz in Moskau davon erfahren; die Zeitungen berichteten nicht darüber. Als ich dies Telegramm der Volksmiliz und dem Dorfsowjet vorlegte, waren sie schok-

* Wald war nach Moskau gereist, um Gorbatschow eine von mehr als fünfzig weiteren Nobelpreisträgern unterzeichnete Friedenserklärung zu überreichen.

kiert und wie gelähmt, was mich erfreute. »Ich hoffe, diese Sache mit Wald wird dir helfen«, sagte Irina, als sie zu ihrem Winterbesuch eintraf. Aber ich hatte es mir zur Gewohnheit gemacht, keine Hoffnungen zu hegen. Statt dessen widmete ich mich meiner Arbeit und, nachdem ich an den Abgasen des Herds fast erstickt war, habe ich meinen Artikel über die Wellenlogik zu Ende geschrieben und an die Sowjetische Akademie der Wissenschaften geschickt. Ich begann mit der Arbeit an einem neuen Aufsatz. Bald würde es Frühling werden, und dann mußte ich Stunden im Garten und in dem kleinen von mir und Tarasow errichteten, mit Plastik abgedeckten Treibhaus verbringen und Kartoffeln, Tomaten und Gurken, auch Dill, Petersilie und Salat pflanzen, zur Vorbereitung auf den nächsten Sommer. Der Sommer im Jakutsker Gebiet dauert nur zwei Monate, aber es wird sehr heiß, und es ist fast vierundzwanzig Stunden lang hell. Wenn man alles richtig vorbereitet und hart arbeitet, und vorausgesetzt, es gibt keine plötzlichen sommerlichen Frosteinbrüche, kann man viel Gemüse für den Rest des Jahres ernten.

Der Sommer von 1986 ließ sich gut an. Das Haus war überfüllt mit Gästen: Irina und mein Sohn Sascha, Sascha Barabanow und Katja Weksler, die seit den Tagen, als sie ihren Spaß daran hatte, die Tschekisten hinter den Birken zu erspähen, eine richtige Schönheit geworden war. Es gab keinen Druck von seiten der Volksmiliz, und Leutnant Ochlopkows Nachfolger erwies sich als netter Trunkenbold, der es genoß, mit mir darüber zu philosophieren, ob es platonische Liebe tatsächlich gibt. (Was ich ihm versicherte.) Ein Generalsekretär nach dem anderen starb, bis schließlich Gorbatschow antrat. Hier und da erahnte man etwas von Glasnost und Perestrojka, wenn man die Zeitungen las: Der Zerfall unserer glorreichen, totalitären, »wissenschaftlich begründeten« Gesellschaftsordnung schien viel früher einzusetzen, als ich das erwartet hatte. »Vielleicht wird Gorbatschow mich bitten, ihm als Berater zur Seite zu stehen«, spaßte ich mit Nina Iwanownas Mann – ein sehr netter Mann, aber ein Stalinist, wie so viele Jakuten. Irina hatte heimlich eine Einladung angenommen, in der mich die Schwedische Akademie zu einem Vortrag bat. Die Akademiemitglieder Wewlichow und Mojsej Markow versuchten, meinen Artikel über die Wellenlogik in einer sowjetischen Wissenschaftszeitschrift zu veröffentlichen. Und eine größere Gruppe von Wissenschaftlern, die an den Teilchenbeschleunigern von CERN unter der Leitung von Pierre Lefèvre, Dieter Möhl und Nobelpreisträger Simon van der Meer über Teilchenphysik arbeiteten, hatten ihre Einladungen, an einer Konferenz in Nowosibirsk teilzunehmen, zurückgeschickt. Viele andere berühmte Physiker, unter ihnen Andrew Sessler vom Lawrence Radiation Laboratory in Kalifornien, boykottierten die Konferenz ebenfalls.

Am 14. August, am Tag nach meinem Geburtstag, wurden Irina und ich zum Dorfsowjet bestellt zu einem Gespräch mit einem aalglatten, spitznasigen Moskauer KGB-Mann und dem Kreiskommandanten des KGB in Kobjaj, der eher wie ein Samurai aussah. Der Mann aus Moskau begann mit einem scharfen Angriff auf Irina.

»Sie schicken verleumderisches Material in den Westen, in dem behauptet wird, Orlow sei derart verprügelt worden, daß er eine Gehirnerschütterung erlitt. Wir werden Sie gemäß Paragraph 64 des Strafgesetzbuches anklagen – als Mitschuldige bei subversiven Aktivitäten.« Paragraph 64 betraf Hochverrat.

»Wollen Sie mir weismachen, Sie hätten selbst gesehen, daß mein Mann zusammengeschlagen wurde – aber nicht bis zur Gehirnerschütterung? Oder wollen Sie mir sagen, er sei überhaupt nicht verprügelt worden?« fragte sie sehr ruhig. »Einen Monat lang hat ganz Kobjaj sein lädiertes Gesicht gesehen. Oder streiten Sie das ab?« Auf dem Weg zu dieser Begegnung hatten wir uns geeinigt, daß sie absolut ruhig und besonnen auftreten solle. Das würde unsere Gesprächspartner verrückt machen.

Und in der Tat gab der Vernehmungsbeamte ihr sofort nach und wandte sich statt dessen an mich. Man könne mich in eine Stadt verlegen, das würde doch meiner wissenschaftlichen Arbeit zugute kommen. In welche Stadt? Nun, zum Beispiel Jakutsk. Ich hätte in Kobjaj ein Haus, einen Gemüsegarten? In Jakutsk müsse man mich allerdings in einem Wohnheim unterbringen, es gebe dort keine Wohnungen. Ich würde auch keinen Garten bekommen. Aber ich könne die Bibliothek benutzen. Natürlich müsse ich versprechen, mich nicht illegal zu betätigen...

»Ich will Kobjaj nicht verlassen«, sagte ich.

Irina und ich bekamen Angst. Ich hatte Wurzeln in Kobjaj geschlagen, ich wurde von allen gut behandelt. Jetzt, tief enttäuscht, würde der KGB das alles zerstören.

22
Der letzte Sonntag im September

Am letzten Sonntag im September 1986 saß ich alleine zu Hause und schrieb meinen ersten politischen Appell aus der Verbannung: einen Appell an die in Wien tagende KSZE, mit dem ich um Amnestie für alle politischen Gefangenen in den Ländern bat, die die Verträge von Helsinki unterzeichnet hatten. Meine Gäste waren nach Moskau zurückgekehrt. Die Gemüseernte war reichlich ausgefallen. Das Haus war gegen die Kälte gerüstet. Vierzig Kubikmeter Brennholz lagen bereit, der Herd war funktionstüchtig, und ich befand mich bei guter Gesundheit. Der Winter konnte kommen.

Mittags, genau um zwölf Uhr, rüttelte jemand gewaltsam an der verriegelten Tür, Füße traten gegen den Türpfosten, wieder wurde an der Tür gerüttelt. Ich steckte meine Notizen in die Hosentasche – der sicherste Platz während einer Hausdurchsuchung –, ging zur Tür und öffnete. Zwei Männer traten ein, ein Jakute um die vierzig, dessen Gesicht mir irgendwie bekannt vorkam, und ein junger Russe, ein stämmiger Typ von der Sorte, die man vom Umschlag eines sowjetischen Buches über die CIA oder vielleicht eines amerikanischen über den KGB kennt.

»Wer sind Sie?« fragte ich.

»Sollten Sie das vergessen haben?« fragte der Jakute gekränkt, »ich bin Chef des KGB im Kreis Kobjaj.« Natürlich, der Samurai.

»Und Sie?«

»Mein Begleiter.« Der Russe stellte sich schweigend neben die Tür. »Packen Sie Ihre Sachen! Sie haben eine Stunde Zeit zum Packen. Das Flugzeug wartet.«

Sie waren also gekommen. Meine Seele löste sich von meinem Körper. Ich fühlte nichts mehr.

»Was soll ich mitnehmen? Geht es nach Norden, nach Süden oder nach Westen? Vielleicht nach Osten?«

»Ich weiß nicht.«

Ich entschloß mich, mit dem Schlimmsten zu rechnen und wie

für den Gefangenentransporter zu packen: Becher, Löffel, Stifte, warme Kleidung, Fotos von meiner Familie, die wichtigsten Papiere und Bücher.

»Wie viele Bücher? Fünf?« Vielleicht würde ich mit dieser Frage etwas über das Ziel in Erfahrung bringen. Im Lager darf man nur fünf Bücher besitzen.

»Wozu brauchen Sie Bücher?«

Das klang nach Gefängnis. Ich begann, die vielen Bücher und Stapel wissenschaftlicher Notizen und Berechnungen durchzusehen, die sich im Laufe der vergangenen zweieinhalb Jahre angesammelt hatten. Was davon sollte ich mitnehmen? Zu viel würde mich belasten; nahm ich weniger mit, könnte etwas Wichtiges verloren gehen. Und ich sollte besser eine normale Steppjacke und eine billige Mütze mitnehmen: so oder so würden Verbrecher mir die brauchbaren Kleider unterwegs abnehmen. Was ich zusammenpackte, fand Platz in einem Koffer und einem Rucksack. Wieder einmal würden sie mich fertigmachen.

Der Appell! Der Appell in meiner Hosentasche!

»Ich muß zur Toilette – vor der Reise, eine Minute noch.« Der Kreiskommandant runzelte die Stirn, zögerte eine Sekunde und nickte dann. Dina und Barachlo warteten im Garten auf mich. Die Tschekisten beobachteten mich durchs Fenster. Nachdem ich den Appell los war, stand ich lange Zeit in meinem kleinen hölzernen Abort. Vor zwei Wochen, als ich im Garten Kartoffeln ausgrub, waren zwei mir unbekannte Männer in schwarzen Anzügen, ein Jakute und ein Russe, auf der Treppe des Hauses nebenan erschienen, der eine hatte den anderen auf mich aufmerksam gemacht. Als ich mich aufrichtete, drehten sie sich um und verschwanden rasch um eine Ecke. An diesem Nachmittag noch lockerte ich eines der Bretter an der Rückwand des Aborts, für den Notfall. Der war jetzt eingetreten. Ich konnte das Brett beiseite schieben, hindurchkriechen und unbemerkt – vom Fenster konnten sie nur bis zum Abort sehen – davonrennen, rechts in den Wald abbiegen, in die Taiga. Sie würden einige Zeit brauchen, um die Hunde zu holen. Ich hatte wohl tausendmal darüber nachgedacht, wie ich die Hunde abschütteln könnte. Zu dieser Jahreszeit natürlich im Wasser; noch war nicht alles zugefroren! Zum Teufel! Dina würde mir folgen. Ich hätte daran denken sollen, sie einzusperren, bevor ich das Haus verließ.

Ich trat durch die Tür in den Garten. Barachlo sprang vom Dach des Aborts herunter und schlich mir am Zaun entlang hinterher. Ich Idiot, ich hätte sofort fliehen sollen, als die Männer auftauchten! Hatte ich mir nicht geschworen, beim ersten Anzeichen einer erneut bevorstehenden Verhaftung abzuhauen? Aber als es soweit war, habe ich das Zeichen nicht sehen wollen. Das Zeichen war gegeben worden. Du hast es doch gesehen. Warum auf eine Bestätigung warten? Lauf! Aber du Idiot, du hast ein Brett gelockert, das war alles. Dich kann man nicht ernst nehmen.

»Gehen wir?«

»Gehen wir.« Ich nahm meine Sachen auf und ging, ohne einen Blick zurück zu werfen. Der Kreiskommandant verschloß die Tür, ließ den Schlüssel in seine Tasche gleiten und trat durch das kleine Gartentor auf die Straße. Der Russe marschierte hinter mir. Vor dem Haus warteten zwei Motorräder, eines war mit Seitenwagen ausgerüstet, darauf saß ein Jakute, ein mir bekannter Informant des KGB. Wie leise sich dieser Dreckskerl an das Haus herangeschlichen hatte! Die Tschekisten befahlen mir, in den Seitenwagen einzusteigen, und fuhren mit hoher Geschwindigkeit davon. Der Spitzel folgte mit mir im Seitenwagen, und Dina lief neben uns her, mit hängender Zunge und keuchend – das war von der Staupe zurückgeblieben, die sie im Sommer durchgemacht hatte. Die Straßen lagen völlig ausgestorben, leer und verlassen, obwohl es Sonntag war. Ob sie den Leuten etwa verboten hatten, ihre Häuser zu verlassen?

Tatsächlich wartete auf der Piste des Flughafens ein Flugzeug auf uns: ein Doppeldecker mit zehn Sitzen. Die Motorräder fuhren direkt bis zur Maschine, um das heruntergekommene Flughafengebäude herum. Da entdeckte ich, daß mein Koffer weg war. Die Bücher und Papiere! Alles verloren. Zu meinem Erstaunen befahl der Kreiskommandant dem Spitzel zurückzufahren. Er kehrte nach fünfzehn Minuten zurück: Der Koffer war kurz nach Beginn der Fahrt über Bord gegangen.

»Jetzt warten *Sie* einen Augenblick«, sagte der Kreiskommandant, begab sich langsam ins Flughafengebäude, offensichtlich um den Leuten dort drin zu verbieten, durch die Fenster zu starren, dann kehrte er zurück. »Es will niemand mitfliegen!« erklärte er und grinste über seinen eigenen Witz. Der Spitzel und der Russe grinsten nicht. Ich hievte meine Sachen ins leere Flugzeug und kletterte die kleine Leiter hoch, die Tschekisten hinter mir. Der Spitzel blieb zurück. Dina sprang hinterher, der Russe scheuchte sie mit einem Fußtritt wieder hinaus. Sie jaulte nicht, stand nur dort, ohne mich aus den Augen zu lassen. Sie wird zugrunde gehen, dachte ich. Sie ist eine jakutische Hündin, sie wird warten und auf dem Flughafen sterben. Und die Katze wird auch umkommen, denn bald wird es Winter sein, und das Haus ist abgeschlossen. Der Pilot kam an Bord, schloß die Tür, und wir hoben ab. Dina rührte sich nicht von der Stelle.

Die Lärchen hatten ihre feinen Nadeln schon verloren, und die Taiga wurde langsam schwarz – nur die Sümpfe waren grün geblieben. Die Seen waren mit einer dünnen durchsichtigen Eisschicht überzogen. Allmählich wurden offene, eisfreie Kanäle daraus, die Kanäle gingen über in Seitenarme, die Seitenarme in Flüsse, und diese schließlich in den mächtigen Strom, die Lena. Wir näherten uns Sangar. Die grasbewachsene Rollbahn war leer. Ich nahm Koffer und Rucksack, sie brachten mich zu einer Baracke für Reparaturkommandos am Ende der Rollbahn, dort ließen sie mich allein. Ein Arbeiter war gerade dabei, eine Heizplatte zu reparieren, damit er Wasser für den Nachmittagstee kochen konnte. Sollte ich doch versuchen abzuhauen? Ich ging nach draußen. Der Russe lungerte neben der Tür herum. Ich ging wieder hinein. Andere Arbeiter kamen herein und zogen ihre Mäntel aus. Die Heizspule war repariert, der Tee war fertig. »Setzen Sie sich doch!« Niemand fragte mich, was ich in der Baracke zu suchen hätte. Man hat ihn hergebracht, es ist nicht unsre Sache. Ich trank Tee mit den Männern und schaute durchs Fenster. Ein grünes, zweistrahliges Militärflugzeug landete sanft. Der Russe betrat die Baracke. »Gehen wir!« Er führte mich zum Bug des Flugzeugs, sah mir beim Einsteigen zu und verschwand.

In dem kleinen für Offiziere reservierten Abteil des Flugzeugs saßen bereits der Kreiskommandant und noch ein Jakute. »Bin Kommandant des jakutischen KGB.« Höflich beantwortete er meine Frage. Sobald ich den Männern gegenüber Platz genommen hatte, hob das Flugzeug ab, Richtung Süden. Das Gesicht des Kreiskommandanten war düster. Wir flogen, ohne ein Wort zu wechseln. Warum eine Militärmaschine, fragte ich mich. *Und wohin fliegen wir?* Es hätte keinen Sinn gehabt zu fragen. Eine halbe Stunde später landeten wir auf dem Flughafen von Jakutsk. Man hatte mir einmal angedroht, Jakutsk zum Verbannungsort zu bestimmen. Oder sollte das Gefängnis heißen? Man forderte mich auf, meine Sachen mitzunehmen, und wir standen einige Zeit auf der Rollbahn. Es war kein anderes Lebewesen zu sehen. »Es ist Mittag, es wäre schön, etwas zu essen zu bekommen«, sagte ich. Es ist immer besser, früher zu essen als später. Sie führten mich schweigend zu einem etwas abseits liegenden Verwaltungsgebäude. Am Eingang standen vier Tschekisten, sie waren aus Moskau, wie ich sofort an ihren Gesichtern erkennen konnte. Sie schauten uns nicht an. Wir gingen zu einem Büro im zweiten Stock, der jakutische Kommandant bestellte etwas, und eine Frau mittleren Alters brachte uns dreien sehr gutes Essen. Um mich kümmerte sie sich besonders; ein Hauch von Verachtung, zart wie Luft, lag in der Art, wie sie die anderen behandelte. Ob man ihr gesagt hatte, daß ich wieder ins Gefängnis gebracht würde?

Beim Hering kam der Kreiskommandant noch einmal auf die Prügel zu sprechen, die ich vor mehr als einem Jahr bezogen hatte. »Der KGB hatte nichts damit zu tun«, beteuerte er immer wieder, während seine Augen verrieten, daß er nicht die Wahrheit sprach. Sein Chef, der Bezirkskommandant, lehnte sich im Stuhl zurück, als habe er mit all dem sowieso nichts zu schaffen. Eine seltsame Situation, als hätte ich die Macht, ihnen etwas anzuhaben. Ich fragte mich, warum sie so eifrig ihre Unschuld beteuerten. Vielleicht ist Gorbatschow, wie zuvor Chruschtschow, dabei, den Stall auszumisten und den KGB zur Rechenschaft zu ziehen?

Beim Fleisch wechselte der Kreiskommandant unvermittelt das Thema, er kam auf Mischa Gornostajew, meinen Freund in Sangar, zu sprechen: »Was meinen Sie? Warum hat Gornostajew so viel Wirbel um seinen Rücktritt als Chefingenieur gemacht, warum wollte er gewöhnlicher Elektriker werden?«

»Er hat es nicht getan, um irgendeine Wirkung zu erzielen. Er hatte den bürokratischen Kram satt, er wollte wirkliche Arbeit tun«, erklärte ich, »er ist überzeugt, daß er als Elektriker etwas zum Nutzen des Volkes produziert, nicht nur Papier. Und außerdem verdient er auch viel mehr. Er ist ein Meister seines Fachs.«

»Orlow, Sie drehen die Dinge immer so, wie Sie es haben wollen.« Er schien nervös. Offensichtlich war er dabei, einen Prozeß gegen Mischa vorzubereiten. Was würden seine Vorgesetzten zu einem Prozeß gegen jemanden sagen, der genau wie der Generalsekretär gegen die Bürokratie kämpft?

Während des Nachtischs erschien das Quartett der Moskauer Tschekisten: »Es ist soweit.« *Also doch nicht Jakutsk.* Ich erhob mich. Und unversehens standen die vier vor mir, hinter mir und zu meinen beiden Seiten – auch sie Meister ihres Faches. Wir ließen den Kreiskommandanten und seinen Vorgesetzten bei Tee und Gebäck zurück und gingen zu der Militärmaschine, mit der wir gekommen waren. Dieses Mal bestiegen wir das Flugzeug über die Laderampe hinten am Heck, und jetzt erkannte ich, daß das Flugzeug für Truppentransporte in Grenzgebieten bestimmt war. Wir gingen an einer Sitzbank für Soldaten und an einem riesigen Treibstofftank vorbei; ich stellte Koffer und Rucksack neben der Bank ab und wurde zum Offiziersabteil geführt. Ich nahm mir einen Fensterplatz, die Tschekisten setzten sich um mich herum. Ein Offizier war bereits im Abteil – ein Soldat der Grenztruppen. Die fünf begannen eine Unterhaltung. Als wir abhoben, wurde es draußen schon dunkel. Der Pilot flog Richtung Norden.

Wir landeten in tiefer Dunkelheit und in einer trostlosen Gegend: kahle, abgebrannte oder vielleicht sturmgeschädigte Tannen, schwarze Umrisse gegen den dunklen, malvenfarbigen Himmel. Das Flughafengebäude war neu, und es hielten sich Leute darin auf, was mich nun überraschte. Sie taten so, als sei es normal, daß jemand mit Koffer und Rucksack in Begleitung von vier Männern, die ihn offensichtlich bewachen, herumläuft. Aber damals, auf dem Hinflug nach Jakutsk hatten die Passagiere auch so getan, als existierten meine Handschellen gar nicht. Ich suchte nach der Fluginformationstafel. Wir befanden uns also in Poljnarj. *Poljnarj*? Mosaike an der Wand zeigten, daß es hier Gold- und Diamantenbergwerke geben mußte. Ein strahlender Arbeiter, den Arm erhoben wie die Freiheitsstatue, hielt einen Diamanten hoch, der wie ein Sonnenrad strahlte und blitzte. »Wo sind wir denn?« fragte ich einen meiner Bewacher.

»Am nördlichen Polarkreis.« Es mußte eine nagelneue Stadt sein; ich hatte den Namen noch auf keiner Karte gesehen.

Die Tschekisten trieben einen Jeep auf und dazu einen Fahrer des örtlichen KGB, und wir fuhren endlose Straßen entlang, die von den üblichen fünfstöckigen Gebäuden gesäumt waren, fuhren vorbei an riesigen Baggern und landeten schließlich in einer Zwei-Zimmer-Wohnung, die sie mit ihrem Schlüssel öffneten. Es gab zwei Schlafräume, drei Betten pro Zimmer.

»Dort ist Ihr Bett«, sagten sie, »machen Sie es sich bequem.« Einer ging zum Laden, um für alle etwas zu essen zu holen; ich gab ihm Geld mit für meine Mahlzeit. Er brachte Fischkonserven und Brot, und sie luden mich höflich ein, mit ihnen zu essen.

»Wohin bringen Sie mich?«

»Jurij Fjodorwitsch! Sie sind es, der uns irgendwohin bringt, aber wohin, das wissen wir bei Gott nicht.«

Wir legten uns schlafen, zwei von ihnen in meinem, ein dritter in dem anderen Zimmer. Der vierte blieb auf und bewachte die Tür. Daran konnte ich nichts ändern, und nichts lastete auf meinem Gewissen. Ich schlief gut.

Am Morgen kehrten wir zu unserem Flugzeug zurück. Der Grenzoffizier erschien, und wir flogen Richtung Westen nach Norilsk, berühmt-berüchtigt für seine Lager. Mit Koffer und Rucksack stand ich im Empfangsgebäude herum, während meine Bewacher die örtlichen Dienststellen in lange geheimnisvolle Gespräche verwickelten. *Das muß die Endstation sein.* Hier, in dieser riesigen Stadt zwischen nördlichem Polarkreis und Polarmeer würde es kein Privathaus, keinen Garten und kaum eine Möglichkeit geben, mich zu besuchen. Der ideale Ort für eine Verbannung. Aber Stunden später waren wir schon wieder in der Luft, flogen zum Polarmeer und dann nach Westen, die Küste entlang. *Wohin zum Teufel fliegen wir nur?* Ich konnte mich nicht vom Fenster losreißen. Die Tundra war gefroren, aber es war noch kaum Schnee gefallen, das Land schimmerte wie schöne braune Seide, und die schwarzgrünen Wellen des Meeres schienen bewegungslos, eine Fotografie. Ich schaute und schaute, versuchte, eine Bewegung zu erspähen, sie müssen sich doch bewegen ... Endlich kam ich darauf, daß sie zu Eis erstarrt waren.

»Wohin fliegen wir?« fragte einer der Tschekisten den Grenzsoldaten.

»Nach Spitzbergen vielleicht?« Zu jenem Archipel, den sich die Sowjetunion und Norwegen teilen. Vielleicht liefern sie mich an die Norweger aus. Ich spitzte die Ohren, aber der Offizier antwortete nicht. Jetzt lag wieder die Taiga unter uns, mit unendlich langen, breiten Schneisen, die von Norden nach Süden verliefen. Das Land der Holzfäller. Und der Lager.

Gegen Mittag landeten wir vierhundert Kilometer südlich des Polarmeers – »Petschora«, verkündete einer meiner Bewacher. Wir stiegen aus dem Flugzeug, entdeckten eine gepflegte Toilette in einem eigens dafür erstellten Gebäude und gingen dann eine Weile auf und ab.

»Petrow-Agatow sitzt jetzt dort drüben, in dem Lager dort«, erzählte einer der Bewacher und deutete auf den zweihundert Meter entfernten Stacheldraht, genau dort, wo auch die bebauten Straßen anfingen. »Erinnern Sie sich an ihn?«

»Ich erinnere mich. Ich sehe, Sie kennen sich aus im Land der Lager. Weswegen sitzt er diesmal?«

»Immer das gleiche – Betrug.«

»Der passende Koautor für KGB und Zentralkomitee. Seinen Artikel gegen mich und Ginsburg in der *Literaturnaja Gazeta* überarbeitete das ZK zehnmal.«

»Woher wollen Sie das wissen?«

»Also, fliegen wir denn nun nach Spitzbergen?«

Von Petschora aus flogen wir jedoch nicht nordwestlich, sondern nach Südwesten. *Also Moskau. Also Gefängnis.*

Am späten Nachmittag erreichten wir den Flughafen Scheremetjewo. Zwei schwarze Wolga-Limousinen und vier neue Tschekisten in schwarzen Anzügen warteten, um uns abzuholen. Sie rasten mit ihrem Wagen vor uns her. (»Welcher Russe liebte es nicht, schnell zu fahren?« fragte Gogol einmal.) Leningrad-Prospekt. Gorkij-Straße. Das Gebäude, in dem Irina möglicherweise gerade ihre Mutter besuchte. *Denk nicht dran.* Straße der Roten Kaserne. Aber heute säumten keine schlachtschiffgleichen schwarzen Wolgas die Strecke zum Gefängnis. Er hatte Recht behalten, der Leiter von Lefortowo. Wir sehen uns wieder. Die Stahltore öffneten sich, die Wagen fuhren in den kleinen Innenhof, und sofort hinter uns schlossen sich die Tore. Alle Tschekisten verschwanden. Zwei Stunden lang saß ich unbeaufsichtigt im Wagen. Schließlich führten sie mich in ein besonderes Zimmer, durchsuchten mich, inventarisierten meine Sachen, brachten sie weg und forderten mich auf, Gefängniskleidung anzuziehen. Unter dem neuen System war es verboten, die eigenen Kleider zu tragen. Ein mir bekannter Wärter, nicht mehr so jung wie früher, führte mich schweigend in eine Zelle und warf die Eisentür mit einem Knall hinter mir zu. Das zumindest hatte sich nicht verändert in den neuneinhalb Jahren. Auch die Zelle nicht: zwei bezogene Eisenbetten, ein leeres Bett, ein Mitinsasse. Ich verlangte sofort Papier, um eine Beschwerde zu schreiben. Mit welcher Begründung hatte man meine Verbannung plötzlich in eine Gefängnisstrafe umgewandelt? Nach einer Stunde wurde ich zum Verhör geführt. Es war bereits später Abend.

»Jurij Fjodorowitsch«, begann der Vernehmungsbeamte, der mich vor neun Jahren bereits zum Fall Schtscharanskij befragt hatte, »Sie sind hier als Zeuge in der Strafsache wegen anti-sowjetischer Aktivitäten des sogenannten Russischen Fonds zur Unterstützung Politischer Gefangener und ihrer Familien, gemäß Artikel 70, Absatz 2 des Strafgesetzbuches. Was können Sie uns über diese Aktivitäten erzählen? Ein unvorschriftsmäßiger Anfang? Also gut, fangen wir ganz vorne an. Familienname? Vorname? Vatername?« Er verlas eine Art Aussage, derzufolge die Moskauer Helsinki Watch Group in die Arbeit des Fonds verwickelt gewesen sei. Solche Aktivitäten sind immer bestraft worden, und unter Andropow waren sie sogar offiziell als ungesetzlich eingestuft worden. Der Ordner mit der Prozeßakte hatte bereits einigen Umfang. Es gab nichts, was ich dazu hätte sagen können, und es gab auch keinen Grund, überhaupt irgend etwas zu sagen – nur, daß ich nichts wußte, daß ich mich an nichts erinnerte und daß sie nicht vergessen sollten, daß sie eine Person nach dem Gesetz nicht länger als drei Tage festhalten durften.

So wurde ich drei Tage lang jeden Tag einige Stunden verhört – ein Leichtes, verglichen mit meinem ersten Besuch hier.

»Wer hat Ihnen im Lager geholfen?«

»Niemand.«

»Wer hat Ihrer Familie geholfen?«

»Weiß ich nicht.«

»Wer hat Ihnen in der Verbannung geholfen?«

»Nur Wissenschaftler.«

»Wer?«

»Ich werde es Ihnen nicht sagen. Aber warum ist es ein Verbrechen, Gefangenen und Verbannten zu helfen?«

»Weil, um nur einen Grund zu nennen, jegliche Information darüber Staatsgeheimnis ist.«

Am vierten Tag, nachdem ich meine Weigerung, an weiteren Verhören teilzunehmen, bereits erklärt hatte, schließlich war ich gesetzwidrig inhaftiert, und als ich bereits damit rechnete, daß sie mich für die nächsten zehn Tage wieder als »Verdächtigen« und anschließend als »Angeklagten« einstufen würden – das übliche Verfahren –, am vierten Tag also wurde ich von den Wärtern in ein Zimmer geführt, das ausgestattet war mit weichem Teppichboden, gut imitierten Antiquitäten und goldenen Tapeten. Verglichen mit der Zelle kam es mir sehr schön vor. Zwei hohe KGB-Beamte in Zivil saßen dort, sie hatten aufgeschwemmte Gesichter und rote Nasen vom süßen Leben. Sie forderten mich auf, ihnen gegenüber auf einem zierlichen vergoldeten Stuhl in der Mitte des Zimmers Platz zu nehmen. Sie stellten sich vor, und ich vergaß ihre Namen augenblicklich wieder. Derjenige, der am Tisch saß, verlas mit tonloser Stimme einen Erlaß des Präsidiums des Obersten Sowjet, durch welchen mir die sowjetische Staatsbürgerschaft aberkannt wurde. »Sie werden mit dem nächsten Flugzeug in die Vereinigten Staaten geschickt«, fügte er in unverändertem Ton hinzu. »Ihre Frau wird mit Ihnen reisen. Aber gemäß den Bestimmungen werden Sie hier warten müssen, bis es soweit ist.« *Ich darf meine Kinder für das Rest meines Lebens nicht wiedersehen. Und wo stehen diese Bestimmungen überhaupt geschrieben?*

Die Aberkennung der Staatsbürgerschaft noch vor der Abschiebung galt als eine besonders schlimme Strafe. Bis dahin war es nur Trotzki und Solschenizyn so ergangen. Doch die blutunterlaufenen Augen dieser alten Tschekisten verrieten unverhohlenen Neid, sie trübten sich, vielleicht hatten sie Visionen vom unerreichbaren Mittelmeer, von nackten Mädchen am Strand... Sie rissen sich zusammen, und sie sprachen auf mich ein. »Lassen Sie sich Zeit mit anti-sowjetischen Äußerungen im

Ausland, Jurij Fjodorowitsch«, sagte der auf der Couch freundlich. »Es ist uns natürlich klar, daß Sie sofort anti-sowjetischen Organisationen in die Hände fallen werden. Aber Sie sollten nicht vergessen, daß Veränderungen in unserem Land vorbereitet werden, die Sie sich einst erträumt haben.«

Ich verlangte, daß meine Kinder Besuchserlaubnis erhielten.

Gleich am Abend wurde Maß genommen, und am nächsten Morgen lagen ein gutgeschnittener Anzug und ein Hemd bereit. Ich wurde auch mit einer Krawatte und perfekt sitzenden Schuhen ausgestattet. Nach zweiundsechzig Jahren hatte ich endlich herausgefunden, wie man in der Sowjetunion zu anständigen Kleidern kommt. In meinem neuen Anzug wurde ich in ein Zimmer geführt, um auf meine Söhne zu warten. Die Behörden hatten den Besuch gestattet, hatten ihn aber auf die übliche Art arrangiert – mit einem Telefonanruf, der meine Kinder nicht nach Lefortowo, sondern in die OVIR (die Ministerialabteilung für Emigration) beorderte, ohne ihnen eine Erklärung zu geben. Dima hatte abgelehnt zu kommen, aus Angst, man würde ihn festhalten und ins Ausland abschieben. Als Sascha und Lew bei der OVIR ankamen, wurden sie in einen Wolga gesteckt und zum Gefängnis gefahren. Unser kurzes Treffen fand in Anwesenheit von zwei wachsamen Offizieren statt. Wir sagten einander einfach »Lebewohl«. Als wir uns zum letzten Mal umarmten, flüsterte Sascha: »Du brauchst keine Angst um uns zu haben. Kämpfe nur weiter für die Menschen.«

Am nächsten Morgen verfrachteten drei der Mitglieder des Moskauer Tscheka-Quartetts mich und meinen Koffer hastig in einen Wolga. Der Rucksack sei, sagten sie, zu alt, den könne ich nicht mitnehmen. Damit meinten sie wohl meine zwei Adreßbücher und einige Fotografien von Sacharow, aber das stellte ich erst später fest. Während das Auto zum Flughafen sauste, schaute ich über die Schultern meiner Bewacher. Der Belorussische Bahnhof. Hier hatten sich mein Vater und meine Mutter kennengelernt, hier waren sie in den Zug gestiegen, als sie mich in unserem Dorf besuchten. Jetzt würde ich nie erfahren, was aus dem trostlos leeren Platz geworden war, an dem Gniloje einst gestanden hatte. Mein ganzes Leben lang hatte ich diese Reise vor mir hergeschoben ... Zur Linken, hinter dem Zaun, die Flugzeugfabrik Nr. 22, in der mein Vater als Metallarbeiter beschäftigt war. Wie viele Fabriken es in Moskau gab! Auch mein Stiefvater hatte einmal hier gearbeitet, und Galja...

Wir kamen zum Flughafen, die Tschekisten trugen meine Koffer und eskortierten mich vom Empfangsgebäude bis zu einer Maschine der Aeroflot. Die Maschine war leer. Sie deuteten auf einige Sitzreihen vorne: »Setzen Sie sich irgendwo hin«, verstauten meinen Koffer und gingen. Was war mit Irina? Hatten sie mich hereingelegt? Würden sie mich alleine wegschicken? Ich ließ mich auf einen Platz am Fenster fallen.

Eine halbe Stunde später erschien Irina plötzlich, gefolgt von Richard Combs, dem stellvertretenden Missionschef an der amerikanischen Botschaft, und den anderen Passagieren. Irina wirkte traurig und müde. »Also haben sie dich endlich freigelassen.« Wir küßten uns, und sie setzte sich neben mich. Menschen gingen langsam an uns vorbei, Fremde, noch mehr Fremde, und dann ein bekanntes Gesicht. Ein junger Theoretiker vom ITEP. Er lächelte, streckte die Hand aus und begrüßte mich laut. »Im Flughafen haben mich viele Leute verabschiedet«, sagte Irina, »in der Hoffnung, dich für einen Augenblick sehen zu können.« Noch zwei bekannte Gesichter, Physiker aus Serpuchow. Sie grüßten mich steif und schauten schnell wieder weg. »Wenn ich nur gewußt hätte, daß der Zoll meine Sachen nicht überprüfen würde. Wie viele Fotos ich zurückgelassen habe! Fast alles andere habe ich verschenkt. Nur ein Koffer ist mir geblieben, wie nach einem Brand.«

»Das ist nicht Freilassung, sondern Abschiebung«, sagte ich. »Warum?«

»Hat man dir nichts gesagt? Die Schweine. Ein sowjetischer Agent, Sacharow, ist in Amerika verhaftet worden. Um ihn zu retten, hat Moskau den amerikanischen Journalisten Nicholas Daniloff hinterhältig in eine Falle gelockt und verhaftet.«

»Und?«

»Reagan hat sich geweigert, einen Agenten gegen eine Geisel auszutauschen. Dann haben sie begonnen, über eine weitere Person, zusätzlich zur Geisel, zu verhandeln. Und schließlich erreichten sie, ich zitiere, eine Einigung über die Freilassung eines gewissen Orlow, Zitat Ende. Das hat Schewardnadse auf der Pressekonferenz gesagt. Es stand am Sonntag in der Zeitung.«

Das Flugzeug hob gerade ab. Ich wollte nicht aus dem Fenster sehen. Sonntag? Das Postamt in Kobjaj, in dem unsere Zeitungen ankamen, war sonntags geschlossen, und seit Sonntagmittag habe ich unter Bewachung gestanden. Fünf Tage lang also hatten es all die anderen gewußt. Zwei Tage lang hatten sie mich überallhin geflogen, zwei Tage lang schleppte ich diesen verdammten Koffer und Rucksack herum, zwei Tage lang ließen sie mich in dem Glauben, ich würde zurück ins Gefängnis oder an einen neuen Verbannungsort geschickt. Drei Tage lang in Lefortowo haben sie so getan, als würde ein neuer Prozeß gegen mich vorbereitet. Und die ganze Zeit über, fünf Tage lang haben der Kreiskommandant, sein Vorgesetzter, meine vier Bewacher, der Vernehmungsbeamte, alle haben sie gewußt, daß ich freigelassen werden sollte.

Das sah ihnen ähnlich.

Irina döste vor sich hin. Der lange Flug ging schnell vorüber. Serge Schmemann, ein Korrespondent der *New York Times* auf seinem Weg nach Hause, hatte es so eingerichtet, daß er mit uns im Flugzeug saß. Ich gab ihm ein zweistündiges Interview und unterhielt mich anschließend mit dem freundlichen jungen Theoretiker vom ITEP über physikalische Probleme.

Wissenschaft. Noch einmal ganz von vorne anfangen. Eine neue Sprache. Macht nichts, das geht in Ordnung. Trotz alledem ist mein Kopf noch immer da, wo er hingehört.

23
Von einem fremden Stern

Immer noch über alles und nichts nachsinnend, etwas schläfrig, stolperte ich auf dem Kennedy-Airport in New York aus dem Flugzeug und direkt in die Arme von vier riesengroßen schwarzen Sicherheitsbeamten, die riesengroße Revolver trugen und von Kopf bis Fuß in Schwarz gekleidet waren. Augenblicklich umringten sie uns und bahnten uns einen Weg durch die große Menge wartender Journalisten und Freunde, zogen uns in ein Zimmer zu einem kurzen Wiedersehen mit Ljuda Alexejewa und Walja Turtschin, zogen uns wieder hinaus und in ein anderes Zimmer, in dem sich Journalisten und Freunde drängten, setzten uns hinter einen Tisch und schirmten uns breitbeinig von der drängenden Menge ab. Plötzlich wurde mir klar, daß mir eine Entscheidung bevorstand.

Die Wissenschaft würde warten müssen.

Die nächsten vier Monate setzte ich mich ein für alle, die zurückgeblieben waren, nutzte jede Pressekonferenz, jede Begegnung, jedes Interview, um Namen zu nennen: Sacharow, immer noch in Gorkij in der Verbannung; Korjagin, immer noch in unserem alten Lager; Mitglieder der Helsinki Watch Groups in Lagern oder in Verbannung; und vor allem Martschenko im Gefängnis von Tschistopol, der vor vielen Wochen in Hungerstreik getreten war und entschlossen, für eine Generalamnestie aller politischen Gefangenen in der Sowjetunion zu sterben. Ich war mir sicher, dieser Mann würde tun, was er angekündigt hat, auch wenn die Staatsautorität antworten sollte: »Dann stirb! Es gibt keine politischen Gefangenen in der Sowjetunion.« Wir mußten ihm schnellstens helfen. Ljuda und ich erwähnten seinen Namen, wo und wann immer wir konnten. Helsinki Watch in New York bereitete zwei große Fotoplakate für mich vor, sie zeigten Nelson Mandela und Anatolij Martschenko. Die Leute hier kannten Mandela. Dann sollten sie auch Martschenko kennenlernen und beide Männer verteidigen.

Ich arbeitete mit derselben Intensität wie in Moskau vor meiner Verhaftung. Tagelang nichts als Interviews mit Journalisten,

Meetings im Weißen Haus, Treffen mit Kongreßabgeordneten, Reden in wissenschaftlichen Akademien, Besuche bei Wissenschaftlerkollegen und bei Verteidigungskomitees, noch mehr Reden, noch mehr Interviews – körperlich war es leichter als im Lager, aber anstrengender als die Verbannung. Zum ersten Mal in meinem Leben mußte ich Schlaftabletten nehmen, Nacht für Nacht, Woche für Woche, um die Erschöpfung zu überwinden und um einschlafen zu können. Die Tabletten widerten mich schließlich an.

Einige Tage, nachdem ich im Westen angekommen war, traf ich mit Präsident Reagan und Außenminister Shultz zusammen, die kurz darauf zu Verhandlungen mit Gorbatschow nach Reykjavik flogen. Ich erkundigte mich, was zur Rettung Sacharows geschehe. Sacharow war glücklicherweise allgemein bekannt und fand inzwischen auch die besondere Aufmerksamkeit der westlichen Regierungen.

»Wenn wir die Sowjets bitten, Sacharow und seine Frau zu ihrer Familie nach Boston ausreisen zu lassen«, sagte Reagan, »antworten sie, dies sei unmöglich, weil er zu viele Staatsgeheimnisse kenne. Offensichtlich ist das nur eine Ausrede, aber wir können das Gegenteil nicht beweisen. Wie sollten wir am besten vorgehen?«

Die Frage des Präsidenten brachte mich etwas in Verlegenheit. Soweit ich wußte, hatte Sacharow nicht darum gebeten, die Sowjetunion verlassen zu dürfen. Aber das war genau das, was die Sowjets wollten: Die Diskussion über Menschenrechte sollte sich weiterhin nur auf die Emigration zu Verwandten beziehen. Die offizielle Linie war immer noch die Behauptung, es gebe in der Sowjetunion weder politische Gefangene noch eine politische Opposition. Vielleicht gebe es *Refuseniks*, aber das sei, so behaupteten sie weiter, ein aufgebauschtes Problem der Juden, habe nichts mit Menschenrechten zu tun. Was die Menschenrechte anginge, dabei schauten sie ihre Gesprächspartner treuherzig an und versicherten, Menschenrechte nie verletzt zu haben, und dies sei außerdem eine innere Angelegenheit der Sowjetunion, man verbitte sich jede Einmischung.

»Im Fall Sacharow sollte man am besten«, so mein Rat an Reagan, »nicht seine Auswanderung fordern, sondern einfach seine Freilassung und die freie Wahl des Wohnsitzes, ob in Moskau oder wo es ihm sonst gefällt. Sacharow hat öffentlich erklärt, daß er Staatsgeheimnisse kenne, daß er es aber als schwere Beleidigung betrachte, wenn jemand annehme, er würde auch nur eines preisgeben.« Als er kurz darauf, im Dezember 1986, nach Gorbatschows berühmtem Telefonanruf in Gorkij, aus der Verbannung entlassen wurde, kehrte Sacharow wie eine Brieftaube direkt in seine Moskauer Wohnung zurück.

Ende Oktober verließ ich das schöne Haus der Turtschins in New Jersey und flog mit Catherine Fitzpatrick, die die Ermittlungen von Helsinki Watch in Amerika leitete, nach Europa. Katja, eine ausgezeichnete Übersetzerin, wußte mehr über politische Gefangene in der Sowjetunion als irgend jemand sonst auf der Welt, ausgenommen allenfalls Ljuda in New York und Kronid Lubarskij in München. Während der nächsten sechs Wochen bereiste ich die Hauptstädte nahezu aller europäischen Länder, um dort mit führenden Politikern sowohl der Rechten wie der Linken, mit Margaret Thatcher und Willy Brandt, mit Helmut Kohl und Petra Kelly, mit Parlamentariern und Gewerkschaftern zusammenzutreffen, um Orlow-Verteidigungskomitees und wissenschaftliche Institute zu besuchen. In London konnte ich endlich John Macdonald, meinem wackeren Rechtsanwalt, die Hand drücken. In Wien wurde ich zum Ehrenvorsitzenden der internationalen Helsinki Watch Federation gewählt, der Dachorganisation jener Bewegung, die wir vor zehn Jahren in Moskau ins Leben gerufen hatten.

Ljuda trafen wir bei der 1986er-Runde der KSZE-Verhandlungen in Wien, die gerade begonnen hatte. Die Gesichter der westlichen Delegierten verschwammen mir zu einem Einheitsgesicht, wie alle nicht-russischen Gesichter zu jener Zeit, die sowjetischen Delegierten dagegen konnte ich erkennen, noch bevor sie den Mund aufmachten: Sie sahen alle aus wie die Posten auf den Wachtürmen in den Lagern. Und wenn sie erst den Mund aufmachten ...

»Sie lassen sich vom amerikanischen Außenministerium mißbrauchen, Jurij Fjodorowitsch!« Dieser sowjetische Spezialist für humanitäre Beziehungen (ausgerechnet!) hatte gerade die Rede von Außenminister Shultz gehört, der die Freilassung von Sacharow, Martschenko und Korjagin sowie aller Mitglieder der sowjetischen Helsinki-Gruppen verlangt hatte, und es war kein Geheimnis, daß Orlow darum gebeten hatte. Und da tauchte nun Orlow selbst auf, in seinem schicken KGB-Anzug, und fraternisierte mit den westlichen Delegationen – eindeutig ein Agent im Auftrag von Shultz.

»Vielleicht werden *Sie* dazu beitragen, unsere Gefangenen freizubekommen?« schlug ich vor. Er starrte mich an, als käme ich von einem fremden Stern.

Und bald fühlte ich mich auch so, nach langen Wochen der Diskussion mit Sympathisanten in Amerika und Europa, die, anders als Reagan und Shultz, dachten, daß starker Druck auf die Sowjetunjon in Sachen Menschenrechte Unsicherheiten erzeugen könnte, die nur den Weltfrieden gefährden würden, oder mit Menschen, die überhaupt keinen Zusammenhang sahen zwischen internationaler Sicherheit und Menschenrechten. Etwas mehr als zehn Jahre waren vergangen, seit die Verträge von Helsinki diese Verbindung formell festgeschrieben haben und unsere Moskauer Gruppe entsprechend zu handeln begann, aber viele Menschen im Westen begriffen das nicht. Meine Kampagne für politische Gefangene mußte also auch eine Kampagne für eine politische Idee sein. Also versuchte ich, auf zwei Kontinenten etwas deutlich zu machen, was wir in der Moskauer Helsinki Watch Group immer als unseren Ausgangspunkt gesehen hatten. Rußland hätte sich niemals in ein so riesiges Waffenlager verwandeln können, hätte niemals seinen Reichtum und seine Fähigkeiten in das bodenlose Faß des Militärs werfen können, wenn es nicht die beispiellosen Einschränkungen der Bewegungsfreiheit und des Informationsaustausches gegeben hätte, die das Regime nach 1917 sowohl über Rußland als auch zwischen Rußland und der Außenwelt verhängt hatte. Die Folge waren Barrieren, die jeglicher demokratischen Kontrolle des Militärs ebenso im Weg standen wie dem gegenseitigen Kennenlernen und der Verständigung zwischen Russen und anderen Völkern – und das war es, was Weltfrieden und Sicherheit bedroht, nicht der Druck, den Regierungen oder Bürger im Namen der Menschenrechte ausüben konnten. In der Regel hat solcher Druck die Völker eher vereint und ihnen das Gefühl gegeben, zur weltweiten Familie der menschlichen Wesen zu gehören. Und dieses Gefühl schien mir viel wichtiger für Frieden und Sicherheit als ein freundschaftliches Verhältnis zwischen den Herrschenden. Gute internationale Beziehungen zwischen Regierungen bedeuten nichts, wenn einer der Beteiligten ein totalitäres Regime ausübt. Gute Beziehungen zu Nazideutschland zur Zeit des schändlichen Münchener Abkommens hatten England und Frankreich keinerlei Sicherheit geboten, und die Beziehungen zwischen Nazideutschland und der Sowjetunion waren ausgezeichnet, als der blutigste Krieg zwischen ihnen begann.

Ich wies darauf hin, daß Demokratisierung und Entmilitarisierung in der Sowjetunion eng miteinander verknüpft sein würden, und forderte den Westen auf, im Interesse seiner eigenen Sicherheit alle legalen Möglichkeiten auszuschöpfen, um die Sowjetunion zu radikalen demokratischen Reformen zu drängen. Das hieß entschlossene Bekämpfung aller Menschenrechtsverletzungen, denn die Unterdrückung der Menschenrechte hatte genügt, um das Regime in diesem zentralisierten, einheitlich totalitären Land aufrechtzuerhalten. Sacharow und andere Dissidenten würden, wenn sie freikämen, mehr für Frieden, Sicherheit und dauerhafte Abrüstung tun als alle offiziellen oder inoffiziellen Ost-West-Unterhändler zusammen.

Nur wenige Menschen nahmen diese Argumente ernst. Die Vorstellung von Menschenrechten hatte etwas Vages, während Sicherheit sich ganz konkret durch Gleichgewicht der Kräfte und durch Abrüstung Zug um Zug definieren ließ – und manchen schien der Gedanke, die Sowjets zu Reformen zu drängen, gleichbedeutend mit konservativ-reaktionärer Kritik am Kreml. Der ernsthafteste und häufigste Einwand, den ich zu hören bekam, lautete, die Russen seien noch nicht auf die Demokratie vorbereitet. Die Geschichte zeige, so wurde mir entgegengehalten, daß die Russen von Natur aus unterwürfig seien, und weil ihnen die demokratische Mentalität fehle, die aus der Erfahrung im Umgang mit Demokratie erwachse, sei es sinnlos, auf radikale demokratische Reformen zu pochen. Andere wollten aus der Geschichte gelernt haben, daß die Russen von Natur aus gewalttätig seien, und weil ihnen die demokratische Mentalität fehle, die aus der Erfahrung im Umgang mit Demokratie erwachse, sei es gefährlich, auf radikale demokratische Reformen zu drängen. Wir sollten, so die einhellige Meinung aller, Gorbatschow dankbar sein und ihn unterstützen.

Diese freundliche, gutgemeinte Schlußfolgerung war durch so widersprüchliche Argumente wie Veranlagung und historische Erfahrung und auch durch einseitige, ungenaue Interpretationen der russischen Geschichte nicht wirklich zu stützen. Ein durch Veranlagung zur Unterwürfigkeit neigendes Volk sollte allein in unserem Jahrhundert drei Revolutionen und einen Bürgerkrieg ausgelöst haben? Ein von Natur aus gewalttätiges Volk hätte die Vernichtung von mehr als sechzig Millionen friedlicher Mitbürger durch ihre Herrscher in drei Jahrzehnten einfach erduldet? Das Schweigen der Überlebenden sollte eindeutig das Schweigen von Menschen sein, die zu Sklaven geboren sind? Die Geschichte zeigt, daß Rußland von 1861 bis Oktober 1917 Erfahrungen mit der Demokratie gemacht hatte – nicht sehr intensive, zugegeben, aber Erfahrungen.* Die Geschichte zeigt auch, daß Erfahrung im Umgang mit Demokratie nicht zwangsläufig Demokratie garantiert. Trotz ihrer demokratischen Erfahrungen hatten die Italiener ihren Mussolini, die Deutschen ihren Hitler, die Franzosen ihren Pétain, die Norweger ihren Quisling und die Amerikaner ihren McCarthy gehabt...

So habe ich erlebt, daß viele glühende Demokraten aufgrund falscher Logik und noch mangelhafterer Geschichtskenntnisse es leidenschaftlich ablehnten, die Sowjetunion durch starken Druck zur Durchführung grundlegender demokratischer Reformen zu bewegen. Ich war verblüfft. Rußland war bereit für die Demokratie. Aber der Westen war nicht vorbereitet auf ein demokratisches Rußland.

Nur wenige Mitglieder westlicher Delegationen in Wien meinten, man müsse den Sowjets dankbar sein – das mußte die sowjetische Delegation erfahrten, als sie für 1987 eine KSZE-Sonderkonferenz über Menschenrechte in Moskau vorschlug. Welch ein Unsinn, ein solches Treffen in einem Land durchführen zu wollen, in dem es immer noch Tausende von politischen Gefangenen gab, einige davon festgehalten in speziellen psychiatrischen Kliniken; in einem Land, in dem einer der berühm-

* Die Leibeigenen wurden in Rußland 1861 befreit, etwas früher als die Sklaven in den Vereinigten Staaten; und in den rund 60 darauffolgenden Jahren übte die radikaldemokratische Öffentlichkeit in Rußland gewaltigen Druck aus. Von 1861 bis zum Oktober 1917 gab es unabhängige Schwurgerichte; von 1905 bis zum Oktober 1917 ein Parlament, keine Zensur, freie politische Parteien und Gewerkschaften; und von Februar bis Oktober 1917 eine nicht-monarchistische Regierung und sogar gewählte Militärbefehlshaber.

testen Naturwissenschaftler der Welt in der Verbannung mehr oder weniger unter Hausarrest leben mußte und in dem inoffizielle Friedensgruppen immer noch verfolgt wurden! Ein ähnlicher Widersinn, als hätte sich Nazideutschland als Gastgeber für eine internationale Konferenz zur Eugenik angeboten.

Obwohl die meisten westlichen Delegierten den sowjetischen Vorschlag offenbar mit Bestürzung aufnahmen – und die Engländer, Kanadier und Amerikaner ihn für absolut grotesk hielten, hatte ich dennoch nicht das Gefühl, daß die Staatsoberhäupter in ihrer Mehrzahl für einen schlichten Aufruf zum Boykott der Konferenz zu gewinnen wären. Gorbatschows jüngste Erklärung zu Glasnost hatte das eigenartige Phänomen der westlichen Gorbimanie ausgelöst: Millionen von Menschen waren fasziniert von einem Mann, den sie für den liberalen Zaren einer rückständigen Nation hielten. Aber vielleicht ließen sich die westlichen Regierungen dazu bewegen, die Konferenz von verschiedenen Bedingungen abhängig zu machen, *und vielleicht würden diese Bedingungen auch erfüllt werden*. Denn mir schien, als befände sich das sowjetische Regime, trotz seiner üblichen zuversichtlichen Verlautbarungen, in einer schweren allgemeinen Krise, nachdem man sich auf den neuen und unberechenbaren Prozeß von Glasnost eingelassen hatte. Das staatliche Informationsmonopol war in Wirklichkeit bereits von Solschenizyn, Sacharow und den Dissidenten gebrochen worden, die seit mindestens einem Vierteljahrhundert ihre eigene Glasnost praktizierten.

Aber als ich vor Jahren in einem privaten Schreiben an die Kongreßabgeordnete Millicent Fenwick geschrieben hatte, wir hätten uns auf Stacheldraht geworfen, damit andere über unsere Körper klettern konnten, war mir nicht in den Sinn gekommen, daß diese »anderen« Mitglieder des Politbüros sein würden! Offensichtlich brauchten die Sowjets jetzt dringend westliche Hilfe. Nun, wenn sie Hilfe unbedingt brauchten und darum der Sowjetunion das Ansehen als eines zivilisierten Staates verschaffen mußten, dann sollten sie wenigstens die Bedingungen erfüllen, die in jedem zivilisierten Land absolut normal waren; allem voran natürlich die Freilassung aller politischen Gefangenen. Andere Bedingungen müßten sein der freie Zugang zur Konferenz für osteuropäische und sowjetische Journalisten und Menschenrechtsgruppen, die nicht der Staat geschickt oder beeinflußt hatte, und das Recht für gewöhnliche Sowjetbürger, den KSZE-Delegierten gegenüber Beschwerden vorzutragen, ohne mit Repressalien rechnen zu müssen. Als ich Anfang Dezember, nachdem ich mit nahezu allen westlichen Delegationen Gespräche geführt hatte, aus Wien abreiste, gewann die Idee einer Menschenrechtskonferenz in Moskau, unter Erfüllung bestimmter Bedingungen, allmählich Anhänger. Margaret Thatcher allerdings lehnte den sowjetischen Vorschlag grundsätzlich und unmißverständlich ab. Als ich auf dem Weg nach Hause mit ihr zusammentraf, drängte ich sie, doch eine Moskauer Konferenz zu erwägen, freilich unter sehr strengen Bedingungen, und fügte hinzu, daß es, sollte der Westen nicht die Kraft haben, auf diesen Forderungen zu bestehen, tatsächlich besser wäre, nicht teilzunehmen.

Am 8. Dezember, während die sowjetische Delegation die Moskauer Gastfreundschaft noch immer zuversichtlich anbot, starb Anatolij Martschenko. Der Hungerstreik dieses großartigen Schriftstellers, Industriearbeiters und gewaltlosen Kämpfers gegen die staatliche Gewalttätigkeit hatte sein bitteres Ende gefunden. Die Delegierten in Wien kannten bereits seinen Appell an die Konferenz – Larissa Bogoras, seine Frau und selbst eine berühmte Dissidentin, hatte geholfen, den Appell aus dem Gefängnis von Tschistopol zu schmuggeln. Jetzt diskutierte man in Wien seinen Tod – und die Moskauer Menschenrechtskonferenz. Zwei Monate später kündigten die Sowjets an, sie würden mit der Freilassung von Menschen beginnen, die nach Artikel 70 (anti-sowjetische Agitation und Propaganda) inhaftiert worden waren – »wegen der Schwierigkeiten, die diese Gefangenen in unseren internationalen Beziehungen verursachen«. Jeden Monat sollten einige Gefangene freigelassen werden, wie Blutstropfen, die aus einem Stein gepreßt werden; Monat für Monat haben westliche Delegationen die endgültige Entscheidung über die Moskauer Konferenz vertagt, und weitere Gefangene wurden entlassen. Im Dezember 1988 schließlich, nachdem die meisten Gefangenen frei waren, stimmte die amerikanische Delegation unter dem Druck des amerikanischen Außenministeriums dem sowjetischen Vorschlag zu, die Konferenz noch vor Antritt der neuen Regierung zu beenden. Ein zögerndes England stimmte zu; dann folgte, noch zögernder, Kanada. Die umstrittene Moskauer Menschenrechtskonferenz konnte offiziell für das Jahr 1991 einberufen werden.

Anfang Februar 1987, in jenem Monat, in dem die ersten politischen Gefangenen entlassen wurden, deren Existenz jahrelang bestritten wurde, kehrte ich zu meiner wissenschaftlichen Arbeit zurück – nach einer erzwungenen Unterbrechung von dreizehn Jahren. Die herrliche Hügellandschaft um die Cornell-Universität in Ithaca, New York, erinnerte mich an die Landsitze außerhalb Moskaus, und meine Stellung als leitender Wissenschaftler im Labor für Nuklearforschung der Universität erschien mir ideal. Eher ein Alptraum war es, alleine nach Ithaca gehen zu müssen. Irina hatte nur deshalb mit mir Moskau verlassen, weil sie befürchtet hatte, andernfalls meine Rettung aus Sibirien zu gefährden. Sie war verzweifelt und unglücklich über die Trennung von meinem alten Freund Sascha Barabanow, und sie kehrte nach Moskau zurück, kurz bevor ich nach Ithaca übersiedelte. Wenn es denn sein muß, dann ist es sicher leichter, wenn es wegen eines Freundes und nicht wegen eines Feindes geschieht.

Also begann, so hoffte ich, zum letzten Mal ein neues Leben. Kurt Gottfried, ein brillanter Physiker und langjähriges Mitglied des SOS-Komitees, half mir, mich einzuleben. Schon als wir uns zum erstenmal trafen, fühlte ich mich zu ihm hingezogen, die Berufung an die Cornell-Universität hatte ich nicht zuletzt seinetwegen angenommen. Kurt war gerade dabei, einen Englischlehrer für mich zu suchen, als mir Slawa Paperno, ein Linguist, jemanden empfahl – eine außergewöhnlich intelligente Geisteswissenschaftlerin, die begonnen hatte, bei ihm Russisch zu lernen. Sie bewohnte, was sehr bequem war, eine Wohnung direkt unter der meinen. Ich stieg also die Treppe hinunter zu meiner ersten Englischstunde und blieb sechs Stunden: Wir diskutierten angeregt über Tschechow – ich mit meinen zwanzig Worten Englisch und sie mit ihren zweihundert Worten Russisch. Täglich wurde mein Englisch besser und ihr Russisch schlechter. Dann erwarben wir ein Haus auf dem Land und heirateten kurz nach meiner Scheidung von Irina.

In Ithaca hätte ich die Freiheit gehabt, mich ganz der Physik zu widmen. Dies tatsächlich zu tun, war eine ganz andere Sache.

Meine bewundernswert geduldigen Kollegen stellten keine Forderungen an mich, aber während dieses ersten Winters in Cornell sperrte sich etwas in meinem Kopf gegen Physik. Gesichter konnte ich immer noch nicht voneinander unterscheiden, jeder murmelte in einer Sprache, die Englisch zu sein schien, die ich aber kaum verstehen konnte, und aus aller Welt kamen Hunderte von Briefen und stapelten sich in Kästen. Es war eine Erleichterung, im darauffolgenden Frühling innerhalb von drei Wochen zweimal in Sachen Menschenrechte nach Europa reisen zu können – auf solchen Reisen waren wenigstens immer Dolmetscher zur Stelle. Bei meinem zweiten Besuch traf ich nochmals mit Margaret Thatcher zusammen, die vor ihrer Reise nach Moskau zu Gorbatschow mit mir sprechen wollte. Nachdem ich Gorbatschows widersprüchliche Versuche, beides zu retten, das Land und die Partei, kritisiert hatte, überreichte ich ihr eine lange Liste von Menschen, die wegen ihres Glaubens eingesperrt waren, eine Liste, die Helsinki Watch in New York vorbereitet hatte, und sie versprach, zu helfen. Dann fragte sie mich, was sie Positives bei ihren Gesprächen mit Gorbatschow vortragen konnte. »Nun, Sie versuchen beide in Ihren jeweiligen Ländern, Perestrojka in der Wirtschaft zu realisieren. Sie könnten«, schlug ich vor, »die Schwierigkeiten vergleichen, die das mit sich bringt.«

Meiner Regel folgend, mit Vertretern aus allen Bereichen des politischen Spektrums zusammenzutreffen, verabredete ich, während ich in London war, ein Gespräch mit David Owen. Die Entwicklungen in der Sowjetunion fand er faszinierend und verwirrend zugleich. »Warum nur hat Gorbatschow mit der Perestrojka begonnen?« fragte er. »Eine offensichtliche wirtschaftliche Krise«, erwiderte ich. Er schien meine Antwort überhaupt nicht zu verstehen. Vielleicht konnte er sich, wie viele andere Leute, mit denen ich mich unterhalten habe, eine Krise der Planwirtschaft einfach nicht vorstellen. Es dauerte lange, bis man im Ausland die Wirtschaftskatastrophe in der Sowjetunion, die für die Dissidenten längst offensichtlich war, wirklich zur Kenntnis nahm, auch wenn Gorbatschow schließlich öffentlich zugab, daß es ernste Probleme gebe. Nach Jahren der Verbreitung von illusorischen Statistiken, denen man im Westen nicht nur geglaubt, sondern manchmal noch überboten hatte, war der Kreml Gefangener der eigenen Propaganda.

Als ich im Oktober 1987 wieder nach Wien zur KSZE fuhr, waren die menschheitsbeglückenden Vorstellungen der Teilnehmer noch nicht viel weiter gediehen. Die französische Delegation hatte in der Zwischenzeit den Vorschlag gemacht, die umstrittene Moskauer Menschenrechtskonferenz in drei Abschnitten abzuhalten: 1989 in Paris, 1990 in Kopenhagen und 1991 in Moskau, womit man den Sowjets auf diplomatische Art und Weise hätte Maßstäbe vorgeben können. Diese hatten, auch wenn sie politische Gefangene freiließen, noch nicht in einer der in Frage stehenden Bedingungen auch nur Gesprächsbereitschaft gezeigt. Während meines Besuches bekam die Wand schließlich einen kleinen Riß, als Jurij Kaschlew, der Leiter der sowjetischen Delegation, erklärte, die Moskauer Konferenz würde der Öffentlichkeit frei zugänglich sein. Aber diese Formulierung war zu unpräzise, und ich wies die Delegierten darauf hin. Mein Gerichtsprozeß 1978, der auch »der Öffentlichkeit frei zugänglich« hätte sein sollen, war frei zugänglich für die vom KGB ausgewählte Öffentlichkeit, mit der man den Gerichtssaal vollgestopft hatte. Für die restlichen Besucher galt: »Tut uns leid, der Saal ist überfüllt.«

Während meines zweiten Winters im Westen fand ich in meiner Post einen Brief von Vernon Hughes, dem Leiter einer großen internationalen Forschungsgruppe, die genaue Messungen des anomalen Magnetfelds der Myonen vornehmen wollte. Hughes schickte mir eine eingehendere Beschreibung des Forschungsvorhabens, eine Einladung zum nächsten Treffen der Gruppe und die Kopie eines Briefes, den ich ihm vor zwanzig Jahren aus Eriwan geschickt hatte, als er ein ähnliches Experiment leitete. Beim Studieren der Unterlagen begann ich mit einigen Berechnungen, und unversehens befand ich mich wieder in der Welt der Physik. Ich hatte die Struktur für mein weiteres Leben im Westen gefunden – ein Gleichgewicht zwischen wissenschaftlicher Arbeit und meiner Arbeit für die Menschenrechte. Ich nahm nun an den Treffen der Gruppe um Hughes in Brookhaven teil, wobei ich diese Reisen zu Treffen mit Bob Bernstein, Arjeh Nejer und Jeri Laber, den Vorsitzenden von Helsinki Watch in New York, nutzte. Gleichzeitig begann ich mit Experimenten zu meinem alten Konzept der Wellenlogik. Im Mai 1988 traf ich mich privat mit Außenminister Shultz und nahm dann zusammen mit anderen Dissidenten an einem Treffen mit Präsident Reagan teil, bevor er seine Reise zum Moskauer Gipfeltreffen im Juni antrat. Dieses Mal interessierte sich Shultz hauptsächlich für die gegenwärtige politische und ökonomische Situation und die mögliche zukünftige Struktur der Sowjetunion. (»Es wird eine Konföderation werden«, prophezeite ich.) Dennoch bat ich ihn und später auch Präsident Reagan, in Moskau auch mit Dissidenten und *Refuseniks* zusammenzutreffen – was sie dann auch taten. Solche Gespräche würden Ansehen und Sicherheit der Dissidenten steigern, zum besseren Verständnis ihrer Absichten im Westen beitragen (wo man oft Dissidenten und *Refuseniks* für ein und dasselbe hielt) und alle daran erinnern, daß es noch eine ganze Reihe von Menschenrechtsproblemen gab, für die man sich einsetzen sollte.

Zwei Monate später schickten wir vier Koffer voller Bücher und einige Kleider in ein kleines Dorf nach Frankreich, direkt an der Grenze zur Schweiz. Mein alter Freund Pierre Lefèvre und meine neuen Freunde Dieter Möhl und Simon Van der Meer hatten mich zur Mitarbeit am CERN-Zentrum in Genf eingeladen. Unser Haus, die Nachbardörfer und umliegenden Felder, die Kuh- und Schafweiden, Straßen und Bäche – alles befand sich in der Mitte eines erstaunlichen unterirdischen Kreises: In fünfzig Metern Tiefe, mit einem Umfang von neunundzwanzig Kilometern, stand LEP, der riesige Beschleuniger für Elektronen und Positronen von CERN, kurz vor seiner Inbetriebnahme. Carlo Rubbia, designierter Leiter von CERN, erzählte mir, LEP sei in mancherlei Hinsicht die Verwirklichung eines zwanzig Jahre alten Vorschlags von mir, den manche Physiker damals für ziemlich verrückt gehalten hatten. Ich freute mich, jetzt zur Arbeit von CERN beitragen zu können, indem ich half, die Intensität des Antiprotons um einhundertundfünfzig Prozent zu steigern, und zwar mit Hilfe einer Methode, die später unter dem Namen »shaking« bekannt wurde. Ich schlug Emilio Picasso, dem Leiter von CERN, vor, eine eigene Versuchsreihe zur »kalten Fusion« zu starten – eine umstrittene wissenschaftliche Fiktion in jenem Jahr –, mit schwerem russischen Wodka statt des normalen schweren Wassers, und dann die Ergebnisse zu veröffentlichen. »Wir werden sicherlich viel Hitze und Neutronen und Gammastrahlen und all das haben«, versicherte ich ihm. Aber Emilio wollte da nicht mitspielen.

Zehn Jahre Gefangenschaft unter ganz verschiedenen Bedingungen hatten mich nun zu einem Gefangenen der Zeit gemacht: Für die wissenschaftliche Arbeit blieben mir nicht mehr genügend Jahre, und es gab zu wenige Stunden am Tag für meine Forschung, für die Menschenrechte, für die Arbeit an diesem Buch. So sah ich nicht viel von der wundervollen Gebirgslandschaft rund um CERN und auch sonst kaum etwas anderes als mein Büro, den Kontrollraum des CERN Antiproton-Akkumulators und mein Arbeitszimmer zu Hause. Aber die herzliche Freundschaft dort ersetzte uns all das. Pierre und Dieter wachten über mich wie Großmütter über einen Jungen, der gerade einen gefährlichen Fieberanfall überstanden hat. Georges Charpak verführte mich mit viel Feingefühl zu entspannenden Pausen, er lud uns einfach in seinen französischen Wagen, fuhr uns zu seinem Haus, wo er uns zum Wein einlud, nur ausgesuchte Jahrgänge: aus dem Jahr meiner Verhaftung, den Jahren meiner Gefangenschaft, dem Jahr meiner Befreiung. Max und Anja Reinharz waren neue Freunde, von denen man bald sicher wußte, daß sie alte Freunde werden würden.

Es war bewegend, mit Kollegen zusammenzuarbeiten, die so hart, so lange und zuletzt erfolgreich für meine Freiheit gekämpft hatten. Viele CERN-Wissenschaftler hatten meinetwegen wissenschaftliche Kongresse in der Sowjetunion boykottiert, andere hatten teilgenommen und am Tagungsort T-Shirts mit der Aufschrift »Laßt J. Orlow frei!« getragen. Immer noch hingen Poster mit meinem Bild und einem Appell für meine Freilassung an Bürotüren und in Labors, viele Leute besaßen noch ihre T-Shirts. Das »Jurij Orlow-Komitee«, das jetzt für die Freilassung verfolgter Wissenschaftler in der ganzen Welt arbeitete, hatte diesen Namen beibehalten, bis ich sie davon überzeugte, ihn zu ändern. Als ich einen Hilferuf von Frauen einiger verhafteter Mitglieder des Armenischen »Karabach Komitees« (die meisten davon Wissenschaftler und unter ihnen auch Freunde von mir) erhielt, konnte ich mich an das CERN-Komitee wenden, und sie haben eine große Kampagne gestartet.

Gegen Ende November 1988 flog ich zum letzten Mal nach Wien zu den KSZE-Verhandlungen; ich war eingeladen worden, um mit Warren Zimmerman, dem Leiter der amerikanischen Delegation, sowie anderen Delegierten über die Moskauer Menschenrechtskonferenz zu diskutieren. Ich erläuterte noch einmal meinen Standpunkt (»Zustimmen, aber strikte Bedingungen stellen«) und nahm auch an inoffiziellen Diskussionen über das vorgeschlagene Abschlußdokument der Konferenz teil. Eine Stellungnahme, die sich ausschließlich auf »Öffentlichkeit und Zugänglichkeit« der KSZE-Verhandlungen bezog und die so genau formuliert war wie ein rechtlich bindender Vertrag zwischen Parteien, die einander gut genug kennen, um sich gegenseitig zu mißtrauen, war – ganz diplomatisch – als Stellungnahme des Konferenzvorsitzenden auf die letzte Seite eines Anhangs verbannt worden. Namen wurden nicht erwähnt, aber das war auch nicht notwendig. Das Dokument bezog sich viel konkreter und detaillierter auf die Menschenrechte als die ursprüngliche Schlußakte von 1975 und umfaßte auch spezifische Rechtsmittel für die Opfer von Menschenrechtsverletzungen sowie Garantien für die Überwacher. Aufgrund heftiger Einwände von seiten der Sowjets war das Wort »Überwacher« – auf dem ich bestanden hatte – gestrichen worden. Dennoch hatte Moskau vielen Punkten zugestimmt, und das war sicherlich auf den westlichen Druck zurückzuführen, der in Wien stärker war als während der Madrider Konferenz von 1982, von der 1978-er Verhandlungsrunde in Belgrad gar nicht zu reden. Westliche Diplomaten haben mir wiederholt bestätigt, daß es die Dissidenten waren, und besonders auch die sowjetischen Helsinki Watch Groups, die diesen Druck bewirkt hatten. Sie hätten gezeigt, so sagten die Beobachter, daß es möglich sei, sich auf die Menschenrechtsbestimmungen der Verträge von Helsinki zu berufen, hätten gezeigt, wie man Gebrauch von ihnen machen könne, und sie hätten ein moralisches Beispiel gegeben, das der Westen nicht habe übergehen können. Dies zu hören gab mir ein Gefühl der Befriedigung, aber nicht des Sieges. Rußland war immer noch zu klein für uns beide – für den KGB und für mich; es war zu klein, und die Tschekisten machten keine Anstalten abzuziehen.

24
Was tun?

Wieder in Rußland zu sein war wie das Wiedersehen mit einer verrückten bösen Frau, die man einst leidenschaftlich geliebt und deretwegen man Schmerzen, Erniedrigung und Verzweiflung erlitten hat. Übrig bleibt von dieser verdammten alten Liebe nur – Liebe. Aber sie ist abgekühlt und mischt sich mit Mitleid und Abscheu.

Am 3. Juni 1989 befand ich mich wieder in Moskau.

Während einer seiner Reisen zum CERN, hatte mich mein alter Freund Alexander Skrinskij, Vorsitzender der Abteilung für Kernphysik an der Akademie der Wissenschaften der Sowjetunion und Direktor des Instituts für Kernphysik von Nowosibirsk, zu einem Workshop eingeladen. Sein Institut genoß hohes Ansehen, und die Akademie selbst wollte meine Reise finanziell unterstützen; so schnell würde ich keine Gelegenheit mehr bekommen, meine Kinder wiederzusehen. Ein Gesuch meines Sohnes Sascha, der im Bereich der mathematischen Physik arbeitete, mich in Frankreich besuchen zu dürfen, war bereits abgelehnt worden, weil er Träger von Staatsgeheimnissen sei – Sascha, der sein Leben lang von allen Staatsgeheimnissen ferngehalten worden war! Ich beantragte ein Visum.

Kurz vor Beginn des Workshops lehnten die sowjetischen Behörden meinen Antrag ab. Aber irgendein Zauberkünstler verschaffte meiner Frau, einer Geisteswissenschaftlerin, ein äußerst merkwürdiges Visum: Es wies sie als Wissenschaftlerin und Technikerin aus, nannte das Staatliche Komitee für Atomenergie (von dem sie noch nie gehört hatte) als ihren Förderer, und es öffnete ihr die Türen eines speziellen wissenschaftlichen Instituts für einen Besuch, eines Instituts, von dem sie ebenfalls noch nie etwas gehört hatte! Das amerikanische Außenministerium, Helsinki Watch Groups, Wissenschaftler von CERN, von DESY in Hamburg und aus der Sowjetunion – darunter meine Freunde Lew Okun, Andrej Sacharow und Jewgenij Tarasow –, sie alle versuchten, etwas zu bewirken. Eine Woche verstrich, und der Workshop war fast vorüber. Zur Hölle damit, dachte ich, und wir reisten zu Verhandlungen der KSZE nach Paris. Als wir dort ankamen, erfuhren wir, daß ein auf zehn Tage in Moskau beschränktes Einreisevisum plötzlich in den Botschaften von Genf, Washington und Bern vorliege. Trotz Perestrojka hatten Mitglieder der Sowjetischen Akademie bis zu Tschebrikow, Politbüromitglied und ehemaliger KGB-Chef, vordringen müssen, um eine Genehmigung für meine Einreise zu erhalten. Meine Frau fuhr nach Genf, um das Visum abzuholen und Kleidungsstücke, die wir für meine Söhne gekauft hatten, einzupacken, noch am selben Tag kehrte sie nach Paris zurück. Am nächsten Morgen flogen wir von dort nach Moskau.

Mit unseren Koffern, die vollgestopft waren mit wissenschaftlichen Aufsätzen, Kleidung und einer Flasche Moskowskaja Wodka aus Paris, wurden wir von einem schwarzen Wolga der Akademie in Schenja Tarasows vertraute Wohnung gebracht. Wie viele Tassen Tee hatten er und ich dort zusammen getrunken! Dima und Sascha wohnten immer noch mit Galja in dem Gebäude, in dem auch Schenja wohnte, in der Wohnung, die uns ITEP vor langer Zeit zugewiesen hatte. Das Institut befand sich noch immer nebenan. Dort würde ich über meine Forschung bei CERN und an der Cornell University berichten, dort hatte vor kurzem eine Versammlung des wissenschaftlichen und technischen Personals, trotz der Einwände des Parteisekretärs des Instituts, dafür gestimmt, den Obersten Gerichtshof zu ersuchen, meinen Prozeß und meine Verurteilung zu überprüfen.*

Während der ganzen Woche wurde Schenjas Wohnung von morgens bis spät in die Nacht belagert; Priester der Unierten Kirche aus der Westukraine wollten eine Petition für die Pariser Menschenrechtskonferenz übergeben; ein Mitarbeiter der liberalen Zeitschrift *Ogonjok* wollte gerne ein Interview haben, das sein Chefredakteur vielleicht sogar drucken würde;* ein Fotograf brachte Aufnahmen, die er heimlich während meines Prozesses 1978 vor dem Gerichtsgebäude von Sacharow gemacht hatte; Moskauer Freunde und Bekannte erschienen zu jeder

* Am 19. Juni 1989, kurz nachdem Artikel 70 aus dem Strafgesetzbuch gestrichen wurde, wurde die Petition abgelehnt mit der Begründung, daß meine Schuld durch Beweise bestätigt worden war und daß meine Aktivitäten »gemäß der damals gültigen Gesetzgebung (Artikel 70)« beurteilt worden seien.

** Erschienen in der September-Ausgabe (Nr. 35).

Tageszeit, drängten sich um den Eßzimmertisch, füllten Wohnzimmer und Küche, diskutierten, wenn ich nicht da war, miteinander oder verfolgten politische Nachrichten im Fernsehen. Sascha Podrabinek, der mittlerweile aus der Verbannung freigelassen worden war, brachte seine Frau und seine Kinder aus einer Stadt in der Nähe von Moskau mit, und Schenjas Bruder brachte aus Tula Grüße und einen Kuchen, gebacken von Sinaida Afanasjewna, die mich einst in ihrem Haus versteckt hatte. Mischa Gornostajew, mein Freund aus Sangar, kam aus Minsk angeflogen, wo er und seine Familie inzwischen wohnten. Und endlich, aus dem fernen Kaliningrad, erschien mein Sohn Lew. Ich hatte gehofft, Tamara und Nina Iwanowna, meine Freunde aus Kobjaj, zu sehen, aber Tamara war nicht auffindbar, und Nina Iwanowna sagte mir am Telefon, daß sie Moskau wahrscheinlich nicht rechtzeitig erreichen würde. Dina und Barachlo? Sie seien spurlos verschwunden.

Tarasow organisierte ruhig und besonnen meinen Stundenplan und chauffierte mich in seinem siebenundzwanzig Jahre alten Auto in Moskau umher – ein verfallendes Meisterwerk, das er persönlich in Gang hielt. Lew hatte eine Aufnahme von seiner Musik mitgebracht, er führte uns dabei den Synthesizer vor, den ich ihm besorgt hatte, und nahm uns mit zu einem Basar von Kunsthandwerkern in westlichem Stil. Fast jeden Morgen und Abend spazierte ich mit Dima oder Sascha um den kleinen Park vor dem Gebäude, dann die Straße auf und ab, vorbei am ITEP nebenan. Es war bittersüß, dort entlangzugehen. In diesem Institut hatte ich vor sechsunddreißig Jahren meine Karriere begonnen, aus diesem Institut hatte mich nur drei Jahre später das Politbüro hinausgeworfen und damit mein Arbeits- und Familienleben ruiniert.

Die Armut und die Atmosphäre der Vernachlässigung in Moskau fielen mir besonders auf. Es lag noch mehr nicht abgeholter Müll herum als vor zwölf Jahren, und ich erkannte sogar Schienen und Röhren wieder, die einfach zwischen den Gebäuden abgeladen worden waren. Viele Menschen, die mir auf der Straße, in den Straßenbahnen, in Büros begegneten, wirkten erschöpft und mißmutig. Es gab jetzt noch viel weniger zu essen, und noch längere Schlangen standen vor den Geschäften. Zucker und Seife waren rationiert; Mila Tarasow hatte eine ganze Woche damit zugebracht, genügend Fleisch für unser Essen zusammenzutragen. Und Moskau war das Schaufenster. Überall sah man Anzeichen für eine bevorstehende Wirtschaftskatastrophe, die unvermeidbar schien, denn das sowjetische System funktionierte seit langem nicht mehr – eine Tatsache, die bis dahin nur den Sowjetologen und jenem großen Teil der isolierten sowjetischen Bevölkerung verborgen geblieben war, der Fleischsuppe nicht aus echten Kochtöpfen, sondern aus Trugbildern in den offiziellen Zeitungen löffelte. Nach dem Experiment mit privatem Eigentum unter NEP in den zwanziger Jahren war unser Wirtschaftswachstum durch eine Kombination aus Staatsterrorismus, blindem Eifer der Bevölkerung und Selbstzerfleischung künstlich aufrechterhalten worden – Wissenschaftler, die in *Scharagas* arbeiteten, Straßen, die mit der Arbeitskraft von Sklaven gebaut wurden, und Maschinen, die mit Getreide bezahlt wurden, das man der Bevölkerung vom Teller genommen hatte. Um der Reinheit unseres Experimentes willen hatten wir die produktivsten Teile unserer Bevölkerung systematisch zerstört.* Ein halbes Jahrhundert nach der Revolution hatten wir allen Lebenssaft aus uns herausgequetscht, und der unvermeidliche, rasche Zusammenbruch begann: eine in der Geschichte beispiellose Korruption, ein nahezu vollständiger Verlust von Interesse an der Produktion, eine außer in militärischen und damit verbundenen Bereichen unterentwickelte Technologie und eine schockierende Unterentwicklung im sozialen Bereich, besonders in bezug auf Ernährung und Wohnungsbau. Kaum einer von den Menschen auf der Straße glaubte noch an die Vorzüge einer umfassenden zentralisierten, »wissenschaftlichen Planung« – an jene ineffiziente, unmenschliche, zutiefst unwissenschaftliche Phantasmagorie von Zielen, die willkürlich von oben gesetzt wurden und die zu erreichen man alle Methoden des Zwangs anwendete. Siebzig Jahre nach der Revolution bekamen die Menschen in der Sowjetunion weniger Fleisch zu essen als zur Zeit des Zaren. Nach ihrem Pro-Kopf-Einkommen rangierten sie weltweit an fünfundvierzigster, nach ihrer Lebenserwartung an

* Nach derzeitigen Schätzungen in der sowjetischen Presse beläuft sich die Zahl der Menschen, die in der Zeit nach dem Bürgerkrieg bis zur Ära Chruschtschow hingerichtet wurden oder im Lager oder Hungers starben, auf 65 Millionen.

dreizehnter Stelle. Mit der Säuglingssterblichkeit erreichten sie die fünfzigste oder eine noch schlechtere Position.

Und dafür waren zig Millionen Leben in den Lagern zerstört worden?

Warum wurden Menschen in den Abgrund eines radikalen gesellschaftlichen Experiments gezerrt? Warum wurde der erste Test mit dieser brillanten Theorie nicht mit Ratten gemacht? Von Anfang an waren in unserer neuzeitlichen Geschichte zwei Vorstellungen untrennbar verwoben: die eine, der reine und schöne Traum von einem Paradies auf dieser Erde, das nicht erst in der Ewigkeit, sondern zu Lebzeiten unserer Kinder oder Enkel oder Urenkel errichtet werden sollte; die andere, ein obsessiver Glauben daran, daß wir, um dieses Paradies zu errichten, alle diejenigen vernichten müßten, die nicht an den Traum glaubten, die nicht zum Stamm der Auserwählten gehörten, die Widerstand leisteten. Das Rußland des 20. Jahrhunderts ähnelte einem strahlend schönen jungen Mann, der sich nur dem Guten widmen wollte, der einen vollkommenen Plan des universellen Glücks entwarf und sich, indem er ihn verfolgte – vorübergehend, natürlich nur vorübergehend –, mit Mördern einließ. Gemeinsam mit ihnen beging er die verschiedensten Verbrechen, er übernahm alle ihre Laster. Das Leben war ein grober Entwurf, die Reinfassung wurde immer wieder auf ein Morgen vertagt, das niemals kommen wollte. Dies war schließlich sein moralischer Ruin. Er hat nichts gelernt, er hat allen Glauben verloren, Jugend, Gesundheit und Fähigkeiten vergeudet. Und nun kommt er plötzlich zur Besinnung, betrachtet sich im Spiegel und ist entsetzt. Das ganze Leben vertan! Was tun?

Als er sich mit dem Bankrott der Partei und der düsteren Zukunft des Landes als Weltmacht konfrontiert sah, suchte der Parteiapparat nach einem Retter, und diesen Retter sah man in Gorbatschow. Die Apparatschiks ließen nicht einfach nur zu, daß er Reformen in Gang setzte, vertrauten sich ihm nicht nur an, nein, sie klammerten sich mit beiden Händen an seine Rockzipfel – in der Hoffnung, er würde sowohl sie als auch das Land aus dem Abgrund herausbefördern. Ihr treuer Sohn bot Perestrojka und Glasnost als taktische Lösung des Problems an. Perestrojka bedeutete eine bis dahin nicht näher definierte Umstrukturierung der Wirtschaft und Glasnost irgendeine offiziell geregelte Freiheit, Informationen zu erhalten und zu übermitteln und die Bürokratie zu kritisieren; konzipiert als Mittel, das nur ermöglichen sollte, die Perestrojka durchzuführen, war Glasnost hauptsächlich eine Methode, um gegen Korruption und Ineffizienz zu kämpfen und um neue Ideen zu entwickeln.

War es denn dem Politbüro nicht von vornherein klar, daß kein einziger Ziegelstein aus der leninistisch-stalinistischen Struktur herausgezogen werden konnte, ohne das ganze Gebäude zum Einsturz zu bringen? Sicherlich witterten sie die Gefahr, die von Reformen ausging. Chruschtschow hatte das geahnt und ist zurückgewichen. Auch seine Nachfolger. Sie ließen alles schleifen, bis die Konstruktion unter ihrem eigenen Gewicht zusammenzubrechen drohte. Die Unbestimmtheit von Gorbatschows Perestrojka zeugte von Angst und verurteilte das ganze Projekt zum Scheitern, einmal ganz abgesehen davon, daß jede Art von Perestrojka ohne grundlegende Reformen der politischen Struktur zu wenig sein und zu spät kommen würde. Was Gorbatschow wirklich hätte fürchten müssen war Glasnost. Als er dies zuversichtlich ausrief, da hat er unbewußt die globale Lüge zerstört, auf der das ganze System beruhte. Und eben damit hat er eines der größten Dramen des 20. Jahrhunderts in Gang gesetzt: den qualvollen Zusammenbruch des letzten großen Weltreichs, die Zerstörung des großen Traums ganzer Völker.

Das Land war darauf vorbereitet. Nach fünfundzwanzig Jahren heimlicher Lektüre und Diskussion der Ideen von Sacharow, Solschenizyn und der Dissidenten begann eine immer größere Zahl sowjetischer Bürger, aus dem Küchendunst herauszutreten, wo sie Samisdat nur lasen, und allmählich, Schritt für Schritt, unaufhaltsam und friedlich die Grenzen von Gorbatschows Glasnost in die Richtung der Vorstellungen der Dissidenten zu verschieben: Meinungsfreiheit nach westlichem Muster, verstanden als ein grundlegendes Menschenrecht. Es war das Volk selbst, das Glasnost schuf, aber die Geschichtsbücher werden das wohl für immer mit dem Namen Gorbatschow in Verbindung bringen.

Die Perestrojka hatte die Arbeiter von Anfang an kalt gelassen, und als ich in Moskau ankam, war die zunächst hoffnungsvolle Intelligentsia diesbezüglich pessimistisch geworden. Aber Glasnost versetzte weiterhin jeden in fiebrige Aufregung, die förmlich in der Luft lag. Gerade während meines Besuchs tagte der Kongreß der Volksdeputierten zum erstenmal, und Gorbatschow bestand darauf, daß die Konferenz in Fernsehen und Radio übertragen wurde. Diesen Kongreß hatte er geschaffen als eine Art Clearingstelle für Informationen und als demokratischen Marktplatz der Meinung. Unter den Delegierten befanden sich Parteitreue, so ließ sich der Kongreß umsichtig kontrollieren. Weil er nicht verstand, daß Demokratie und Meinungsfreiheit nicht einfach wie eine Arznei dosiert und verabreicht werden können, hat Gorbatschow viel mehr erreicht, als er wollte. In den Wohnungen und Innenhöfen, auf den Straßen und sogar in den schwarzen Wolgas, im ganzen Land hörte man die Stimme von Jurij Wlasow, einem Moskauer Volksdeputierten, der den KGB unverhohlen kritisierte; man hörte die baltischen Abgeordneten, die sich für völlige wirtschaftliche Unabhängigkeit von Moskau aussprachen; man hörte die Stimme Adil Jakubows, des Deputierten aus Usbekistan, der ergreifend die Lage von Dorfkindern in Usbekistan beschrieb, die durch Unterernährung, Pestizide und täglich zwölf Stunden Arbeit als Baumwollpflücker, ohne einen freien Tag, Feiertage, Ferien, so zugrunde gerichtet werden, daß die Armee es ablehnt, sie aufzunehmen. Alle hörten, wie Andrej Sacharow, als Delegierter der Akademie, vorschlug, man müsse die Macht der Partei auf den Kongreß und die örtlichen Sowjets übertragen und das Land den Bauern zurückgeben. Als ihn ein organisierter Claqueur auf der Besuchertribüne übertönte oder als Gorbatschow ihn mit einer unhöflichen Bemerkung unterbrach und einmal sogar das Mikrophon ausschaltete – hörte es das ganze Land. Der Kongreß verschaffte Millionen von Menschen einen ersten Eindruck von wirklich öffentlichem Leben.

Und jeden Abend, während der Kongreß tagte, hielt die demokratische Vereinigung »Memorial« riesige Kundgebungen im Luschniki-Sportpark ab. Gorbatschow hatte sie unter dem Druck der Moskauer Deputierten zugelassen. Ich habe an einigen dieser außergewöhnlichen Veranstaltungen teilgenommen, die von einem Freund, dem Physiker Lew Ponomarjow, geleitet wurden. Eines Abends drängten sich im Luschniki-Park vierzigtausend Menschen jeden Alters. Über ihren Köpfen wehten die Fahnen verschiedener Vereinigungen, Fronten und Parteien – die Trikolore der Demokratischen Union; die schwarze Fahne mit den roten Sternen der Anarchosyndikalisten; die weiße mit dem hellblauen Kreuz der Russischen Nationalen Front und Gott weiß welche noch – und Transparente wurden gezeigt mit Parolen zur Unterstützung der demokratischen Deputierten im Volkskongreß; zur Unterstützung Sacharows; zur Unterstützung Boris Jelzins; zur Unterstützung der Demokraten in Georgien, in Armenien und in den Baltischen Staaten; gegen den Parteiapparat und gegen die konservative Mehrheit im Kongreß; gegen Gorbatschow wegen seiner Unterstützung des Parteiapparats. Nur die roten Fahnen der Kommunisten fehlten. Nein, wir haben uns nicht umsonst geopfert, dachte ich, während ich versuchte, mir einen Weg durch die dichte Menschenmenge zu bahnen. Ich brauchte eine halbe Stunde, um in die Nähe der Rednertribüne zu gelangen.

Ich kam gerade noch rechtzeitig, um eine politische Rede von Pater Gleb Jakunin zu hören, meinem alten Freund aus dem Lager. Nach Pater Gleb berichteten mehrere demokratische Deputierte über die heutige Sitzung. Dann sprach Boris Jelzin – Gorbatschows Gegnerspieler, Volksheld und Kongreßabgeordneter –, er trat auf wie ein amerikanischer Präsidentschaftskandidat, umschwirrt von einer Gruppe grimmig dreinblickender Begleiter. Sie brachten ihn schnell zur Tribüne. Er sprach zu der heftig applaudierenden Menge, unterstützte Sacharow und griff die Konservativen im Kongreß an, die Sacharow am Morgen attackiert hatten. Die Persönlichkeit von Jelzin interessierte mich sehr. War er Populist, wie viele Moskauer Intellektuelle behaupteten? Anscheinend nicht. Denn ein Populist würde seine Rede vor diesen so Leuten sicher nicht ausschließlich der Verteidigung des berühmtesten Intellektuellen in ganz Rußland widmen.

Als Jelzin geendet hatte, bat mich Lew Ponomarjow, das Wort zu ergreifen. Ich gratulierte den Versammelten, daß sie als innerlich freie Menschen vor mir stünden, ganz anders als vor zwölf Jahren. Ich erwähnte meine Gespräche mit Lech Walesa in Straßburg, mit Adam Michnik, Jacek Kuroń und anderen Solidarność-Führern in Warschau, und forderte die Menge auf, dem Beispiel von Solidarność zu folgen, und, im Kampf für Demokratie und zugleich für einen höheren Lebensstandard, die gegenseitige Unterstützung von Arbeitern und liberaler Intelligentsia zu suchen. Zum Schluß wies ich auf die dringende Notwendigkeit hin, eine zweite, breit fundierte und erklärtermaßen gewaltlose Partei zu gründen, die mit der Kommunistischen Partei konkurrieren und den Grund bereiten müsse für eine zukünftige Massenbewegung der Arbeiter. (Jelzin wäre ein guter Motor für solch eine Partei, dachte ich bei mir, und zwar nicht zum erstenmal.) Dann verabschiedete die Versammlung Lew Ponomarjows Resolution, mit der gefordert wurde, daß Solschenizyn, Wladimir Bukowski und ich wieder eingebürgert werden sollten.

Nachher eilten Aktivisten der unterschiedlichsten Gruppen zu mir, um sich mit mir zu unterhalten, und kleine Papierschnipsel gingen von einer Hand zur anderen: Grüße, Bitten um Hilfe, sogar eine Botschaft an meinen Sohn Lew. Als ich ging, standen die beiden Milizsoldaten immer noch auf ihren Posten oben auf dem Bahndamm jenseits des Platzes. Ihre Silhouetten schienen vor dem fahlen Abendhimmel bedrohlich über der Menge zu schweben. Aber es war nur ein böser Effekt des Lichts, denn auf der Versammlung waren allenfalls zwanzig Männer der Volksmiliz zugegen – und offensichtlich waren sie zum Schutz hinbefohlen worden, nicht zur Bedrohung.

An unserem letzten Tag in Moskau gingen meine Frau und ich mit Galja und Dima zum Krematorium, um das Grab meiner Mutter zu besuchen. Wir schritten durch das Donskoj-Kloster nebenan, wo ich als kleiner Junge gerne zwischen den alten Grabsteinen herumgestreunt war. Die Verbrennungsanlage existierte nicht mehr, und das Gebäude war von einem Gerüst umgeben; aus dem alten Friedhof war ein Dickicht aus Unkraut, Gestrüpp und Bäumen geworden. Aber auf der anderen Seite der Klostermauer war der kleine Fleck Erde um das Grab meiner Mutter noch gepflegt, und das Photo, das ich vor so langer Zeit ausgesucht hatte, war noch auf dem Stein. Mutter sah schön aus, genau wie sie es sich gewünscht hatte. Sie sah aus wie Carmen.

An diesem Abend gaben die Bryksins eine Abschiedsparty. »Du bist noch am Leben und gesund, das ist die Hauptsache«, sagte Jekaterina Michailowna lebhaft und drückte mich an sich. Sie war mittlerweile fast blind. Anja, Nona, ihre Männer und ihre Kinder, alle waren anwesend, auch meine Söhne und die Tarasows. Die Sacharows mußten sich nach den Anstrengungen des Kongresses ausruhen, aber Anitschka und Nona war es gelungen, andere Freunde aus dem Kreis der Dissidenten, die noch in Moskau lebten, zusammenzutrommeln. Larissa Bogoraz brachte ihren Sohn mit, dessen Vater Anatolij Martschenko war. Pascha hatte das Gesicht seines Vaters: mutig und schön.

Alle sahen älter aus, und vielleicht ein wenig traurig. Pater Gleb verteidigte immer noch die Rechte der religiösen Gläubigen, und Sergej Kowaljow und Larissa setzten ihre Menschenrechtsaktivitäten jetzt in einer internationalen Organisation fort. Aber Tanja Welichanowa hatte sich aus der Menschenrechtsarbeit zurückgezogen, weil ihr, wie sie sagte, diese Tätigkeit zu politisch geworden war und die Politik nicht zu ihrem Temperament oder Talent passe. Sofia Kalistratowa durfte wieder als Rechtsanwältin arbeiten; der Strafprozeß wegen ihrer Mitgliedschaft in der Moskauer Helsinki Watch Group war eingestellt worden.

Unter einem Bild von Iwan Jemeljanowitsch, hoch oben an der Wand, aßen wir, tranken einander zu und erzählten Witze, wie in alten Zeiten. Jemand fing an, Klavier zu spielen, und Jekaterina Michailowna trug mit klarer, fester Stimme russische Romanzen vor. Dann wechselte das Klavier plötzlich zu einem Foxtrott über, und ich tanzte mit ihr, bis wir beide vor Erschöpfung umfielen.

Nach Paris zurückgekehrt, berichtete ich als Mitglied der amerikanischen Delegation der KSZE-Menschenrechtskonferenz von meiner Reise nach Moskau. Anschließend fuhr ich nach Genf. Es wurde langsam Zeit, an die Heimkehr zu denken. Kurz bevor wir nach Ithaca abreisten, sah ich Andrej Sacharow zum letzten Mal. Unser Wiedersehen im vorherigen Dezember – auf jener riesigen Veranstaltung, die der französische Präsident Mitterrand zur Feier der Menschenrechte organisiert hatte, und bei einem kleinen Treffen französischer Wissenschaftler und Mathematiker, die uns beiden geholfen hatten – war allzu kurz und formell gewesen. Jetzt verbrachten Sacharow und Jelena Bonner fast einen halben Tag mit uns im CERN-Menschenrechtskomitee, dabei waren auch zwei Studenten aus China, die in der Demokratiebewegung engagiert waren. Das Massaker auf dem Platz des Himmlischen Friedens hatte sich vor knapp zwei Monaten ereignet, und wir wollten alle wissen, wie man verfolgten Wissenschaftlern und Studenten in China helfen könnte. Sacharow war, wie ich, der Meinung, wir sollten alle offiziellen wissenschaftlichen Konferenzen in China boykottieren; und ich bin mir sicher, er hätte an dieser Kampagne zur Unterstützung verfolgter chinesischer Wissenschaftler – insbesondere des Astrophysikers Fang Lizhi, des »chinesischen Sacharow« – teilgenommen, die von Asia Watch, dem Robert F. Kennedy Memorial Center for Human Rights und mir im darauffolgenden Frühling organisiert wurde.

Wir aßen zu Abend in der Weinlaube eines Privathauses und genossen diesen seltenen Augenblick der Ruhe. Sacharow sagte, meine Rede im Luschniki-Park habe ihm gefallen. Das freute mich, denn er hatte bis dahin kaum Kontakt zu Arbeitern gehabt, und eine Allianz von Intellektuellen und Arbeitern war meiner Meinung nach notwendig, um das Regime zu besiegen. Spät am Abend erzählten er und Jelena fast nostalgisch von ihrer Konfrontation mit der Volksmiliz vor dem Gerichtsgebäude während meines Prozesses. Das ist das letzte Bild, das ich von ihm habe – gegen die Kühle der Nacht eingehüllt in das getigerte Tuch meiner Frau, über die Miliz witzelnd und Tee schlürfend. Fünf Monate später starb er unerwartet, zu Hause, am Vorabend eines, wie er zu Jelena gesagt hatte, Kampftags im Kongreß. Sacharow hatte den Gang der russischen Geschichte bereits verändert. Wenn er weitergelebt hätte, hätte er weitere Veränderungen bewirkt. Denn gegen Ende seines Lebens war er nahezu über Nacht zu einem brillanten, engagierten Politiker geworden, der nicht nur zähe Kämpfe im Kongreß ausfocht, sondern auch mit Industriearbeitern zusammentraf und eine neue Verfassung entwarf, die ich als eine »Verfassung der Menschenrechte« bezeichnen würde. Als einzige Persönlichkeit des öffentlichen Lebens, die in allen Teilen seines allzugroßen Landes respektiert wurde, war Sacharow zu demjenigen geworden, der eine untergehende, bis ins Innerste erschöpfte Nation hätte führen können, eine Nation, die jedoch immer noch empfänglich war für große Aufrichtigkeit, große Leistungen, großes Leiden und große Präzision von Gedanken.

Nach dem Tod von Sacharow dachte ich mir, daß es hilfreich sein könnte, meine Ansichten über die politische Struktur der Sowjetunion bei einigen Versammlungen der interregionalen

Gruppe der Volksdeputierten vorzubringen, deren Vorsitzender im Kongreß Sacharow gewesen war. Alles war bereits arrangiert. Aber die sowjetische Botschaft in Washington spielte ihr übliches Spiel bis zum Abflugtermin (»Wir warten auf die Genehmigung aus Moskau«) und ließ das Reisebüro, das meine Reise organisiert hatte, schließlich wissen, es gäbe eine Liste von Personen, denen kein Visum gewährt würde, und der Name Orlow stehe auch darauf. Wenigstens waren sie nicht so unhöflich wie die Tschechoslowakische Botschaft in Washington im Monat zuvor, die mir ein Visum verweigerten, als ich ihren neugewählten Staatspräsidenten besuchen wollte. Als man ihnen vorhielt, Orlow habe eine Einladung von Václav Havel persönlich erhalten, spotteten sie: »Wer ist denn dieser Havel überhaupt?«

Ich nahm an, man würde die offizielle schwarze Liste für die Jahreskonferenz der Internationalen Helsinki Federation 1990 abändern, die Ende Mai, kurz vor Beginn der Kopenhagener KSZE-Menschenrechtskonferenz, in Moskau stattfinden sollte – unter anderem, um die Bedingungen für die berühmte Moskauer Menschenrechtskonferenz 1991 zu testen. Dies wußte auch das sowjetische Außenministerium und hatte der IHF versichert, alle ihre Mitglieder, einschließlich des Ehrenvorsitzenden, dürften teilnehmen. Ich hatte vor, zuerst nach Uppsala zu fahren, da die dortige Universität mir einen Ehrendoktortitel für meine Arbeit in Physik und in Sachen Menschenrechten verleihen wollte, dann zum IHF-Treffen nach Moskau und anschließend nach Kopenhagen.

Einige Wochen bevor ich nach Uppsala abreisen mußte, informierte mich das Reisebüro, das auch die Reisen für Helsinki Watch in New York organisierte, die Sowjetbehörden weigerten sich, mir ein Visum zu erteilen. Da Rosalynn Carter beabsichtigte, an der Konferenz teilzunehmen, rief ich in ihrem Büro an und bat um Hilfe. Ich telefonierte auch mit Kerry Kennedy – wir hatten in der Kampagne für Fang Lizhi zusammengearbeitet –, um herauszufinden, ob Senator Kennedy etwas in die Wege leiten könnte. Eine Woche später rief mich das Reisebüro an, um mir mitzuteilen, daß sie mein Visum doch erhalten hätten und es per Eilboten mit meinen Flugtickets nach Skandinavien senden würden. Die Tage vergingen, die Sendung traf nicht ein, die Zeit wurde allmählich knapp. Ich telefonierte. »Wir schikken sie morgen ab«, versprachen sie. Am nächsten Tag telefonierte meine Frau. »Wir haben sie abgeschickt.« In der Post fanden wir nichts. Das Visum und die Tickets hätten, damit ich sie rechtzeitig erhielt, unbedingt an diesem Tag losgeschickt werden müssen. Sie rief nochmals an, und man sagte ihr, es sei ein Irrtum gewesen, gar nichts sei abgeschickt worden. »Was genau wollen Sie uns eigentlich schicken?« fragte sie, einer plötzlichen Eingebung folgend. »Die Tickets für Ihren Mann und Ihr Visum.« Doch meine Frau hatte ihre Reise schon vor langer Zeit storniert! Was war mit meinem Visum? »Die sowjetische Botschaft wird kein Visum erteilen.« – »Aber Sie haben meinem Mann am Telefon gesagt, Sie hätten sein Visum bereits erhalten!« protestierte sie. »Sie wissen doch, wie schlecht Ihr Mann Englisch spricht, er muß uns mißverstanden haben.« Meine Tikkets und ihr Visum sollten nun noch am selben Nachmittag abgeschickt werden, aber als eine Mitarbeiterin von unserem Washingtoner Büro hinging, um das zu überprüfen, war nichts weggeschickt worden; auf meine Anweisung hin nahm sie die Tickets an sich. Währenddessen verweigerte mir das dänische Konsulat in New York ein Transitvisum für Kopenhagen, weil ich keines für Moskau hatte. Da ihr das alles ziemlich merkwürdig vorkam, entschloß sich meine Frau, mich zu begleiten.

Während ich durch die Linné-Gärten neben unserem Hotel in Uppsala spazierte, mit Kollegen zusammentraf und abwechselnd Reden über »Ionenfallen« oder Menschenrechte hielt, hat sich die langweilige Farce über drei Kontinente hinweg entfaltet. Helsinki Watch in New York hielt uns auf dem laufenden. Das Sowjetische Außenministerium beharrte gegenüber der entrüsteten IHF in Moskau darauf, daß mir ein Visum ausgestellt worden sei; man werde das überprüfen. Die Schlüsselfiguren des New Yorker Reisebüros waren leider verreist – nach Moskau; derjenige, der noch da war, erklärte der Helsinki Watch gegenüber, es sei alles »Orlows eigene Schuld, weil er den Sowjets so viele Schwierigkeiten bereitet hat«. Das Außenministerium berichtete wiederum der IHF, ein für vier Tage gültiges Visum liege in Washington für mich bereit, und eines liege in Stockholm; der Botschafter dort weigere sich aber, es auszuhändigen. Ein Physiker-Kollege aus Uppsala fragte nach und erfuhr, daß der Botschafter gar nicht im Lande war.

Ein sowjetisches Visum lag tatsächlich in Washington bereit.

Wir waren der Meinung, daß es am sichersten wäre, wenn Helsinki Watch es per Eilboten nach Uppsala schickte. Während des echten Kanonendonners und als mir gerade ein Lorbeerkranz aufs Haupt gedrückt wurde, kam das Stückchen Papier in der Aula der Universität an. Nach der Zeremonie sausten wir zurück zum Hotel, wo ich in der Garderobe schnell meinen Abendanzug gegen Reisekleidung tauschte, und erreichten den Flughafen gerade noch rechtzeitig zum Abflug der Maschine nach Moskau. Im Flugzeug skizzierte ich schnell die Rede, die ich am nächsten Morgen halten sollte, an die aber niemand mehr geglaubt hatte.

Um zwei Uhr morgens lag der Flughafen Scheremetjewo verlassen da. Der junge KGB-Grenzbeamte in seiner Glaskabine schaute schläfrig drein. Er blätterte durch meine amerikanische Wiedereinreiseerlaubnis und entriegelte die hüfthohe Schranke – so wenig Formalitäten! Die Schranke schloß sich automatisch hinter mir. Der Beamte warf einen kurzen Blick auf den amerikanischen Paß meiner Frau, auf sie, auf einen Bildschirm – und griff zum Telefon. Ein weiterer KGB-Grenzbeamter zwängte sich wie eine Sardine in die Kabine, dann noch einer und noch einer. Sie konferierten besorgt, schauten mich an, telefonierten, schauten mich an, konferierten abermals. Nach zehn Minuten erschien ein KGB-Offizier auf meiner Seite der Schranke, bat um meine Wiedereinreiseerlaubnis und lud mich freundlich ein, eine Weile mit ihm zu plaudern. »Nein, das werde ich nicht tun. Wir können zurückfliegen, zur internationalen Menschenrechtskonferenz nach Kopenhagen.« Die Sardinen in ihrer Kabine erstarrten. Der Offizier verschwand, um dann mit zwei weiteren Soldaten zurückzukehren: »Bitte folgen Sie mir.« In diesem Augenblick sammelte meine Frau sämtliche Brocken Russisch zusammen, die sie kannte, und spuckte sie verächtlich in seine Richtung. Der KGB-Offizier verschwand, die Schranke öffnete sich wieder, und ich passierte sie landauswärts. Wir wurden gebeten, Platz zu nehmen und zu warten, während ein halbes Dutzend Grenzwächter umherliefen und uns beobachteten. Vierzig Minuten später wurden uns unsere Pässe zurückgegeben, als sei nichts geschehen, und wir wurden freundlich Richtung Moskau durchgewunken.

Glücklicherweise waren die Bryksins in der Stadt. Wir kamen um fünf Uhr früh an, aber alle außer den Kindern waren hellwach und angekleidet, der Tisch war zum Abendessen gedeckt. Nach nur drei Stunden Schlaf fuhren wir quer durch die Stadt – zum Haus der Touristen, eine Art Kongreßzentrum mit einem Konferenzsaal, einem Hotel und einem Metzgerladen, in dem Hahnenkämme und Hahnenfüße verkauft wurden. In der Eingangshalle im Erdgeschoß hatten junge Leute von der neuen Moskauer Helsinki Watch Group einen Anmeldungsstand aufgebaut, verteilten Namenschilder und Kopfhörer für diejenigen, die englische Übersetzungen der zumeist auf Russisch vorgetragenen Reden wünschten. Es ging zu wie bei einer Physiker-Tagung im Westen. Der große Zuschauerraum war voll besetzt – Menschenrechtsaktivisten aus der ganzen Sowjetunion, Watch-Leute aus den Vereinigten Staaten, Europa, Osteuropa und der Sowjetunion, politische Aktivisten, Journalisten, Rosalynn Carter mit ihrer Leibwache und ausgesuchte »Gesprächspartner« des Sowjetischen Außenministeriums. Karl Johannes von Schwartzenberg, Vorsitzender der IHF, eröffnete die Konferenz und erteilte mir das Wort.

Ich begann mit der Frage, warum die gegenwärtige russische Revolution – die vierte – innerhalb der Republik Rußland so friedlich vor sich ginge und warum sie wahrscheinlich auch weiterhin friedlich verlaufen werde. Einer der Hauptgründe, behauptete ich, sei die Tatsache, daß viele der jetzt stattfindenden Veränderungen von Dissidenten vorbereitet worden seien, die Gewalt prinzipiell ablehnten; in dieser Hinsicht seien sie *antirevolutionäre Revolutionäre*.

Vor vielen Jahren hatten Sacharow und ich darüber gesprochen, wie wir zu zukünftigen politischen Bewegungen und Parteien in Rußland stünden, und waren zu dem Schluß gekommen, daß Menschenrechtsbewegungen mit einem hohen moralischen Anspruch und mit Engagement für gewaltlosen Kampf, jedem politischen Kampf um Macht vorausgehen müßten, um künftigen Politikern ein moralisches Vorbild zu geben, sie zu lehren, international anerkannte Menschenrechte zu respektieren. Ansonsten würde ein weiteres blutiges Kapitel in der Geschichte Rußlands aufgeschlagen. Fünfundzwanzig Jahre lang hat die gesamte russische Intelligentsia, haben einige Arbeiter in privater Abgeschiedenheit die Flut von Samisdat und Dokumentationen der Dissidenten diskutiert und abermals diskutiert, und sie sind dabei lange vor der offiziellen Glasnost und

Perestrojka auf viele Vorstellungen über Menschenrechte und Demokratie gestoßen. Das war der Grund, weshalb fast unmittelbar nach Gewährung einiger Freiheiten von oben herab, so viele friedliche politische Bewegungen und politisch Aktive auf der politischen Bühne Rußlands erschienen. Und aus demselben Grund wollte fast jede »Front« oder Partei Rußlands heute demonstrieren, daß sie die Menschenrechte respektierte. Es war in Rußland zu einer Art Mode geworden – manchmal berührte das die Mentalität der Menschen nur ganz oberflächlich –, aber es war ein guter Anfang, der sich in fünfundzwanzigjähriger Entwicklungszeit unter der Oberfläche vorbereitet hat.

Ich schloß mit der Bemerkung, viele ehemalige Menschenrechtsaktivisten seien jetzt Politiker und einflußreiche Abgeordnete in den Parlamenten. Das sei kein schlechter Übergang, sagte ich, in der Tat würde ich jedem zukünftigen russischen Politiker praktische Erfahrungen in der Menschenrechtsarbeit wünschen. In einer totalitären Gesellschaft könne es politische Aktivität nicht ohne Aktivität für die Menschenrechte geben, aber der Idee nach müsse es feste und in ihrer Arbeit gesicherte Gruppierungen geben, die sich, unbeeinflußt von Tagespolitik, der Einhaltung der Menschenrechte widmeten. Es müßte doch Menschen geben mit besonderer Sensibilität und besonderen Fähigkeiten, um all denjenigen zu helfen und mit ihnen zu leiden, die wegen ihrer Meinung oder ihres friedlichen Kampfes für die Menschenrechte verfolgt würden – ob als Einzelpersonen oder als Gruppen, ob sie für religiöse oder politische, soziale oder ökonomische Ziele stritten, gleichgültig, ob von rechts oder links, von oben oder unten, auch Kommunisten eingeschlossen. Mit anderen Worten, bis zum Ende dieser Welt würden wir für zivilisierte Beziehungen zwischen den Menschen kämpfen müssen.

Es war die erste internationale Menschenrechtskonferenz in der Sowjetunion, die offiziell zugelassen, aber nicht von der Regierung organisiert worden war. »Sind Sie stolz darauf? Wie fühlen Sie sich?« fragte ein Journalist von einer Lokalzeitung. »Nein, es ist Ihre Sache, etwas zu fühlen, das ist nicht meine Aufgabe«, antwortete ich vielleicht etwas zu grob. »Ich habe einfach nicht genug Zeit, mich länger als eine Sekunde meinen Gefühlen zu überlassen. Meine Aufgabe besteht darin, zuzuhören und zu arbeiten.« Und was ich in den zwei Tagen des Hearings vom frühen Morgen bis spät in die Nacht über die Lage der Menschenrechte in der Sowjetunion zu hören bekam, war grauenvoll. All die Berichte, speziell aus den sowjetischen Provinzen, zeichneten ein detailliertes Bild der unbeschreiblichen Zerstörung, die Millionen von Menschen betraf: tote Säuglinge; Säuglinge mit AIDS; keine Kinderfürsorge; keine Mütterfürsorge; tote Flüsse; tote Seen; tote Meere – einfach ausgetrocknet –; durch Radioaktivität verseuchte Felder; durch Radioaktivität verseuchte Menschen; von Industrieabgasen vergiftete Menschen; junge Soldaten, die in der Armee verprügelt, vergewaltigt oder gedemütigt worden waren; alte Menschen mit körperlichen Behinderungen am Rande des Hungertods, ohne medizinische Betreuung, usw. usw.

Die westlichen Menschenrechtsaktivisten waren schockiert. Ich war es nicht, aber die Offenheit und Wut, die aus den Berichten sprachen, erstaunten mich. Im Luschniki-Park hatte ich voriges Jahr nicht daran gedacht, daß man nicht nur auf das, was Menschen erzählen, achten muß, sondern mehr noch auf das, was sie *nicht* erzählen. Trotz der durch Glasnost ausgelösten Hochstimmung waren die alten Gewohnheiten der Selbstzensur 1989 noch nicht außer Kraft. 1990 gab es keine Grenzen mehr für das, worüber man sprach, und die Stimmung war geprägt durch Anschuldigungen und Vorwürfe. Vielleicht, so hoffte ich, als ich hörte, wie die Menschen die Kommunistische Partei, Marx und Lenin, den Kommunismus und den Sozialismus anprangerten: wegen Völkermord, wegen Völkermord, wegen Völkermord! – vielleicht wird, so hoffte ich, weil jetzt jeder Russe Angst vor einem Bürgerkrieg hat, dieser nicht hier, in Rußland selbst, ausbrechen. Es schien, als hätten die Menschen erst im Jahr 1990 verstanden, was man ihnen, ihrem Leben und ihrem Land während unserer revolutionären siebzig Jahre angetan hatte; es schien, als hätten sie jetzt erst damit begonnen, wirklich zu hassen. In fast jedem Bericht konnte man diesen Haß spüren – manchmal heiß, manchmal kalt, aber immer von höchster Intensität. Als die Zeiten noch viel schlimmer waren, dachte ich, empfanden wir Dissidenten nicht soviel Haß, weil wir die Zeit hatten, mit unseren Gefühlen klarzukommen. Aber werden diese Menschen so viel Zeit haben? Ich hatte vor Jahren geschrieben, daß Reformen, die zu spät einsetzen, den

Haß der Menschen nicht dämpfen, sondern geradezu entfachen...

Aber alle Redner, mit Ausnahme eines Oberst a. D. und einiger nationalistischer Journalisten aus dem Kaukasus, verurteilten Gewalt. Und die Gespräche, die ich mit Leuten auf der Straße führte oder mit alten Freunden wie Sergej Kowaljow, Pater Gleb und Lew Ponomarjow – jetzt alle Deputierte des Volkskongresses –, beruhigten mich. Die öffentliche Stimmung habe sich gewandelt, sei wieder optimistisch in bezug auf die Zukunft – Boris Jelzin war Präsident der Russischen Republik geworden. Die Arbeiter unterstützten ihn, und viele einfache Menschen hatten nach seiner Wahl sichtlich aufgeatmet. Also hatte er Zeit gewonnen, um Reformen durchzuführen – solange die Menschen ihm vertrauten und immer noch Hoffnungen in ihn setzten. Seit dem Tod von Sacharow trauten sie praktisch niemand anderem mehr. »Niemand glaubt mehr an Gorbatschow«, sagte man, »er hat gut angefangen, aber dann hat er sich nur noch für die eigenen Ziele eingesetzt, nicht für das Volk. Deswegen hielt er auf halber Strecke ein. Jelzin ist von anderem Schlag. Er wird schnell handeln. Wir glauben ihm.«

Mir wurde allmählich klar, daß das Schicksal Rußlands und aller anderen Republiken der Sowjetunion vom Erfolg der russischen Demokraten abhing, vor allem von Jelzin. Sie mußten schnell handeln. Jelzin selbst bestätigte das zweimal während unseres einstündigen Gespräches am 4. Juni. Mit uns in seinem Präsidialbüro waren Rosalynn Carter, Jeri Laber, Katja Fitzpatrick, Jonathan Fanton und meine Frau.

»Ich kenne unser Volk, und ich kenne seine Stimmung«, sagte er mit Nachdruck. »Entweder werden wir innerhalb von zwei Jahren ihr Leben verändern, oder es wird hier wie in Rumänien sein.« Damit spielte Jelzin auf das Schicksal Ceauşescus an.

Wenn es hier so werden sollte, dachte ich bei mir, wenn es sich tatsächlich so entwickeln sollte, dann wird es viel schlimmer werden als in Rumänien. »Wenn wir alle Kommunisten aufhängen – alle! Versteht ihr? –, werden wir euch zuerst aufhängen, euch kommunistischen Abschaum!« Das hatte mein Nachbar in der Strafzelle nebenan den Lageroffizieren zugeschrien. War er ein Faschist? Ein Verbrecher? Nein, ein sowjetischer Marxist, 1982 in der Großstadt Kuibjschew verhaftet, weil er versucht hatte, eine alternative Marxistisch-Leninistische Arbeiterpartei zu organisieren. Schon vor Jahren hatten die Alarmglocken begonnen, von allen Seiten zu läuten. Die kritische Frage war jetzt, was zuerst kommen würde: wilder, mörderischer Haß gegen den Kommunismus oder die komplette Demontage des Systems. Gorbatschow hatte das offensichtlich immer noch nicht begriffen. Das schien der große Unterschied zwischen ihm und dem Präsidenten der Russischen Republik zu sein. Jelzin, ein Mann mit gesundem Menschenverstand, paßte sich schnell der neuen Realität an – dem Zusammenbruch des sowjetischen Reiches und dem Zusammensturz der sozialistischen Planwirtschaft mitsamt der Staatsideologie, während Gorbatschow ein Gefangener solcher Ideen blieb.

Die Russen waren schon immer ein zutiefst ideologisches Volk: Für sie muß das Leben einen besonderen Sinn haben. Über die längste Phase dieses Jahrhunderts hat die kommunistische Ideologie dem Leben von Millionen Menschen diesen Sinn verliehen. Wie fürchterlich muß es dann sein, zu entdecken, daß diese Ideologie Kot und Blut ist! Die Dissidenten hatten das vor langer Zeit entdeckt, und jetzt, dank der Enthüllungen unter Glasnost, entdeckte es praktisch die gesamte Nation. Aber es gab weiterhin Russen wie Gorbatschow, die nicht in der Lage waren, dem totalen Bankrott ihres alten Glaubens ins Auge zu sehen, und die wirklich unfähig waren, die demokratische Alternative zu begriffen. Verzweifelt und verwirrt von den Entwicklungen um sie herum, klammerten sie sich immer noch an das Trugbild einer vereinigten Sowjetunion, an den Glauben an eine starke zentrale Macht als dem einzigen Schutz vor Anarchie – und sie glaubten sogar an eine messianische Rolle des Volkes. Am 27. Juli 1990 erklärte Gorbatschow – ungeachtet der absoluten Erfolglosigkeit und nahezu vollständigen Inhaltslosigkeit der Perestrojka vor Journalisten –: »Laßt uns nicht zu bescheiden sein. Unsere Perestrojka wird die Welt verändern, wenn wir die nächsten eineinhalb Monate überstehen, und noch einige Zeit danach.«*

All das zeugt von Gorbatschows tiefsitzender Unsicherheit bei innenpolitischen Angelegenheiten und unterstreicht seine Unfähigkeit, den offenkundigen Widerspruch in dem Versuch

* Wiedergegeben in *Russkaja Missel*, Nr. 3840 vom 10. August 1990, S. 8.

zu begreifen, die Nation und zugleich den Bannerträger der kommunistischen Ideologie, die Partei, zu retten. Als er durch die Umstände und den Druck von unten gezwungen wurde, den Rückzug anzutreten, stolperte Gorbatschow und mußte den Sozialismus nach jedem Schritt neu definieren. Bis sich sein Zentralkomitee dazu durchgerungen hatte, das Einparteiensystem formal aufzuheben – aber dennoch weiterhin auf der ideologisch führenden Rolle der Kommunisten beharrte –, hatte die ganze Nation begonnen, die Kommunistische Partei zu hassen. Als er die Notwendigkeit einer freien Marktwirtschaft endlich formal akzeptierte – aber ohne definitive Zeitangabe und unter der widersprüchlichen Voraussetzung sozialistischer Orientierung –, hatte das Volk begonnen, schon das Wort »Sozialismus« zu hassen. Und als er schließlich der Bildung einer freien Konföderation der Sowjetrepubliken zustimmte – hatten einige Republiken die Idee einer Sowjetunion jeglicher Art bereits in aller Form zurückwiesen, weil ihnen das gleichbedeutend mit dem Weltreich war. Ich glaubte allen Ernstes, Gorbatschow würde in dem Augenblick, in dem das letzte Lenin-Denkmal in Rußland zerstört oder an die Stadt Boston verkauft sein wird, erklären: »Der Kapitalismus, Genossen, ist das, was wahren Leninismus auszeichnet!«

Zwischen alten Träumen und aktuellen Realitäten hin und her schwankend, hat Gorbatschow die Vorschläge der Dissidenten und neuen Demokraten immer erst aufgenommen, als es zu spät war. Er hat jedoch als Präsident der Sowjetunion keine Zeit verloren, mehr formale Macht in seinen Händen zu konzentrieren, als irgendein sowjetischer Führer seit Stalin. Er hat sie allerdings noch nicht mit Hilfe des KGB ausgeübt, dem Organ der totalitären Überwachung, dem krebsartigen Tumor im Körper der russischen Gesellschaft. Zwar wußte auch nach mehreren Jahren Perestrojka niemand in Rußland, wie man den Tumor ohne Messer entfernen könne. Aber keinem Russen ist das freundliche Feingefühl in den Beziehungen Gorbatschows zum KGB entgangen. (Den meisten Analytikern im Westen sehr wohl, die weiterhin berechnen wollten, wieviele Tage, Wochen oder Monate der KGB den erstaunlichen Demokraten Gorbatschow noch tolerieren würde.)

Natürlich hatten die KGB-Generäle und die Oberbefehlshaber der Streitkräfte – diese Liebhaber von Recht und Ordnung –

die ganze Zeit über gewußt, wie sie die Macht an sich reißen könnten. Ihr Problem bestand darin, daß sie nicht gewußt hätten, was danach zu tun wäre, weil alle hehren kommunistischen Ideen weitgehend diskreditiert waren. Hinter ihnen lag der moralische Ruin und vor ihnen die mangelnde Unterstützung durch die Öffentlichkeit. Trotz all ihrer Truppen, Panzer, Raketen, Gewehre, Lager, Gefängnisse und Wachposten schienen sie wie gelähmt und sahen zu, wie die zentrale Macht ausblutete. Ohne bewaffnete Massenaufstände in der Russischen Republik schien mir die Wahrscheinlichkeit eines Staatsstreiches durch den KGB und das Militär – ob mit oder ohne Gorbatschow – gering zu sein.

Weil er solche Aufstände fürchtete, hatte Jelzin schnell geschaltet, um einen Plan zur Veränderung der politischen Struktur der Russischen Republik zu erstellen. Er erläuterte ihn kurz an jenem Nachmittag in seinem Büro. Alle Macht, oder soviel sie übernehmen wollten, solle auf die lokalen gewählten Körperschaften übergehen; die obersten Behörden und der Präsident der Republik selbst sollten nur die Macht behalten, die ihnen von unten delegiert worden war. Das schien mir eine sehr vernünftige Idee zu sein. Die von Jelzin vorgeschlagene Struktur würde den potentiell brisanten nationalistischen Ambitionen, die sich innerhalb Rußlands zu regen begannen, konstruktiv begegnen können. Und sie würde dazu beitragen, die Infrastruktur Rußlands wiederherzustellen, indem sie die Aufmerksamkeit der Bevölkerung auf ihre konkreten Interessen lenkte und damit einen Anreiz für individuelle und politische Initiativen in den Bereichen von Wirtschaft, Kultur und Umwelt geben. Die hierarchische Struktur unserer zentralistischen Planung hatte automatisch Millionen von Menschen jegliche Entscheidung und Verantwortung entzogen; das Ergebnis war eine aberwitzige Entwertung dieser Infrastruktur mit katastrophalen Folgen für das alltägliche Leben der Bevölkerung.

Zum Thema Unabhängigkeitsbewegungen in anderen Sowjetrepubliken gab Jelzin die unerhörte Erklärung ab, daß er allen Versuchen, Soldaten der Russischen Republik zu ihrer Unterdrückung einzusetzen, entgegentreten werde. Er sagte wenig zur Wirtschaft – nur, daß eine »Mannschaft« an diesem Thema für ihn arbeite und daß er daran denke, Fabriken und Land an das Volk zu verkaufen. Einige Monate später wurde der berühmte »500-Tage-Plan« von Jelzin und Schatalin vorgestellt. Der Plan, ursprünglich von Grigorij Jawlinskij, einem von Jelzins Ministern, entworfen und vom Mitglied der Akademie Schatalin, einem von Gorbatschows eigenen Wirtschaftsberatern, überarbeitet, war ein Plan für einen raschen Umbau hin zur modernen Marktwirtschaft.

Im November, nachdem ihm der Friedens-Nobelpreis des Jahres 1990 verliehen worden war, blockierte Gorbatschow den Plan und damit den Wandel. Durch diese Verzögerung von Wirtschafts- und Sozialreformen hatte die Nation bereits wertvolle Zeit verloren: Nach fünf Jahren Perestrojka war die Sowjetunion nur noch näher an den Rand einer Katastrophe gerückt. Eine weitere Verzögerung, während all die alten wirtschaftlichen Strukturen überall im Land zerbröckelten, zusammenbrachen, zersplitterten und in Trümmer fielen – offensichtlich verstand der Mann nicht, was um ihn herum vor sich ging!

Im darauffolgenden Monat mehrten sich die Anzeichen für einen stalinistischen Staatsstreich, angeführt von Gorbatschow selbst. Er schien endlich erkannt zu haben, daß es völlig unlogisch war, das Land mittels »bürgerlicher Freiheiten« retten und es dennoch im wesentlichen unter kommunistischer Kontrolle halten zu wollen. (Pontecorvo, von Stalin nicht zu reden, hatte das vor Jahren schon begriffen.) Glasnost und die anderen Freiheiten, mit deren Hilfe Gorbatschow die zusammenbrechende Struktur des Reiches und der Ideologie noch einmal abstützen wollte, hatten die Menschen nur dazu angeregt, das Alte sich selbst zu überlassen und für sich selbst etwas Neues aufzubauen. Mittlerweile war die Anzahl unabhängiger Publikationen sprunghaft angestiegen, Hunderte von neuen, unabhängigen politischen und sozialen Gruppen waren entstanden. Republiken und Teilrepubliken kündigten an, daß sie die Unabhängigkeit anstreben würden; das russische Parlament verlieh immer neuen Regionen in Rußland den Status von Freihandelszonen (genau das, was ich siebzehn Jahre zuvor in meinem Brief an Breschnew angeregt hatte) und ermöglichte privaten Landbesitz; Arbeiter gründeten eigene nicht-kommunistische Gewerkschaften. Ganze Stadtregierungen und Regierungen von Republiken verhandelten über den Kreml hinweg miteinander, handelten, als befänden sie sich tatsächlich in einer wirklich freien Welt. Und sie verhandelten nicht nur. Leningrad unterzeichnete bilaterale Abkommen mit der Republik Estland, und die riesige Russische Republik unter der Führung Jelzins ging eine Partnerschaft mit den kleinen baltischen Staaten ein, was auf den Keim einer Konföderation unabhängiger Republiken hinauslief, auf eine Union gegen die Union.

Der sich beschleunigende und anscheinend unaufhaltsame Schwung dieser Entwicklungen brachte Gorbatschow an einen kritischen Punkt, an dem er eine Entscheidung treffen mußte. Er hatte jetzt nur noch zwei Optionen: entweder mit der Kommunistischen Partei zu brechen und die Nation zusammen mit den Demokraten vorwärts in die Zukunft zu führen, oder zusammen mit dem Parteiapparat und den ranghöchsten Generälen zurück in die Geschichte zu flüchten. Gorbatschow entschied sich für den Weg zurück.

Zum erstenmal sprach er sich deutlich gegen Privateigentum und gegen die vollständige Unabhängigkeit der Sowjetrepubliken aus; Zielen, denen er sich in der Praxis immer schon widersetzt hatte. Dann entfernte er alle gemäßigten Politiker aus seiner Regierung und umgab sich mit Vertretern der harten Linie. Offensichtlich mit einer Blankovollmacht ausgestattet, startete diese neue Mannschaft eine Kampagne mit übertriebenen Lügen und Anschuldigungen – ein verrückter Aufguß aus stalinistischen Motiven. KGB-Chef Krjutschkow, vor wenigen Wochen noch ein »liberaler Profi«, warf dem Westen vor, unter dem Deckmantel humanitärer Hilfe vergiftete Lebensmittel nach Rußland geschickt zu haben. Verteidigungsminister Jasow unterstellte den aufständischen Sowjetrepubliken fälschlicherweise, sie wollten das Kommando über die auf ihrem Territorium stationierten Kernwaffen übernehmen, kritisierte aber gleichzeitig ihre Entscheidung, sich zu kernwaffenfreien Zonen erklären zu wollen. Am 13. Januar 1991 schließlich, einem alten leninistischen Szenario folgend, das in Budapest und Prag jedem Kind vertraut ist, unternahm die Gorbatschow-Mannschaft einen entscheidenden blutigen Schritt in ein leeres Nichts.

In den Baltischen Staaten waren auf geheimnisvolle Weise anonyme Komitees zur »Nationalen Rettung« entstanden; sie fochten die Legitimation der demokratisch gewählten baltischen Regierungen an, die angeblich für »Unordnung« und

»Terror« sorgten – und baten Moskau um Schutz. Am 13. Januar, kurz vor Ausbruch des Golfkriegs, um halb zwei Uhr nachts griffen Soldaten der Garnison im litauischen Wilna, die örtlichen Fernsehstudios und die Rundfunkstation an, überrollten mit ihren Panzern unbewaffnete Bürger und schossen in die unbewaffnete Menge. Fünfzehn Menschen starben, unter ihnen ein Kind; es gab mehr als hundert Verletzte. Westliche, baltische und sowjetische Journalisten haben all das mit eigenen Augen gesehen. Am Abend sagte Innenminister Pugo im Fernsehen, man sei in der Defensive gewesen, die Litauer hätten auf die Panzer geschossen; später wurde in einer Fernsehsendung sogar behauptet, die Menschen seien an Herzinfarkten und bei Verkehrsunfällen gestorben. Als Augenzeugenberichte, die der offiziellen Darstellung widersprachen, veröffentlicht wurden, versuchte Gorbatschow vergeblich, die gesetzlich garantierte Pressefreiheit zu unterbinden.

Hatte der Träger des Friedens-Nobelpreises seinen Verstand verloren? War der Demokrat durch reaktionäre Kräfte ausmanövriert worden? Hatte sich der Opportunist dem Druck von rechts gebeugt? Oder hatte der überzeugte Leninist eine jener plötzlichen Kehrtwendungen vollzogen, für die er Lenin in den Reden, die er vor Zuhörern im eigenen Land hielt, so rühmte? Waren Glasnost und Perestrojka wie Lenins NEP – nur eine bewußt kalkulierte Taktik vorübergehender Liberalisierung, die jetzt ihren Zweck erfüllt hatte?

Die Antwort der russischen Demokraten ließ nicht lange auf sich warten. Am 13. Januar demonstrierten Tausende von Moskauer Bürgern gegen den Staatsterror. Boris Jelzin forderte die im Baltikum stationierten russischen Soldaten und Offiziere eindringlich auf, sich dem Befehl zu widersetzen, »legal gebildete Staatsorgane« und »friedliche Bürger, die ihre demokratischen Errungenschaften schützten«, anzugreifen. Sechs Tage später demonstrierten Hunderttausende in Moskau und mehreren anderen Städten in Rußland. (Dreiundzwanzig Jahre zuvor waren es nur sieben Menschen, die in Moskau gegen den sowjetischen Einmarsch in die Tschechoslowakei protestierten!) Diese Massendemonstrationen überraschten mich: So viele Menschen hatten plötzlich den Zusammenhang zwischen demokratischem Leben anderswo und ihrem eigenen Leben, ihrer eigenen Sicherheit begriffen.

Aber es gibt immer noch westliche Beobachter, die diese Verbindung nicht begreifen, die um jeden Preis die Stabilität der Sowjetunion erhalten wollen und glauben, diese Stabilität mit einer Regierung erreichen zu können, die unbewaffnete Demokraten und Kinder niedermetzelt. Sie sollten darüber noch einmal nachdenken. Gleichgültig was geschehen wird, das sowjetische Weltreich ist am Ende, und auch die Kommunistische Partei ist am Ende. Wenn Gorbatschow und seine Komplizen ihren derzeitigen Kurs weiterverfolgen, werden sie die Nation am Ende in einen Bürgerkrieg treiben. Und das wäre dann das letzte Verbrechen eines Kommunismus an der Macht.

Epilog

Laßt uns aus der Erfahrung wenigstens lernen. Das umfassendste und tragischste Experiment der Menschheitsgeschichte geht seinem Ende entgegen. Die im Geist des »wissenschaftlichen Sozialismus« errichtete Gesellschaft, in der sich die ewige menschliche Sehnsucht nach Gemeinschaft und Gleichheit erfüllen sollte, hat ihre Mitglieder erniedrigt und viele jeglicher Sehnsucht beraubt. Aber neben dem Geist des Kollektivismus haust in jedem von uns auch der Geist des Individualismus. Deshalb werden irgendwelche Menschen, irgendwo, in einem zukünftigen Jahrhundert, vielleicht versuchen, eine Gesellschaft im Sinn individueller Interessen aufzubauen, und sie werden vielleicht auch bereit sein, diejenigen zu vernichten, die etwas anderes wünschen. Und nach einem solchen »wissenschaftlichen Kapitalismus« oder »wissenschaftlichen Anarchismus« wird das Pendel wieder in die andere Richtung ausschlagen. Wir können das Pendel genausowenig anhalten, wie wir die menschliche Natur ausrotten können. Wir können jedoch seine Schwingungen dämpfen, indem wir uns vor Augen halten, daß alle Menschen das gleiche Recht haben, ihre Meinung, gleichgültig welche, zu äußern, und sie haben alle das gleiche Recht, so zu leben, wie sie wollen, gleichgültig wie – vorausgesetzt, sie wenden keinen Zwang und keine Gewalt an. *Im zivilisierten Streit der Ideen sind die Mittel wichtiger als der Zweck.* Unsere Träume mögen die schönsten auf Erden sein, aber wenn wir durch Blut und Terror waten, um sie zu verwirklichen, werden wir am Ende feststellen, daß wir uns selbst zerstört haben.

Du sollst nicht töten.

Anhang

1
Dreizehn Fragen an Breschnew

Sehr geschätzter Leonid Iljitsch!
Die Kampagne gegen A. D. Sacharow hat folgende Fragen aufgeworfen.

1. Unsere Wissenschaftler haben ungefähr nur etwa ein Dreißigstel aller Nobelpreise erhalten, die für wissenschaftliche Grundlagenforschung vergeben wurden. Wir können sowohl hervorragende Forscher als auch hervorragende Ergebnisse vorweisen, aber man muß die Lage insgesamt realistisch beurteilen. Hinsichtlich Anzahl und Bedeutung der Entdeckungen fehlt uns etwas. Glauben Sie nicht, daß dies bedeutet, daß unsere Nation intellektuell gefährlich weit hinter anderen entwickelten Ländern her hinkt?

2. Es ist eine historische Tatsache, daß im Westen eine neue wissenschaftliche und industrielle Revolution begonnen hat und sich intensiv entwickelt und daß unsere Staatsphilosophie lange Zeit in Widerspruch stand zu den Hauptrichtungen modernen Denkens – der Relativitätstheorie, der Quantentheorie, der Genetik, der Kybernetik. Heute zieht man es vor, sich nicht mehr an diese Mißerfolge zu erinnern. Die wissenschaftliche Revolution ist jedoch bei weitem noch nicht beendet, und die exakten Wissenschaften dringen weiterhin in Wissensbereiche vor, die unsere Ideologie immer noch als »wissenschaftliche Philosophie des Marxismus« und damit als unabänderlich betrachtet. Objektive analytische Versuche in diesen Bereichen werden als Eingriff in die Angelegenheiten des Staates betrachtet. Insgesamt schränkt diese ideologische Intoleranz unsere Fähigkeiten zu komplexem Denken und zu vorurteilsfreier Analyse unserer Erfahrungen ein. Denken Sie nicht, daß wir deshalb auch in Zukunft geistig hinterherhinken werden?

Das bedeutet nicht, daß es überhaupt keine Staatsideologie geben sollte. Ich bin zutiefst davon überzeugt, daß sich sowohl das Volk als auch der Staat zu bestimmten moralischen Prinzipien, die vor langer Zeit aufgrund menschlicher Erfahrungen aufgestellt wurden, bekennen sollte, nämlich die Liebe zum eigenen Land und der Respekt vor dem menschlichen Gewissen. Eine Moral, die der gesamten Menschheit vertraut ist und von den hervorragendsten Vertretern aller Generationen geschaffen und gelehrt wurde. Es gibt aber noch ein weiteres Prinzip, dessen Bedeutung wir verstehen müssen, wenn wir, kurz vor der endgültigen Verheerung der Geschichte stehend, uns selbst aufhalten wollen: Wir müssen erkennen, daß das fanatische Festhalten an Prinzipien diese Prinzipien selbst verrät; wir müssen sehen, daß in zwischenmenschlichen Beziehungen jedes Prinzip eine gewisse Unbestimmtheit seiner Interpretation aufweisen und die entscheidende Freiheit der Entscheidung ermöglichen muß.

Unsere Ideologie hat jedoch einen ganz anderen Charakter. Sie bezeichnet sich selbst als »wissenschaftlich«, was für jede Ideologie gefährlich ist, weil wissenschaftliche Wahrheit sich radikal ändern kann. Diese Ideologie schadet andererseits der Wissenschaft, weil sie alles daran setzt, Veränderungen zu verhindern. Wenn nun der Staat eine solche Ideologie mit all seinen Mitteln unterstützt, dann gerät er in eine äußerst dumme Lage.

Folgt daraus nicht, daß der repressive Apparat des Staates von dieser Ideologie abgekoppelt werden muß; daß wir, beginnend im Kindergarten bis hin zur Akademie der Wissenschaften, aufhören müssen mit einer Erziehung, die uns auf solche Prinzipien *verpflichten* will und ihnen gegenüber Gehorsam fordert, die vom wissenschaftlichen Standpunkt aus ebenso unzuverlässig sind wie aus historischer Sicht betrachtet?

3. Wir müssen nicht unseren eigenen evolutionären Weg leugnen, der auf der Verdammung von Privateigentum beruht. Aber wir sollten erkennen, daß es andere, parallel verlaufende Wege gibt, die ihre eigenen Werte haben. So haben zum Beispiel die Erfahrungen des Westens gezeigt, daß das Problem der »absoluten Verarmung der Massen« auch im Rahmen des modernen Kapitalismus effizient gelöst werden kann – mit wissenschaftlichen und technologischen Mitteln und unter bestimmten Bedingungen: teilweise Kontrolle durch den Staat; Druck durch die Gewerkschaften, die im Rahmen der bürgerlichen Freiheiten ihren Kampf führen; Druck durch das öffentliche Gewissen; und die Angst vor Explosionen der Gewalt. Wir können ferner

sehen, daß die kapitalistische Wirtschaft gelernt hat, durch Einsatz von »Kontrollmechanismen« gefährlich explosive Situationen abzuwenden, und in dem der oszillierende Modus der Kräfte funktioniert, den wir als normal betrachten. Schließlich ist es notwendig zu erkennen, daß die durch die Konzentration von Macht in wenigen Händen hervorgerufenen Probleme durch bürgerliche Freiheiten zugunsten aller verringert und in ihrer Wirkung abgeschwächt werden, und das ist bei weitem kein Fehler, während bei uns solche Probleme unübersehbar in ihrem vollen Umfang auftreten.

Gleichzeitig ist offensichtlich, daß wir, wenn wir gänzlich von der Außenwelt abgeschnitten leben würden, nicht wüßten, daß es noch andere gangbare Wege der Geschichte gibt. Außerdem blieben uns die wichtigsten wissenschaftlichen Wahrheiten lange Zeit verborgen, denn sie lägen jenseits der ideologischen Grenze, die aufrechterhalten wird durch die ganze Macht des Staates. Nur auf dieser Grundlage würde sich unsere Ideologie als »praktisch wahr« herausstellen, so wie es im Grunde genommen vor 1953 der Fall war.

Wenn wir diese historischen Tatsachen kennen, müssen wir dann nicht alle »Theorien« und »Gesetze« gesellschaftlicher Entwicklung mit äußerster Skepsis betrachten? Sollten wir uns im Bereich der staatlichen Verwaltung nicht vorsichtig, aber aktiv der *experimentellen* Suche nach optimalen Wegen zuwenden und dabei unsere eigenen, historisch geprägten Vorstellungen und Besonderheiten berücksichtigen? Diese Suche wird zur Zeit durch Mangel an *Glasnost* verhindert, durch das Fehlen der Freiheit, Fragen zur wirtschaftlichen und politischen Struktur unserer Gesellschaft zu diskutieren.

4. Es scheint korrekt zu behaupten, daß der Weg eines streng geregelten Sozialismus als Alternative zum verschwenderischen, freien Kapitalismus von Vorteil ist, wenn grundlegende Knappheit an Energie und anderen Ressourcen besteht. Heutzutage kann man es jedoch als erwiesen betrachten, daß sich die Menschheit über die nächsten Jahrhunderte mit Energie versorgen kann. Meinen Sie nicht, daß sich aus diesem Grund strenge Vorschriften bereits erübrigen und wir zu einer nahezu vollkommenen Freiheit im Bereich von Meinungen (mit Ausnahme lediglich der Ideologien von Gewalt und Rebellion) übergehen können? Und meinen Sie nicht, daß wir aus demselben Grunde

mutig auch dazu übergehen könnten, der persönlichen Initiative mehr Raum zu geben, auch im Bereich der Produktion?

5. Der größte Fehler der marxistischen Theorie der gesellschaftlichen Entwicklung ist, daß die angeborenen geistigen Bedürfnisse und Fähigkeiten des Menschen außer acht gelassen werden. In Wirklichkeit streitet der Marxismus ab, daß sie zum menschlichen Wesen gehören. Es gibt jedoch keinen wissenschaftlichen Beweis für diese Annahme, d.h. keinen Beweis mit den Methoden experimenteller Biologie, Biochemie oder Biophysik. Die Wissenschaft ist erst dabei, sich diesen Fragen anzunähern. Aber man kann schon jetzt die kritischsten Fehler ausmachen, wenn man die »weitreichende« Ungleichheit zwischen der Praxis und der marxistischen Theorie betrachtet.

Zuallererst, die menschliche Moral – das Gewissen – existiert und ist eine der stärksten und ewigen Antriebskräfte der Geschichte. Ein Mensch entwickelt diese Eigenschaft in Verbindung mit seinem Vorstellungsvermögen und dank der Fähigkeit, Schmerz nicht nur als Folge tatsächlichen, sondern auch aufgrund vorgestellten Leidens zu empfinden. Deshalb kann man leiden, wenn man vom Leiden anderer weiß. Marx selbst war solch ein Mensch, obwohl er ein stark vereinfachtes Schema geschaffen hat, das diese Eigenschaft nicht berücksichtigt.

Was Gewalt angeht, der im Marxismus so viel Wichtigkeit beigemessen wird, so ist auch sie eine Antriebskraft der Geschichte. Dies ist jedoch ein wichtiger und heikler Punkt. Menschliche Gewalt ist keineswegs immer eine strikt notwendige Folge äußerer Faktoren, wie das bei Tieren der Fall ist, sondern Neigung zur Gewalt kann anscheinend spontan entstehen und dann »einen kritischen Punkt« erreichen. Das Problem der Gewalt erfordert deshalb die *ewige* Wachsamkeit ihrer Gegner, ungeachtet des jeweiligen Sozialsystems oder der historischen Entwicklungsstufe.

Weiterhin ist es eine angeborene Eigenschaft des Menschen, frei und manchmal spontan entscheiden zu können. Diese Entscheidungsfreiheit und nicht Freiheit »als Einsicht in die Notwendigkeit« ist wahre Freiheit. Es ist unvernünftig, gegen dieses Bedürfnis anzukämpfen. Ein moderner Staat muß in der Lage sein, es zu befriedigen und es gleichzeitig innerhalb eines vernünftigen gesetzlichen Rahmens zu beschränken.

Das Bedürfnis, die eigene persönliche Meinung anderen gegenüber zu äußern, ist ein ebenfalls äußerst wichtiges, angeborenes Bedürfnis des Menschen, besonders wenn er genug zu essen hat.

Kommt es Ihnen nicht so vor, als sei unser Umgang mit dem Menschen und seinem Platz in der Gesellschaft primitiv und den menschlichen Fähigkeiten und Bedürfnissen tatsächlich unangemessen?

6. Sind Sie auch der Meinung, daß wahre Kultur unteilbar und kontinuierlich ist und daß unser intellektuelles Hinterherhinken weitgehend mit den verheerenden Löchern erklärt werden kann, die wir selbst im Lauf der Geschichte in unser feines kulturelles Gewebe gerissen haben; daß das Bewußtsein eines Schülers durch wissenschaftliche Tradition fortentwickelt wird, nicht nur durch das wissenschaftliche, sondern durch das ganze kulturelle Milieu; und daß die Grenzen, die man der künstlerischen Phantasie auferlegt, auch Einfluß auf die wissenschaftliche Phantasie haben?

7. Sind Sie auch der Meinung, daß wir der Frage, wie wirtschaftliche Aktivitäten im großen Umfang zu beleben sind, nicht ernsthaft nachgehen; daß wir in der Lage sein könnten – zum Vorteil der Wirtschaft –, Impulse zu intensivieren, indem wir Erfahrungen des Westens imitieren, während wir uns strikt innerhalb des Rahmens von Staatseigentum bewegen? Vielleicht ist es, zum Beispiel, notwendig, von Zeit zu Zeit Raum für freie Initiativen in einigen Wirtschaftsbereichen zu schaffen, während die Gehälter der Führungskräfte von ihren Gewinnen abhängig gemacht werden; vielleicht ist es notwendig, denjenigen Wirtschaftsbereich zu ermitteln, in dem ein solches System angesichts der derzeitigen Marktlage eingeführt werden soll. Fest steht jedoch, daß es am wichtigsten ist, *jegliche* Vorstellungen auf diesem Gebiet frei diskutieren zu können. Teilen Sie diese Meinung?

8. Einige Dogmatiker werden entsetzt sein über Formulierungen wie »partiellen Kapitalismus ohne Privateigentum« oder etwas in dieser Art. Aber erstens wird unser wichtigstes Prinzip – Aufhebung des Privateigentums – beibehalten. Zweitens muß

ich leider feststellen, daß in unserem Land der Sozialismus in der Praxis nicht einmal die Merkmale eines »Feudalismus ohne Privateigentum« angenommen hat, sondern – in der Ära von Stalin – eine Form von »Sklaverei ohne Privateigentum« war. Was anderes waren denn die Millionen Lagerinsassen oder die Wissenschaftler in den *Scharagas* als Sklaven des Staates? Und wodurch unterscheidet sich in bezug auf seine Rechte ein *Kolchosnik* ohne Paß und Freizügigkeit vom Gemeindebauern (unter den Zaren)? Was ist unser gegenwärtiges System von ortsgebundenen Aufenthaltserlaubnissen anderes als eine feudalistische Einschränkung der Freizügigkeit innerhalb des Territoriums des eigenen Landes? Es wird der Eindruck entstehen, daß unser Volk bis heute nicht gelernt hat, im Bereich rechtlicher Zusammenhänge feudalistische Denkmuster abzulegen. Ist es nicht an der Zeit, daß wir zu einer anderen, moderneren Stufe freierer Beziehungen übergehen?

9. Eine der wirkungsvollsten Möglichkeiten, das intellektuelle Potential der verschiedenen Länder auszugleichen, wäre, das Verbot freier Reisen ins Ausland aufzuheben. Ich meine damit Reisen, die zu einem beliebigen Zeitpunkt und so lange wie notwendig von einem Schüler, Ingenieur, Studenten, Künstler oder einem anderen Bürger unternommen werden. Was ist der Sinn dieses Verbots, das dem Staat nicht dient und die Bürger erniedrigt?

10. Eines der Überbleibsel der Geschichte in unserem Bewußtsein ist die Tatsache, daß wir keine Kritik am Zentralkomitee der Partei dulden wollen. Unter diesen Umständen muß man klar erkennen, daß die einzige legale Möglichkeit, eine tatsächliche Wirkung auf die Innenpolitik zu erreichen, die Übermittlung von Kritik ins Ausland ist, damit diese auf diesem umständlichen Weg der Regierung zu Ohren kommt. Erkennt denn kein Mitglied des Zentralkomitees die Absurdität dieser Situation?

11. Unsere Methode der politischen Verwaltung ist ein typisches System ohne Rückwirkungsmechanismus. Wir wollen konkurrieren mit dem Kapitalismus, und haben uns selbst die nachteiligsten Bedingungen dafür geschaffen; wir nutzen nicht *alle* möglichen Impulse und alle Kanäle für Rückkopplung; und wir

trauen unseren Mitbürgern nicht. Wir würden viele Fehler und Katastrophen vermeiden, wenn dem Volk als erstem Schritt wenigstens eine beratende Stimme zugestanden würde: nicht nur der Form nach, sondern in der Praxis, und wenn wir uns beispielsweise so bewährte Rückkopplungs-Methoden aneigneten, wie es die Pressefreiheit ist – eine Presse ohne politische und ideologische Zensur, unter dem oben genannten Vorbehalt. Meinen Sie nicht auch, daß die jetzt im Land entstandenen Spannungen einfach und schmerzlos durch Abschaffung der Zensur beseitigt werden könnten, vorausgesetzt, dies würde rechtzeitig geschehen?

12. Jede Kritik am Zentralkomitee wird als Verbrechen betrachtet. Deshalb »schwanken« unsere Mitbürger »zusammen mit der Partei« oder werden auf die Barrikaden eines brutalen Kampfes getrieben. Sie wissen natürlich, daß es heute eine kleine, aber wachsende Zahl von Menschen gibt, die auf diese Barrikaden getrieben werden. Diese »Logik des Kampfes« wird uns von der Regierung aufgezwungen. Ich frage, was ist der Sinn davon? Wäre es, am Ende des 20. Jahrhunderts und sechzig Jahre nach der Revolution, nicht intelligenter, endlich normale, veränderbare Formen der wechselseitigen Beziehungen zwischen Bürger und Staat zu schaffen? Ich meine damit wiederum – und vor allem als ersten Schritt – die Abschaffung der Pressezensur, den freien Meinungsaustausch, *Glasnost*.

13. Sie werden sicher verstehen, daß die Inhaftierung von Oppositionellen in psychiatrischen Kliniken und ihre Verkrüppelung mit Spritzen dort eine Methode ist, die der Zwangssterilisation politischer Gegner im Nazi-Reich ähnelt. In diesem Zusammenhang gibt es keine Fragen zu stellen.

Hochachtungsvoll,

gez.
J. Orlow
Professor, Doktor der Physik und Mathematik,
Korrespondierendes Mitglied der Armenischen Akademie der Wissenschaften

16. September 1973

2
Über die Gründung der Öffentlichen Gruppe zur Förderung der Erfüllung der Verträge von Helsinki in der Sowjetunion

Die Öffentliche Gruppe zur Förderung der Erfüllung der Verträge von Helsinki in der Sowjetunion ist am 12. Mai 1976 in Moskau gegründet worden. Ziel der Gruppe ist die Förderung der Einhaltung der Menschenrechtsartikel der Schlußakte der KSZE-Konferenz. Damit sind folgende Artikel der Schlußakte gemeint:

1. Erklärung zu den Grundsätzen zur Regelung der Beziehungen zwischen den Teilnehmerstaaten. Paragraph VII. Wahrung der Menschenrechte und Grundfreiheiten, einschließlich der Meinungs-, Gewissens-, Religions- oder Glaubensfreiheit.

2. Zusammenarbeit in humanitären und anderen Bereichen.
   1) Menschliche Kontakte (insbesondere Paragraph [b] Wiedervereinigung von Familien)
   2) Information
   3) Zusammenarbeit und Austausch im Bereich Kultur
   4) Zusammenarbeit und Austausch im Bereich Erziehung.

Vordringliches Ziel der Gruppe ist es, alle Regierungschefs der Unterzeichnerstaaten der Schlußakte vom 1. August 1975 sowie die Öffentlichkeit über alle direkten Verstöße gegen die oben genannten Artikel zu unterrichten. Um dieses Ziel zu erreichen, wird die Gruppe:

»1.) *schriftlich verfaßte* Beschwerden von sowjetischen Bürgern entgegennehmen, in denen Bürger auf sie persönlich betreffende Verstöße gegen die oben genannten Artikel hinweisen, und diese Beschwerden zusammengefaßt an alle Regierungschefs der Unterzeichnerstaaten der Schlußakte sowie an die Öffentlichkeit weiterleiten. Die Gruppe wird das vom Autor unterzeichnete Original des Beschwerdeschreibens aufbewahren;

2.) mit Unterstützung der Öffentlichkeit, weitere Informationen über Verstöße gegen die oben genannten Artikel sammeln, diese zusammenstellen und zusammen mit einer Einschätzung ihrer Glaubwürdigkeit an die entsprechenden Staatschefs und die Öffentlichkeit weiterleiten.

Sollte die Gruppe besondere Kenntnis erhalten von Akten extremer Unmenschlichkeit, wie zum Beispiel

- die Entfernung von Kindern aus der Obhut gläubiger Eltern, die ihre Kinder ihrem Glauben gemäß erziehen wollen;
- erzwungene psychiatrische Behandlung, die darauf abzielt, die Überzeugungen, das Gewissen, die Religion oder den Glauben einer Person zu verändern;
- besonders dramatische Trennung von Familien;
- extrem unmenschliche Behandlung von Gewissensgefangenen;

dann beabsichtigt die Gruppe, Staatschefs und Öffentlichkeit zu bitten, internationale Kommissionen zu bilden, die solche Nachrichten vor Ort überprüfen...«

Die Gruppe hofft, daß die von ihr zur Verfügung gestellten Informationen bei allen, in der Schlußakte unter der Überschrift »Nachbereitung der Konferenz« vorgesehenen Treffen berücksichtigt werden.

Bei ihren Aktivitäten gehen die Mitglieder der Förderungsgruppe von der Überzeugung aus, daß Probleme der Humanität und die ungehinderte Information unmittelbar mit den Problemen der internationalen Sicherheit zusammenhängen, und wir rufen die Öffentlichkeit in den anderen Teilnehmerstaaten der Konferenz von Helsinki auf, eigene nationale Förderungsgruppen zu gründen, um sich für die vollständige Erfüllung der Verträge von Helsinki seitens ihrer jeweiligen Regierung einzusetzen.

Wir hoffen, daß in der Zukunft auch ein entsprechendes internationales Förderungskomitee ins Leben gerufen wird.

Mitglieder der Öffentlichen Gruppe zur Förderung der Einhaltung der Verträge von Helsinki in der Sowjetunion sind:

Ludmilla Alexejewa
Michail Bernschtam
Jelena Bonner
Alexander Ginsburg
Pjotr Grigorenko
Dr. Alexander Kortschak
Malwa Landa
Anatolij Martschenko
Prof. Jurij Orlow, Vorsitzender
Prof. Vitalij Rubin
Anatolij Schtscharanskij

Moskau, im Mai [12.5.] 1976